黄河"揭河底"冲刷机理及防治研究

江恩慧 李军华 曹永涛 等著

黄河水利出版社

·郑州·

内 容 提 要

本书基于大量现场调研和对抢救性挖掘的原型观测与历史记录资料的系统分析,重新界定了"揭河底"冲刷的概念,阐明了胶泥层沉积机理和"揭河底"冲刷期断面形态调整规律,构建了清晰的"揭河底"冲刷物理图形,揭示了"揭河底"现象发生的力学机理,首次成功模拟了"揭河底"冲刷现象,建立了"揭河底"冲刷临界判别指标,构建了胶泥层胶结强度本构方程,探讨了胶泥层底部紊动涡发展与传递规律,提出了"揭河底"冲刷防治技术措施。

本书突出河流泥沙动力学、水力学、土力学、河床演变学、结构力学的有机交叉融合,有力推动了相关学科的发展,提高了泥沙工程实践的科学性,可供从事相关专业领域的研究人员、技术人员、管理人员和大专院校师生参考。

图书在版编目(CIP)数据

黄河"揭河底"冲刷机理及防治研究/江恩慧等著.—郑州:黄河水利出版社,2019.9
ISBN 978 - 7 - 5509 - 1400 - 1

Ⅰ.①黄… Ⅱ.①江… Ⅲ.①黄河 - 河流底泥 - 冲刷 - 研究 Ⅳ.①TV152

中国版本图书馆 CIP 数据核字(2016)第 082735 号

出 版 社:黄河水利出版社 网址:www.yrcp.com
地址:河南省郑州市顺河路黄委会综合楼 14 层 邮政编码:450003
发行单位:黄河水利出版社
发行部电话:0371 - 66026940、66020550、66028024、66022620(传真)
E-mail:hhslcbs@126.com
承印单位:河南瑞之光印刷股份有限公司
开本:787 mm×1 092 mm 1/16
印张:25
字数:480 千字 印数:1—1 000
版次:2019 年 9 月第 1 版 印次:2019 年 9 月第 1 次印刷
定价:128.00 元

序 一

"揭河底"冲刷是多发于黄河中游干支流高含沙洪水期的一种典型河床剧烈冲刷现象，它往往造成河床强烈下切，严重者一次洪峰可使河槽冲深几米乃至近十米，并引起主河槽大幅度摆动、迁徙，河道整治工程着溜部位不断变化，极易造成工程坍塌、溃决等重大险情。但是，由于"揭河底"冲刷发生的时间、部位难以确定，加上原型观测技术设备和手段的明显不足，实测资料极度匮乏，为人们认识"揭河底"冲刷规律、揭示"揭河底"发生的机理带来巨大困难。

我国一些学者先后对"揭河底"现象有一些研究，并有所进展。本书作者及其研究团队，长期关注黄河高含沙洪水特殊现象的研究，尤其是"揭河底"现象研究。自 2005 年开始，研究团队在多个研究项目的资助下，进行了持续十年的研究，取得了系统的研究成果。

作者在全面调研的基础上，走访了多位经验丰富的老船工、老河工，对重大"揭河底"事件进行抢救性挖掘，整理了大量的"揭河底"观测资料和数据，初步建立了黄河"揭河底"冲刷数据库，为人们系统了解黄河百年奇观和后续研究提供了平台。以此为基础，阐明了"揭河底"冲刷期断面形态调整变化规律，建立了"揭河底"冲刷期潼关站与龙门站的水沙响应关系，提出了三门峡与小浪底水库联合调控模式，为高含沙洪水调控提出了一种新思路。同时，作者从高含沙水流紊动特性入手，运用瞬变流模型，揭示了"揭河底"现象发生过程中胶泥块从河底揭掀而起的内在力学机理，提出了统一的"揭河底"冲刷临界力学条件。为弥补原型"揭河底"冲刷实测资料之不足，在对"揭河底"冲刷模型试验技术深入研究的基础上，首次在实验室成功模拟了"揭河底"冲刷过程，并利用美国 Tekscan 公司生产的片状薄膜式压力传感器，模拟观测了胶泥块底部受力全过程，为准确确定"揭河底"冲刷临界力学条件中关键参数 K 奠定了基础。

本书从研究理念、研究手段到研究成果，都有不少独到之处，对促进河流泥沙动力学理论发展，提高工程实践的科学性，做出了重要贡献。

韩其为

2016 年 3 月 30 日

序 二

　　黄河特有的"揭河底"冲刷现象，从上世纪70年代开始国内外学者都给予了极大关注，取得了一定的研究进展。但由于缺乏针对"揭河底"时成块片状淤积物和河床质组成的实测资料，加之受人们对河流泥沙认识水平的限制，对"揭河底"冲刷过程的认识大多具有片面性，其物理图形也不够清楚，对机理的揭示存在明显的缺陷，研究不够全面、系统，使得对"揭河底"冲刷重大险情的防御难以取得突破，由此给水库与下游河道造成的灾害也难以有效避免。

　　《黄河"揭河底"冲刷机理及防治研究》是作者及其团队持续十多年研究成果的总结。研究过程中，作者针对多年来"揭河底"冲刷研究的薄弱环节、工程实践中遇到的关键科学与技术问题，通过广泛的原型调研(查)、资料分析、理论研究、模型试验、水槽试验、数模计算等手段，突出河流泥沙动力学、土力学、结构力学的有机交叉融合，拓展了传统土力学、结构力学等的研究范围，从规律凝练、机理揭示、关键技术三个层面取得了系统性研究成果。建立的"黄河'揭河底'冲刷数据库"，为人们系统了解黄河百年奇观和后续研究提供了平台；"揭河底"冲刷室内模拟试验，弥补了原型观测资料之不足，印证了物理图形的正确性；基于胶泥层系列土力学和结构力学试验，首次从非饱和土有效应力计算公式出发，建立了胶泥层抗剪强度本构方程，诠释了胶泥块"揭而不散"的力学原因；通过专门的水槽试验，详细观察明晰了胶泥块底部水流紊动结构传递过程与传播机理，指出：由小尺度涡引起的高频脉动压力是引起"揭河底"发生的内在原因，并建立了"揭河底"冲刷过程中纵向流速分布公式；室内试验发现的水流表面紊动最强烈的部位随着"揭河底"发生过程而改变的现象，为"揭河底"冲刷出险部位的准确定位，提高抢险的主动性奠定了科学基础；从减小黄河下游滩区淹没损失和泥沙资源利用角度，提出的"揭河底"冲刷期三门峡与小浪底水库联合调控模式，将产生显著的社会经济效益。

　　总之，该书内容丰富，理论基础扎实，整个研究形成一个完整的闭环，与以往成果相比创新显著,成果实用性强。相信该书的出版,不仅能够丰富河流泥沙学科内容,其研究过程中突出多学科交叉、注重机理研究的理念,也必将对黄河治理科学研究发挥巨大的推动作用。

2016 年 3 月 30 日

前　言

　　"揭河底"冲刷是多发于黄河中游干支流一种典型的河床剧烈调整变化现象。目前记载较多的有黄河干流的府谷河段、宁家碛河段、小北干流河段等，支流延水的甘谷驿河段、北洛河的朝邑河段、渭河的临潼至华县河段等。以往的研究成果多认为，"揭河底"现象一般发生在高含沙洪水期间，由于水流能量巨大，河床往往会发生强烈的集中冲刷，河床底部前期经过一定时间淤积、沉淀形成的具有一定尺度、密度较大、强度较高的"胶泥层"，有时会从床面上像卷"地毯"一样被揭掀而起，成块、成片地露出水面，面积可达几平方米甚至几十平方米，然后在短时间内破碎、坍落，被水流冲散带走。这种强烈冲刷，在几小时到几十小时内，可使河床降低一两米甚至近十米。群众把这种高含沙洪水条件下河床的剧烈冲刷现象形象地称为"揭河底"，又称"揭河底"冲刷。大多文献都把这种现象称为黄河"高含沙水流运动的特有现象之一"。由于"揭河底"现象的形成条件比较特殊，包括常年工作在黄河岸边的水利工作者和沿黄群众，能真正亲眼目睹"揭河底"现象的人很少，因而其素有"黄河百年奇观"之称。

　　"揭河底"冲刷的强烈塑槽作用，一定程度上能改善河道形态、恢复主槽过洪能力、提高洪水挟沙能力；但同时又往往引起主槽的迁移、工程着溜部位的不断变化，极易造成河道整治工程的墩蛰、坍塌，造成垮坝等重大险情的发生；同时由于"揭河底"使河槽大幅度冲刷，河道水位下降，致使沿河机电灌站脱流，严重影响到沿岸工农业生产。

　　鉴于此，从20世纪70年代开始，国内水利工作者给予了高度关注，并开展了大量的观测和研究，在"揭河底"河床条件、发生"揭河底"冲刷的判别指标及水力条件、"揭河底"冲刷机理、"揭河底"试验研究等方面取得了一些很有意义的成果。但由于专门的"揭河底"冲刷过程的原型观测资料极度缺乏，仅有的一些观测成果也因"跟随性较差"，难以开展水、沙、床变化过程的对应性分析，加之受人们对河流泥沙认知水平的限制，"揭河底"冲刷的部分研究成果多具有片面性，且无人清晰地给出"揭河底"冲刷过程的物理图形，"揭河底"冲刷的判别指标及水力条件仅限于实测数据的统计分析，对"揭河底"现象发生机理的揭示也存在明显的缺陷，进而影响了对"揭河底"现象发生、发展过程的认知和应对"揭河底"冲刷险情技术方案的制订和完善。

　　黄河水利科学研究院河道整治研究团队，长期关注黄河高含沙洪水特殊现象的研究,尤其在"揭河底"现象研究方面。自 2005 年开始,研究团队先后在水利部"948"计划技术创新与转化项目(CT200517)、水利部公益性行业科研专项经费项目(201101009)、国家自然科学基金项目(51209101)、黄河水利科学研究院基本科研业务费专项项目(HKY - JBYW - 2013 - 01)、国家科技支撑计划课题(2012BAB02B01)的资助下,联合华北水利水电大学、山西黄河河务局、陕西黄河河务局、河海大学,产学研结合,持续十多年创新攻关,取得了较为系统的研究成果。本书即为这十几年研究成果的凝练和系统总结,主要包括以下内容:

(1)开展了系统的现场调研,全面收集了黄河发生"揭河底"现象相关河段、相关时段的水文泥沙、河床演变、水位变化、河势调整等原始观测数据,一些现场目击人员的口述资料或记录数据可谓抢救性挖掘;以此为基础,建立了黄河"揭河底"研究数据库,为本次研究和今后的进一步深入探讨奠定了基础,提供了平台。该数据库还融入了本次研究全过程和全部研究成果。

(2)开展了"揭河底"现象发生河段河床淤积层理结构的现场剖析和取样,全面分析了黄河干支流、小北干流放淤渠、小浪底水库库区等各种"揭河底"现象的摄录像资料,凝练了"揭河底"现象发生时,胶泥层厚薄与其掀起露出水面、掀起未露出水面、直接被冲散等不同表观现象,首次建立了清晰的"揭河底"冲刷物理图形。

(3)开展了胶泥层(块)土力学特性的系统研究,建立了泥沙颗粒级配、干容重等对胶泥层胶结强度影响关系,揭示了不同厚度胶结层揭起与否与水流动能的响应关系,获取了胶泥层材料强度参数和本构关系参数;研究了"揭河底"现象发生时,淤积物(胶泥层)内的应力和形变过程,从力学机理上诠释了淤积物(胶泥层)揭而不散的原因。

(4)从分析紊动结构发展过程入手,基于瞬变流模型建立了"揭河底"冲刷期胶泥块受力变化的力学关系,指出了"揭河底"冲刷与单颗粒泥沙起动的显著差别,建立了"揭河底"冲刷临界状态判别理论公式。

(5)充分发挥研究团队扎实的实体模型理论和试验技术上的优势,首次在实验室成功复演了真正意义上的黄河"揭河底"现象,进一步验证了建立的"揭河底"冲刷物理图形的正确性,后续的系列试验弥补了原型观测资料跟随性差这一不足,为深入认识"揭河底"现象和研究"揭河底"冲刷临界条件奠定了坚实的基础。

引进美国 Tekscan 公司先进的片状薄膜式压力传感器,对胶泥块底部受到的脉动上举力进行了实时的跟踪观测,量化了胶泥层揭起的临界状态,确定并验证了"揭河底"冲刷判别条件中的关键参数 K,其值为 0.2。

(6)利用先进的 ADV 和 PIV 量测设备,从水流紊动特性入手,通过专门的水槽试验,着重研究了胶泥块底部水流紊动结构的发生与发育过程,详细观测了不同揭掀状态下紊动结构的实时分布与量值关系,揭示了紊动结构的传播机理;同时发现水流表面紊动最强烈的部位并不在"揭河底"冲刷的前端,而位于其下游,纠正了人们对该现象的传统认识,明晰了工程出险的准确部位,避免了抢险的盲目性。

(7)系统总结了黄河小北干流河段"揭河底"现象发生前后的河势变化、发生位置及工程出险特征、工程抢险防护经验,结合专门的室内水槽试验,揭示了"揭河底"冲刷期工程出险机理,以及工程一般冲刷和"揭河底"冲刷过程的差异与上下游水位表现,提出了适用于"揭河底"冲刷河段的工程防护措施及相应对策。

(8)在对历史资料系统整理的基础上,建立了"揭河底"冲刷期上下游水文站的水沙响应关系,发现"揭河底"冲刷使下游水文站的含沙量和泥沙级配粗化均有不同程度增加;基于不同时期三门峡、小浪底水库对高含沙洪水调蓄效果的分析,结合现有水库对高含沙洪水的调度原则,提出了"揭河底"冲刷期高含沙洪水的优化调度模式。

本书撰写人员及撰写分工如下:江恩慧参与撰写第一章、第二章、第三章、第四章、第五章、第十一章;李军华参与撰写第三章、第五章、第六章;曹永涛参与撰写第一章、第二章、第八章、第九章;张清参与撰写第三章、第八章;刘雪梅参与撰写第四章、第六章;潘丽参与撰写第七章;万强参与撰写第九章;何鲜峰参与撰写第三章、第五章;郭全明参与撰写第八章;杨忠理参与撰写第十章。全书由江恩慧负责统稿及技术把关。

参加该项研究的工作人员还有赵连军、肖洋、张亚丽、范永强、董其华、董文胜、高玉琴、张杨、陈江妮、屠新武、薛选世、贾玉芳、席秀娟、赵新建、张向萍、顾霜妹、韩立茹、夏修杰、刘燕、刘杰、黄鸿海、唐克东、王卉、翟莹莹、雷政、贾峰、刘旭、郭贵丽、胡月玲、柴俊芳、董伟峰、赵国勤、张晓燕、黄保强、李小娥、荆新玲、卢冬梅、荆凯、夏凌、张少培、任进全、王晓梅、郑伟、石钺、陈红等,同时得到韩其为院士、韦直林教授,以及王光谦院士、胡春宏院士、倪晋仁院士、唐洪武教授、白玉川教授等的直接指导与帮助,在此一并致以由衷的感谢!

本研究成果不仅可丰富高含沙水流的理论研究,更重要的是,研究过程中采用的多学科交叉、多研究手段并用的创新研究模式,为今后一定时期内黄河科研提供了有益的借鉴。

由于问题的复杂性,加之作者的学识水平和表述能力有限,纰漏之处,敬请读者批评指正。

作　者

2015 年 6 月

目 录

第一章

黄河"揭河底"现象

据不同文献记载,黄河干流府谷河段、龙门水文站附近的宁家碛河段及龙门以下龙门至潼关河段(简称小北干流河段)、支流延水河段、渭河临潼至华县河段、北洛河朝邑河段等(见图1-1),当通过高含沙量洪水时,由于水流能量($\gamma_{m}QJ$,γ_{m}为浑水容重,Q为流量,J为河床比降)巨大,河床往往会发生剧烈的集中冲刷,在前期经过一定时期淤积、沉淀,密度较大、强度较高(包括抗压强度和抗折强度)的"胶泥层",有时会从床面上被揭掀而起,像卷"地毯"一样被卷起,成块、成片地露出水面,面积可达几平方米甚至十几平方米,然后在短时间内破碎、坍落,被水流冲散带走。一旦发生这种情况,河床往往发生强烈下切,严重者一次洪峰可以将河床冲深几米甚至近十米。当地居民把这种高含沙洪水条件下河床的剧烈冲刷现象形象地称为"揭河底",又称"揭河底"冲刷。大多文献把这种现象称为黄河"高含沙水流运动的特有现象之一"。由于"揭河底"现象形成条件比较特殊,包括长年工作在黄河岸边的水利工作者和沿黄居民,能真正亲眼目睹"揭河底"现象的人很少,因而其素有"黄河百年奇观"之称。但在本次调研过程中,据龙门、临潼、华县等水文站工作人员介绍,实际上"揭河底"现象几乎年年发生,只是大多规模较小而已。

据调查,黄河北干流府谷河段的"揭河底"冲刷,一般多发生在天桥水电站坝下游府谷断面附近河段。"揭河底"处大都位于河道主流位置,淤积物一般成片揭起,但没有发现全断面、大规模的沿程揭底冲刷。其中,1988年6月25日发生"揭河底"冲刷时的日均流量仅为285 m^3/s,日均含沙量仅98.6 kg/m^3,说明"揭河底"并非只有在高含沙洪水条件下或大流量条件下才能发生。

黄河龙门水文站附近的宁家碛河段和小北干流河段,是国内外学者关注最多的发生"揭河底"现象的河段,文献对该河段发生"揭河底"情况的记载也相对较系统全面。龙门水文站以上河段发生的"揭河底"现象一般在龙门水文站上游33 km的宁家碛附近出现,实际上,根据我们的野外调查,许多人认为在其上游的几个碛滩河段发生"揭河底"冲刷可能性也很大,只是那里人烟更加稀少,没有人观测记录而已。

最令人欣慰的是,本次研究过程中,我们观测、收集到了2004年小北干流引洪放淤输沙渠中和2004年、2013年小浪底库区河堤站附近的"揭河底"照片、录

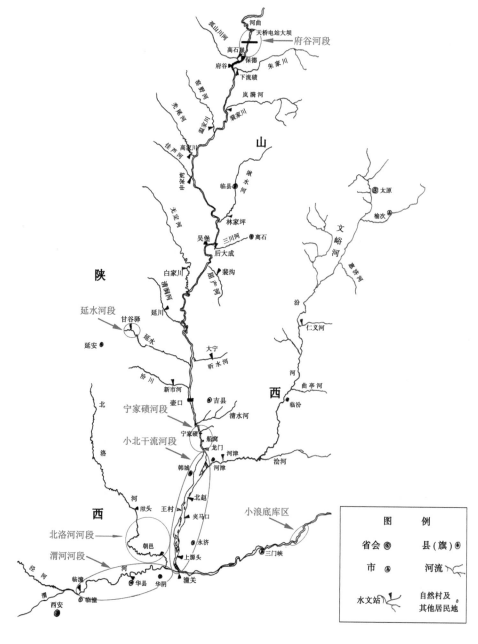

图1-1 黄河干流及其支流经常发生"揭河底"冲刷的河段

像及相应时段内的水沙、河床地形资料。从这三次实测情况看,发生"揭河底"冲刷的胶泥层沉积时间并不一定需要很长,只要沉积凝结强度达到一定值之后,水沙条件允许,即可发生"揭河底"现象。

为了给黄河"揭河底"现象研究提供系统详细的第一手原型资料,本次研究先后对黄河北干流府谷河段、小北干流河段、渭河临潼至华县河段、小北干流引洪放淤输沙渠及小浪底库区等开展了多次现场调研,对原始记录数据进行了全面的抢救性挖掘,收集整理了目前所能收集到的绝大部分文献资料,走访了多位水文工作者和老船工,听他们讲述亲眼目睹的"揭河底"现象发生时泥浪滔天、排山倒海的壮观景象,取得了大量第一手感观和原型实测资料,并系统整理了本次研究过程中室内所有试验数据,建立了黄河"揭河底"研究数据库。本章在前人大量艰苦工作的基础上,对"揭河底"现象进行了系统的归纳和总结,以供读者和后续研究人员参考。

第一节 黄河小北干流河段"揭河底"现象

小北干流河段是黄河发生"揭河底"现象次数最多、规模最大的河段。据龙门水文站工作人员介绍,龙门河段的"揭河底"现象非常频繁,但多数情况下"揭河底"现象发生的规模较小。据文献统计,1950 年以来黄河小北干流共发生了 11 次有水文资料记录的"揭河底"现象,"揭河底"发生时龙门断面记载的有关情况见表 1-1。

表 1-1　1950 年以来黄河小北干流"揭河底"记载情况

序号	时间 （年-月-日）	龙门断面			冲刷长度 （km）	河槽变化 情况
		最大流量 （m³/s）	最大含沙量 （kg/m³）	最大冲深 （m）		
1	1951-08-15	13 700	542	2.19	132	
2	1964-07-06～07-07	10 200	695	3.5	90	大摆动
3	1966-07-16～07-20	7 460	933	7.5	73	
4	1969-07-26～07-29	8 860	740	2.85	49	大摆动
5	1970-08-01～08-05	13 800	826	9	90	大摆动
6	1977-07-04～07-09	14 500	690	4	71	大摆动
7	1977-08-02～08-08	12 700	821	2	71	大摆动
8	1993-07-12	1 040	436	1.27		
9	1995-07-18	3 880	487	1.43		
10	1995-07-27～07-30	7 860	212	1.37		
11	2002-07-04～07-05	4 580	790	1.25		

黄河龙门水文站以下的小北干流河段是典型的游荡型河道,发生"揭河底"

冲刷时,河道在平面上往往呈大幅度摆动,主槽强烈冲刷,滩地大量淤积,河势由散乱趋于规顺,形成"高滩深槽"的横断面形态。之后,随着高含沙洪水过程的结束,在一般水沙条件下,"深槽"又会被回淤抬高,短则当年回淤完成,长则2~3年回淤完成,河槽又恢复到宽浅状态,随着平滩流量的减小和输沙能力的降低,河势又呈游荡散乱,河床淤积量逐渐增加。待河床横断面形态和纵比降调整到一定程度,且河床淤积物具备了一定厚度和一定的固结强度时,再遇高含沙大洪水或水流条件具备,就会出现新一轮的"揭河底"冲刷过程,河道这一往复性演变过程,孕育了该河段淤积—强烈冲刷—淤积的周期性变化,但河床演变的趋势仍是淤积抬高的态势。

为了掌握"揭河底"现象发生时河道演变、胶泥块揭前揭后水流的形态有无异常现象、胶泥块揭起的位置及大小、"揭河底"冲刷对河道治理工程及引水设施的影响等,项目组特别邀请了在此方面颇有研究的缪凤举教授一道于2007年11月13日至17日驱车上千千米,横跨豫陕晋蒙四省,先后走访了三门峡库区水资源局、渭河华县水文站及临潼水文站、北洛河(渭河支流)㳇头水文站、河津黄河河务局、龙门水文站、天桥水电站及其下游的府谷水文站,其间分别与上述几个单位曾经亲眼目睹并对"揭河底"现象研究较多的程龙渊、高德松、赵国勤等十几位专家进行了座谈。河津黄河河务局赵国勤是最近一次用最先进设备,摄录下最清晰、最完整的2002年小北干流"揭河底"现象的目睹者之一,而且长期从事小北干流河段河道治理与管理工作。本次调研中,赵国勤亲自陪同项目组走访了"揭河底"现象多发的船窝至禹门口河段、小北干流河段。通过与亲眼目睹"揭河底"现象的老船工以及水文测验人员现场交流,对"揭河底"现象实际发生时的情况有了一些直观认识,搜集了记载相关"揭河底"现象的文章,结合调研的实际情况,总结概述如下。

一、1933年8月"揭河底"现象

记载黄河小北干流河段"揭河底"现象发生的史料较多,但该现象最早起始于哪个朝代,无法考证。《潼关县志》载:"唐懿宗咸通六年(公元865年)十月,夜大风,声如雷吼,河水暴涨,沙石俱下,潼关城倾倒。"《朝邑县志》载:"清德宗光绪二年(公元1876年)六月二十七日,河大涨,水势急,水头高,泥沙滚滚,来势十分可怕。"从这些文字描述中,可以判断当时可能发生了"揭河底"现象。

1933年美国人塔德和挪威人安立森合写的《黄河问题》一文,首次将船工俗称的"揭河底"一词用于文章当中。据记载:"1933年8月,龙门站发生'揭河底'现象,最大日平均流量8 500 m³/s,龙门附近河床剧烈冲刷12 h,造成该河段1 km范围内河床冲刷厚度达9 m左右,在龙门上下游50 km范围内河床平均冲刷4.5 m,冲起泥沙约2.0亿 m³,其中一部分淤积在潼关以上,另一部分挟带至黄河下游。潼关一带直至陕州(今三门峡陕州区)附近刷深1~2 m······"就在这次大规模"揭河底"冲刷后,龙门附近河岸岩石上古代埋置的系锚用的铁环(原来淤没在河床中)又被冲刷暴露出来。

史辅成、易元俊在文献中这样描述:1933年洪水,是陕县(今三门峡西部)自1919年设站以来实测到的最大一次洪水。泾、洛、渭河和黄河龙门以上来水相遭遇,陕县洪峰流量为20 000 m³/s。据调查,在洪水过程中自龙门到潼关沿河普遍发生"揭河底"冲刷。龙门的老船夫反映,"1933年大水揭底后,船窝(距离禹门口以上约8 km)至禹门口沿岸咸丰年间所置拴船铁桩露出水面1 m多"。后找到此桩,桩上铸字为咸丰十一年(1861年)制,说明1933年"揭河底"后的河床高程与1861年的河床高程是相近的,经调查估算,"揭河底"冲刷深度为6 m左右。据潼关实测水位资料,潼关站1933年汛后河床高程较汛前降低1.5 m左右(据调查该年渭河也产生了"揭河底"冲刷)。从1934~1936年连续几年资料看,龙门至潼关段削峰率有的是负值,有的不到10%。其中削峰率为负值的1934年、1935年,也有可能是由于测验误差所致,但是至少可以说明削峰率是小的。这一情况表明有时一次"揭河底"冲刷以后,主槽的滩槽高差可维持2~3年之久,从而使这几年的削峰率保持在较小的水平上。

1933年龙门尚未设立水文站,没有实测水文资料,按照陕县、张家山、㳇头站实测资料推算,龙门站8月1日洪峰流量19 200 m³/s,8月8日为9 370 m³/s,最大瞬时洪峰流量为17 000 m³/s,最大日平均含沙量643 kg/m³。据记载,北洛河㳇头站8月9日洪峰流量为2 060 m³/s,泾河张家山站8月8日14时洪峰流量为9 200 m³/s,渭河咸阳站8月8日17时洪峰流量为4 780 m³/s,推求渭河华县站8月9日洪峰平均流量为8 870 m³/s,最大瞬时流量为10 470 m³/s,最大日平均含沙量为518.63 kg/m³,干支流汇合形成8月10日陕县洪峰流量22 000 m³/s。据史料记载及调查考证,1933年洪水是有实测资料记载以来黄河干支流发生的最大洪水,黄河中游龙门发生"揭河底"冲刷,一直持续到潼关以下。此次洪水黄河下游兰考、封丘附近及渭河下游都发生了不同程度的"揭河底"冲刷。

二、1951年8月"揭河底"现象

1951年8月中旬,黄河中游发生大洪水。8月15日,龙门站流量为13 700 m³/s,但是日均含沙量仅为38.6 kg/m³,因此洪水涨峰阶段并非高含沙洪水;8月16日,洪峰流量有所下降,但是日均含沙量达到542 kg/m³,16日5时水位为382.59 m,到8时水位陡降2.0 m。因此,判断16日5时至8时为剧烈"揭河底"冲刷时段,绘制该时段水位、流量、面积关系曲线,查得面积1 000 m²时水位差为2.5 m。与此同时,潼关断面没有明显的冲淤变化。

三、1964 年 7 月"揭河底"现象

1964 年 7 月 6～9 日,黄河中游龙门至潼关河段发生了高含沙洪水,洪峰来源主要是清涧河、无定河、延水。这三条支流的最大流量分别达到了 4 130 m³/s、650 m³/s、1 910 m³/s,最大含沙量分别达到了 805 kg/m³、551 kg/m³、882 kg/m³。清涧河延川水文站多年泥沙平均粒径为 0.037 mm,延水甘谷驿水文站多年泥沙平均粒径为 0.046 mm,此次产生"揭河底"冲刷的来沙主要为细沙。黄河龙门站洪峰流量为 10 200 m³/s,整个洪峰过程持续时间约 60 h,最大含沙量为 695 kg/m³,超过 400 kg/m³ 含沙量持续时间约为 24 h。潼关站洪峰流量为 9 240 m³/s,最大含沙量为 465 kg/m³,洪水过后,1 000 m³/s 水位下降 2.31 m。

四、1966 年 7 月"揭河底"现象

1966 年 7 月 17～20 日,黄河中游出现高含沙洪水,其洪峰主要来自于无定河、三川河,其次为窟野河。这三个河段的最大流量分别为 4 980 m³/s、4 070 m³/s、1 190 m³/s,最大含沙量分别为 878 kg/m³、758 kg/m³、1 210 kg/m³。无定河白家川水文站多年泥沙平均粒径为 0.050 mm,三川河后大成站多年泥沙平均粒径为 0.031 mm,泥沙主要来自于细沙区,窟野河来沙较粗。洪水造成龙门站洪峰流量为 7 460 m³/s,整个洪峰过程持续时间为 33 h。龙门站洪水最大含沙量为 933 kg/m³,400 kg/m³ 以上含沙量持续时间为 54 h,500 kg/m³ 以上含沙量持续时间为 45 h。龙门站水位在汛前一直维持在 380 m 以上,经过 7 月 18 日的高含沙洪水后,龙门站水位有明显下降,洪水前后,500 m³/s 流量的相应水位下降约 6.87 m。本次洪水传播到潼关站时对应洪峰流量为 5 130 m³/s,最大含沙量为 476 kg/m³,同期渭河及其他支流来水来沙均较小。

五、1969 年 7 月"揭河底"现象

1969 年 7 月 26～29 日,黄河龙门河段发生了高含沙洪水,洪峰主要来自于三川河、屈产河、昕水河。其中三川河的最大流量为 2 860 m³/s,最大含沙量为 674 kg/m³;屈产河的最大流量为 3 380 m³/s,最大含沙量为 698 kg/m³;昕水河的最大流量为 2 880 m³/s,最大含沙量为 574 kg/m³。昕水河大宁水文站泥沙多年平均粒径为 0.027 mm,泥沙主要来自于细沙区。洪水造成龙门站洪峰流量为 8 860 m³/s,涨落迅猛,整个洪水过程约 22 h。最大含沙量 752 kg/m³,峰型肥胖,整个沙峰持续时间约 46 h,400 kg/m³ 以上含沙量过程持续达 32 h,500 kg/m³ 以上含沙量过程持续时间超过 24 h。龙门站汛前水位维持在 381 m 左右。洪水过后,水位下降明显。洪水前后 800 m³/s 水位下降约 2.8 m,2 000 m³/s 水位下降 2.02 m。潼关站洪峰流量 5 680 m³/s,潼关站最大含沙量 404 kg/m³。受

渭河支流来沙影响,潼关站含沙量过程出现两个峰值。渭河华县站洪水流量较小,洪水含沙量较高,最大含沙量达到 508 kg/m³。潼关站汛期洪水位变化不大,没有明显的下降。

程龙渊 1969 年 7 月 28 日 5 时在龙门水文站禹门口断面右岸观测自计水位计时,测流断面附近水面平稳,水位 381.20 m,可以出船测流。当即去左岸叫人,走到禹门口铁索桥中间,发现禹门口外断面上出现一道斜跨全河的涡漩水流,好像一道"水堤"将水流阻挡。"水堤"顶高出上游水面 1 ~ 2 m,极为汹涌。上游水面风平浪静。到左岸叫人返回铁索桥时(不会超过 10 min),这道"水堤"已下移约 500 m。再去看自计水位计时,净水筒底已露出水面,水位已降低 1.92 m,河床已刷深 1.78 m,这才意识到这道斜跨全断面的涡漩水流,就是"揭河底"冲刷的产物。这次"揭河底"冲刷传播速度约为 3.0 m/s,好似一台特大挖河机,几分钟就将约 200 m 河宽挖掘出 1.78 m 深的河槽。在《黄河水文年鉴》上也有类似描述:当发生"揭河底"冲刷时,能看到大块河床泥沙被水掀起,露出水面数平方米,像是在河中竖起一道墙与水流方向垂直,两三分钟后即扑入水中。另外,"揭河底"冲刷一般不是沿河宽全断面发生,而是沿水流方向成带状发生,经过短时间如数小时乃至十余小时的剧烈冲刷,河床冲刷深度达数米甚至近十米,冲刷深度向下游递减。

六、1970 年 8 月"揭河底"现象

1970 年 8 月 2 ~ 4 日,黄河龙门站发生当年汛期唯一一次大于 10 000 m³/s 的高含沙洪水,其他时段洪水流量较小。水沙主要来自于窟野河、秃尾河,均为粗沙区支流,其次洪水来自于吴堡以下。其中窟野河的最大流量为 4 450 m³/s,最大含沙量达到 999 kg/m³,中值粒径 d_{50} 为 0.052 mm;秃尾河的最大流量为 3 500 m³/s,最大含沙量为 1 300 kg/m³,中值粒径 d_{50} 为 0.059 mm。吴堡站洪峰流量为 17 000 m³/s,沙峰峰值达 888 kg/m³,中值粒径 d_{50} 为 0.055 mm。其上游府谷站的流量也比较大,洪峰流量为 2 480 m³/s,该区间来沙较细,中值粒径 d_{50} 为 0.019 6 mm。本次洪水演进至龙门附近最大洪峰流量为 13 800 m³/s,最大含沙量达 826 kg/m³,中值粒径 d_{50} 为 0.071 5 mm。

龙门站洪峰最大含沙量 826 kg/m³,超过 400 kg/m³ 以上含沙量持续时间约 68 h,洪峰流量出现时间超前最大含沙量出现时间近 7 h。洪水前后 1 000 m³/s 流量水位下降 6.22 m,2 000 m³/s 流量水位下降 5.57 m;潼关站洪峰流量 8 420 m³/s,最大含沙量为 631 kg/m³。这场洪水传播到潼关后,对潼关河段河道也造成了明显冲刷。从潼关站洪水水位表现看,在洪峰流量 8 420 m³/s 过后,河道水位有明显下降,1 000 m³/s 流量水位下降了 1.91 m,2 000 m³/s 流量水位下降了

1.24 m。华县站同期也出现了高含沙洪水,但是洪峰流量不大。

黄河水利科学研究院杜殿勋在黄河小北干流调研时,曾亲眼目睹了此次"揭河底"现象。他描述道,1970 年 8 月初,船窝附近"揭河底"深达 10 m,龙门附近深达 9 m,将埋在龙门峡谷河床深层中的浮石和大冰块(厚度可达 0.3 m),掀出河床漂浮于水面。峡谷两岸石崖上有不少古代为帮助逆水行船而设的铁环和顶镐的石窝,昔日深埋河底,"揭河底"冲刷后也露出水面。

为弄清"揭河底"冲刷起讫地点和传播发展情况,程龙渊、席占平等人于当年 8 月中旬进行调查访问后也描述道:1970 年 8 月 2 日的洪峰,石坪子、船窝断面掀起的泥块高出水面 3 ~ 7 m,宽 7 ~ 10 m,好像一堵墙;龙门站马王庙断面发生了冲深 9 m(其中 3.56 m 为一般涨水冲刷)的罕见现象。禹门口以上 33 km 处为晋陕峡谷河段最后一道石碛"宁家碛",河床由岩盘和大块石组成,浪大流急,河床稳定,不存在"揭河底"冲刷问题。对宁家碛到禹门河段,程龙渊等共调查了四个地点,调查报告摘要如下:

(1)万宝山:位于禹门口上游 30 km,"揭河底"发生在 8 月 2 日 18 时左右,"揭河底"1 ~ 2 m 深。

(2)石坪子:位于禹门口上游 20 km 处。8 月 2 日 19 时发生"揭河底"现象,"揭河底"大约持续 3.5 h。掀起泥块高出水面 3 ~ 7 m,泥块宽 7 ~ 10 m,"揭河底"时还流淌有大冰块。

(3)狮子滩:位于禹门口上游 15 km 左右,"揭河底"较深,和 1933 年差不多。以前"揭河底"后,一次洪水就回淤了。这次"揭河底"经过两次洪水还未回淤多少。

(4)船窝:位于禹门口上游 9 km 处。"揭河底"深度在 10 m 以上,掀起泥块高出水面 4 m 多,宽 10 m 左右。"揭河底"时有大冰块漂浮。

(5)龙门马王庙断面同流量水位降低 6.6 m,北赵水位站降低 0.9 ~ 1.1 m,王村站降低 0.5 ~ 0.6 m,上垣头站降低 0.1 m。

从本次"揭河底"调查中可以发现,仅有石坪子(禹门口上游 20 km)、船窝(禹门口上游 9 km)两处群众反映曾发现掀起的泥块高出水面 3 ~ 7 m,宽 7 ~ 10 m,好像一堵墙的现象,其他河段没人看到有这种剧烈现象发生。

七、1977 年 7 月"揭河底"现象

1977 年汛期,黄河龙门河段共发生三场大洪水过程,7 月一场,8 月两场,三场洪水洪峰流量均超过 10 000 m³/s。其中,第一场洪水和第三场洪水龙门至潼关河段河床发生了"揭河底"冲刷。

1977 年 7 月 5 ~ 9 日,黄河龙门至潼关河段发生的三场高含沙洪水,主要来源于延河、清涧河、三川河,三条支流的最大流量和最大含沙量分别达到了 9 050

m^3/s、4 320 m^3/s、1 350 m^3/s 和 798 kg/m^3、767 kg/m^3、616 kg/m^3,这些支流均位于细沙来源区,"揭河底"洪水的泥沙来源也主要来自于细沙区。龙门站最大洪峰流量 14 500 m^3/s,实测最大含沙量为 690 kg/m^3,400 kg/m^3 以上含沙量过程持续 27 h,500 kg/m^3 以上含沙量过程持续 13 h。洪水前后 2 000 m^3/s 流量水位下降 4.59 m。潼关站洪水受龙门和渭河来水共同影响,实测最大流量为 13 600 m^3/s,最大含沙量为 616 kg/m^3。洪峰前后 2 000 m^3/s 水位下降 2.88 m。同期在黄河支流渭河也发生了高含沙洪水,洪水最大流量为 4 000 m^3/s,洪峰期最大含沙量为 703 kg/m^3,渭河华阴站洪峰期水沙过程滞后于黄河龙门站洪峰过程到达潼关站。

据现场目击者描述:1977 年 7 月 6 日,黄河龙门附近河道中泥浪滔天,大块大块的河床淤积物被河水掀起,露出水面高达数米。此时,龙门站流量 14 500 m^3/s,河势在永济河段蒲洲以上居西,以下居东。数小时后,洪水退去,河床下切 4 m 多,河道中出现一个宽仅数百米的窄深河槽。1978 年 8 月,龙门站发生洪峰 7 000 m^3/s 的流量,基本未出槽,而以前龙门站 3 000 m^3/s 多流量就漫滩。另外,从洪水过后河道整治工程出险情况看,1977 年 7 月 6 日,河津清涧湾工程河段发生"揭河底"现象,"揭河底"冲刷造成清涧湾工程垮坝 2 097 m。当天洪峰流量 14 000 m^3/s,含沙量 694 kg/m^3,水位很高,漫顶而过,小铁路被冲出 500 m 远,铅丝笼被冲出 700 m 远(2004 年底该段工程已较原工程退后 500~700 m)。在此次"揭河底"冲刷时,由于水位特别高,大荔县在河滩生产的群众因来不及撤离被洪水冲走 41 人。从这些描述可以看出,龙门河段发生了"揭河底"冲刷。1977 年 7 月 7 日,水文测验人员在潼关河段河道进行水文观测时也观察到该河段"揭河底"现象的发生,水面上先出现螺旋翻滚状前行的水流,之后不久成片状泥块露出水面。

八、1977 年 8 月"揭河底"现象

1977 年 8 月 6 日,黄河龙门河段发生了当年第三场超过 10 000 m^3/s 的洪水,洪水主要来自于无定河、清涧河、三川河,三条河流的最大流量为 3 820 m^3/s、1 020 m^3/s、1 300 m^3/s,最大含沙量为 755 kg/m^3、786 kg/m^3、475 kg/m^3,泥沙也主要来自于细沙区。本年汛期在 7 月 6 日和 8 月 3 日龙门站已经发生了两场超过 10 000 m^3/s 洪水,7 月 6 日发生的高含沙洪水在黄河龙门河段还造成了"揭河底"冲刷(前述),造成河床高程剧烈下降,洪水过后,河道中水流流量一直在 2 000 m^3/s 以下,含沙量和水位均较低。至 8 月 6 日,龙门站最大洪峰流量 12 700 m^3/s,实测最大含沙量为 821 kg/m^3,含沙量大于 400 kg/m^3 洪水持续时间约 34 h,含沙量大于 500 kg/m^3 洪水持续时间约 23 h。洪水前后 1 200 m^3/s 流量水位下降约 1.8 m。潼关站对应洪峰流量为 15 300 m^3/s,洪峰含沙量为 911

kg/m³。

据目击者回忆:1977 年 8 月 6 日,黄河洪水预报约 10 000 m³/s 流量,上午黄河洪水开始消退,但河床水面仍很宽,当时观察到小樊工程岸边 500~700 m 处,水面激流吼哮,浪花翻起,高度达 2~3 m,可谓有排山倒海之势! 其声音真是怒吼! 气势与正常洪水绝然不同!"揭河底"发生仅仅 2 h 就冲毁了原桥南工程 1~4 号坝和原下峪口工程 4~17 号坝。在数小时之后,洪水逐渐退去,但河床已刷深 4~5 m,水位降低 3~5 m,使小樊电灌站无法引水。显然该河段发生了剧烈的"揭河底"冲刷。

九、1993 年 7 月"揭河底"现象

1993 年 7 月 12 日 4 时,龙门断面流量为 230 m³/s,而含沙量则达到 489 kg/m³;12 时,洪水洪峰流量达到 1 140 m³/s,含沙量为 436 kg/m³,最大冲深为 1.27 m。在龙门河段附近水面发现单块揭起的河床泥块,现场河务部门的员工共观测到揭起泥块露出水面现象 13 处,并拍摄到了这一现象(见图 1-2)。由于该时段流量较低,水流对河道冲刷的能力很小,河道中水位和河床高程都没有明显的下降,本次冲刷为局部单块"揭河底"现象,没有形成长距离的"揭河底"冲刷。

(a)揭起块体即将露出水面时的水流情况

(b)揭起块体露出水面的瞬时情况

图 1-2　1993 年 7 月 12 日黄河龙门河段"揭河底"景象　(摄影:席占平)

(c) 淤积物的情况

(d) 淤积物向下游坍落的情况

(e) 淤积物坍落后的情况

续图1-2　1993 年 7 月 12 日黄河龙门河段"揭河底"景象

十、1995 年 7 月"揭河底"现象

1995 年 7 月 18 ~ 19 日,黄河龙门站洪峰流量为 3 880 m³/s,对应洪峰含沙量为 487 kg/m³。洪峰持续时间为 32 h,400 kg/m³ 以上含沙量持续时间 21 h。洪水传播到潼关站时洪峰流量为 3 190 m³/s,对应含沙量为 203 kg/m³。郭相秦也拍摄到了龙门河段的"揭河底"现象,见图 1-3,照片中可以明显看到直立的胶泥块。

1995 年观测到掀起泥块再坍塌消失过程的流量范围为 867 ~ 4 000 m³/s,含沙量范围为 15 ~ 487 kg/m³,河床均无显著的冲淤变化。这种现象在龙门马王庙

图 1-3　1995 年 7 月 18 日黄河龙门河段"揭河底"景象　（摄影：郭相秦）

河段屡见不鲜，多发生在中小流量级，若掀起泥块较小，且小于当时水深时，揭起的胶泥块就不会露出水面，但水面会发生明显的变化，可以看到浪花翻滚现象，当地人形象地称为"卷毛虎"浪，这种现象河水向上游翻卷倒流。到目前为止，尚未观测到这种掀起的胶泥块造成河床降低数米的情况出现。

十一、2002 年 7 月"揭河底"现象

2002 年 7 月 4 日 19 时 42 分至 7 月 5 日 1 时，黄河龙门站流量一直持续在 2 350 m³/s 以上，最大洪峰流量 4 600 m³/s（7 月 4 日 23 时 24 分）；7 月 4 日 23 时至 7 月 5 日 8 时，其含沙量均在 500 kg/m³ 以上，最大含沙量达 790 kg/m³；7 月 5 日 5 时，流量仅 1 710 m³/s，含沙量高达 600 kg/m³。在这样的高含沙洪水条件下，黄河小北干流山西河津河段大、小石嘴工程区间于 7 月 5 日 8 时 10 分至 8 时 40 分，发生了局部的"揭河底"冲刷现象，洪水前后龙门站 1 000 m³/s 水位下降约 1.22 m。据目击者介绍，8 时 10 分时，首先是河津河段小石嘴改建工程 1 号丁坝上游有掀起物露出水面；8 时 22 分，在离岸边 20 m 处，露出较大一块掀起物，高约 1 m，长 8～9 m，厚约 0.4 m；8 时 27 分，1 号丁坝上游 30 m、离岸边 15 m 处，又露出第二块大的掀起物，高约 1 m，长 7～8 m，厚约 0.3 m。与此同时，1 号丁坝至 5 号丁坝区间也有小的掀起物，这种情况一直持续到 8 时 40 分，其间伴随着汹涌的水声。2002 年 7 月 5 日发生的局部"揭河底"冲刷，使左岸小石嘴工程 1 号坝坍塌垮坝达 33 m，险情一度十分危急，经全力抢护，才化险为夷（见图 1-4）。这次"揭河底"现象被正在巡堤的河津县河务局副局长赵国勤及其同事利用照相机、摄像机拍了下来，这也是国内首次利用高清晰度摄像机拍摄到的黄河"揭河底"冲刷全过程。此录像在国内曾引起一片轰动，中央电视台、黄河电视台及多家报纸及媒体都进行了详细报道。

(a) 揭底前水流状态

(b) 揭起胶泥块情况

(c) 胶泥块坍落情况

图1-4 2002年7月5日黄河河津河段"揭河底"发生情况 （摄影:赵国勤）

第二节　黄河干流其他河段"揭河底"现象

一、府谷河段"揭河底"现象

在黄河干流府谷河段调研时,据船工、水文站站长及工作人员讲,天桥水库排沙时该河段曾多次发生过"揭河底"现象,位置多在府谷水文断面附近,揭起的块体多位于河道的主流带,一般有 1 m 多高,厚 0.5 m 左右。

1988 年水利部黄河水利委员会勘测规划设计研究院开展府谷火电厂防洪围坝设计,6 月 25 日下午 2 时左右史辅成等人在天桥坝下孤山川河口下游乘船查勘时,发现当时的水流含沙浓度很高,鱼被呛得浮到水面上,有些老乡用鱼网在河边捞鱼。这时忽然听到上游有劈里啪啦的声音,抬头望去,只见 100 多 m 远处有一片片 1.0 ~ 1.5 m 高的黑黄色片状物从河床中竖起,停留 3 ~ 5 s 又落下去,此起彼伏,连续不断;而且,当时这种现象也不是发生在河道全断面,而是发生在主河槽一带。事后,通过查阅天桥水电厂下的府谷水文站实测资料,当时正值汛前天桥水库泄水冲刷库区淤积泥沙,最大下泄流量为 564 m³/s,含沙量为 500 kg/m³。史辅成从本次现场观察以及后来收集到的以往"揭河底"时段府谷水文站流量、含沙量、悬移质颗粒级配等数据,研究了府谷河段的"揭河底"指标,提出以下认识。

(一)"揭河底"冲刷的流量级别问题

史辅成认为他实际观察到的"揭河底"现象是小规模的,而且是在局部河段,持续时间也不长,但它的性质属"揭河底",而不是一般的沿程冲刷。过去我们的概念是,流量必须达到某量级时才发生"揭河底"冲刷(龙门一般是在 5 000 m³/s 以上,渭河下游在 2 000 m³/s 以上),即高含沙并伴随着较大洪峰出现时,才有发生"揭河底"冲刷的可能。这多是由于流域内发生一定量级暴雨,相应产生较大的洪峰流量,同时暴雨也使黄土丘陵或黄土塬区受到强烈侵蚀,出现较大含沙量。而这次是在天桥水电厂泄空排沙期间,流量只有 564 m³/s,也发生了局部性"揭河底"冲刷。这说明在特定条件下,只要其他条件具备,小流量也可以在某些河段产生"揭河底"冲刷,只是其规模随着流量的大小而改变,流量大则"揭河底"规模大,反之则小。

(二)"揭河底"的含沙量级别问题

从以往黄河干支流实测资料可知,一般发生"揭河底"时含沙量要达 500 kg/m³ 以上,本次实际观测"揭河底"时的含沙量也达到了 500 kg/m³。因此,高含沙量可以认为是产生"揭河底"冲刷的必要条件。

(三)前期河床条件

从龙门实测资料分析,并不是只要有大流量和高含沙量就会发生"揭河底"

冲刷,一般要隔几年发生一次,说明还有一个前期河床条件的问题。从现场观察情况看,河床淤积物成片地竖起后,有的慢慢地弯成锅形,然后再倒向下游,说明河床上必须有一层细颗粒淤泥层,才能形成这种景观。如果前期河床是中细沙,发生冲刷时将被水流冲散,混于水中,而不可能成片地竖起来。因而可以认为"揭河底"前的一段时间有细颗粒泥沙在河床上淤积,而造成这种沉积的条件,必须是流量和流速相对较小。府谷水文站距发生"揭河底"处仅 4~5 km,故可以从该水文站资料进行分析,见表1-2。

表1-2 1988年6月"揭河底"前府谷站日均流量、含沙量

日期	18	19	20	21	22	23	24	25
日均流量(m^3/s)	392	265	259	193	172	96	94	285
日均含沙量(kg/m^3)	1.74	1.63	0.77	0.77	0.83	0.51	0.21	98.6

表1-2 显示,从 6 月 18 日至泄空冲刷前的 24 日,府谷站日均流量由 392 m^3/s 逐渐降至 94 m^3/s。到 25 日发生"揭河底"时的流量也仅 285 m^3/s;6 月 18 日至 24 日的含沙量更小,几乎为清水,到 25 日发生"揭河底"时含沙量也仅 98.6 kg/m^3。这一点和前述小北干流的情况差异很大。

水流的流速可以从府谷站的实测流量成果表中得到,见表1-3。从表中可看出,自 6 月 18 日 12 时至 6 月 25 日 11 时,断面流速仅为 1.0 m/s 左右,此时由于流速较小,必将有一部分细颗粒泥沙沉积下来。至 6 月 25 日 14 时,也就是观察到发生"揭河底"的时刻,断面平均流速增大到 1.5 m/s,最大流速增大到 1.99 m/s,则将前期淤积、沉淀的细颗粒泥沙,经一定时间固结成层(或块)的"胶泥层"(或较大面积的胶泥块,黄河下游常被称作为"透镜体淤积"),以"揭河底"的形式冲起。

表1-3 府谷站实测流量与流速成果

| 施测时间 | 流量(m^3/s) | 流速(m/s) | |
（年-月-日 T 时:分）		平均	最大
1988-06-18T12:00	438	1.08	1.46
1988-06-21T15:00	148	0.97	1.15
1988-06-22T16:00	103	0.95	1.28
1988-06-25T08:00	82	1.01	1.31
1988-06-25T11:00	48	1.09	1.63
1988-06-25T14:00	564	1.50	1.99

另外,通过府谷水文站在"揭河底"前一段时间施测的几次泥沙颗粒分析结果,也可以说明"揭河底"发生前的一段时间内,确实存在着水流挟带细颗粒泥

沙的现象,见表1-4。

表1-4 "揭河底"冲刷前府谷站泥沙颗粒级配

取样时间	小于某粒径沙重占全部沙重百分数(%)						平均粒径
(月-日)	0.005 mm	0.010 mm	0.025 mm	0.05 mm	0.10 mm	0.25 mm	(mm)
05-30	50.8	59.1	70.9	85.8	98.8	100	0.019
06-22	72.4	82.0	91.0	95.4	98.8	100	0.009
06-25	44.7	56.2	71.8	87.5	99.4	100	0.019

从表中可以看出,5月30日和6月25日平均粒径为0.019 mm,小于0.005 mm的细颗粒泥沙分别占全沙的50.8%和44.7%,小于0.01 mm的细颗粒泥沙分别占全沙的59.1%和56.2%;6月22日平均粒径减小到0.009 mm,小于0.005 mm的泥沙占全沙的72.4%,小于0.01 mm的细颗粒泥沙占全沙的82%,也就是说,来沙大部分属于黏性颗粒。6月18日至6月22日的流量、流速、级配资料表明,在流量103~438 m³/s,平均流速仅0.95~1.08 m/s的情况下,这种含沙量较高的极细沙黏性颗粒必然要有一部分淤积下来,说明该时段也就是说"揭河底"冲刷发生前的一段时间高含沙水流通过府谷水文站上下游河段形成了"揭河底"冲刷的河床边界条件。

对以上观点,在前期"948"项目"黄河高含沙洪水'揭河底'机理研究"过程中,我们还持有一些不同看法。认为6月25日之前的几天时间里,流量都较25日发生"揭河底"时还大,而含沙量并不是很大,且在这么短的时间内细颗粒泥沙可能还来不及固结,因此在此期间细颗粒泥沙淤积成胶泥块的可能性不大,我们推测河床存在的胶泥层有可能是长期泥沙沉积的结果。现在从下述的小浪底库区"揭河底"现象和小北干流放淤输沙渠中的"揭河底"现象看,可能史辅成的看法是正确的。

二、小浪底库区"揭河底"现象

小浪底库区发生的"揭河底"现象目前收集到的观测资料仅两次,均发生在河堤站上下。据当地人说,该河段这些年曾发生过多次"揭河底"现象。

(一)2004年7月

据三门峡库区水文水资源局职工韦中兴、牛长喜介绍,2004年7月5日黄昏时分,位于小浪底库区南村大桥上游的黄河河道发生了明显的"揭河底"现象,该处下游1 km为小浪底水库当时的回水末端。

当日15时,上游三门峡水库开闸泄流,流量为2 000 m³/s的洪水于傍晚时分演进到小浪底库区南村河段。19时左右,在小浪底库区南村大桥上游约500 m(库区淤积测量黄河 36、37 断面之间,两断面间距 2 500 m)处,发生"揭河底"现象。

"揭河底"发生前,该河段水面较为平顺。"揭河底"发生时,水面突然扬起浪花,水流紊动加剧,瞬间水面上涌起黑褐色带状泥水混合物,不断翻滚涌动。伴着不断翻滚的水浪,成片泥块涌出水面,高达 3 m 左右,宽约 7 m,这一现象大约持续了 3 min 后自然消失,水面恢复平静。约 20 min 后,这种现象再次复现在这一河段。

这次"揭河底"现象发生之时,正值小浪底和三门峡水库大流量泄流之际,"揭河底"位置正好在小浪底库区回水末端异重流潜入点上游约 1 000 m 处,当时该河段刚由回水末端变为自然河道,在复杂的河势和水流情况下,发生了较为罕见的"揭河底"现象。

据当时正在这一河段测流,并近距离目睹了"揭河底"现象的河堤水文站孙东方站长说,当时浪大流急,响声很大。正在开展汛前调水调沙库区泥沙扰动工作的人员在南村大桥上也同时看到了这一景象。

(二)2013 年 7 月

2013 年 7 月 4～5 日,趁 2013 年汛前调水调沙的有利时机和三门峡水库下泄大流量之机,黄科院黄河小浪底研究中心科研人员张俊华、郜国明等人对小浪底水库进行勘察调研。7 月 5 日上午 8 时左右,三门峡水文站流量为 3 080 m^3/s,含沙量 20～30 kg/m^3。突然,河对岸传来哗哗的水声,望过去,只见对岸边的河面起浪了,顺水流方向有一条突起的浪,长有一百余米,高出水面近半米高,伴随而来的是哗哗的水声,且声音逐渐加大,水浪的颜色也在加深,由黄色逐渐变成了暗褐色。科研人员现场观测到河道水流湍急,河床冲刷下切,两岸滩面滑塌,并且拍到了发生的"揭河底"现象(见图 1-5)。据当地人说,该河段往年也曾发生过"揭河底"现象。

图 1-5　2013 年 7 月 5 日小浪底水库"揭河底"现象　(摄影:李涛)

三、黄河下游"揭河底"现象

在黄河下游,"揭河底"现象很少出现。但据调查资料,在黄河下游游荡型河段的上段,1977 年 7 月也发生过一次"揭河底"现象,其冲刷长度达 210 km,出现高含沙水流"揭河底"冲刷后,很多险工坝头发生强烈冲刷,致使一些坝头发生坍塌下蛰,在出现"揭河底"的河段下游险工坝头最大冲深在 10 m 以上,中牟险工有个别坝头冲刷达 14 m,对堤防的安全造成极大威胁。

1977 年 7、8 月黄河下游出现了历史上少有的两场高含沙量洪水,当时三门峡及以下各站沿程含沙量见表 1-5。

表 1-5　1977 年洪水最大含沙量沿程变化　　　（单位:kg/m³）

时间 （年-月）	三门峡	小浪底	花园口	夹河滩	高村	孙口	艾山	泺口	利津
1977-07	589	535	546	405	405	227	218	216	196
1977-08	911	941	809	338	284	235	243	195	188

7 月洪水泥沙组成较细,d_{50} 为 0.04 mm,8 月洪水泥沙组成较粗,d_{50} 达 0.105 mm,详见图 1-6。

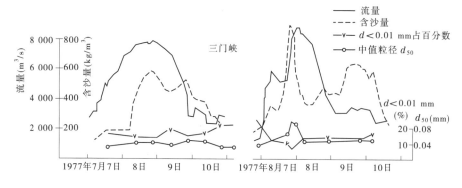

图 1-6　1977 年高含沙洪水流量、含沙量、泥沙组成过程线

由图 1-6 可知,7 月洪水在夹河滩以上河段主槽产生强烈冲刷,洪水前后 5 000 m³/s 水位下降 0.6 ~ 1.2 m。主槽在冲刷的同时,嫩滩淤积很严重,普遍淤高 0.5 ~ 0.8 m,这样严重的淤积把滩地上原有的串沟、汊河堵塞淤平,使游荡型河段平面形态由原来的多汊、散乱变得比较单一和平顺,使河槽的断面形态趋向窄深。花园口站发生"揭河底"冲刷时的水、沙情况表明,黄河下游游荡型河段强烈冲刷往往发生在洪峰前几个小时或洪水落水初期,这是因为在水流散乱的游荡型河段,要经过一段时间的淤滩刷槽,水流才能集中归槽,增加单宽流量,以

增大冲刷能力。

从 1977 年 7 月黄河下游"揭河底"冲刷的表现可以看出,滩地强烈淤积迫使水流向主槽集中,底部流速增大。同时,黄河这种特殊的泥沙来源特征、沉积特性造就了黄河下游河道内典型的透镜体(胶泥层)沉积形态,这些透镜体的存在为黄河下游河道发生长河段的"揭河底"冲刷提供了前提条件。在高含沙洪水作用下,河道形成的窄深河槽使底部流速增加,为"揭河底"发生提供了动力条件。

在此,需要说明的是,对于黄河下游"揭河底"现象的记录文献极少,对其发生的具体时间、地点、当时的情景等,描述也很不清楚。工作过程中曾经走访了一些老河工,都表示对此事不太清楚,说没有亲眼见过像小北干流那样典型的"揭河底"现象,只是听说 1977 年黄河下游也发生了"揭河底"现象,不过当年水流含沙量较高,高含沙洪水造床作用较大,河床冲刷很厉害,特别是水流顶冲的河道整治工程附近,河床下切更严重。因此,尽管黄河下游特别是郑州铁桥以上河段发生"揭河底"现象的可能性是存在的,但目前收集和调研的资料,对此支持力度还不够,我们对黄河下游曾经出现"揭河底"现象的说法也持怀疑态度,有待进一步落实。

第三节　黄河支流"揭河底"现象

黄河干流出禹门口至潼关河段,有汾河和渭河、北洛河汇入,在此形成了广阔的汇流区,平面上该河段河谷宽阔,水流散乱,河道冲淤调整非常剧烈,河道演变极为复杂。据资料统计,与黄河小北干流位置及水沙都较为相似的含沙量较高的几条支流,如渭河和北洛河,也经常发生"揭河底"冲刷现象。禹门口以上的延河等其他支流也曾出现过这种情况。

一、渭河"揭河底"现象

渭河不但是黄河的最大支流,也是黄河洪水和泥沙的主要来源区之一,发生过多次高含沙洪水。根据现场调研和文献记载,在临潼、华县到潼关一带,洪水期间发生"揭河底"冲刷是非常普遍的现象,特别是小规模、短时间局部河段的"揭河底"现象更加频繁。"揭河底"冲刷影响范围主要为泾河口到潼关河段。河槽冲刷变得窄深,滩面淤高,滩槽高差增加,平滩流量增大,河势归顺。据资料统计,渭河下游的"揭河底"现象,冲刷厚度一般自上而下沿程递减,但渭河口附近河段由于受潼关水位下降的影响,也有自上而下冲刷厚度递增的情况。临潼水文站和华县水文站分别是渭河进入关中平原的入口站和汇入黄河之前的把口站,为此我们专门到这两个水文站及其上下河段进行了考察调研。

渭河临潼水文站,在渭淤 26 断面下游 800 m 处,属于渭河过渡性河段的起始断面,河道比降约 0.63‰。华县水文站在渭淤 10 断面附近,所处河段为典型的弯曲性河道,河道比降约 0.16‰。

在走访临潼水文站时,水文工作人员称该河段以前及近期都曾见到过"揭河底"现象,且几乎年年发生。据他们讲,在进行水文测验时,测流断面处就曾发生过"揭河底"现象,揭起的位置一般在主流位置,揭起的块体有半米高,厚约 30 cm,而且揭起的块比较多。但华县水文站的工作人员称 20 世纪 80 年代以前在华县水文测验断面附近经常可以看到"揭河底"现象,但近十几年时间该地区再没有出现过明显的"揭河底"现象。黄科院张翠萍等人于 2001 年 8 月洪水过后在渭河查勘时曾用抄网抄起河边一块较大的胶泥块,推测这可能就是当时发生"揭河底"冲刷后从河床上揭起的,如图 1-7 所示。

图 1-7 2001 年 8 月 21 日渭河查勘时拍到的淤积物情况 (摄影:张翠萍)

此外,我们还整理了其他水文工作者对"揭河底"现象的描述。1964 年汛期,三门峡库区管理局水文勘测队的赵树起在测量渭河淤积断面时,平生第一次看到渭河洪水"揭河底"冲刷之奇景。他在《渭河洪水"揭河底"奇景》一文中描述到,"揭河底"时首先是洪流中起漩涡,继而出现形似蘑菇状渐渐隆起,揭起的泥片有的像一道墙,凸出水面数尺(临潼段升出水面稍高,有五六尺,渭南河段稍低),同时水流哗哗作响,狂涛滚滚,汹涌澎湃,矗立片刻,渐渐倾倒,溅起水花丈余,"揭河底"河段遍地开花,此起彼伏,持续二三小时乃息。经赵树起多次核察,他认为,"其实揭起河底之泥皮凸出于水面者,相对是少数,没能露出水面的泥块还有很多"。

据多家文献研究分析,1964~1992年渭河曾发生过7次较为强烈的"揭河底"冲刷,主要发生在1964年(两次)、1966年、1970年、1975年、1977年及1992年。"揭河底"冲刷主要发生在临潼至华县河段。统计7次"揭河底"冲刷的洪水来源,如表1-6及表1-7所示。另外,赵树起亲眼所见渭河洪水"揭河底"也有6次(1964年、1968年、1979年、1982年、1987年、1991年各一次),其中1987年及1991年"揭河底"现象还留下了一些图片资料,见图1-8及图1-9。渭河洪水"揭河底"3~5年发生一次。"揭河底"河段从耿镇桥下(渭淤27断面)到渭南城东赤水河口止(渭淤14断面)。此河段比降约1/3 500,河底凸凹不平,地貌学上叫渭河断谷区。洪水挟带来的卵石、砂、砾到雨金段(渭淤23断面),突然不见了,多年来,在交口镇(渭淤22断面)以下均未取到过卵石或大砂砾。

表1-6 1964~1970年渭河"揭河底"冲刷洪水来源

河名	站名	河道比降(‰)	平均粒径(mm)	1964-07-16~24		1964-08-12~17		1966-07-26~31		1970-08-02~10	
				Q_m (m^3/s)	S_m (kg/m^3)	Q_m (m^3/s)	S_m (kg/m^3)	Q_m (m^3/s)	S_m (kg/m^3)	Q_m (m^3/s)	S_m (kg/m^3)
油河	袁家庵	5.32		112	582	197	224	631	498	283	465
泾河	泾川	5.84		87.8	22.8	96.7	16.6	203	33.1	145	209
洪河	杨间	3.49		318	557	282	497	1 710	703	314	483
蒲河	毛家村	3.26	0.026	458	630	1 000	630	1 310	608	249	673
泾河	杨家坪	4.12	0.035	1 080	612	1 550	525	3 600	616	2 420	706
西川	洪德	1.35	0.041	935	906	636	872	1 230	952	689	899
西川	庆阳	1.54	0.036	1 520	869	4 590	998	1 830	908	1 330	825
东川	庆阳	2.69		518	692	2 170	591	680	704	238	842
马连河	雨落坪	1.40	0.042	1 570	821	3 710	875	3 290	934	1 690	842
达溪河	张家沟	2.78						560	761	781	398
泾河	景村	2.65		2 390	813	5 120	713	8 150	761	3 240	512
泾河	张家山	2.78	0.028	2 180	696	4 970	766	7 520	629	2 700	491
渭河	咸阳	2	0.024	3 000	455	1 320	666	1 660	327	1 250	333
渭河	临潼	1.86		5 030	602	3 970	670	6 250	688	2 930	801
渭河	华县	1.44	0.025	3 790	659	3 560	643	5 180	636	2 540	702
黄河	龙门	0.84	0.042	8 500	418	17 300	401	10 100	434	13 800	799
黄河	潼关	0.82	0.031	7 600	462	12 400	314	7 830	407	8 420	631

表 1-7   1975 ～1992 年渭河"揭河底"冲刷洪水来源

河名	站名	河道比降 (‰)	平均粒径 (mm)	1975-07-26 ～28		1977-07-06 ～10		1992-08-08 ～20	
				Q_m (m³/s)	S_m (kg/m³)	Q_m (m³/s)	S_m (kg/m³)	Q_m (m³/s)	S_m (kg/m³)
油河	袁家庵	5.32		88	461	467	447	134	186
泾河	泾川	5.84		263	582	640	475	248	372
洪河	杨闾	3.49		558	566	398	581	601	558
蒲河	毛家河	3.26	0.026	303	420	1 330	677	1 090	586
泾河	杨家坪	4.12	0.035	745	525	1 580	670	1 270	605
西川	洪德	1.35	0.041	263	875	29.8	873	425	944
西川	庆阳	1.54	0.036	623	679	3 930	689	677	821
东川	庆阳	2.69		688	748	3 690	699		
马连河	雨落坪	1.40	0.042	1 340	698	5 220	653	1 020	754
达溪河	张家沟	2.78		87	444				
泾河	景村	2.65		2 630	595	6 190	741		
泾河	张家山	2.78	0.028	2 390	612	5 750	670	2 380	769
渭河	咸阳	2	0.024	1 290	367	3 270		2 080	440
渭河	临潼	1.86		2 290	645	5 550	695	4 150	557
渭河	华县	1.44	0.025	1 720	634	4 470	795	3 950	569
黄河	龙门	0.84	0.042	3 220	94	14 500	690	7 720	400
黄河	潼关	0.82	0.031	4 740	292	13 600	590	3 910	297

图 1-8   1987 年 7 月 30 日渭河渭淤 18 断面"揭河底"现象   (摄影:赵树起)

图1-9 1991年7月21日渭河渭南市附近"揭河底"现象 （摄影:赵树起）

赵树起收集了渭河多年的实测资料,分析研究了(渭河渭淤14～23断面)河道的纵断面及渭河咸阳站、临潼站,泾河桃园站实测的各项数据,他认为:渭河洪水"揭河底"确切地讲是泾河来洪"揭河底",这是由于泾河洪水含黏土多,并含有机物、砂砾及卵石。泾河进入渭河后,推移质悬移质沉淀时层层固结,河底也淤积得凹凸不平。只有这样结构的河底,才有被揭起的可能。渭淤27～23断面之间,比降大(约1/2 400),下泄的混浊洪流,冲刷力特强,能把粗大的砂、石搅动起来,河底淤积层便被揭了起来。

概括以上统计资料,赵树起总结了渭河下游发生"揭河底"冲刷现象存在以下几个规律:

(1)"揭河底"时间多数是在7月下旬(农历六月上旬或说初中伏)泾河第一次洪水时;

(2)"揭河底"发生时,泾河洪水流量大于渭河流量4倍以上,乃至几十倍;

(3)"揭河底"发生时,临潼站含沙量在500 kg/m^{3}以上;

(4)"揭河底"发生时,临潼站断面平均流速在2 m/s以上;

(5)洪水在纵断面(最深点),比降约1/3 500以上,水面比降在1/4 000左右的河段范围内"揭河底";

（6）洪水温度在 25～28 ℃，气温在 35～40 ℃。

赵树起进一步认为：以上这些条件中主要是含沙量和泾、渭两河流量之比。假如说泾河洪水的条件具备了，但渭河洪水流量大于泾河流量若干倍，汇流后水流得到充分稀释，它也不会发生"揭河底"。

二、北洛河"揭河底"现象

北洛河发源于白于山地区，流经黄土高原，在洑头站以下流入黄河渭河汇流区，在华阴附近注入渭河。北洛河洑头水文站以下河道纵剖面与河道特性的沿程变化见图 1-10。北洛河纵剖面上陡下缓，由洑头至洛淤 17 号断面属于山区性河流，河段长 16.9 km，纵比降为 0.54‰，河床由沙卵石组成，河谷内几乎没有滩地。现场查勘并据洑头水文站的工作人员介绍，洑头至洛淤 17 号断面河道基本为冲淤平衡河段，该河段没有观察到"揭河底"现象。

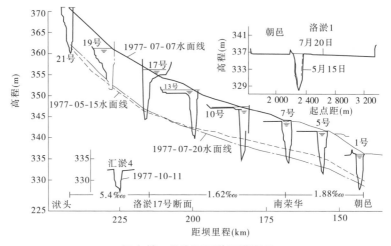

图 1-10　北洛河下游河道概况

自洛淤 17 号断面以下，属北洛河的下游河道。河谷逐渐开阔，滩地宽度由几百米扩展到 1 000～3 000 m，比降由 0.54‰ 变缓到 0.162‰。洛淤 17 号断面到南荣华比较顺直，河道长 46.7 km。

南荣华至朝邑为弯曲性河流，河道长 39.7 km，弯曲系数为 1.5，河槽比降 0.188‰。主槽宽约 100 m，平滩槽深 6～10 m，宽深比 B/H 为 10～20，具有较窄深的断面形态，一般洪水不漫滩。

北洛河下游河道的床沙与滩地淤积物组成基本相同。D_{50} 为 0.05～0.06 mm，其中粒径小于 0.01 mm 的细颗粒含量约占 10%，属于细粉沙，粒径 $d <$ 0.064 mm 的粉沙与黏土含量一般在 50%～60%。该河段也曾发生过"揭河底"现象。

北洛河是黄河中游地区的多沙支流,来沙主要集中在汛期,非汛期的含沙量较低。表1-8为洑头站1964～1988年平均各月流量、含沙量情况统计,表明非汛期的含沙量一般在0.1～20 kg/m³,11月至次年4月的月平均含沙量仅0.047～1.71 kg/m³,汛期的含沙量很高,平均含沙为161 kg/m³。汛期月平均流量一般在30～50 m³/s,非汛期月平均流量仅6～20 m³/s。由此可见,北洛河的泥沙主要由汛期洪水输送。

表1-8 洑头站1964～1988年平均各月来水来沙情况

月份	1	2	3	4	5	6	7	8	9	10	11	12	7～10月	11～6月	全年
流量(m³/s)	6.3	7.70	14.9	15.4	14.6	13.9	41.9	51.2	46.1	36.1	20.7	6.30	43.8	12.5	23.5
含沙量(kg/m³)	0.073	0.20	1.59	1.71	19.5	134	303	252	49.2	6.25	0.46	0.047	161	21.9	116

由于北洛河流域自然地理条件,洪水挟带的泥沙组成变化不大。随着含沙量的增加,d_{50}逐渐变粗。当含沙量大于300～400 kg/m³以后,d_{50}变化在0.03～0.06 mm;当含沙量小于100 kg/m³时,d_{50}在0.01～0.03 mm。粒径小于0.01 mm的泥沙含量随着含沙量的增加而逐渐变小,含沙量大于300～400 kg/m³以后,粒径小于0.01 mm的泥沙含量均占10%～15%。粒径大于0.1 mm的泥沙量最大为30%,悬沙组成较均匀,没有很粗的颗粒。

北洛河下游河道河槽形态的变化,在1960～1966年期间,既受三门峡水库蓄水运用基准面抬高的影响,又受来水来沙条件不利的影响,河槽严重淤积,断面变的宽浅。而在1966年以后,河道形态的调整过程主要受控于流域来水来沙的变化。由于北洛河河道比降较大,输沙能力较强,其中在高含沙洪水频频出现时,河床明显下切,变成窄深归顺河槽。20世纪80年代低含沙洪水与枯水枯沙系列出现时,反而造成河槽淤高并展宽,过流能力减小,河槽相对变宽浅,输沙能力降低。

考察中,我们对北洛河洑头水文站进行了走访调查,据水文站工作人员称,在洑头水文站测验河段附近没有发生过"揭河底"现象,但在下游的朝邑水文站附近曾发生过"揭河底"现象。由于时间原因,我们未对朝邑水文站进行走访,不过搜集了北洛河河道及水沙相关资料,据此了解北洛河发生"揭河底"现象的一些情况。

三、延水"揭河底"现象

延水甘谷驿站测验河段也曾不止一次发生"揭河底"现象。分别在20世纪

70年代和90年代初,站上职工看到过这一特殊现象,近期未见类似报道。70年代初甘谷驿断面套绘情况见图1-11。

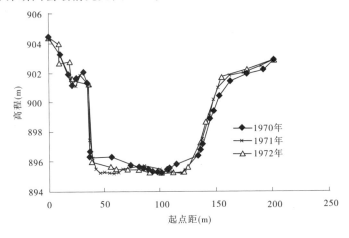

图1-11 20世纪70年代初甘谷驿测验断面套绘

甘谷驿水文站实测多年平均悬移质颗粒小于0.05 mm的泥沙占75.7%,其平均粒径为0.045 mm,中值粒径为0.031 mm。发生"揭河底"现象时,大块河床淤积物被河流成片掀起,露出水面2~3 m高,持续时间10 min左右。甘谷驿站测验河段发生"揭河底"现象的前期条件是,河床淤积抬高且河床淤积物组成不同,下部以粗沙为主,上部以黏性很强的细沙为主。甘谷驿站以上流域不同地区黄土土质不同,因此不同地区的来水来沙组成也截然不同。特别是由于甘谷驿站测验河段上游比降明显大于测验河段比降的自然条件,若发生流量为1 000 m³/s左右的洪水,较大流速的水流"淘刷"粗沙细沙交界面,就有可能发生"揭河底"冲刷现象。

第四节　小北干流引洪放淤输沙渠中"揭河底"现象

为了有效地拦减粗泥沙,减少小浪底入库泥沙,延长小浪底水库的使用寿命,有效地减轻下游河道淤积,并且增加细泥沙排回黄河,有利于小浪底水库异重流的形成和异重流排沙,有利于下游河道粗泥沙的输送,2004年黄委在小北干流连伯滩实施了"淤粗排细"放淤试验工作。

连伯滩放淤试验工程主要包括放淤闸、输沙渠、放淤区、退水闸。放淤闸位于左岸小石嘴工程1#坝附近。放淤闸纵轴线与黄河主流方向形成的引水角约为40°,闸室总净宽为24 m,总宽度29.6 m,介于黄淤67至黄淤68断面之间,进水顺畅。输沙渠长为2.5 km。输沙渠布设 Q_1 ~ Q_{10} 共10个断面进行了基础测验(见图1-12),包括流速、流量、含沙量、泥沙级配等因子。

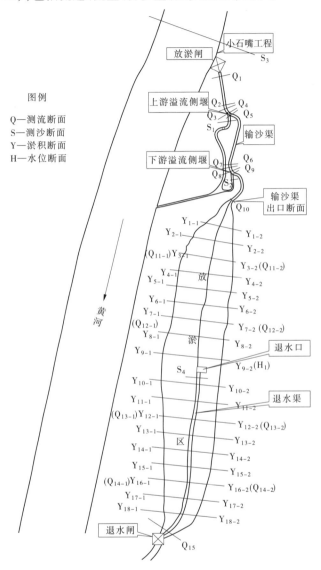

图例

Q—测流断面
S—测沙断面
Y—淤积断面
H—水位断面

图1-12 黄河小北干流放淤试验区总体布置图

连伯滩放淤试验工程从2004年7月26日放淤闸首次开启至8月26日结束,先后进行了6轮放淤试验,放淤历时约300 h,共引水6 465万m³,引沙627万t。进入淤区的泥沙总量合计为599.9万t,通过放淤区沉积的泥沙总量为435.8万t,排回大河的泥沙有164.1万t。放淤情况见表1-9。

表1-9　小北干流连伯滩放淤试验参数及 Q_1 断面各测次泥沙平均级配

测次	起始时间（月-日 T 时：分）	结束时间（月-日 T 时：分）	历时（h）	进水闸平均流量（m^3/s）	平均含沙量（kg/m^3）	Q_1 断面		
						$d<0.01$ mm 含量（%）	中值粒径（mm）	平均粒径（mm）
1	07-26T16：54	07-28T02：30	33.6	45.5	233.88	30.0	0.025	0.045
2	07-30T11：36	07-31T18：30	30.9	37.6	188.94	39.3	0.016	0.032
3	08-04T04：00	08-04T19：00	15	43.1	50.01	32.2	0.022	0.033
4	08-10T20：18	08-15T10：30	110.2	53.2	504.9	35.3	0.020	0.033
5	08-21T07：48	08-25T09：18	97.5	74.3	46.50	32.8	0.023	0.032
6	08-25T18：30	08-26T15：00	20.5	73.8	41.89	37.2	0.019	0.030

在引水引沙过程中，由于受大河来水来沙情况、闸门开度和试验工程运行状况等因素的影响，2004 年度放淤试验引水引沙过程呈现不连续状态，测验断面 Q_1 的流量及含沙量过程见图 1-13。

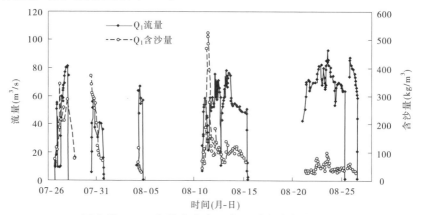

图 1-13　2004 年放淤试验 Q_1 断面引水引沙过程线

放淤期间黄河的水沙来自于不同的降雨地区。7 月 26～27 日的第一轮放淤，洪水主要来源于支流清涧河流域，延川站出现 1 750 m^3/s 的洪峰流量，最大含沙量 520 kg/m^3，与干流洪水相遇后，龙门站出现了 1 890 m^3/s 的洪峰流量，最大含沙量 378 kg/m^3，放淤闸前干流河道小石嘴断面最大含沙量为 369 kg/m^3。第二轮放淤的洪水来源于支流屈产河，裴沟站出现了 1 460 m^3/s 的洪峰流量，最大含沙量为 496 kg/m^3 的洪水，与干流洪水相遇后，龙门站出现了 1 480 m^3/s 流量和 308 kg/m^3 含沙量的洪水，小石嘴断面相应最大含沙量为 311 kg/m^3。第三轮放淤洪水来源于黄河支流大理河、无定河、延水流域，龙门站 8 月 4 日出现了最大洪水流量 846 m^3/s 和最大含沙量 138 kg/m^3，小石嘴断面的最大含沙量为

69.1 kg/m³。

8月9~10日,支流清涧河、延水等流域相继出现高含沙洪水,到达龙门后形成8月12日、13日两次洪峰。8月12日洪峰流量1 420 m³/s,最大含沙量696 kg/m³;8月13日洪峰流量1 440 m³/s,最大含沙量150 kg/m³。本次洪水的特点是沙峰在前、含沙量大、泥沙粒径粗、粗颗粒泥沙比例大、洪水持续时间长。此次洪水过程进行了第四轮放淤,放淤期间小石嘴断面最大含沙量为522 kg/m³。

8月20~21日,山西和陕西区间(简称山陕区间)发生强降雨过程。首先,由吴堡至龙门区间(简称吴龙区间)支流洪水形成龙门站8月21日4时42分1 530 m³/s的洪峰;随后干支流洪水汇合,龙门站8月23日12时36分出现2004年汛期最大洪水,洪峰流量2 100 m³/s。两次洪水最大含沙量83 kg/m³。洪水的特点是洪峰流量较大,但含沙量不大。此次洪水过程进行了第五轮放淤,相应小石嘴断面最大含沙量为83.2 kg/m³。

第六轮放淤洪水是8月25日17时由局部降雨再次形成的龙门站1 360 m³/s的洪水,最大含沙量65 kg/m³。该次洪水的特点是洪峰流量和含沙量都不大,但持续时间较长,泥沙粒径级配相对较粗。相应小石嘴断面最大含沙量为76.3 kg/m³。

龙门站洪水流量、含沙量过程见图1-14。

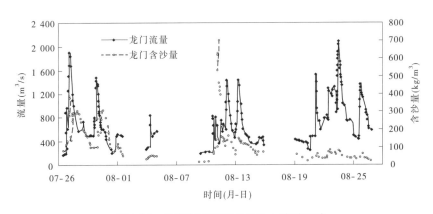

图1-14 放淤期间黄河龙门站水沙过程线

从图中可以看出,在2004年放淤期间,龙门站来水流量最大值为2 100 m³/s,时间为8月23日12时36分;最大含沙量为696 kg/m³,发生时间为8月11日8时。其中流量大于500 m³/s的天数为14 d,含沙量大于50 kg/m³的天数为17 d。相应小石嘴断面最高水位379.3 m,发生时间8月23日11时;最大含沙量为522 kg/m³,相应时间为8月11日7时。

图1-15是2004年放淤期间龙门站来水来沙和Q_1断面引水引沙过程线。

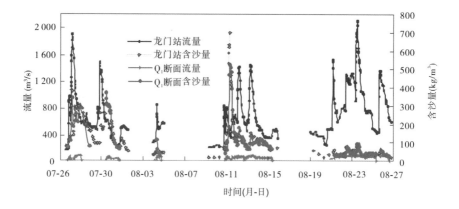

图1-15　龙门水文站和 Q_1 断面的水沙过程线

从放淤渠引水引沙过程分析,引水最大流量为97.5 m³/s,发生时间为8月23日14时;最大含沙量524 kg/m³,发生时间为8月11日8时;最小含沙量24.3 kg/m³,发生时间为8月22日9时。

在第四轮的放淤试验过程中,输沙渠发生了"揭河底"现象,当时在现场的试验人员都亲眼目睹了这一奇观。这一现象发生在8月11日凌晨5时36分至5时44分,"揭河底"处位于放淤闸下 Q_1 断面附近。当时,有三块泥块被揭起,揭起的胶泥块很薄,厚度约20 cm,试验人员拍下了"揭河底"的照片,见图1-16。

在"揭河底"现象发生之前,共进行了三轮放淤试验。其中,7月26日进行的第一轮试验中,揭底附近 Q_1 断面粒径 $d < 0.01$ mm 的细颗粒泥沙含量占30%,平均含沙量为233.88 kg/m³,且这一轮历时33.6 h;7月30日进行了第二轮试验,历时30.9 h,平均含沙量为188.94 kg/m³,粒径 $d < 0.01$ mm 的细颗粒泥沙含量占39.3%;8月4日开始进行了第三轮试验,历时15 h,平均含沙量达到50 kg/m³,粒径 $d < 0.01$ mm 的细颗粒泥沙含量占32.2%。从放淤试验之初至"揭河底"现象发生有20 d 时间,在这期间的三轮试验中,每次试验都含有大量的细颗粒泥沙,从时间、细颗粒泥沙含量上可初步推断,有可能形成"揭河底"现象发生的前期河床条件。

"揭河底"现象发生在第四轮放淤试验初,这一轮试验中8月11日6~12时含沙量平均为504 kg/m³左右,粒径 $d < 0.01$ mm 粒径含量占到35.3%左右,可见此时段泥沙中挟带着大量的细颗粒泥沙。揭底最近处 Q_1 断面的平均流速为1.6 m/s,最大流速可达2.35 m/s,具备"揭河底"冲刷的水流动力条件。

凌晨5时36分52秒

凌晨5时41分55秒

凌晨5时44分29秒

图1-16 2004年小北干流放淤试验输沙渠内发生的"揭河底"景象 （摄影：赵国勤）

2004 年 7 月 21 日放淤试验开始前黄委水文局对输沙渠的 $Q_1 \sim Q_{10}$ 断面进行了基础测验,之后在第二轮结束后的 8 月 1 日、第四轮结束后的 8 月 15 日和第六轮结束后的 9 月 4 日,又进行了 3 次大断面实测,"揭河底"附近的 Q_1 断面淤积情况套绘见图 1-17。从图中可看出 Q_1 断面淤积的直观情况。

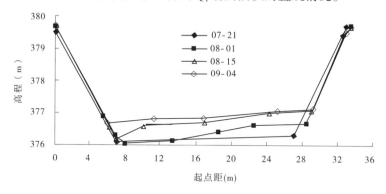

图 1-17　放淤闸后 Q_1 断面淤积形态

放淤结束以后,对输沙渠上、下段分别进行了淤积物取样,并进行了颗粒级配分析。图 1-18 是输沙渠上段(Q_1 断面)和下段(Q_9、Q_{10} 两断面中间位置)淤积物颗粒级配曲线。淤积物级配明显较粗,从渠段上看,上段淤积物颗粒级配粗于下段,如果河床淤积物都如此,则不可能出现"揭河底"现象。但这只能反映输沙渠内的一般淤积情况,并不能反映输沙渠内局部河段出现极细沙絮凝沉积的可能。

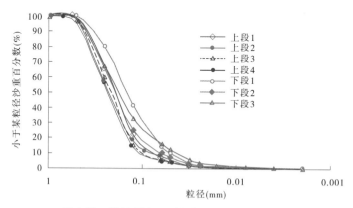

图 1-18　输沙渠上、下段淤积物颗粒级配曲线

为了对应分析引水渠发生"揭河底"前期河床淤积物状况,闸前粒径 $d < 0.01$ mm 的泥沙含量、含沙量 S、淤积形成胶泥层的特性、流速变化等情况,将各参数列于表 1-10 中。从表 1-10 可以看出,进入放淤输沙渠内的水流含沙量高、

细颗粒泥沙(粒径$d < 0.01$ mm)含量较大。其中,7月30日、8月4日洪水细颗粒泥沙含量约达到40%以上,8月11日的水流中极细沙的含量也在16.7%以上。因此,"揭河底"之前粗泥沙在输沙渠内发生沉积的同时,因为大量细泥沙的存在形成絮凝沉降,河床出现层理淤积的沉积形态,为"揭河底"提供了前期河床边界条件。

表1-10 主要水沙要素在Q_1断面的变化

项目	垂线位置(m)	流速(m/s)	含沙量(kg/m³)	$d < 0.01$ mm泥沙含量(%)	d_{50}(mm)	垂线位置(m)	流速(m/s)	含沙量(kg/m³)	$d < 0.01$ mm泥沙含量(%)	d_{50}(mm)	垂线位置(m)	流速(m/s)	含沙量(kg/m³)	$d < 0.01$ mm泥沙含量(%)	d_{50}(mm)
时间	7月30日流量44~58 m³/s					8月4日流量67 m³/s					8月11日流量30 m³/s				
Q_1断面	8	1.50	309	47.3	0.018	8	1.80	40.1	47.3	0.018	9	1.07	520	16.7	0.04
	12	1.68	311	46.3	0.018	13	1.94	37.4	43.1	0.021	13	1.80	514	18.5	0.038
	18	1.96	326	45.6	0.019	19	1.83	51.1	39.9	0.023	18	1.88	503	17.7	0.04
	22	2.12	314	44.6	0.020	24	1.87	41.4	41.1	0.022	22	1.84	489	17.7	0.039
	26	1.79	315	47.5	0.020	28	1.56	42.8	41.4	0.022	26	1.47	494	18.6	0.038

从流速测量结果也可以看出,放淤渠内流速较大,最大可达2.00 m/s以上,为"揭河底"的发生提供了有利的动力条件。

第二章

研究现状综述及本书研究重点

"揭河底"冲刷对河道治理、引水灌溉、防汛、通航等影响较大,曾引起国内外水利科学工作者的极大兴趣。多年来,不少学者对发生"揭河底"冲刷的判别指标、冲刷条件以及形成机理,开展了研究与探讨。本章基于文献资料,对不同学者开展的黄河"揭河底"现象研究成果进行了分类总结,并结合对此现象的研究,提出了对已有研究成果的一些认识。

第一节 "揭河底"冲刷判别指标及水力 条件研究现状

本节分为两个部分,一是基于理论研究,提出的发生"揭河底"冲刷的判别指标;二是基于实测资料统计分析,提出的发生"揭河底"冲刷的水力条件。

一、发生"揭河底"冲刷的判别指标

(一)张瑞瑾的研究成果

武汉水利电力学院张瑞瑾认为,形成"揭河底"现象的必备条件有两个:一个是河床上成大片淤积物能够被水流掀起,另一个是掀起的淤积物能够被水流带走。

1. 掀起河床上大片淤积物的条件

张瑞瑾假设河床表面上被掀起淤积物的有效重量为$(\gamma_s - \gamma_m)At$,则认为作用在这片淤积物上的动水浮力F(包括脉动压力影响在内)超过淤积物的有效重量$(\gamma_s - \gamma_m)At$时,这片淤积物就将被水流掀起。因此,掀起河床淤积物质的条件是

$$F = (\gamma_s - \gamma_m)At \tag{2-1}$$

动水浮力强度可以用$C_1\gamma_m\dfrac{u^2}{2g}$来表示,此处$u$为平均流速,$C_1$为浮力强度系数。动水浮力作用的面积可以用$C_2(At)^{\frac{2}{3}}$来表示,此处$C_2$为面积系数。其他

参数意义:A 为淤积物的平面面积;t 为淤积物厚度;γ_s 为淤积物的湿密度;γ_m 为浑水密度;g 为重力加速度。由此得到掀起床面淤积物的条件为

$$C_1 C_2 \gamma_m (At)^{\frac{2}{3}} \frac{u^2}{2g} \geqslant (\gamma_s - \gamma_m) At \tag{2-2}$$

或表述成以下形式

$$C_1 C_2 \frac{\dfrac{u^2}{2g}}{(At)^{\frac{1}{3}}} \geqslant \frac{\gamma_s - \gamma_m}{\gamma_m} \tag{2-3}$$

上式的物理意义比较清楚。值得注意的是,高含沙水流中的 $\dfrac{\gamma_s - \gamma_m}{\gamma_m}$,与清水水流或一般低含沙水流中的 $\dfrac{\gamma_s - \gamma_m}{\gamma_m}$ 比较起来,数值要小得多。例如,作为一般情况,可取 $\gamma_s = 2\,000\ \mathrm{kg/m^3}$,则对于清水来说,$\dfrac{\gamma_s - \gamma_m}{\gamma_m}$ 的数值为 1,而对于含沙量为 $500\ \mathrm{kg/m^3}$ 的浑水来说,$\dfrac{\gamma_s - \gamma_m}{\gamma_m}$ 的数值仅为 0.54,二者相差还是很大的。这就说明,高含沙紊流有可能提供掀起河床上的大片淤积物的条件。因为,一方面它具有较高的流速,另一方面又具有较低的 $\dfrac{\gamma_s - \gamma_m}{\gamma_m}$ 值。

2. 掀起的淤积物能够被水流带走的条件

高含沙紊流有可能具有较高的流速,能够将掀起的成片淤积物击碎、冲散。同时,如前所述,由于在高含沙紊流中泥沙颗粒的沉速大幅度地降低,因而水流的挟沙力特别大、能够将掀起并冲散的淤积物带走。

张瑞瑾从揭起块体的力学关系分析入手,建立了上述掀起床面淤积物临界条件的计算公式。直观地看,该公式考虑了水流能量、块体的重量和高含沙水流密度的影响,特别是公式推导的过程中,考虑了脉动压力的影响,是值得我们借鉴的。但是,分析的过程中,没有交代清楚"胶泥块"揭起的力学机理;嵌入河床中(或深或浅)的"胶泥块"在揭起的过程中是一个动态的过程("胶泥块"不是悬空在水流中的),关系的建立必须考虑各种力在这个动态过程中的变化;公式中揭起块体的面积 A 在目前实际运用的过程中根本无法知道;该公式没有得到实际资料的验证(这一点万兆惠也这么认为)。

(二)钱宁、万兆惠、宋天成的研究成果

万兆惠、宋天成认为大片河床淤积物被掀起是由于高含沙洪水水流加大了推移质的运动。水流作用在床面上的拖曳力等于 $\gamma_m HJ$。根据龙门水文站的实测资料,给出发生"揭河底"现象的两个条件,即

$$\frac{\gamma_{\mathrm{m}} H J}{\gamma' - \gamma_{\mathrm{m}}} > 0.01 \qquad (2\text{-}4)$$

及 含沙量 $S > 500 \ \mathrm{kg/m^3}$ (2-5)

式中:H 为平均水深;J 为河床比降;γ' 为淤积物的干密度;其余符号含义同前。

前一个条件表示成片河床可以被水流冲起,后一个条件表示冲起的泥沙不增加水流的挟沙负担,很容易被带走。除此之外,钱宁等还进一步解释了河床成片冲起,是因为高含沙条件下,单颗粒泥沙比成片河床更不容易起动的缘故。

另外,钱宁、万兆惠等对此进一步指出,由于高含沙水流的密度比清水大得多,它所产生的拖曳力也相应增加。一般河床淤积物的干密度为 $1.4 \ \mathrm{t/m^3}$ 左右,相应的饱和密度约为 $1.87 \ \mathrm{t/m^3}$,这意味着 $1\ 400 \ \mathrm{kg/m^3}$ 左右的含沙量就可以使这样的淤积物浮出水面。进而,利用龙门站实测的水力参数,按照希尔兹起动拖曳力曲线计算了水流所能掀起的淤积物的当量直径。计算结果表明,在洪峰中可以被冲起的河床淤积物最大当量直径可达 $1.3 \ \mathrm{m}$ 左右,当量直径最大的时段也正好是发生"揭河底"的时段。这样被掀起的泥沙进入水体后,由于在高含沙量范围内,含沙量的增大并不增加水流的负担。分析结果还表明,当高含沙水流以均质浆液的形式(即以细粉砂及黏土等细颗粒为主的高含沙水流)出现时,更容易产生"揭河底"冲刷。

对此,我们在深入领会钱宁的研究成果之后,认为:当河床发生"揭河底"时,推移质的运动仅仅是"揭河底"过程中河床冲刷的一部分,真正"揭河底"期间"胶泥块"的掀起过程不能等同于推移质的运动。

(三)张红武的研究成果

水流挟沙力的研究一直是河流泥沙研究中最为棘手的课题之一。长期以来,国内外工程界和学术界的许多专家学者通过不同方式对水流挟沙力问题进行了大量的研究。他们或从理论出发,或根据不同的河渠测验资料和实验室资料,曾提出了不少理论的、半经验的或经验的水流挟沙力公式。远在 2 000 多年前,我国西汉时期的张戎就开始从水流泥沙的角度分析河床冲淤规律,由此提出以水排沙的治河主张,并对水流挟沙能力随流速大小而变化的关系有所认识;1914 年西方学者吉尔贝特通过室内水槽试验,对水流输沙能力进行了系统的研究;40 年代末出现了著名的扎马林公式,主要用于渠系挟沙力的计算问题;在 50 年代和 60 年代前期,出于河道建筑物的规划设计和理论分析的需要,国内外许多学者对水流挟沙力开展了大规模的研究工作,西方以爱因斯坦为先导,他将河底含沙量与推移质输沙率联系起来,通过求单宽悬移质输沙率的方法分析水流挟沙力问题,苏联以维里坎诺夫为代表,他从重力理论出发,认为浑水在单位时间的能量损失除用于克服阻力做功外,还用于悬移泥沙做功,得到了著名的挟沙能力公式。

在中国,20世纪50年代以来,以张瑞谨和沙玉清为代表,把挟沙力的研究推向了高潮。张瑞谨在收集整理了大量的长江、黄河及若干水库、渠道及室内水槽的资料后,得到了如下著名的水流挟沙力公式:

$$S_* = k\left(\frac{V^3}{gR\omega}\right)^m \tag{2-6}$$

式中:R为水力半径,对宽浅河道可以平均水深h代替;m为指数。

沙玉清在收集了大量的资料后,首先分析出影响挟沙力的主要因素,然后用多元回归分析的方法对挟沙力公式进行了改进。另外,像苏联的布尔什堪公式、契库拉也夫公式、霍尔斯特公式、罗泊庆公式、阿巴尔扬次公式等,中国的范家骅公式、黄河水利委员会的引黄渠系公式、人民胜利渠公式、屈孟浩公式、麦乔威公式,等等,这些公式对水流挟沙力的研究起到了推动作用。特别是黄河上几家公式的推出,促进了黄河水沙关系变化的分析研究,同时也推动了黄河物理模型试验的研究。进入20世纪70年代,美籍华人杨志达从单位水流功率的理论入手,建立了包括沙质推移质的床沙质水流挟沙力公式。

上述挟沙力公式由于理论本身的不成熟和采用的分析资料的局限性,难以适用于黄河的高含沙水流,曹如轩基于拜格诺能量转换的观点,将挟沙力公式在黄河上的应用向高含沙水流推进了一步。20世纪80年代以来,水流挟沙力的研究又进一步活跃起来,李昌华、吴德一、窦国仁、乐培九、张红武等从能量的观点,建立了一些挟沙力公式。张红武在90年代中期将其挟沙力公式进一步完善为

$$S_* = 2.5\left[\frac{(0.002\,2 + S_V)V^3}{\kappa\frac{\gamma_s - \gamma_m}{\gamma_m}gh\omega_s}\ln\left(\frac{h}{6D_{50}}\right)\right]^{0.62} \tag{2-7}$$

式中:S_V为体积比含沙量;V为平均流速;h为水深;D_{50}为床沙中值粒径;κ为卡门常数;ω_s为浑水沉速。

ω_s和κ可由以下公式计算:

$$\omega_s = \omega_0\left[\left(1 - \frac{S_V}{2.25\sqrt{d_{50}}}\right)^{3.5}(1 - 1.25S_V)\right] \tag{2-8}$$

$$\kappa = 0.4[1 - 4.2\sqrt{S_V}(0.365 - S_V)] \tag{2-9}$$

其中:d_{50}为悬沙中值粒径,mm;ω_0为泥沙在清水中的沉速,对于非均匀沙,应取平均沉速,由各级泥沙沉速加权求得,即

$$\omega_{cp} = \sum\Delta p_i\omega_i \tag{2-10}$$

其中:ω_i为某级粒径泥沙沉速;Δp_i为某级粒径颗粒占全部颗粒的质量百分比。

舒安平、江恩慧等曾采用大量资料验证表明,张红武挟沙力公式,考虑了含

沙量大小对水流挟沙力的影响,用于计算高低含沙水流的挟沙能力与实际均较符合,可以作为黄河的水流挟沙力计算公式。张红武认为,其本人提出的水流挟沙力公式还是一个能全面反映"揭河底"影响因素的判别指标,并根据含沙量大小,略去含沙量因子的影响范围及 $S_* > 1\ 700\ \text{kg/m}^3$ 这一条件,将公式简化后确定出高含沙洪水"揭河底"现象发生的条件是

$$C_\text{h} = S_\text{V} \frac{V^3}{gh\omega_\text{s}} > 1\ 300 \tag{2-11}$$

张红武、张清等通过引入水流挟沙力的概念解释了"揭河底"的发生过程,但实际上,挟沙能力可以反映"揭河底"发生后,块体坍落水中,泥沙向下游输移过程中的运移状况,不能反映"揭河底"过程中瞬时掀起时的动态力学关系,也就是说,能否运用挟沙能力的概念来反映"揭河底"问题,值得商榷。

二、发生"揭河底"冲刷的水力条件

(一)杜殿勋的研究成果

1970 年,杜殿勋等人对黄河小北干流有水文记载的 6 次"揭河底"冲刷的相关水沙资料进行统计分析,因为没有实时、实地跟随性较好的对应资料,分析中直接采用其上游的龙门水文站资料,得出小北干流"揭河底"冲刷发生的条件为:

(1)含沙浓度高,持续时间长($S > 400\ \text{kg/m}^3$,$T > 16\ \text{h}$);

(2)洪峰流量大,持续时间长($Q > 4\ 000\ \text{m}^3/\text{s}$,$T > 10\ \text{h}$);

(3)河床条件(如比降、淤积厚度、淤积物组成和密实程度等)适宜。

(二)赵文林的研究成果

赵文林等对渭河发生"揭河底"时的相关资料分析后认为,"揭河底"发生的条件归根结底是:水流要有足够的强度,同时含沙量要足够高。若前者用洪峰的最大日平均流量 $Q_\text{日m}$ 表示,后者用与 $Q_\text{日m}$ 对应的日平均含沙量 S 表示,根据临潼站 19 场洪水资料(其中包括 5 场"揭河底"洪水资料)对渭河揭底条件进行分析(见图 2-1),统计得出发生"揭河底"的判别条件为:①临潼站的 $Q_\text{日m} > 1\ 300$ m^3/s;②$Q_\text{日m}$ 对应的日平均含沙量 $S > 420\ \text{kg/m}^3$。

(三)孙东坡的研究成果

孙东坡等根据对黄河干、支流历次发生"揭河底"现象的河床条件及水沙条件的总结分析,提出发生"揭河底"现象的充分必要条件可归纳为以下几点:

(1)河床必须具有可供"揭起"的有一定强度、结构密实的淤积物(板块),在河床上厚度分布是不均匀的,在结构密实的淤积物内部或周围有较离散的沉积物或软弱夹层;

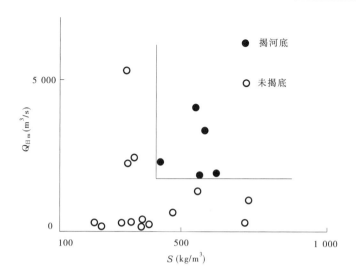

图2-1　"揭河底"的水流条件

（2）河床纵比降达到或超过淤积平衡比降；

（3）河床必须具有相对宽浅的横断面形态，主流不稳，断面形态已接近必须调整的临界阶段，宽深比即河相关系$\sqrt{B/H}$比较大，$\sqrt{B/H}$超过一定数值就会发生"揭河底"现象；

（4）洪峰流量较大，含沙量较高，一般要求$Q \geq 10\ 000\ \mathrm{m^3/s}$，至少为$7\ 500$ $\mathrm{m^3/s}$，含沙量$S \geq 500\ \mathrm{kg/m^3}$，流量与含沙量相比，含沙量尤其重要；

（5）必须有一定的洪峰持续时间，流量$Q \geq 6\ 000\ \mathrm{m^3/s}$必须持续$5 \sim 6\ \mathrm{h}$以上，含沙量$S \geq 500\ \mathrm{kg/m^3}$大洪水持续冲刷$15\ \mathrm{h}$以上，两者相比，后者较为重要；

（6）平均流速$\overline{V} = 6 \sim 10.7\ \mathrm{m/s}$，单宽流量$q = 10.7 \sim 22.8\ \mathrm{m^3/(s \cdot m)}$，相应水深$H = 2.58 \sim 3.8\ \mathrm{m}$，最大水深$H_{\max} = 4.6\ \mathrm{m}$才会发生"揭河底"现象。

作者提出的干、支流"揭河底"发生的条件相同，与实际情况可能存在一定差异。

（四）程龙渊的研究成果

程龙渊曾经在龙门附近观察到"揭河底"冲刷现象，并详细分析了龙门水文站资料，他认为一个重要条件是吴堡以下发生暴雨洪水才能造成"揭河底"冲刷，并指出发生"揭河底"冲刷的一般条件为：

（1）吴龙区间发生大的高含沙洪水，造成龙门站洪水最大含沙量达676 $\mathrm{kg/m^3}$以上，且含沙量超过$400\ \mathrm{kg/m^3}$持续时间$3 \sim 6\ \mathrm{h}$以上，流量大于$5\ 000\ \mathrm{m^3/s}$持续时间$5\ \mathrm{h}$以上；

（2）龙门断面平均河床高程达到$379.0\ \mathrm{m}$以上。

(五)焦恩泽的研究成果

焦恩泽对上述专家的研究成果提出质疑,认为上述成果都是采用与"揭河底"冲刷过程相应的龙门、华县水文站的水文泥沙资料进行分析和计算所得到的。实际上,黄河发生"揭河底"冲刷是在龙门断面以上约 60 km 的冲积性河床上,该河段冲积层厚度为 10 mm ~ 50 m,起点在壶口瀑布下游附近。在分析研究"揭河底"冲刷时,应当以壶口瀑布下游附近的断面为起点,不能用龙门水文资料进行分析,因为龙门断面的水文泥沙资料是上游已经发生"揭河底"冲刷后的资料,水沙条件已经发生变化。因此,应当采用"揭河底"冲刷起点断面的水文泥沙资料,作为分析计算的依据,但至今还没有开展相应的研究。

焦恩泽在文中通过对高含沙水流的重新定义,对"揭河底"现象及其发生的条件进行了深入的分析,认为"揭河底"冲刷应具备的条件是:

(1)必须是高含沙水流,即水流应为具有较强大输送能力的非牛顿流体,从黄河的实际情况来看,含沙量在 70 kg/m³ 以上,才能形成高含沙水流;

(2)河床有一定的淤积厚度(可用同流量水位表示);

(3)洪峰流量大于某一量级。

焦恩泽对已有发生"揭河底"冲刷的水力条件所依据的水文泥沙资料提出的质疑,的确值得我们深思。实际上,综上各家基于"揭河底"现象发生时龙门水文站实测水文泥沙资料的统计,提出了"揭河底"发生时,龙门站的流量、含沙量需要达到的条件,这些条件为判断小北干流何时有可能发生"揭河底"冲刷提供了一定的参考依据,但提出的水力条件并不完全相同。究其原因,主要是由于目前已有的"揭河底"野外资料十分有限,"揭河底"并不都仅仅发生在龙门水文断面上,而且统计的龙门站资料不一定就是"揭河底"发生当时的实际情况。因而,若进一步深入研究"揭河底"的发生条件,必须注意挑选那些与"揭河底"发生跟随性较强的实测资料,同时进行有控制的室内试验也显得十分必要。

第二节 "揭河底"冲刷机理研究现状

有关"揭河底"冲刷机理的研究,涉及的人较少,最早的文献是王尚毅的《黄河"揭河底"冲刷问题的初步研究》,但以韩其为的研究最为系统。

一、韩其为的研究成果

韩其为从王尚毅收集的黄河龙门河段马王庙测站"揭河底"冲刷的实测资料(见表 2-1),总结了"揭河底"冲刷的特征,并从机理层面归纳了以下特点:

(1)发生"揭河底"冲刷时水流强度是很大的。从表 2-1 龙门河段资料看,流速一般在 5.0～10.7 m/s，平均为 7.0 m/s 左右。相应的坡降在 7.2‰～31.8‰，平均约为 20‰。当水深为 4 m 时，相应的动力流速 $u_* = 0.28$ m/s。

表 2-1　黄河龙门河段马王庙测站"揭河底"冲刷实测资料

编号	时间 （年-月-日）	冲刷 时间 （h）	冲刷 厚度 （m）	流量 （m³/s）	平均流速 （m/s）	水面坡降 （‰）	含沙量 （kg/m³）	悬移质 d_{50} （mm）
1	1964-07-06	11	3.5	6 250～10 200	6.80～7.65	16～14.4	695～618	0.027 2～0.085
2	1966-07-18	15	7.5	3 800～7 460	8.61～7.00	25.3	933～700	0.120
3	1969-07-27	6	3.0	8 480～4 450	8.50～7.50	（5）	501～701	0.038
4	1970-08-02	15	9.0	7 100～13 800	5.00～8.30	31.8	718	0.053 3～0.071 5
5	1977-07-06	9	4.0	8 900～11 500	10.7～6.02	7.20	576～694	0.031
6	1977-08-06	15	2.0	7 580～12 700	6.60～7.37	（5）	821	0.060
平均					7.37	19.88	708	

注：表中括号内的数字为估计值。

（2）发生"揭河底"冲刷时含沙量在 501～933 kg/m³，平均 708 kg/m³。含沙量高表示被冲起的土块水下重力小。事实上，当含沙量为 708 kg/m³ 时，浑水密度为 1 436 kg/m³。这就是说当河底淤积物饱水土密度为 1 436 kg/m³ 时，土块可以浮在水中。可见高含沙量洪水对"揭河底"冲刷的重要作用。

（3）从"揭河底"冲刷断续的掀起土块可知，显然与水流紊动（包括底部的猝发、大涡运动等）发生密切联系。

（4）"揭河底"冲刷时悬移质 d_{50} 并不完全是黏粒和粉沙，而且夹杂了相当一部分较粗颗粒。当然表中的 d_{50} 并不直接是土块的 d_{50}，但是土块破碎后也是含沙量来源之一，故含沙量的级配也应部分反映土块级配。

（5）从所谓被水流掀起的土块，"像是在河中竖起一道墙（与水流方向垂直）"，土块"像箔一样，足有丈把高"等看出，它是层状的，长度与水流垂直，运动时同时发生滚动翻转。

在深入分析的基础上，韩其为对"揭河底"冲刷的全过程进行了研究，通过对泥块的受力分析，如图 2-2 所示，提出了土块的起动流速，它的上升运动、露出水面的条件，以及它的下降和沿纵向运动特征，并给出了有关临界条件和运动方程及其解。韩其为认为：黄河龙门站"揭河底"冲刷厚度与高含沙水流历时大体成正比关系，不受输沙条件控制，只取决于掀起速度。

在图 2-2 中，τ 为土块顶部水流切应力；P_x 为上游面的正面推力；P_L 为升力；G 为土块重力；F_μ 为河床泥沙颗粒间的黏着力；ΔG 为薄膜水附加下压力。

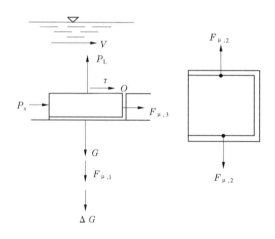

图 2-2　"揭河底"冲刷时土块受力示意图

韩其为采用力学方法,对单个土块的掀起、上浮,以至露出水面的过程进行了深入分析,得到以下系列结果。

（一）土块的起动

按转动平衡,导出起动流速理论公式为

$$
V_{b.c}^2(D_0) = 63.25\left(\frac{\lambda^{\frac{4}{3}}}{\lambda^2-4}\right)\left(\frac{\gamma_s-\gamma_m}{\gamma_m}\right)D_0 + 2.704\times10^{-5}\frac{\lambda^2}{(\lambda^2-4)}\left(1+\frac{0.8}{\lambda}\right)
$$

$$
\left(1+\frac{2t}{d}\right)^{-2}\left(\frac{\delta_1^2}{t^2}-1\right)\frac{1}{\gamma d} + 2.227\times10^{-7}\left(\frac{\lambda^2}{\lambda^2-4}\right)\frac{H}{d}\left(1+\frac{2t}{d}\right)^{-2}\left(1-\frac{t}{\delta_1}\right)
$$

$$\tag{2-12}$$

式中:$V_{b.c}$ 为以底部瞬时流速表示的土块起动流速;D_0 为土块等容直径;t 为颗粒间间距的 $1/2$;$\delta_1 = 4\times10^{-7}$m,为薄膜水厚度;$d$ 为悬沙颗粒直径;H 为水深;γ_s 为泥沙颗粒的湿密度;γ_m 为浑水密度,由下式计算:

$$
\gamma_m = \gamma' + \left(1 - \frac{\gamma'}{\gamma_s}\right)\gamma_0 \tag{2-13}
$$

式中:γ' 为土块干密度;γ_0 为水的密度。

要起动的土块为六面体,令其长为 a,宽为 b,厚为 c,则土块的扁度可表示为

$$
\lambda = \frac{a}{c} \tag{2-14}
$$

（二）土块起动的时均速度

$$
V_c(D_0) = 0.126\psi V_{b.c}(D_0) \tag{2-15}
$$

$$
\psi\left(\frac{H}{c}\right) = 6.5\left(\frac{H}{c}\right)^{\frac{1}{4+\lg(\frac{H}{c})}} \tag{2-16}
$$

利用上式计算了几种情况,如表 2-2 所示。

表 2-2 土块起动时的有关参数

编号	D_0 (m)	d (mm)	$\dfrac{t}{\delta_1}$	λ	阻力系数		$V_{b.c}$ (m/s)	ψ	V_c (m/s)	$u_{*.c}$
					C_D	C_L				
1	0.385	0.01	0.375	10	1.0	0.25	1.39	13.20	2.31	0.175
2	0.385	0.01	0.375	8	1.0	0.25	1.51	12.96	2.46	1.90
3	0.385	0.01	0.375	4	1.0	0.25	2.11	11.95	3.18	0.266

从表 2-2 中看出:①土块的起动流速并不像设想的那样大,与较密实的细颗粒起动流速大体相近。②土块愈偏扁,起动流速愈小。③黏着力与薄膜水附加下压力,有很大的减弱,前者只在边界的颗粒上发生,例如当 $D_0 = 0.385$ m,$d = 0.01$ mm,$\lambda = 10$ 时,则黏着力较之单颗泥沙黏着力之和,仅有它的 1/5 049。可见,此时重力一般达 99% 以上,故黏着力与薄膜水附加下压力可以忽略。④重力也相对有很大减少,如表 2-2 中的例子 $\dfrac{\gamma_m - \gamma}{\gamma_s - \gamma_0}$ 仅 0.268。

(三)忽略土块黏着力与薄膜水附加下压力后的起动流速

$$V_{b.c}^2(D_0) = \left(\frac{\pi}{6}\right)^{\frac{1}{3}} \frac{2}{C_L} \left(\frac{\gamma_s - \gamma_m}{\gamma_m}\right) g D_0' = \left(\frac{\pi}{6}\right)^{\frac{1}{3}} \frac{2}{C_L} \left(\frac{\gamma_s - \gamma_m}{\gamma_m}\right) g \left(\frac{\lambda^{\frac{4}{3}}}{\lambda^2 - \frac{C_D}{C_L}} D_0\right)$$

$$(2\text{-}17)$$

$$D_0' = \frac{\lambda^{\frac{4}{3}}}{\lambda^2 - \frac{C_D}{C_L}} D_0 \tag{2-18}$$

可见,当 D_0' 不变,起动流速不变,λ 由 4 增至 10,则起动土块的 D_0 可增加 2.485 倍。将有关参数代入式(2-17)得

$$V_{b.c}^2(D_0) = 63.25 \frac{\lambda^{\frac{4}{3}}}{\lambda^2 - 4} \left(\frac{\gamma_s - \gamma_m}{\gamma_m}\right) D_0 \tag{2-19}$$

不同参数下土块起动流速见表 2-3。图 2-3 是万兆惠分析"揭河底"冲刷实际资料的结果,他得到 $S > 500$ kg/m³(实际可以到 550 kg/m³,见图中虚线)时,"揭河底"冲刷的条件为

$$\frac{\gamma_m H J}{\gamma_s - \gamma_m} = \frac{u_{*.c}^2}{\left(\dfrac{\gamma_s - \gamma_m}{\gamma_m}\right) g} \geq 0.01 = \frac{u_{*.c}^2}{\dfrac{\gamma_s - \gamma_m}{\gamma_m} g} = \left(\frac{\gamma_m H J}{\gamma_s - \gamma_m}\right)_c \tag{2-20}$$

表 2-3　不同参数下土块起动流速

d (mm)	D_0 (m)	$\dfrac{t}{\delta_1}$	γ' (kg/m^3)	γ_s (kg/m^3)	$\dfrac{\gamma_s - \gamma_m}{\gamma_m}$	λ	起动流速(m/s)			$\dfrac{u_{*.c}^2}{\dfrac{\gamma_s - \gamma_m}{\gamma_m}g}$
							$V_{b.c}$	$u_{*.c}$	V_c	
0.005	0.593 2	0.375	1 236	1 770	0.288 2	10	1.54	0.194	2.38	0.013 3
		0.200	1 300	1 809	0.316 6	10	1.63	0.206	2.52	0.013 7
		0.125	1 505	1 937	0.409 8	10	1.85	0.233	2.86	0.013 5
0.01	0.593 2	0.375	1 347	1 839	0.338 4	10	1.69	0.212	2.62	0.013 5
		0.200	1 416	1 882	0.369 5	10	1.76	0.226	2.73	0.014 1
		0.125	1 550	1 935	0.430 1	10	1.90	0.240	2.94	0.013 6
0.03	0.593 2	0.375	1 428	1 889	0.374 8	10	1.78	0.224	2.75	0.013 6
		0.200	1 502	1 965	0.408 4	10	1.85	0.233	2.86	0.013 6
		0.125	1 581	1 984	0.444 0	10	1.94	0.244	3.00	0.013 6

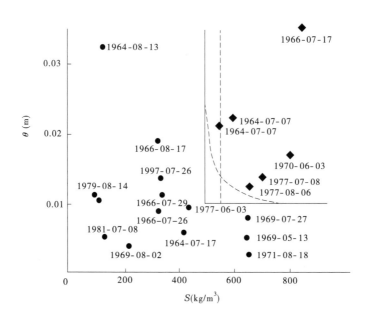

图 2-3　黄河北干流与渭河"揭河底"冲刷资料

而由给出的式(2-19),可导出:

$$\left(\frac{\gamma_m HJ}{\gamma_s - \gamma_m}\right)_c = 0.103 D_0 \frac{\lambda^{\frac{4}{3}}}{\lambda^2 - 4} \tag{2-21}$$

可见，公式中考虑了 λ 及 D_0，是颇为全面的。当 $\lambda = 10$，$d = 0.01$ mm，$D_0 = 0.385 \sim 0.593$ m 时，土块起动临界条件 $\left(\frac{\gamma_m HJ}{\gamma_s - \gamma_m}\right)_c = 0.0092 \sim 0.0137$，其值与万兆惠的经验值也很接近。

（四）大土块起动流速

在一定条件下可以起动巨大土块，在表 2-4 中列出了 $D_0 = 1$ m、2 m、3 m 时两种含沙量下的起动流速。可见，即使令 $D_0 = 3$ m，起动流速也不超过 5 m/s，小于龙门河段实测"揭河底"的平均流速 7.37 m/s。而 $D_0 = 3$ m，土块的面积 ab 已达 5.209 m²，如能掀出水面，就会出现"在河中竖起一道墙"，"足有丈把高"。

表 2-4　大土块起动流速

D_0 （m）	土块尺寸（m）		水流含沙量 S（kg/m³）	浑水密度 γ（kg/m³）	ψ	$V_{b.c}$ （m/s）	V_c （m/s）
	a	c					
1.0	1.737	0.1737	900	1561	11.67	1.59	2.32
2.0	3.473	0.3473	900	1561	10.53	2.25	2.98
3.0	5.209	0.5209	900	1561	9.81	2.75	3.42
1.0	1.737	0.1737	700	1436	11.67	2.00	2.92
2.0	3.473	0.3473	700	1436	10.53	2.82	3.75
3.0	5.209	0.5209	700	1436	9.81	3.46	4.30

（五）土块起动与球状物体起动的差别

$$\frac{V_{b.c}^2}{V_{b.c}'^2} = \frac{C_L \lambda^2 + C_D}{C_L \lambda^2 - C_D} = \frac{\lambda^2 + 4}{\lambda^2 - 4} \tag{2-22}$$

式中，$V_{b.c}'$ 为同样体积的球状土块起动（开始滚动）流速。

①当 $\lambda \geqslant 4$ 时，上式得 $\frac{V_{b.c}}{V_{b.c}'} \leqslant 1.29$，可见彼此差别不大。②当 $\lambda < 4$ 时，土块起动流速较球状的增加很多，以致不能起动，此时会转为滑动；滑动后由于力臂变化，最后又转为滚动而起动。此时土块起动流速公式可转化为单颗球状物起动流速公式。③当 $\lambda = 3$ 时，它几乎与沙莫夫公式完全相同。韩其为的研究统一了他多年来持续研究的单颗粒泥沙起动、多颗泥沙成团起动以及土块起动，难能可贵。

（六）土块起动的初始转动方程

在考虑上举力、正面推力、重力及阻力之矩和土块及附加质量力的转动惯量

后,经过一些推导得到土块的转动方程:

$$\frac{\mathrm{d}\varphi}{\mathrm{d}t} = \frac{3}{4}\frac{\gamma_m C_D \lambda^2}{\left(\gamma_s + \dfrac{\gamma_m}{2}\right)(\lambda^{-1} + \lambda)a^2}\left\{\left[\left(\sin\theta + \frac{1}{\lambda}\cos\theta\right)\sin(\theta - \alpha_1) + \frac{C_L}{C_D}\right.\right.$$

$$\left(\cos\theta + \frac{1}{\lambda}\sin\theta\right)\cos(\theta - \alpha_1)\left]V_b^2\sqrt{1 + \lambda^{-2}} - \frac{2(\gamma_s - \gamma_m)}{C_D\gamma_m}g\frac{a}{\lambda}\sqrt{1 + \lambda^{-2}}\right.$$

$$\left.\cos(\theta - \alpha_1) - \frac{1}{2}\frac{C_L}{C_D}a^2\left(\frac{\mathrm{d}\theta}{\mathrm{d}t}\right)^2\right\}\tag{2-23}$$

对上述方程求出了数值解(见表2-5)及转动时法向合力变化。从表中看出,当$\theta \geqslant 74°$时,法向合力才开始为负,见表2-6,土块才能脱离床面而飞出。由于支撑土块初始转动的y轴仅仅是一条线,如有滑动,即令$N < 0$,则当竖向速度最大,即$\theta = 45°$时,也可能飞出。

表2-5　土块转动时数值解结果

$\theta(°)$	10	20	30	40	45	50	60	70	72	73	74	80	89
$t(s)$	0.106 2	0.154 3	0.192 3	0.224 4	0.238 7	0.252 2	0.277 0	0.299 8	0.304 2	0.306 4	0.308 6	0.321 5	0.340 9
$\dfrac{\mathrm{d}\varphi}{\mathrm{d}t}$ (rad/s)	0.311 5	0.423 0	5.180	6.112	6.573	7.025	7.877 8	8.621	8.754	8.817	8.879	9.217	9.600

表2-6　土块转动时法向合力的变化

$\theta(°)$	$\varphi = \dfrac{\mathrm{d}\theta}{\mathrm{d}t}$ (rad/s)	法向合力组成(kN)			法向合力 N (kN)
		由 F_D 及 F_L 来	由 G' 来	由 R 及 P 来	
0	0	233.7	−3.25	0	230.5
10	3.155	427.8	1.32	−62.31	366.8
20	4.230	592.8	5.84	−112.0	486.6
30	5.180	708.8	10.2	−167.8	551.0
40	6.112	762.0	14.2	−233.8	542.4
45	6.573	762.6	16.1	−270.4	508.3
50	7.025	745.7	17.8	−308.9	454.6
60	7.878	662.1	20.9	−388.5	294.5
70	8.621	521.2	23.3	−465.2	79.3
73	8.733	470.1	23.9	−477.3	16.7
74	8.879	452.4	24.1	−493.5	−17.0

（七）土块的上浮运动

韩其为分两个阶段分别研究了土块的上浮运动与它们遵循的方程及其解。表 2-7 为第二阶段不同土块运动情况，可见土块上浮的高度是很大的，从 0.54 m 至 4 m，后者已等于水深。

表 2-7　土块上升第二阶段运动情况举例

资料编号	1	2	3	4	5	6	7	8	9
$\omega(\mathrm{m/s})$	1.353	1.353	1.353	1.353	1.353	1.353	1.353	1.353	1.353
$V_y(\mathrm{m/s})$	1.895	1.700	0.300	0.800	1.300	1.353	1.500	0.500	2.198
$u_{y,D}(\mathrm{m/s})$	0.414 9	0.414 9	0.414 9	0.414 9	0.414 9	0.414 9	0.419 9	0.419 9	2.133
$u_{y,c}(\mathrm{m/s})$	0.542	0.347	0	0	0	0	0.147	0	0.845
$t_2-t_1(\mathrm{s})$	2.662 6	2.453 4	0.225 2	0.290 0	0.880 3	3.184 7	2.997 1	0.243 5	3.375 5
$y_c-D_0(\mathrm{m})$	1.395 9	0.877 0	0.047 0	0.056 7	0.104 3	0.168 8	0.546 3	0.049 3	3.507 5
$\overline{u}_y(\mathrm{m/s})$	0.524 5	0.357 5	0.225 2	0.195 4	0.101 8	0.053 0	0.182 2	0.202 5	1.039
$y_M(\mathrm{m})$	4.000	4.000	0.543 4	0.553 0	0.600 6	0.665 1	4.000	0.545 6	4.00
$t_M-t_1(\mathrm{s})$	6.556 1	10.023 1	0.225 2	0.290 0	0.880 3	3.184 7	20.118 3	0.243 5	3.375 5
$u_{y,M}(\mathrm{m/s})$	0.542	0.347	0	0	0	0	0.147	0	0.845 3
$u'_{y,c}(\mathrm{m/s})$	0.541 9	0.341 9	0.000 1	0.000 1	0.000 1	0.000 1	0.147 1	0.000 1	0.845 1
$y_c(\mathrm{m})$	1.892 2	1.373 3	0.543 3	0.553 0	0.600 6	0.665 1	1.042 6	0.545 6	4.00
$\dfrac{V_y-u_{y,D}}{\omega}$	1.903 9	0.949 8	-0.084 9	0.284 6	0.654 1	0.693 3	0.798 3	0.059 2	0.048

（八）土块露出水面分析

表 2-8 计算了不同条件下土块露出水面的高度，$H\approx\dfrac{a}{2}+\Delta_m$。

表 2-8　土块露出水面的高度

$V_y(\mathrm{m/s})$	$u_{y,c}(\mathrm{m/s})$	$\dfrac{\Delta_m}{a}$	$\Delta_m(\mathrm{m})$	$H(\mathrm{m})$
1.700	0.347	-0.431	-0.345	0.055
1.895	0.542	-0.330	-0.264	0.136
2.198	0.845 3	-0.118	-0.094	0.306
2.500	1.147	0.134	0.107	0.507
3.000	1.647	0.615	0.492	0.892

表中有关参数为 $\lambda = 8$，$a = 0.8$ m，$D_0 = 0.496\ 3$ m，$\gamma_m = 1\ 839$ kg/m³，$\gamma = 1\ 374$ kg/m³，$\omega = 1.535$ m/s。从表中可见,当具有一定量值的竖向脉动分速 V_y 及颗粒的初始速度 $u_{y.c}$,则土块就会露出水面。在最后一个例子中,土块甚至露出水面 0.892 m,超过了它的长和宽(均为 0.8 m),即为整个土块露出了水面。这与实际土块露出水面是一致的。

若按表 2-7 中第 9 个资料作为例子,类似于龙门河段条件,在较强的水力因素下,119 kg/m³ 重的土块(包括空隙水)可以起动、上升而露出水面。当水深约 4 m 时,上升与下降只需约 6.5 s,此时沿纵向移动约 44 m。

韩其为从理论上深入探讨了"揭河底"现象发生的内在机理,并对"揭河底"发生时土块起动后上升、上浮、转动、露出水面、下沉及水平运动等块体不同阶段都进行了相应的力学分析,清晰地描述了"揭河底"发生的动态过程,这一点很值得我们在进一步研究过程中借鉴。

二、王尚毅的研究成果

王尚毅认为,在黄河上出现"揭河底"冲刷时,水流的含沙量可高达数百千克每立方米,并且泥沙颗粒的级配随着来水量的增大而逐渐变粗。这种现象如果按照通常采用的床沙组成分析标准,则来沙中的绝大部分应属造床质性质,那么这样高造床质含量的水流使床面保持不淤,是难以解释的。如果不区分造床质与非造床质,仅仅考虑泥沙沉速影响的一般挟沙能力的经验公式,其计算结果也是难以令人满意的。在此基础上,王尚毅认为如何解释"揭河底"水流的特高挟沙能力规律,在来沙量高达数百千克每立方米时河床发生冲刷且不淤,冲积流河床的稳定性条件问题,以及"揭河底"发生瞬间的力学过程等,都是研究"揭河底"冲刷的重要问题。

在对上述问题思考的基础上,根据泥沙有效悬浮功原理、河床最小活动性原理等理论,王尚毅开展了"揭河底"水流的挟沙能力、水流作用下河床的稳定性分析等研究,提出了"揭河底"的发生条件:

(1)来沙全部为非造床质,即 $\overline{\omega} < UJ$。其中,U、J 分别为断面平均流速及水力比降,$\overline{\omega}$ 为来沙的断面平均沉速。

(2)"揭河底"时水流作用在床面上的切应力 τ_b 远大于床沙的起动临界切应力 τ_c。

(3)"揭河底"冲刷时的床面属固性床面,在 $\tau_b \gg \tau_c$ 作用条件下,结合固性床面成片冲蚀的特点,出现类似黄河北干流"揭河底"现象是可能的。

王尚毅还应用龙门、临潼、华县发生"揭河底"时的水力泥沙因子对以上三个准则作了检验,结果是发生"揭河底"时全部满足以上三个准则。

针对王尚毅自己的验证结果,应该指出的是:以上三个条件是很容易得到满足的。万兆惠曾经采用两场没有发生"揭河底"现象的洪水实测资料进行验算，结果发现同样满足上面三个准则，如表2-9所示。

表2-9　两场未发生"揭河底"现象的洪水验证结果

洪峰时间 （年-月-日）	S （kg/m³）	UJ （cm/s）	$\bar{\omega}$ （cm/s）	τ_c （N/m²）	τ_b （N/m²）	是否 $\bar{\omega}<UJ$	是否 $\tau_b \gg \tau_c$	是否 固性 床面	是否 "揭河 底"
1966-07-27~29	434	0.32	0.049	4.12	52.2	是	是	是	否
1971-08-09~11	547	0.15	0.039	4.61	22.5	是	是	是	否

三、缑元有的研究成果

缑元有认为"揭河底"现象的发生，从河床动力学角度可以分为三个阶段：

第一阶段，结构密实片状物与河床脱离阶段。由于河床每层淤积物的颗粒和淤积条件不同，河床上存在软弱夹层或松散区域，在水流冲击力的作用下，强度最薄弱地方的泥沙首先被冲走，板块部分边界暴露。靠上游边界暴露后，便出现绕流作用力和横轴环流引起的淘刷，前沿底部部分淘空，板块与河床局部出现裂缝。由于裂缝处应力集中，板块周边会与河床撕裂。板块底部淘刷引起的上举力，也会使板块下部与河床脱离，由固定边界形成为水流中的自由板块。但要强调指出：若水流流速过大或床沙较粗，板块的结构密实程度（结构强度）不够，板块未被揭起就被水流肢解冲走，也就形不成"揭河底"现象（见图2-4）。

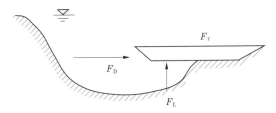

图2-4　板块脱离河床阶段

第二阶段，板块在河床上滑移阶段。板块被揭起后，一般先沿河床滑移。在滑移过程中，由于流速沿水深分布，因此板块受水流拖曳力合力作用点偏离淤积物板块形心而靠上；加上上举力，这样就构成了翻转趋势。自由板块在滑移过程中，有两种可能的结果：一是结构强度较弱，被高速水流击碎，随流而去；二是结构强度较大，能保证板块不被紊动水流击碎，在滑移过程中翻转，形成"揭河底"现象。

第三阶段，板块翻转阶段。板块在滑移过程中有翻转趋势，若遇到河床障碍和脉动作用，板块以障碍物为支点就可能翻转。据此导出了淤积物板块揭底成层冲刷的临界起动流速计算公式(2-24)。该公式考虑了淤积物板块临界起动的动力学条件,揭示了淤积物板块临界起动与水沙条件的关系:

$$U_C = \frac{n}{n+1}\left(\frac{2h}{\delta}\right)^{\frac{1}{n}}\sqrt{\frac{\gamma_s - \gamma_m}{\gamma_m}\frac{2g\delta}{C_D\left(\frac{\delta}{L}\right)^2 + C_L}} \qquad (2\text{-}24)$$

其中:γ_s、γ_m 分别为淤积物密度、高含沙水流的密度,kg/m^3;$n = 5 \sim 9$;雷诺数 $Re_d \geqslant 1\,000$ 时,$C_D = 0.43$,$C_L = 0.17$;δ、L 分别为板块厚度和板块长,m;h 为水深,m。

作者把"揭河底"发生过程分成了三个阶段,揭示了"揭河底"发生的动态过程,同时作者提出了板块结构强度的概念,根据其强度的不同,"揭河底"的表现形式也不同,这是非常值得我们借鉴的。但是,文章中指出的板块脱离河床的第二阶段,即板块在进入翻转阶段之前有一个在河床上的滑移阶段,我们不予赞同,因为板块与河床均不是纯刚性的,特别是河床总体还是由可动性较大的散离体泥沙颗粒组成,胶泥块的形成是洪水携带的泥沙在分选沉降的过程中,极细泥沙絮凝胶结而成的,是同步或依次沉积形成的自然河床形态。胶泥块与河床的接触不是刚性接触,如果一定要把胶泥块单拉出来独立分析的话,应该认为胶泥块是嵌入到河床中的。因此,"揭河底"的过程胶泥块起动以后应该直接进入翻转阶段,没有滑移阶段。

四、张金良的研究成果

张金良认为,"揭河底"发生前,河床上存在着不同时期形成的淤积物,随着淤积条件的变化,河床纵比降和横断面形态会进一步调整。当河床调整到一定程度时,若发生"揭河底"现象,则为河床成层成块淤积物的形成以及块体边界剪应力及层间黏合力的削弱创造了条件。若遇大中尺度涡漩形成,垂向能量向底层传递,垂向紊动、脉动特性增强,在忽略层间黏合力和块体间的边界垂向剪应力条件下,水体可能掀动的河床淤积物块体厚度,取决于河床淤积物块体的密度、浑水体密度以及作用在淤积物块体上下表面的脉动压力的最大可能振幅之和。

其采用随机脉动压力分布方法研究河床淤积物起动的思路也颇具新意。他通过研究提出,河床淤积物块体能否被掀起,或者说能否产生"揭河底"现象,取决于各种条件的综合结果。若河床上存在着一定厚度的淤积物块体,则水流可能掀起的淤积物块体最大成层厚度为

$$d = \frac{\delta\gamma_m}{(\gamma_s - \gamma_m)g}\left(\frac{A\sqrt{gJ}}{R_s^{\frac{1}{6}}}\right)^{\frac{3}{2}}\left(\frac{Q}{M}\right)^{\frac{1}{2}} \qquad (2\text{-}25)$$

式中:δ 为最大脉动压强系数;γ_m 为浑水密度;γ_s 为河床淤积物块体湿密度;R_s 为床面粗度;A 为系数;J 为能坡;Q 为流量;M 为河槽形态参数。

当河床淤积物块体的厚度小于计算值 d 时,在长时间涡漩水流脉动压力的作用下,可能使河床淤积物块体被掀起,即产生"揭河底"现象。这种情况下,若水深较小或淤积物块体纵向较长且结构紧密,则在河道水面上可看到被掀起的淤积物块体;若水深较大或淤积物块体纵向较短或结构性差,则在河道水面上就看不到被掀起的淤积物块体。但是,无论被冲起的淤积物块体是否露出水面,都应该属于"揭河底"冲刷现象之列。当河床淤积物块体的厚度大于计算值 d 时,不会发生"揭河底"冲刷现象。即使洪峰流量和含沙量都较大,洪水过程较长,并且有涡漩形成与活动,其所产生的冲刷仍属一般意义上的河床冲刷。

不过,公式(2-25)中的系数较多,实际应用时不同的河段应该存在差异,不能以一个定数代之,而且首先应该讲清楚的是"揭河底"发生的水力条件,而不是可揭起河床淤积物块体的厚度。有人曾对该公式进行过验证,发现任何情况下均可以满足。

第三节　"揭河底"冲刷试验研究现状

受试验条件与技术的制约,特别是原型"揭河底"冲刷观测资料不足给"揭河底"室内模型试验的研究带来了很大困难。匡尚富、缪凤举等先后开展了这方面的探索,为我们的研究提供了借鉴。

一、匡尚富试验研究成果

匡尚富通过分析认为"揭河底"现象的实质就是在高含沙水流作用下的强烈成层冲刷,"揭河底"时的块体浮于水面只是其局部或特殊现象。他初步探讨了河床淤积结构,并对"揭河底"河段河床淤积结构概化为以下五种模式:①均质松散淤积结构;②表层固结下层松散结构;③多层松散结构;④松散层、固结层交互结构;⑤多层固结层组合结构。

匡尚富对均质松散河床"揭河底"冲刷发生的机理和临界条件进行分析,得出了产生"揭河底"成层冲刷的临界条件为

$$\gamma_C = \frac{\{S_V(\gamma_s - \gamma_0)\tan\phi - J[S_V(\gamma_s - \gamma_0) + \gamma_0]\}nd_b}{hJ} \tag{2-26}$$

$$S_{VC} = \frac{\gamma_C - \gamma_0}{\gamma_s - \gamma_0} \tag{2-27}$$

式中:γ_C、S_{VC} 分别为高含沙水流发生成层冲刷时的临界密度及体积比浓度;S_V 为表面淤积层中的固体成分体积比浓度;ϕ 为淤积层中的内摩擦角;h 为水深;

nd_b 为河床不稳定层厚度,其中 d_b 为床沙粒径、n 为倍数,只有 $n \geqslant 1$ 时方可发生成层冲刷。

匡尚富在长 7.0 m,宽 0.24 m,调坡范围 0~2% 的透明玻璃水槽中开展了"揭河底"水槽试验。试验中床沙由粉煤灰($d_{50} = 0.012$ mm,$d < 0.01$ mm 占 38%)和混合沙($d_{50} = 0.06$ mm,$d < 0.01$ mm 占 19%)配制而成,高含沙水流的泥沙为粉煤灰($d_{50} = 0.012$ mm)。试验开始,在水槽中预先铺一定厚度的饱和床沙,厚度为 5~8 cm。在沉沙池内搅拌成一定含沙量的浑水,再由混流泵将浑水抽到水槽上端供水。在水槽中部(水槽下端往上约 2.5 m 处)设测量断面,采用录像机录像的方法计测水深及冲淤变化,用电磁流速仪测定流速。上端给水流量用控制阀调节,流量由小到大,直至河床开始冲刷。并在水槽上端测试断面,及下端出口附近取样测定其水流的含沙量。在预备试验中发现,在同一次试验过程中,不同时间,不同地点取样所测得含沙量变化不大,故取其平均值作为水流含沙量。

采用不同的流量及含沙量过程,共进行了 4 组试验,其试验参数如表 2-10 所示。

表 2-10　试验参数

编号	河床厚度 (cm)	河床纵坡 (%)	水流含沙量 (kg/m³)	水流密度 (kg/m³)	试验时间 (min)
1	6.0	4.8	320	1 167.6	6.5
2	8.0	4.5	585	1 306.4	7.2
3	7.0	5.0	585	1 306.4	4.5
4	5.0	4.6	410	1 214.8	2.3

从 4 组试验的观察及录像解析发现,整个过程中河床冲刷都是成层冲刷,有时可明显地看到很薄的层移层,该层开始缓慢地发生错移并在离开起动点约数厘米的下游,该层泥沙的颗粒散开,扩散而消失,并且从河床厚度变化过程可知,整个高含沙水流过程都未发生淤积,但试验中未出现河底块体浮于水面的典型"揭河底"现象。除了开展河床成层冲刷试验,未开展相关的验证试验。

二、缪凤举试验研究成果

缪凤举等根据黄河中游河段所观察到的"揭河底"现象,在模型试验中采用清水模拟了此种现象。当时试验是在玻璃水槽中开展的,试验中是用木块模拟的"胶泥块",试验初始是将木块埋在泥沙里面,随着试验的进行,木块在试验中被冲了起来。并采用力学分析方法提出了"揭河底"冲刷方程式。

如图 2-5 所示,绕 A 点的力矩分别为:

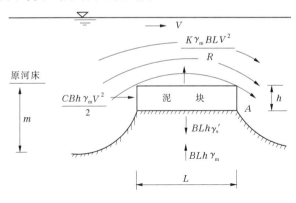

图 2-5 泥块受力图

(1)泥块自重力矩

$$BLh\gamma'_s \times \frac{L}{2} = \frac{BhL^2}{2}\gamma'_s \tag{2-28}$$

(2)上浮力矩

$$BLh\gamma_m \times \frac{L}{2} = \frac{BhL^2}{2}\gamma_m \tag{2-29}$$

(3)绕流上举力所引起的力矩

$$\frac{K\gamma_m BLV^2}{R} \times \frac{L}{2} = \frac{K\gamma_m BL^2V^2}{2R} \tag{2-30}$$

(4)浑水水流对泥块的作用力 $\dfrac{C\gamma_m BhV^2}{2}$ 和它的力矩

$$\frac{C\gamma_m BhV^2}{2} \times \frac{h}{2} = \frac{C\gamma_m Bh^2}{4}V^2 \tag{2-31}$$

式中:L、B、h 为泥块尺寸;γ'_s 为泥块密度;γ_m 为浑水密度;V 为水流流速;R 为绕流的曲率半径;K、C 为系数。

开始绕动即泥块向上转动时,则围绕 A 点各力矩 M 应为 $\sum M = 0$,即

$$\frac{BhL^2}{2}\gamma'_s - \frac{BhL^2}{2}\gamma_m - \frac{K\gamma_m BL^2V^2}{2R} - \frac{C\gamma_m Bh^2}{4}V^2 = 0 \tag{2-32}$$

整理上式,并考虑 h/L 很小而忽略之,则变为

$$\frac{KV^2}{R} = h\left(\frac{\gamma'_s}{\gamma_m} - 1\right) \tag{2-33}$$

绕流的曲率半径 R 值与河床冲刷厚度 m 有关,当 $m \to 0$ 时,$R \to a$,假设它们之间的关系为

$$R \propto 1/m^2 \tag{2-34}$$

冲刷厚度 m 与河床质的抗冲刷强度成反比,河床质的抗冲强度如用 Shield 公式表示

$$V_{*c}^2 = 0.05\left(\frac{\gamma_s}{\gamma_m} - 1\right)gd \qquad (2\text{-}35)$$

式中,d 为河床质粒径。则

$$R = 1/m^2 = V_{*c}^2 \qquad (2\text{-}36)$$

代入式(2-33)并将常数合并用 K' 表示,则:

$$V^2 = \frac{1}{K'}dh\left(\frac{\gamma_s}{\gamma_m} - 1\right)\left(\frac{\gamma_s'}{\gamma_m} - 1\right) \qquad (2\text{-}37)$$

式中:K' 为系数;d 为河床质粒径;h 为泥块的厚度;γ_s 为泥沙密度;V 为水流流速。

式(2-37)为泥块在水流中转动的方程式,即"揭河底"冲刷方程式。

但由于此次试验中黏土块的模拟采用的是木块来代替的,与真正意义上的"揭河底"现象还有一定差异,而且未开展相应的验证试验。同时,我们从图 2-5 泥块受力分析情况看,水流作用于胶泥块和胶泥块周界遭受淘刷的物理图形也存在概念上的误解。

第四节 "揭河底"冲刷研究现有成果总体评述

一、"揭河底"发生条件及判别指标

前述各家得到的判别指标,均力图从理论上合理解释"揭河底"的发生过程,虽然判别指标的表达形式、采用的参数不尽相同,但都基本可以反映"揭河底"发生时水力条件的变化。不过大多数公式在前期分析的过程中,没有交代清楚胶泥块揭起的力学机理与物理图形,公式中一些难以确定的系数(如胶泥块的面积 A、系数 K 等)影响了公式的可预测性和实用性,有些公式还缺乏相应的系统验证。

另外一些专家基于实测资料统计提出了有关经验性的"揭河底"发生条件,对人们认识高含沙水流"揭河底"问题有较大的帮助。纵观各家提出的"揭河底"发生条件,似有几点成为共识,也为我们提供了一个概念性认识。即:

(1)含沙量大于某一量级(400 kg/m³ 或 500 kg/m³)的时间要持续一定时间(如 16~48 h),而流量大于某一量级(5 000~6 000 m³/s)的时间也应持续一定时间(如 5~6 h);

(2)高含沙水流应含有一定量的黏性颗粒;

(3)应有适当的河床边界条件。

实际上,这些条件缺乏准确性。正如前述,第一,流量并不一定要达到某一量级,例如 1988 年 6 月 25 日府谷河段"揭河底"现象,流量仅为 103 ~ 438 m³/s;第二,含沙量也并不一定要达到某一量级,比如,1988 年 6 月 25 日府谷河段"揭河底"时含沙量也仅 98.6 kg/m³,1995 年 7 月 18 日龙门河段发生"揭河底"时,含沙量范围为 15 ~ 487 kg/m³。

同时,焦恩泽认为现有这些研究成果不能真实准确地反映"揭河底"发生时的水流和泥沙条件,因而不能算是真正的"揭河底"发生条件或判别指标。要准确把握"揭河底"冲刷发生的条件或判别指标,在分析研究"揭河底"冲刷时,应当采用"揭河底"冲刷起点断面的水文泥沙资料,作为分析计算的依据,而以往研究多采用的是龙门水文站的资料,并非"揭河底"的起点实测水力条件。实际上,由于"揭河底"发生的随机性、瞬时性,要想得到跟随性较好的实测资料是非常困难的。

二、"揭河底"冲刷机理研究成果

我们对王尚毅提出的"揭河底"水流挟沙力持有异议。因为"揭河底"一旦发生,它根本不存在"挟沙能力"这一概念了,而完全是一个物理现象。但他从泥沙的悬浮功原理入手的研究思路和对泥质冲积河流床面的划分模式等,都非常值得人们进一步研究高含沙"揭河底"冲刷时加以借鉴。

韩其为从理论上深入研究了黄河"揭河底"冲刷的现象,对土块的起动流速、上升过程、露出水面的条件,以及下降和沿纵向运动等块体不同运动阶段都进行了相应的力学分析,清晰地描述了"揭河底"现象发生的动态过程,这一点值得进一步研究过程中借鉴。

另外,张金良采用随机脉动压力分布方法研究河床成块淤积物起动的思路也颇具新意,值得人们借鉴。由于中尺度载能涡漩的产生,底层流速略小于或接近断面平均流速,而底层流速的大小对淤积物块体受脉动压力的大小有重要影响,但是需要进一步认识的则是高含沙水流的制紊作用才是中尺度载能涡漩产生的重要原因。

缑元有认为"揭河底"也是一个动态发展的过程,他将其发生过程分成了三个阶段,但我们认为其中板块脱离河床后应该直接进入翻转阶段,没有滑移阶段。另外,作者提出了板块结构强度的概念,并根据其强度的不同,"揭河底"的表现形式也不同,这一点亦值得借鉴。

第五节　研究总体思路及取得的主要成果

"揭河底"冲刷是一个十分复杂的理论和技术问题,迄今为止,对这一问题的研究已取得了很大进展,获得了一些很有意义的研究成果,但由于缺乏针对"揭河底"时成块片状淤积物和河床质组成的实测资料,加之受人们对河流泥沙认识水平的限制,对"揭河底"冲刷过程的认识大多具有片面性,对其物理图形认识也不够清楚,有的成果对机理的揭示存在明显的缺陷,有的研究不够全面、系统,因此影响了对"揭河底"冲刷问题研究的深入和具体剖析,使得人们对其机理的研究尚未取得令人满意和突破性的进展。不过,应该承认的是,这些研究成果不仅帮助我们认清了"揭河底"冲刷的表观现象,而且从各个方面为进一步系统研究"揭河底"冲刷机理拓宽了思路,奠定了良好的基础。

一些专家(如焦恩泽)对"揭河底"发生条件研究成果采用原始资料的跟随性提出质疑,这无疑是正确的,是对研究"揭河底"冲刷条件前提的"破"与"立"。然而,在天然情况下,要想获得真正具有跟随性的对应资料几乎是不可能的。目前,要想深入研究"揭河底"发生的机理和条件,必须换一种思路去探讨。首先要在认真细致的调研基础上,构建一个清晰的"揭河底"冲刷发展过程的物理图形,进而通过实体模型模拟技术的突破,实现在实验室里能够完整模拟真正意义上的"揭河底"冲刷全过程,弥补原型观测之不足,探讨"揭河底"发生、发展的水动力学机理和相关影响因素,提出"揭河底"发生的临界条件,并通过专门的力学实验和水槽实验,揭示胶泥层"揭而不散"的力学机理和胶泥层底部紊动传播过程,在此基础上提出"揭河底"冲刷的防治技术,形成一个完整的理论与技术体系。

黄河水利科学研究院河道整治研究团队,长期关注黄河高含沙洪水特殊现象的研究,尤其在"揭河底"现象研究方面,自2005年开始,研究团队先后在水利部"948"技术创新与转化项目(CT200517)、水利部公益性行业科研专项经费项目(201101009)、国家自然科学基金项目(51209101)、黄河水利科学研究院基本科研业务费专项项目(HKY-JBYW-2013-01)的资助下,联合华北水利水电大学、山西黄河河务局、陕西黄河河务局、河海大学,产学研结合,持续十多年创新攻关,对"揭河底"现象进行了较为系统的研究,项目整体研究框架如图2-6所示。

本书即为这十几年研究成果的凝练和系统总结,取得的主要成果如下:

(1)开展了系统的现场调研,全面收集了黄河发生"揭河底"现象相关河段、相关时段的水文泥沙、河床演变、水位变化、河势调整等原始观测数据,一些现场目击人员的口述资料或记录数据可谓抢救性挖掘;以此为基础,建立了黄河"揭河底"研究数据库,为本次研究和今后的进一步深入探讨奠定了基础,提供了统一的研究平台。该数据库还融入了本次研究全过程和全部研究成果。

(2)开展了"揭河底"河段河床淤积层理结构的现场剖析和取样,全面分析了黄河干支流、小北干流放淤渠、小浪底水库库区等各种"揭河底"的摄录像资

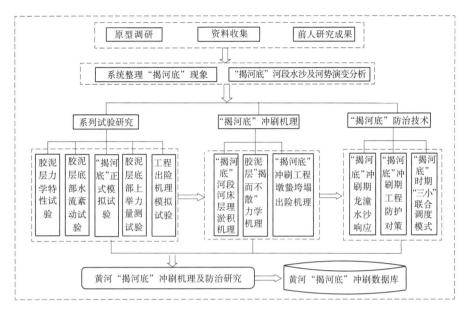

图2-6 项目整体研究框架图

料,并结合室内模型试验结果,对原"揭河底"冲刷的概念进行了拓展。凝练了"揭河底"现象发生时,胶泥层厚薄与其掀起露出水面、掀起未露出水面、直接被冲散等不同表观现象,首次建立了清晰的"揭河底"冲刷物理图形。

(3)通过对黄河小北干流及黄河下游温孟滩河段河床的钻探和开挖,结合室内土工试验情况进行分析,认为黄河中游典型的水系结构及下垫面的条件,形成了"揭河底"河段特殊的河床层理淤积结构,为"揭河底"发生提供了前提河床边界条件——胶泥层。进而,运用极细颗粒泥沙的絮凝沉降规律,揭示了胶泥层淤积层理结构形成的机理。开展了胶泥层(块)土力学特性的系统研究,建立了泥沙颗粒级配、干容重等对胶泥层胶结强度影响关系,揭示了不同厚度胶结层揭起与否与水流动能的响应关系,获取了胶泥层材料强度参数和本构关系参数;研究了"揭河底"发生时,淤积物(胶泥层)内的应力和形变过程,从力学机理上诠释淤积物(胶泥层)"揭而不散"的原因。

(4)从分析水流紊动特性、紊动结构发展过程入手,基于瞬变流模型建立了"揭河底"冲刷期胶泥块受力变化的力学关系,揭示了"揭河底"现象发生过程中,胶泥块周围泥沙颗粒遭受水流淘刷、悬空,进而从河底揭起的内在力学机理。认为,胶泥块表面、底面脉动压力波的传播速度有着明显的不同,表面与底面的脉动压力波传播差会对胶泥块形成巨大的瞬时上举力,迫使胶泥块失稳从河底揭起;指出了"揭河底"冲刷与单颗粒泥沙起动的重要差别,建立了"揭河底"冲刷临界状态判别理论公式。

（5）充分发挥研究团队扎实的实体模型经验理论和试验技术上的优势，首次在实验室成功复演了真正意义上的黄河"揭河底"现象，进一步验证了建立的"揭河底"冲刷物理图形的正确性，后续的系列试验弥补了原型观测资料跟随性差的不足，为深入认识"揭河底"现象和"揭河底"冲刷临界条件的研究奠定了坚实的基础。引进美国 Tekscan 公司先进的片状薄膜式压力传感器，对胶泥块底部受到的脉动上举力进行了实时的跟踪观测，确定并验证了"揭河底"冲刷判别条件中的关键参数 K，其值为 0.2。

（6）利用先进的 ADV 和 PIV 量测设备，从水流紊动特性入手，通过专门的水槽试验，着重研究了胶泥块底部水流紊动结构的发生与发育过程，详细观测了不同揭掀状态下紊动结构的实时分布与量值关系，揭示了紊动结构的传播机理；同时发现水流表面紊动最强烈的部位并不在"揭河底"冲刷的前端，而位于其下游，改变了人们对该现象的错误认识。

（7）系统总结了黄河小北干流河段"揭河底"发生前后的河势变化、发生位置及工程出险特征、工程抢险防护经验，结合专门的室内水槽试验，揭示了"揭河底"冲刷期工程出险机理，以及工程一般冲刷和"揭河底"冲刷过程的差异和上下游水位表现，提出了适用于"揭河底"冲刷河段的工程防护措施及相应对策。

（8）在对历史资料系统整理基础上，建立了"揭河底"冲刷期上下游水文站的水沙响应关系，发现"揭河底"冲刷使下游水文站的含沙量和泥沙级配均有不同程度增加；基于不同时期三门峡、小浪底水库对高含沙洪水调蓄效果的分析，结合现有水库对高含沙洪水的调度原则，提出了"揭河底"冲刷期高含沙洪水的优化调度模式。

第三章

"揭河底"物理图形及冲刷机理研究

　　"揭河底"冲刷是含沙量较高、河床冲淤变幅较大的多沙河流特有的一种现象,特殊的来水来沙条件是出现这一奇观的先决条件。基于原型调查及"揭河底"大量图文、视频资料分析,我们认为"揭河底"现象的发生是一个复杂的动态过程,并勾勒出清晰的物理图形,即前期河床淤积物(俗称"胶泥块")形成过程、胶泥块底部逐渐淘刷过程、胶泥块失稳揭起过程、胶泥块翻转露出水面过程。

　　胶泥块的形成过程和河床层理淤积结构是"揭河底"现象发生的前提条件。实际上出现这种典型层理淤积结构的根本原因仍归结为特殊的来水来沙条件。众所周知,黄河中游典型的水系结构、下垫面条件,决定了不同支流的洪水组成不同,泥沙级配不同,这些都为"揭河底"前期河床边界的形成创造了条件;而形成这一典型的层理淤积结构与细泥沙的絮凝沉降规律有着十分紧密的关系;此外,"揭河底"冲刷期河道断面调整规律与普通洪水期的调整规律也存在明显不同。本章将对以上内容以及"揭河底"物理图形、发生机理等研究成果分别进行阐述。

第一节　"揭河底"河段洪水泥沙特征及河道淤积物构成

一、"揭河底"河段洪水来源区洪水概况

(一)北干流河段洪水来源区洪水概况

　　黄河干流发生的"揭河底"现象主要位于小北干流河段,府谷河段也有发生"揭河底"现象的记录。该河段洪水主要由黄河中游河口镇—龙门区间(简称河龙区间)暴雨形成,河口镇以上来水构成了洪水的基流。降水过程主要分为两类,一是大面积日暴雨过程,历时短,强度大;二是大面积较强连阴雨过程,持续时间长,强度小。两者有着显著的季节性和地区性差异。前者主要出现在 7 月、8 月黄河主汛期的前半段,后者最早出现在 5 月中旬,最晚结束在 10 月中旬,但是比较集中地出现在 8 月底至 9 月中旬。因此,黄河中游夏季风盛行期主要是大面积日暴雨过程,降雨集中在 24 h 以内,因其暴雨强度大、历时短,再加上雨

区多发生在黄土高原,沟壑纵横,支流众多,产汇流条件好,形成的洪水洪峰高,历时短,含沙量大。

河龙区间的暴雨洪水和产水产沙特性,大致分为以下三类:

(1)年水量和年沙量均较大。其特点是年内大面积暴雨次数较多,而强度不是特别大,因水量和沙量都大,其含沙量不是很高,如1954年、1958年、1964年、1967年等。

(2)年水量居中,沙量特别大。其特点是年内发生少数几次强度特大的大面积暴雨,使年和场次洪水的输沙量和含沙量都很高,这类暴雨洪水常导致龙门上下河段河床发生严重"揭河底"冲刷和黄河下游河道的淤积,如1966年、1970年、1977年。

(3)年径流和输沙量均偏枯,但一次降雨强度大,范围广,次洪输沙量和含沙量很高。其特点是年内大暴雨只有1~2次,而一次降雨产沙量可占汛期总沙量的40%以上,这类暴雨在局部地区或少数河流上可形成相当大的洪水和输沙量,但是河龙区间总产沙量并不大,如1971年、1976年、1988年、1989年。

自龙门水文站建站以来,小北干流河段共发生过29次流量超过10 000 m³/s的洪水,并出现过一年多次超10 000 m³/s的洪水,最多的为1967年,曾发生过5次10 000 m³/s以上的洪水。由于经济的发展和社会的进步,人们对水资源的需求大大增加,加之近几年多为少水或枯水年,使得黄河小北干流河段自1996年以来未发生过10 000 m³/s以上的洪水,最小洪峰流量仅为2 100 m³/s。根据黄河北干流1950~2008年的平均水沙量资料(见表3-1),龙门水文站多年平均水量为267亿m³,最大实测年水量为552亿m³(1967年),是最小年水量152.3亿m³(1987年)的3.6倍,多年汛期(7~10月)平均水量占全年水量的52.8%。黄河龙门站多年平均沙量为7.35亿t,实测最大年沙量为24.24亿t(1967年),是最小年沙量1.99亿t(1986年)的12.2倍。多年平均含沙量30 kg/m³,多年汛期平均沙量占全年沙量的87.5%。黄河北干流1950~2008年的平均水沙量见表3-1。

表3-1 黄河北干流1950~2008年的平均水沙量

站名	多年平均水量(亿 m³)			多年平均沙量(亿 t)		
	汛期	非汛期	水文年	汛期	非汛期	水文年
河口镇	116.4	101.5	217.9	0.83	0.24	1.07
吴堡	125	112	237	3.44	0.64	4.09
龙门	141	126	267	6.43	0.92	7.35
河口镇/龙门站(%)	83	81	82	13	26	15

从表3-1可以看出,龙门站的水量80%以上来自河口镇,而河口镇沙量只占龙门沙量的13%,因此黄河龙门站泥沙主要来自河龙区间,由河龙区间支流汇入。由于该区是暴雨多发区,年输沙量往往集中于几场大暴雨。从水沙分析可以看出,龙门站来水来沙具有水沙异源以及年际、年内变化大的特点。

受暴雨影响,地表和沟道侵蚀产出的泥沙,随洪水进入河道,最大含沙量可达800~1 700 kg/m³。左岸支流年均沙量大于2 000万t的支流有三条:朱家川、湫水河和三川河,年平均含沙量分别为496 kg/m³、242 kg/m³、216 kg/m³。左岸支流年均水量大于1亿m³的支流有浑河、三川河和昕水河,其中浑河和昕水河沙量较少。右岸支流年均沙量除佳芦河和仕望川以外都在2 000万t以上,其中,无定河、窟野河和皇甫川的年均沙量都在5 000万t以上。右岸支流大于左岸支流。从泥沙组成看,河口镇最细,河口至府谷区间较粗,府谷至吴堡区间更粗,主要来自窟野河和秃尾河。吴堡至龙门区间来沙较细。从两岸来看,左岸来沙细,右岸来沙粗,见表3-2。根据河龙区间的12条主要支流皇甫川、孤山川、岚漪河、窟野河、秃尾河、佳芦河、湫水河、三川河、无定河、清涧河、昕水河和延水实测泥沙颗粒级配组成,多年平均d_{50}为0.014~0.062 mm,d_{cp}为0.023~0.135 mm。其中,皇甫川、窟野河、秃尾河、佳芦河的d_{cp}超过了0.1 mm。

一般来讲,来自细泥沙来源区的暴雨洪水容易发生"揭河底"冲刷现象,在粗泥沙来源区中也有细泥沙产沙区,如窟野河支流牛拦沟就是细泥沙产生地区。

表3-2 河龙区间泥沙特征

位置	河名	站名	Q_{max}（m³/s）	S_{max}（kg/m³）	d_{50}（mm）	d_{cp}（mm）	时段
左(东)岸支流	浑河	放牛沟	5 830	1 250			
	偏关河	偏关	2 140	1 460	0.045		
	朱家川	下河碛	2 420	1 260			
	岚漪河	裴家川	2 740	975	0.030	0.047	1966~1985年
	蔚汾河	碧村	1 840	1 110			
	湫水河	林家坪	3 670	980	0.023	0.039	1966~1995年
	三川河	后大成	4 070	819	0.021	0.031	1963~1995年
	屈产河	裴沟	3 380	866			
	昕水河	大宁	2 880	741	0.018		
	汾河	河津			0.014	0.023	1957~1995年
黄河干流	黄河	河口镇	5 310	38	0.019		
		河曲			0.021		
		府谷	11 100	1 190	0.025		
		吴堡	24 000	888	0.028		
		龙门	21 000	933	0.027		

续表 3-2　河龙区间泥沙特征

位置	河名	站名	Q_{max} （m³/s）	S_{max} （kg/m³）	d_{50} （mm）	d_{cp} （mm）	时段
右（西）岸支流	皇甫川	皇甫	10 600	1 570	0.050	0.135	1957～1995 年
	孤山川	高石崖	10 300	1 300	0.033	0.058	1966～1995 年
	窟野河	温家川	14 000	1 700	0.061	0.126	1958～1995 年
	秃尾河	高家川	3 500		0.062	0.115	1965～1995 年
	佳芦河	申家湾	5 700	1 480	0.046	0.101	1966～1995 年
	无定河	白家川	4 980	1 290	0.034	0.050	1961～1995 年
	清涧河	延川	6 090	1 150	0.028	0.037	1964～1995 年
	延水	甘谷驿	9 050	1 200	0.030	0.046	1963～1995 年
	仕望川	大村	112	820			
	渭河	华县			0.016	0.025	1956～1995 年
	北洛河	洑头			0.026	0.032	1963～1988 年

注：本表水沙统计摘自"八五"国家科技攻关项目"河口镇至龙门河段冲淤特性研究"，泥沙粒径（d_{50}、d_{cp}）统计摘自黄河水利委员会水土保持科研基金项目"黄河中游多沙粗沙区区域界定及产沙输沙规律研究"，年份为粒径统计时段。

（二）渭河下游洪水来源区洪水概况

渭河发生的"揭河底"现象主要集中在渭河的临潼至华县河段。渭河下游控制站华县水文站以上汇流面积为 10.65 万 km²。从华县站实测资料统计看，径流主要来自渭河上中游，多年平均水量为 76.46 亿 m³，多集中在 7～10 月，平均 46.93 亿 m³，占年水量的 61.4%；年径流最高的是 1964 年的 187.52 亿 m³，而最低的却只有 16.83 亿 m³，占 1964 年的 9%。泥沙主要来自泾河，泾河的泥沙占渭河的 60% 以上，另一部分泥沙来自渭河上游。渭河多年平均来沙 3.68 亿 t，沙量多集中在 6～9 月，平均 3.38 亿 t，占年沙量的 92%。因此，渭河水量、沙量年际变化较大，年内分配不均匀。

1986 年以来，渭河下游水量减少，沙量相对增加较多。渭河下游出现长时间的枯水枯沙现象，尤其是渭河咸阳以上来水量大幅度减少，见表 3-3。

其中，1986～1990 年与 1950～1985 年比，咸阳来水占华县水量的百分比由

62.4%降至54.7%,泾河张家山由18.1%上升至21.8%,而咸阳来沙量占华县沙量的百分比由38.2%降至20.3%,张家山由61.3%增至68.3%,从而使渭河下游水沙组合发生了很大变化。渭河华县站每年的大部分沙量来自泾河,只是来沙占华县来沙的比例有所不同。总之,渭河水、沙量年际变化较大,年内分配不均匀,沙量多来源于泾河。

表3-3 渭河及泾河各站不同时段水沙量统计

时段(年)	渭河华县		渭河咸阳				泾河张家山			
	水量(亿m³)	沙量(亿t)	水量(亿m³)	占华县(%)	沙量(亿t)	占华县(%)	水量(亿m³)	占华县(%)	沙量(亿t)	占华县(%)
1950～1985	82.1	4.01	51.2	62.4	1.53	38.2	14.9	18.1	2.46	61.3
1986～1990	53.2	2.91	29.1	54.7	0.59	20.3	11.6	21.8	1.99	68.3
1990～1996	48.7	3.11	26.1	53.6	0.54	17.4	11.6	23.8	1.91	61.4
1996～2008	44.6	2.15	—	—	—	—	—	—	—	—

二、"揭河底"河段河道概况及水沙输移特征

黄河"揭河底"现象多发的小北干流河段上游为河龙区间,该区间大部分为黄土丘陵沟壑区,海拔一般为800～2 000 m。东部为吕梁山脉的石质山岭地貌,西北部为鄂尔多斯风沙草原地貌,中南部主要以梁、峁及各类沟谷共同构成黄土地貌。由于新构造运动,黄土高原不断抬升,加之土质松散,垂直节理发育,植被稀疏,在暴雨径流的水力侵蚀和滑坡、崩塌、泄溜等重力侵蚀作用下,水土流失十分严重,是黄河泥沙产生的主要地区。河龙区间全长725 km,平均比降0.84‰,区间面积为111 591 km²。黄河出河口镇后,河道急转南下,切开黄土高原,穿行在晋陕峡谷之中,峡谷深邃,谷深100余m,谷底高程由1 000 m降至400 m,除河口镇至喇嘛湾、河曲和府谷河段三处河谷较宽以外,其余河段河谷较窄,只有零星川地,而碛滩众多,沙洲林立。两岸汇入的支流密度很大,切割侵蚀也最为强烈,其中产沙量最大的无定河、窟野河、皇甫川等在此河段汇入,成为黄河主要来沙河段(见表3-4)。龙门至潼关河段,河道长132.5 km,平均比降0.6‰,区间面积184 570 km²,支流汾河自左岸汇入,渭河、北洛河从右岸汇入,水量沙量均有明显增长。小北干流河段河道比降骤减,河面开阔,天然状态下为强烈淤积的游荡型河段,多年平均淤积量为0.5亿～0.8亿t,河道易淤善徙,素有"十年河东,十年河西"之说。

表 3-4 黄河中游区水沙空间分布

河名	站名	集水面积 （km²）	时段 （年）	平均 年径流量 （亿 m³）	平均 年输沙量 （亿 t）	平均 含沙量 （kg/m³）	平均 输沙模数 [t/（km²·a）]
黄河	河口镇	367 898	1950～1986	249.9	1.424	5.70	387.1
浑河	放牛沟	5 461	1955～1986	2.201	0.170 1	77.28	3 114.6
偏关河	偏关	1 896	1958～1986	0.434 6	0.142 9	314.34	7 462.1
皇甫川	皇甫	3 199	1954～1986	1.779 7	0.555 5	312.13	17 364.8
黄河	府谷（义门）	404 039	1954～1986	261.9	2.988	11.41	739.5
孤山川	高石崖	1 263	1954～1986	0.930 8	0.239 0	256.77	18 923.2
朱家川	后会村	2 881	1957～1986	0.355 9	0.167 5	470.64	5 814.0
岚漪河	裴家川	2 159	1956～1985	0.884 7	0.117 1	132.36	5 423.8
蔚汾河	碧村	1 476	1959～1985	0.683 4	0.116 3	170.18	7 879.4
窟野河	温家川	8 645	1950～1985	6.696 3	1.185 6	177.05	13 714.3
秃尾河	高家川	3 253	1956～1986	3.865 9	0.224 8	58.15	6 910.3
佳芦河	申家湾	1 121	1957～1986	0.791 2	0.188 3	237.99	16 797.5
湫水河	林家坪	1 873	1954～1986	0.913 3	0.222 7	243.84	11 890.0
黄河	吴堡	433 514	1950～1986	282.6	5.799	20.45	1 333.1
三川河	后大成	4 102	1957～1986	2.641 4	0.235	88.97	5 728.9
屈产河	裴沟	1 023	1964～1986	0.373 2	0.105 6	282.96	10 322.6
无定河	白家川	29 662	1957～1986	13.100	1.403 1	107.11	4 730.3
清涧河	延川	3 468	1954～1986	1.423 4	0.368 3	258.75	10 620.0
昕水河	大宁	3 992	1955～1986	1.646 3	0.199 8	121.36	5 005.5
延水	甘谷驿	5 891	1953～1986	2.199 3	0.473 5	215.30	8 037.7
仕望川	大村	2 141	1959～1986	0.899 5	0.028 7	31.91	1 340.5
黄河	龙门	497 561	1950～1986	310.9	9.404	30.25	1 890.0
汾河	河津	38 728	1950～1984	13.97	0.341 4	24.44	881.5
北洛河	洑头	25 154	1950～1984	8.730	0.886 2	101.51	3 523.1
渭河	华县	10 498	1955～1986	81.01	3.889	48.01	3 651.7
黄河	潼关	682 141	1950～1986	410.4	12.754	31.08	1 869.7

注：本表摘自黄河水沙变化研究基金会项目"黄河水沙变化研究"中"黄河中游区水、沙变化原因分析及预测"。

以下分河口镇至府谷、府谷至吴堡、吴堡至龙门、龙门至潼关,以及渭河五个河段介绍河道概况及其水沙输移特征。

(一)河口镇至府谷河段

该河段河长207 km,汇入黄河的大小支沟有44条,干流平均4.7 km就有一条支沟汇入黄河。其中,较大支流有浑河、偏关河、皇甫川、清水川和县川河等。

河口镇至喇嘛湾河长24 km,平均比降0.16‰,本河段河道宽浅,两岸川地连绵,有堤防约束河道,河流分汊,江心洲众多,河床由粗细泥沙组成,本河段河道无大支流汇入。喇嘛湾至龙口段河长103 km,平均比降1.14‰,本河段两岸岩石陡壁,河谷窄深,为峡谷型河道,河床多由岩石和卵石组成。汇入黄河的大支流有浑河和偏关河。龙口至曲峪段河长43.5 km,平均比降0.59‰。河出龙口峡谷,河面放宽,最宽处约2.0 km,主流散乱,沙洲林立,为砂质河床。曲峪至天桥水库河段,有皇甫川、清水川和县川河入汇。天桥水库修建前,本河段为峡谷型河道,河谷窄而深,由岩石、卵石组成的河床,若遇皇甫川发生洪水,本河段有时淤积成沙坝,待干流有大水时,冲开沙坝,河床高程下降。天桥水库至府谷河段长6 km,天桥水库修建前,河面放宽,水流分散泥沙落淤,本河段是淤积上升的。天桥水库修建后,来水来沙受到调节,府谷断面由淤变冲,趋于稳定。

该河段有多沙粗沙的皇甫川汇入,对黄河干流河道的冲淤变化影响很大。皇甫川流域地处鄂尔多斯高原的东南部,西北黄土高原的东北边缘。东南流向,在陕西省府谷县的巴兔坪注入黄河,全长137 km,流域面积3 246 km²。流域内有水土流失最严重的砒砂岩丘陵沟壑区。皇甫川流域降雨极不平衡,汛期经常出现暴雨,每逢暴雨都相应地出现较大高含沙量洪水。据统计,皇甫川流域把口站皇甫水文站汛期水量占全年水量的79.8%,沙量占98.3%。最大月沙量(1972年7月)占全年沙量的95.3%,最大月水量占全年水量的71.3%。皇甫川在洪水期经常出现高含沙量水流,洪水的最大含沙量都在1 000 kg/m³左右。洪水期平均含沙量为560 kg/m³。如1979年8月洪水,洪峰流量5 990 m³/s,最大含沙量为1 280 kg/m³,洪水总量2.37亿m³,沙量1.19亿t,平均含沙量504 kg/m³。皇甫川洪水汇入黄河时,干流流量2 520 m³/s,支流洪水顶托干流,回水上溯约6 km,皇甫川河口对岸的石梯子淤高2 m左右。

皇甫川流域也是黄河粗泥沙($d \geq 0.05$ mm)主要来源区之一,粗泥沙量占该流域产沙量的54.5%,细泥沙量($d < 0.01$ mm)仅占20.2%。

(二)府谷至吴堡河段

该河段河长242 km,平均比降0.75‰,两岸支沟纵横,有大小支沟106条。本河段有大小碛滩、沙滩60余处,平均4 km就有一滩,本河段两侧的支沟距黄河干流20~30 km范围内的沟床,基本上都切入岩石以下,仅基岩顶部有黄土覆盖。

府谷至岚漪河口段,河长 61 km,平均比降 0.74‰,有孤山川、朱家川、岚漪河等 32 条支沟汇入。本河段河宽最宽处在朱家川河口上游附近,河宽约 1.6 km,河道汊流众多,沙洲林立,河床由粗细沙组成,主流易摆动,近似游荡型。朱家川至岚漪河口河长 48 km,河宽逐渐缩窄,至岚漪河口附近,河宽仅为 500 m 左右。本河段有肖木碛和川口碛等大型碛滩,碛滩堆积物质以卵石、块石为主夹有粗沙;岚漪河口至窟野河口,河段长 36 km,平均比降 0.78‰,支流有蔚汾河、窟野河和迷糊沟等 13 条支流汇入。本河段碛滩众多,上下连接。碛滩多为卵石、粗沙堆积而成,间或有细沙掺杂其中。卵石直径以 5 ~ 40 cm、10 ~ 20 cm 的居多,块石直径在 1.0 m 左右,体积最大者可达几十立方米,河道有很多漂石散落其中。窟野河口至吴堡河长 144 km,平均比降 0.74‰,有秃尾河、佳芦河、湫水河、清凉寺沟等 62 条支沟汇入,有罗家滩等众多碛滩沿河分布。河床由粗沙和卵石、块石组成。河面宽为 300 ~ 700 m,其中大同碛滩长 2.5 km,平均宽度约 370 m,碛滩面积约 93 万 m²,滩体高大,枯水位以上堆积体约 150 万 m³,碛滩由块石、卵石和粗沙组成,滩槽高差约 4 m。该碛滩将干流河槽逼于右岸,沿石壁下流。中枯水时,河宽只有 80 m。

该河段主要支流孤山川发源于内蒙古自治区准格尔旗乌日图高勒乡,流经准格尔旗和陕西省府谷县,在府谷镇附近汇入黄河。孤山川流域属于干旱、半干旱大陆性季风气候,多年平均降雨量为 430.0 mm,汛期雨量占年雨量的 80% 左右,以暴雨形式居多,对产水产沙影响较大。例如,1977 年孤山川流域出现一次大暴雨,最大雨强为 21 mm/h,孤山川把口站高石崖水文站最大洪峰流量达 10 300 m³/s,最大含沙量为 817 kg/m³,洪水水量 1.7 亿 m³,沙量 0.684 亿 t,此期间府谷流量为 2 250 m³/s,支流洪水顶托干流,在孤山川河口淤成沙坝,回水上延 6 km。由此可以看出,孤山川洪水对黄河干流河道的冲淤变化影响很大,是黄河主要的高含沙支流之一。

支流窟野河是本河段水沙量最大的一条支流,泥沙组成粗,也是河龙区间粗泥沙主要来源区之一。窟野河发源于内蒙古东胜市巴定沟,东南流经康巴什、大柳塔、王道恒塔后,与特牛川汇合,经神木、沙峁,在温家川进入黄河。河长 241.8 km,流域面积为 8 706 km²。窟野河上游有两条支流,乌兰木伦河和特牛川。该流域大部分为沙质丘陵区和砾质丘陵区,风化和水土流失非常严重,侵蚀沟谷比较发育。河流沟道基本上是季节性河流。窟野河流域也是暴雨多发区,是黄河中游地区的暴雨中心之一,每逢暴雨都会出现较大高含沙量洪水。经统计,窟野河流域多年平均水量为 66 700 万 m³,汛期(6 ~ 9 月)水量为 38 600 万 m³,沙量在年内和年际之间变化很大,多年平均沙量为 10 930 万 t,汛期沙量为 10 724 万 t,占全年沙量的 98.1%,7 月、8 月两月沙量为 10 066 万 t,占全年沙量的 92.1% ,相应水量只占全年水量的 44.9% 。

该河暴雨洪水较多,洪水输沙量占全年输沙量的 90% 以上。如 1976 年 8 月 2 日发生特大洪水,最大流量为 14 000 m^3/s ,最大含沙量为 1 340 kg/m^3 ,洪水总量 2.29 亿 m^3 ,沙量 1.82 亿 t,占全年沙量的 60% ,是多年平均沙量的 1.5 倍。该场洪水平均含沙量为 795 kg/m^3 , $d > 0.05$ mm 沙重占 80% 。洪水将块石、卵石、煤块输送入黄河,落淤在黄河河槽内,使河床抬高,造成顶托倒流,黄河河槽大量蓄水,黄河回水范围达 12 km,河槽蓄水量约为 1 800 万 m^3 ;紧接着黄河干流洪水到来,冲开淤塞段,洪水与槽蓄一拥而下,造成吴堡的反常洪峰,最大流量达 24 000 m^3/s ,同期府谷流量仅 2 240 m^3/s 。据测量,该年府谷至吴堡河段淤积了 1.54 亿 t 泥沙,窟野河入黄河口附近罗峪口碛滩在本次洪水之前和在洪水过程中时隐时现,本次洪水使该滩淤高 2 m 以上。黄河龙门河段发生在 1966 年 7 月 18~20 日和 1970 年 8 月 2~4 日的两次"揭河底"冲刷洪水都有窟野河水沙入汇的影响(见本章第三节)。

该河段另一主要支流秃尾河,发源于陕西神木县瑶镇乡宫泊海子,流经瑶镇、大保当、古今滩、高家堡,在万镇的河口岔村注入黄河,全长 139.6 km,流域面积 3 294 km^2 。流域上游和西北部地面被沙土覆盖,地势平坦,林草覆盖较好;流域中游则是风沙区向黄土丘陵区过渡地带,地面沙丘起伏不平,植被稀疏,风蚀和水蚀都很严重;流域下游为黄土丘陵区,河道两岸基岩裸露部位较高,地形破碎,坡面和沟谷侵蚀严重。秃尾河流域属于干旱或半干旱地区,雨量在年内分配不均,汛期(6~9 月)降雨量占全年降雨量的 77.3% ,汛期多暴雨。暴雨特性为次数少,总量小,强度大,历时短。

秃尾河流域的水量分配较为均匀,汛期水量占全年水量的 39.5% ,而沙量年内分配非常不均,汛期沙量占全年沙量的 92.4% 。汛期暴雨仍然能够在秃尾河下游产生较大的洪水,并对黄河干流河道造成很大影响。例如,1970 年 7 月 31 日至 8 月 1 日,该地区发生暴雨,中心区佳芦河降雨量为 241.9 mm,秃尾河平均降雨量为 100 mm 以上,暴雨造成高家川水文站最大流量达到 3 500 m^3/s ,统计 7 月 31 日至 8 月 4 日,4 天水量为 4 947 万 m^3 ,沙量达 3 033.1 万 t。该场洪水是造成黄河龙门河段"揭河底"冲刷的主要洪水。

(三)吴堡至龙门河段

该河段长 276 km,平均比降 0.96‰。河段内河道坡度陡,河面宽度窄,最窄处不足 100 m。汇入本河段的大小支沟有 240 条,其中大支流有无定河、三川河、屈产河、清涧河、延水、昕水河和仕望川等。

吴堡至清涧河口,河长 128 km,平均比降 0.87‰,河面宽度为 300~700 m,河床多由卵石、块石和粗沙组成,其间有三川河、屈产河、无定河和清涧河等 116 条支沟汇入。本河段也有众多碛滩,滩槽高差平均在 3 m 左右。清涧河口至延水河口,河段长 55 km,平均比降 0.7‰,其间有昕水河、延水等 55 条支沟汇入黄河,河面宽度为 200~400 m,河谷窄深,江心洲较少,只有在沟口处有小规模碛滩,本河段河床以卵石块石组成为主。延水河口至壶口,河段长 29 km,平均比降 1.5‰,是河口镇至龙门河段中河道最陡的河段,本河段有 32 条支沟汇入,支沟密度大,河谷窄,最大河宽不足 250 m,河床由块石、卵石或岩石组成。壶口以下至龙门,河长 64 km,平均比降为 1‰,河床切入基岩,两岸石壁对峙,河谷窄深,最窄处仅有 70 余 m,壶口瀑布以下的河床由粗沙组成,冲淤变化大。如 1970 年 8 月初洪水,发生强烈的"揭河底"冲刷,历时 15 h,龙门断面冲深近 9 m,每次强烈冲刷之后又很快回淤。

该河段最大支流无定河发源于陕西省的白于山,由西向东流经内蒙古鄂尔多斯和陕西省榆林、延安地区,于清涧河口汇入黄河。流域西北为毛乌素沙漠腹地,东南为黄土丘陵沟壑区。干流全长 491.2 km,比降 1.97‰,流域内总面积为 30 261 km^2。无定河流域属于温带大陆性干旱半干旱气候类型,冬季凉寒干旱,夏季温暖湿润。流域降雨具有量少、集中、强度大的特点。年降雨量达 350~500 mm,6~9 月降雨量占全年雨量的 75% 以上,而且这些降雨多由若干次高强度的暴雨、大暴雨构成。由于气候以及人类活动的影响,流域内植被贫乏,多暴雨,地表坡度大,水土流失严重。据其把口站白家川实测资料,无定河多年水量为 12.9 亿 m^3,沙量为 1.334 亿 t,年均含沙量为 104 kg/m^3。降雨和泥沙以汛期为主,主要集中在 7~8 月,径流较为均衡。汛期降雨量约占全年雨量的 68%,汛期沙量约占年沙量的 88%,而水量只占 45%。泥沙主要来自黄土丘陵沟壑区,与暴雨和地表径流有关,故集中在雨季和汛期。汛期平均含沙量为 203 kg/m^3,7~8 月为 306 kg/m^3。来沙量对吴龙河段的冲淤量影响很大。当无定河高含沙量洪水较大时,龙门河段易出现"揭河底"冲刷。1964 年 7 月、1966 年 7 月、1977 年 8 月发生在龙门河段处的强烈"揭河底"冲刷,都受无定河洪水的影响。

黄河支流三川河,发源于山西省方山县东北赤坚岭,流经方山、离石、中阳、柳林四县,在石西乡上庄村入黄,全长 176.4 km,流域面积 4 161 km^2。本区域大部分地貌被黄土覆盖,海拔 650~1 300 m,侵蚀严重,形成典型的黄土丘陵沟壑景观。此外还有少量残塬、梁地、峁地、黄土台坪等地貌形态。三川河属于大陆性气候,流域多年平均降雨量 521 mm,汛期 6~9 月降雨量 381 mm,占 73.1%,非汛期降雨量 140 mm,占 26.9%。三川河把口站后大成多年平均径流量为 3.234 亿 m^3,其中汛期 1.834 亿 m^3,占 56.7%,非汛期 1.4 亿 m^3,占 43.3%;多年平均沙量为 3 681 万 t,其中汛期 3 601 万 t,占 97.8%,非汛期 80 万 t,占 2.2%。近年来,三川河径流量及沙量均有明显的减少。由三川河后大成站实测悬沙颗分资料可知,1963~1969 年平均中值粒径 d_{50} 为 0.026 mm,大于 0.05 mm 的粗泥沙占 25.5%;20 世纪 70 年代平均 d_{50} 为 0.025 mm,大于 0.05 mm 的粗泥沙占 21.9%;20 世纪 80 年代平均 d_{50} 为 0.020 mm,大于 0.05 mm 的粗泥沙占 15.9%,颗粒变细,见图 3-1。1966 年 7 月 17~20 日对龙门河段造成"揭河底"洪水时,黄河中游发生了暴雨,造成后大成降雨量 114.5 mm,最大 1 h 降雨 46.7 mm,这场暴雨造成后大成站 7 月 18 日 3 时 30 分出现有记录以来的最大洪峰 4 070 m³/s,18 日 1 d 沙量 3 992 万 t,占全年沙量的 48.3%。

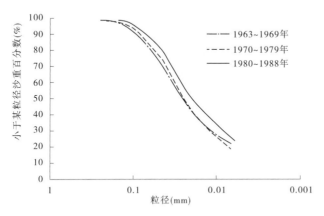

图 3-1 后大成站悬沙级配曲线

黄河支流延水,发源于陕西省靖边县东南白于山区的东南侧,隔山与无定河相望,东北部与清涧河相邻,东南部为云岩河,西南部与洛河相依,由西北向东南流经安塞、延安、延长等县(市),于延长县凉水岸村汇入黄河。全长 286.9 km,平均比降为 3.3‰,全流域面积 7 725 km²。流域为陆相沉积的中生代地层,中上游出露白垩系砂页岩互层,中下游主要为侏罗系粗、细砂岩与页岩互层。基岩以上为第三系红土、第四系黄土和黄土状土。土层厚度自上游至下游逐渐变薄,河口段厚度约 10 m。流域地势西北高东南低,主要为黄土丘陵沟壑区,水土流失严重。延长以上干流河谷较宽,河道较顺直,延长以下为峡谷河段。据延水把口站甘谷驿站 1954~1989 年的实测水文资料可知:延水多年平均年降水量约为 511 mm,具有雨量少、集中度高、强度大的特点。平均年径流量 2.227 亿 m³,汛期径流占 65.5%;平均年输沙量 4 936 万 t,汛期输沙量占 98.8%,其余各月基本上不产沙,年平均含沙量为 221.6 kg/m³。例如,1964 年 7 月发生该流域有记载以来最大降雨,甘谷驿站降雨为 282.1 mm,产生地表径流约 2.03 亿 m³,占当年地表径流量的 63.9%,产沙量为 1.37 亿 t,占年沙量的 75.4%。该场洪水造成黄河龙门河段"揭河底"冲刷。

另据实测资料记载,延水甘谷驿站测验河段曾不止一次发生过"揭河底"现象。分别在 20 世纪 70 年代和 90 年代初,站上职工看到过这一特殊现象。调查结果表明,甘谷驿站以上流域不同地区黄土土质不同,因此不同地区的来水来沙组成也截然不同。还有甘谷驿站测验河段上游附近比降明显大于测验河段比降的自然条件,若发生流量为 1 000 m³/s 左右的洪水,较大流速的水流"淘刷"粗沙细沙交界面,就有可能发生"揭河底"现象。

(四)龙门至潼关河段

黄河出禹门口,穿流于汾渭地堑,由 100 多 m 宽的峡谷骤然拓展成 3 km 以上的宽河道,比降变缓,为 3‰ ~ 6‰,平均比降为 3.6‰。禹门口、大小石嘴、北赵、夹马口、潼关等多处天然节点将禹门口到潼关河段嵌制呈藕节状,并分为三个河段:禹门口至庙前为上段,长 42.5 km,河宽一般在 4 km 以上,最宽处达 13 km,河势游荡摆动强烈,汾河即在此段汇入;庙前至夹马口为中段,长 30 km,平均河宽 3 ~ 5 km,岸壁抗冲能力强,河槽窄顺,河势比较稳定;夹马口至潼关为下段,长 60 km,平均河宽 10 km 左右,最宽处达 18 km,渭河、北洛河即在此段汇入。河流到潼关附近,由南下急转东行,河谷急剧收缩至 850 m 宽左右。该河段人们习惯上称其为小北干流,河道宽浅散乱,主槽迁徙摆动频繁,是著名的游荡型河道,见图 3-2。

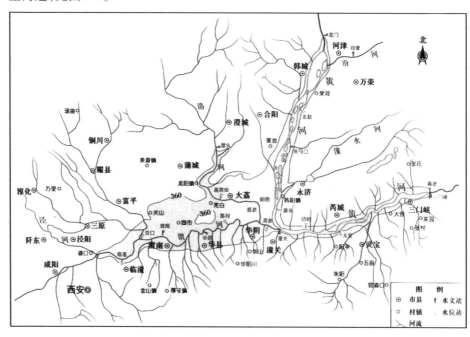

图 3-2　小北干流河道平面示意图

(五)渭河

渭河是黄河的最大支流,发源于甘肃省渭源县鸟鼠山,流经陇东黄土高原、天水盆地、宝鸡峡谷,进入关中平原,由西向东流,在陕西省的潼关附近汇入黄河,全长 818 km。天然径流量 105.1 亿 m³(1940 ~ 1989 年),实测年沙量 4.933

亿 t,分别占黄河总量的 18.1% 和 30.8%。泾河和北洛河是渭河的两大支流,分别占渭河流域面积的 33.7% 和 20.0%。

渭河流域南靠秦岭山脉,北为广阔的黄土高原,土质松散,植被覆盖条件差,水土流失严重,是渭河的主要泥沙来源区,也是黄河泥沙的主要来源区之一。渭河最大支流泾河和北洛河均位于渭河北部。渭河流域降水量分布也呈东南向西北递减,在渭河南岸秦岭一带年降水量最大为 700 ~ 800 mm,黄土阶地、林区和土石山区等降到 600 ~ 700 mm,黄土高原沟壑区则为 400 ~ 500 mm,降水量年内分配不均,主要集中在 6 ~ 9 月,占年降水量的 60% ~ 80%,而 7 月、8 月最多,可达 50% 以上,降雨多以暴雨形式出现,历时短、强度大。

由于渭河流域(包括泾、洛河)的降水和自然地理条件不同,来水来沙的分布与流域面积的大小是不一致的,表现为水沙异源的特点。其中,渭河上中游(林家村以上)控制面积、年水量和年沙量分别占流域总量的 23.5%、26.94% 和 29.76%,比值比较接近;泾河张家山以上控制面积、年水量和年沙量分别占流域总量的 33.1%、15.18% 和 52.6%,表明泾河来水少,来沙多,是渭河流域的主要来沙地区;北洛河洑头以上也是如此;渭河下游的上段(指林家村、张家山至华县之间)控制流域面积 31 473 km²,占流域总面积的 24.1%,来水量占流域总水量的 48.03%,为流域面积所占百分数的 2 倍,是渭河流域的主要来水地区,来沙量很少。

前述可知,泾河是渭河的一条主要支流,流域内水土流失严重,河流含沙量增加,是渭河主要来沙地区。泾河的主要支流,左岸有马莲河、蒲河、洪河,右岸有泏河、黑河、达溪河等。除泾河干流以及部分支流,如马莲河西川河谷较宽外,其余河谷比较狭窄。据泾河下游张家山站 1950 ~ 1989 年 40 年的实测资料,其多年平均径流量为 18.368 亿 m³,多年平均输沙量为 2.467 亿 t,占渭河华县站实测多年平均径流量 79.75 亿 m³ 的 23%,占华县站实测多年平均输沙量 4.23 亿 t 的 58%。泾河水沙主要由降雨特别是暴雨所形成,其年内分配极不均匀,汛期水量占年水量的 54% ~ 76%,汛期沙量占全年的 89% ~ 97%,洪水多出现在主汛期 7 ~ 8 月。

因此,渭河下游"揭河底"现象发生的频率最高。据临潼水文站和华县水文站工作人员介绍,渭河下游几乎年年发生"揭河底"现象,只是轻重程度不一。

三、"揭河底"现象发生河段河床物质组成

黄河干流"揭河底"现象主要发生在小北干流,以及禹门口以上局部河段(如龙门测验断面位置处发生的"揭河底")。小北干流河段为典型的游荡型河道,而禹门口以上河段则为峡谷型河道。支流渭河临潼至华县河段也是"揭河底"现象多发河段。

(一)禹门口以上峡谷型河段河床物质组成

对于禹门口以上的峡谷型河道,两岸及床面均为岩石,坡降在1‰以上,河宽小于150 m,其坡度大、水流急,泥沙难以落淤。而禹门口为卡口,宽度只有50 m左右,洪水期起壅水作用并逐渐向上游传递,河道发生堆积。其堆积过程中,有来自粗泥沙来源区的洪水时,河道沉积为粗颗粒淤积层;有来自细泥沙来源区的洪水时,河道沉积为细泥沙淤积层。据《山西黄河小北干流志》记载,禹门口河床地层的岩性共分为八层,均为第四系全新统堆积物质:

(1)淤泥质沙土 Q_4^1,呈灰褐色,含黏性土,含黏量较大,松软,湿度大,13.45 m以下可见到,但未见底,揭露厚度3.05 m,层顶高程367.898 m。

(2)细沙 Q_4^2,淡黄色,细沙均匀,中密,成分以石英、长石为主,灰岩碎屑次之,含少量的亚黏土团块及卵砾石,成分为灰岩、石英砂石,磨圆度较好,一般直径为2~5 mm,大者达15~30 mm。本层夹有细粉沙、中砾,含砾粗中砂透镜体,厚达4.5~10 m,未见底,层顶高程在370~374 m,岩性较稳定。

(3)粉沙 Q_4^3,淡黄色,颗粒细而均匀,松散,成分以石英、长石为主,呈透镜体,层厚达0~2.0 m。

(4)含砾粗中沙 Q_4^4,淡黄色、褐黄色,松散,成分以石英、长石为主,灰岩碎屑次之,含少量的亚黏土团块及少量砾石。砾石直径2~5 mm,磨圆度较好,成分以灰岩为主。层厚0~3.2 m。

(5)细沙 Q_4^5,淡黄色,颗粒较均匀、松散,成分以石英、长石为主,灰岩碎屑次之,含少量砾石。砾石直径2~4 mm,磨圆度较好,成分为灰岩。层厚0.5~3.75 m。

(6)粉沙 Q_4^6,淡黄色、淡褐黄色,颗粒较均匀,松散,成分以石英、长石为主,夹有一层含砾石粉土透镜体,厚约0.6 m;砾石直径15~60 mm,磨圆度较差,成分为灰岩。本层厚度0~3.5 m。

(7)粉细沙 Q_4^7,淡黄色,颗粒较均匀、松散,成分以石英、长石为主,层厚0.5~4.6 m。

(8)粉土 Q_4^8,淡黄色、灰黄色,颗粒细而均匀、疏松,为耕植土,含植物根系,层厚0~1.8 m。

上述八层岩性具有以下几个特点:一是岩层厚度不稳定;二是砂质较纯,颗粒比较均匀且松散;三是透镜体多。在禹门口以上河道的淤积物,也是呈多层分布,每层厚度不一,其岩性各异。粗泥沙淤积层,可视为相对透水,如上述第四层的含砾粗中沙 Q_4^4,由细颗粒淤积物形成淤泥层,可视为不透水层。

可以想象,在较强的水流作用下,通过透水层形成直接作用于不透水的胶泥层以向上的水压力,使得沉积在河床上的胶泥层发生掀动的可能性是极大的。

（二）小北干流游荡性河段河床物质组成

山西黄河河务局 2003 年 6 月初采用人工开挖的方式对小北干流的河床淤积物情况进行测量,发现淤积物呈现成层分布的特点。开挖的 8 个断面河床泥沙分层状况如表 3-5 所示。从表 3-5 中可以看出,黄河小北干流河段河床淤积物自上而下明显存在着分层现象,粗沙、粉沙、胶泥层分布不一,厚度不同。

表 3-5 小北干流河床淤积物分层情况

①清涧湾调弯工程 (黄淤 68 断面左右)		②河津大裹头 (黄淤 67 断面左右)		③万荣庙前工程 (黄淤 61 断面左右)		④临猗浪店工程上首 (黄淤 55 断面左右)	
重沙壤土	40 cm	淤泥	20 cm	细沙	10 cm	胶泥	40 cm
粉沙	35 cm	细沙	55 cm	粗沙	15 cm	粉沙	30 cm
胶泥	5 cm	沙土	25 cm	胶泥	10 cm	细沙	30 cm
粗沙	4 cm	粗沙	60 cm	细沙	8 cm		
壤土	50 cm			以下为胶泥			
粗沙	100 cm						

⑤永济小樊工程 (黄淤 54 断面左右)		⑥永济舜帝工程 (黄淤 52 断面左右)		⑦永济城西工程 (黄淤 49 断面左右)		⑧芮城凤凰嘴工程 (黄淤 41 断面左右)	
细沙	16 cm	细沙	30 cm	淤泥	25 cm	淤泥	25 cm
粗沙	20 cm	胶泥	13 cm	粉沙	10 cm	黑泥	10 cm
胶泥	20 cm	细沙	7 cm	淤泥	10 cm	细沙	2 cm
细沙	33 cm	胶泥	5 cm	粉沙	30 cm	胶泥	8 cm
粗沙	40 cm	细沙	8 cm	淤泥	30 cm	粉沙	10 cm
		胶泥	7 cm	粗沙	15 cm	泥	80 cm
		以下粗沙	20 cm	细沙	60 cm	沙子	38 cm

实际上,早在 20 世纪 50 年代和此后不同时期进行的黄河河床地质勘探时,就发现黄河下游河床呈典型的成层淤积结构。本次研究过程中我们也专门到小北干流河段、温孟滩河段进行了钻探测量,用照片的形式记录了河床淤积物存在的分层现象,见图 3-3。

从小北干流开挖结果看,该河段河床层理淤积的特征与黄河下游俗称的"透镜体"淤积结构完全相似。层理淤积结构或"透镜体"淤积结构是黄河这种高含沙洪水频发的河流河床淤积的普遍现象。

开挖的断面上基本都存在着密实的胶泥层,胶泥层厚度有的可达 40 cm 左右,如图 3-4(a)、(b)所示。从淤积物层理结构上看,既有细沙形成的胶泥层,又有粗沙形成的软弱层。图 3-4(c)为黄河下游中牟县狼城岗断面附近河床的分层现象。

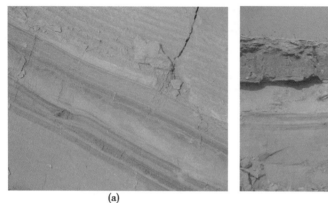

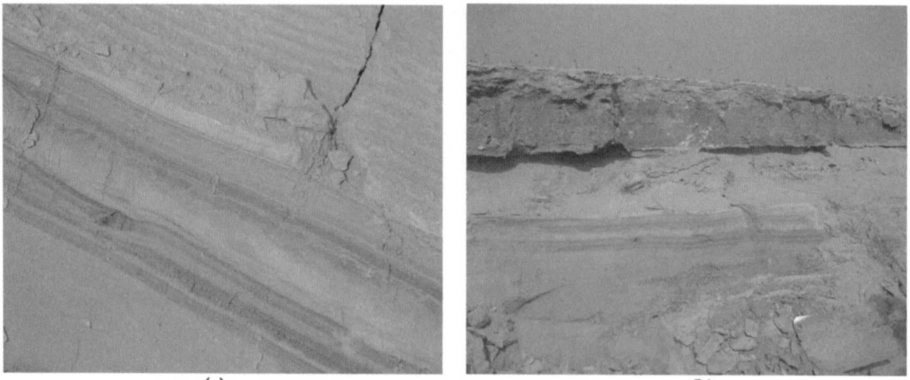

(a)　　　　　　　　　　　　　　　　(b)

图3-3　黄河温孟滩河段河床淤积物成层分布情况

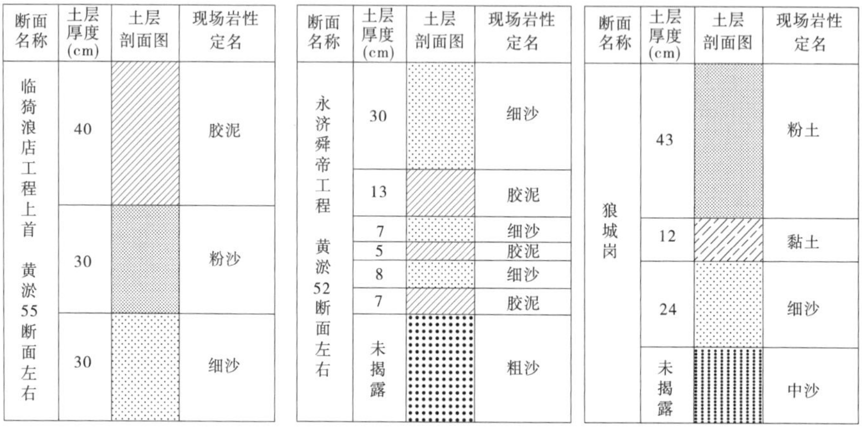

断面名称	土层厚度(cm)	土层剖面图	现场岩性定名	断面名称	土层厚度(cm)	土层剖面图	现场岩性定名	断面名称	土层厚度(cm)	土层剖面图	现场岩性定名
临猗浪店工程上首黄淤55断面左右	40		胶泥	永济舜帝工程黄淤52断面左右	30		细沙	狼城岗	43		粉土
	30		粉沙		13		胶泥		12		黏土
					7		细沙		24		细沙
					5		胶泥				
	30		细沙		8		细沙		未揭露		中沙
					7		胶泥				
					未揭露		粗沙				

(a)　　　　　　　　　　(b)　　　　　　　　　　(c)

图3-4　小北干流及黄河下游河床分层沉积剖面图

黄河中下游地区在长期历史演变过程中形成的这种层理结构很早就被学者研究证实。叶青超指出长期以来在地壳沉降过程中,黄河中下游地区不断接受黄土高原泥沙的沉积且泥沙粗细不同形成了河床的垂向二元结构。根据陕西省第二水文地质工程地质队1983年测得的黄河朝邑至潼关河段河床地质横剖面图(见图3-5)来看,上部全新统晚期地层(Q_{4-2})多为细沙、中沙或极细沙和粉沙,下部全新统早期地层(Q_{4-1})主要为砾石及中粗沙或细沙,河床地质明显呈分层结构。

河段中存在胶泥层是"揭河底"现象发生的关键,而胶泥层的形成与上述特殊的来水来沙关系紧密相关。分析小北干流河段以上的水系分布可知,其上有不同的来自粗沙区和细沙区的支流,这些不同的洪水来源和组成,构成了不同的冲淤特性。细泥沙来源区的洪水,历时长、极细沙颗粒含量较高。相反,粗泥沙支流来的洪水峰型尖瘦,历时短、泥沙粒径粗,相应的极细沙颗粒含量较低。但

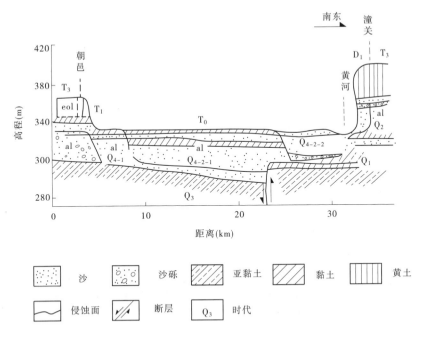

图3-5 黄河朝邑至潼关河段河床地质横剖面图

是,两种情况下高含沙洪水出现的概率都较大。来自粗泥沙来源区的洪水因极细沙含量小,形成絮凝沉降的概率低,即使形成絮凝沉降,絮团尺寸也不会很大,在沉淀、压密的过程中不会出现大面积的胶泥层,只会出现小型的胶泥块。相应地,如果洪水来自于细泥沙来源区,高含沙水流密度的增大,必将出现较大尺寸的絮凝沉降,因而形成成片的、密实度极大的胶泥层沉积。而相应的粗泥沙在沉降的过程中,形成通常的河床淤积物,包围或覆盖在胶泥层(块)上,形成人们常说的"透镜体"淤积,或"胶泥层"沉积,图3-6为一简化的"揭河底"现象前期河床成层淤积示意图。

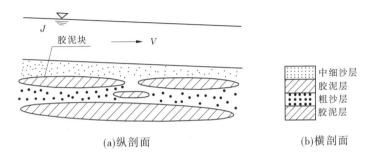

图3-6 "揭河底"前期河床成层淤积示意简图

　　为了进一步弄清"揭河底"河段不同沉积层的土力学特性,本次又对"揭河底"河段进行了原状土取样分析,取样前向当地河务部门以及有经验的老船工进行了多次咨询,确定了取样位置范围介于黄淤68断面至黄淤41断面之间,取样点有的近河槽边上,也有远离河道几千米外的滩地。这些取样点虽然近几十年没有上过水,但是在20世纪六七十年代主河道行经这些位置时,老船工说曾在这些区域发生过"揭河底"现象。取样点的选择,既考虑了近期"揭河底"河段河床淤积特性,也使其能够研究20世纪六七十年代"揭河底"多发时河道的淤积特性,图3-7~图3-12所示为取样时的情景。

图3-7　坐船到河心滩取样

图3-8　在近河道边取样

图3-9　取样时可见的河床分层淤积情况

图3-10　在远离河道的滩地取样1

图3-11　在远离河道的滩地取样2

图3-12　在滩地表层存在的胶泥块

胶泥层上下往往分布有粗沙或细沙等软弱夹层。在一定水沙条件下,胶泥层上面的粗沙层易被冲刷而使胶泥块晾出河底,下面的软弱夹层(如细沙层)也易被水流淘刷而在胶泥块底部形成下潜水流,这种特殊的层理淤积结构为"揭河底"的发生提供了前提条件。

(三)渭河临潼河段河床物质组成

渭河下游临潼河段是泾河入渭后的上段河道,水沙异源特征明显,河床冲淤及组成较为复杂。该河段常发生高含沙洪水,特别是泾河高含沙洪水具有较强的冲刷力,常在滩地及河槽边缘出现贴边淤积。根据现场调研,临潼河段经常出现"揭河底"现象。临潼河段范围为渭河下游泾河口至零河口段,属游荡型向弯曲型变化的过渡河段,上起渭淤 27 断面,下至渭淤 20 断面,河段总长为 34.65 km,河槽宽 277~620 m,两岸堤距为 1 472~2 516 m,河段纵比降为 2.71‰。其中,泾河口至三王河段(渭淤 27~24 断面)河底平均比降为 3.62‰,三王至零河口段(渭淤 24~20 断面)河底平均比降为 2.0‰。

冯普林选择渭淤 24~26 断面为典型断面进行河床地质开挖和层理结构研究,其中渭淤 24、26 断面开挖位置为渭河左岸河槽嫩滩边缘,渭淤 25 断面开挖位置为渭河右岸河槽嫩滩边缘。开挖结果表明:河槽部分多年平均河床质 d_{50} 为 0.098 1~1.252 8 mm,滩地部分为 0.036 8~0.079 7 mm。其中,河槽部分 0.010 mm 以下细颗粒含量多年均值为 7.43%~12.64%,滩地部分为 9.25%~19.1%。渭河高漫滩从上至下呈现出上粗下细的二元结构特征,按沉积相可分为漫滩相沉积物与主槽沉积物。渭淤 24、25、26 断面河床物质分别为 9、12、10 层,主要为粉土、粉质黏土、沙砾石、圆砾,粉质黏土层分别有 2、2、3 层,粉质黏土层中 0.010 mm 以下的细颗粒含量为 20.0%~42.5%。同时研究发现,渭河下游沉积层受渭河主河道摆动控制。渭河高漫滩从上至下呈上粗下细的二元结构特征,按沉积相可分为漫滩沉积物与主槽沉积物。总体上部细粒相为漫滩沉积物,下部粗粒相为河槽沉积物。上部细粒相从成因上又可分为洪水期洪积物与平水期冲积物及牛轭湖相的静水沉积物。洪水期洪积物具团块结构,土质不均;平水期冲积物颗粒细,分选均匀,层理发育;牛轭湖相静水条件下沉积淤泥质土,富含有机质。下部粗粒相河槽沉积物又可细分为主槽沉积的卵石及边滩沉积的中细沙。在枯水期,渭河流量较小,受沿岸城市污水影响,渭河河水富含大量有机质,通过絮凝、生化等作用沉淀,是下部卵石中富含有机质的根本原因。

四、"揭河底"河段河床冲淤特征与来水来沙关系探讨

从"揭河底"河段实测的河床地质情况可以看出,河床多呈分层分布,且有大量的胶泥层。而"揭河底"河段的水沙情况大都呈现着水量年际变化大,水沙

异源等特征,且发生高含沙洪水的支流相对比较多。各支流来沙的粗细不同,为泥沙分层淤积提供了基本条件。

河口镇至龙门河段两岸汇入的支流密度很大,由于河龙区间是黄河中游暴雨多发区,受暴雨冲击,地表和沟道侵蚀出来的泥沙,随洪水进入河道,据统计,左岸支流年均沙量大于2 000万t的支流有三条:朱家川、湫水河和三川河,右岸支流年均沙量大于5 000万t的支流有无定河、窟野河和皇甫川,右岸各支流的输沙量大于左岸各支流。这种支流来沙造成的高含沙洪水的含沙量可达800～1 700 kg/m³,是造成龙门河段发生"揭河底"现象的主要因素。因此,必须着重对两岸支流的来沙与龙门河段发生"揭河底"的关系进行探讨。从泥沙组成来看,河口镇至龙门河段的来沙河口镇最细,河口镇至府谷区间较粗,d_{50}为0.045～0.059 mm;府谷至吴堡区间更粗,且主要来自窟野河和秃尾河;吴堡至龙门区间来沙较细。从两岸来看,左岸来沙细,右岸来沙粗,见表3-6。

表3-6　1980～1988年主要站泥沙平均d_{50}和d_{50max}　　（单位:mm）

左岸支流			黄河干流			右岸支流		
站名	d_{50}	d_{50max}	站名	d_{50}	d_{50max}	站名	d_{50}	d_{50max}
			河口镇	0.019	0.021			
偏关	0.045	0.053						
			河曲	0.021	0.032			
						皇甫	0.059	0.082
			府谷	0.025	0.036			
裴家川	0.030	0.032				高石崖	0.032	0.038
						温家川	0.052	0.090
						高家川	0.055	0.064
林家坪	0.022	0.026				申家湾	0.038	0.048
			吴堡	0.028	0.033			
后大成	0.021	0.023				白家川	0.035	0.040
						延川	0.027	0.029
大宁	0.018	0.020				甘谷驿	0.029	0.036
			龙门	0.027	0.031			

从支流来沙组成看,河口镇泥沙较细,河口镇至府谷区间来沙较粗,多年平均 d_{50} 为 0.045~0.059 mm;府谷至吴堡区间来沙更粗,主要来自窟野河、秃尾河和无定河,多年平均粒径最大可达 0.090 mm;吴堡至龙门区间来沙较细,d_{50} 为 0.018~0.035 mm,皇甫川和窟野河等多沙粗沙支流的暴雨洪水产沙是北干流河道泥沙淤积的主要来源。我们统计了黄河龙门水文站 1964~1977 年汛期 18 组洪水资料,其中有详细记载"揭河底"实测资料 6 组,表 3-7 为黄河龙门站洪水冲刷期水沙特征统计情况。

表 3-7 黄河龙门站洪水冲刷期水沙特征统计表

编号	时段 (年-月-日)	Q (m³/s)	S (kg/m³)	流速 (m/s)	水深 (m)	主要来沙支流	来沙 d_{50} (mm)	D_{50} (mm)	揭底情况
1	1964-07-06~07-08	10 200	619	7.65	8.1	无定河	0.035	0.208	揭底
2	1966-07-18~07-20	7 460	533	8.61	9.3	无定河	0.035	0.167	揭底
3	1969-07-27~07-29	8 860	485	8.43	7.0	三川河	0.023	0.187	揭底
4	1970-08-02~08-03	13 800	600	8.30	12.4	窟野河	0.052	0.236	揭底
5	1977-07-05~07-08	14 500	575	10.70	7.0	延水	0.029	0.181	揭底
6	1977-08-05~08-08	12 700	481	8.56	9.1	无定河	0.035	0.233	揭底
7	1964-07-16~07-18	8 500	233	6.95	6.8	延水	0.029	0.550	没有
8	1964-08-13~08-15	17 300	148	11.20	11.4	窟野河	0.052	0.310	没有
9	1966-07-26~07-28	9 150	489	8.54	9.0	无定河	0.035	0.489	没有
10	1966-07-29~07-31	10 100	245	6.00	10.0	窟野河	0.052	0.489	没有
11	1966-08-16~08-20	9 260	515	6.95	10.5	窟野河	0.052	0.125	没有
12	1967-07-18~07-20	8 080	205	—	—	无定河	0.035	0.242	没有
13	1967-08-06~08-08	15 300	109	9.87	10.0	窟野河	0.052	0.155	没有
14	1967-08-11~08-13	21 000	184	10.40	13.3	黄河	0.06	0.155	没有
15	1967-08-20~08-24	14 900	302	7.88	13.4	无定河	0.035	0.155	没有
16	1970-08-09~08-11	5 750	273	5.30	8.5	窟野河	0.052	0.200	没有
17	1971-07-25~07-27	14 300	269	7.81	12.0	窟野河	0.052	0.131	没有
18	1974-07-31~08-02	9 000	254	9.57	6.6	窟野河	0.052	0.265	没有

通过对龙门站发生的六次"揭河底"洪水水文泥沙特性分析可以发现,龙门站前期来沙均出现过含细颗粒泥沙的水沙过程,见表3-8。由该表可见,在发生"揭河底"冲刷前,存在着悬沙粒径小于0.033 mm的来沙过程,小于龙门站悬移质颗粒年统计平均粒径0.043 mm,细沙含量增大,为河床存在细颗粒淤积层提供了细沙源,进而造就了"揭河底"冲刷的河床边界条件。

表3-8 龙门站悬沙级配情况

时间 (年-月-日)	小于某粒径(mm)的沙重百分数(%)								d_{50}(mm)
	0.007	0.01	0.025	0.05	0.1	0.25	0.5	1	
1966-06-18(冲刷前)	19	27.5	41.6	66.6	98	99.7	100		0.033 5
1966-07-19(冲刷后)	9	12.4	19.7	34.5	70.3	81.8	96.2	100	0.068 2
1969-07-17(冲刷前)	23.7	30.5	51.3	80.4	98.7	100			0.024
1969-07-31(冲刷后)	13.4	15.9	25	46.6	86.5	95.4	100		0.053
1970-07-23(冲刷前)	20.8	25.9	44.4	68.9	96.5	99.3	100		0.029 6
1970-08-03(冲刷后)	10.3	11.6	16.8	31.4	66.6	79.5	88.9	100	0.07
1977-06-25(冲刷前)	20.3	25.6	47.6	76.9	96.5	99.4	100		0.027
1977-08-03(冲刷后)	11.9	14.1	22.4	39.9	74.2	87.8	99.6	100	0.062

根据统计的龙门站河床淤积物粗细情况看出,发生"揭河底"前一段时间内河床淤积物中值粒径一般较细,淤积物密度大。"揭河底"冲刷以后,表层细颗粒淤积物被揭起带走后,下层河床松散颗粒暴露后河床多呈现不同程度的粗化,见表3-9,这也证明了河床呈现层理淤积的现象。

龙门上下游河段河床的淤积表现也不同。对于峡谷型河段,"揭河底"冲刷前期河床层理淤积结构的形成原因,是由于卡口宽度只有50 m左右的禹门口,洪水期起壅水作用并逐渐向上游传递,泥沙在河道内发生沉淀堆积;其堆积过程中有来自粗泥沙来源区的洪水时,河道沉积为粗颗粒淤积层,有来自细泥沙来源区的洪水,河道沉积为细泥沙淤积层。而禹门口以下河段,由于汛期洪水随着河床断面的宽阔和河床比降的减缓,流速减小,河床的层理淤积主要与洪水漫滩状况有关。洪水漫滩后,粗沙快速沉淀,形成粗沙层,而细沙则缓慢絮凝沉积,覆盖于上面形成细沙层;而且在河势两弯顶之间的中间部位厚度较大,下首细颗粒泥沙由于沿程运移,落淤厚度会有所减少。

表3-9　龙门站洪水前后河床淤积物 D_{50} 变化　　（单位:mm）

编号	时间 （年-月-日）	洪水前 $D_{50揭前}$	洪水后 $D_{50揭后}$	$D_{50揭前}/D_{50揭后}$
1	1964-07-06～07-08	0.21	0.55	0.38
2	1966-07-18～07-20	0.17	0.51	0.33
3	1969-07-27～07-29	0.19	0.13	1.46
4	1970-08-02～08-03	0.20	0.04	5.00
5	1977-07-05～07-08	0.18	0.31	0.58
6	1977-08-05～08-08	0.27	0.09	3.00
7	1964-07-16～07-18	0.55	0.36	1.53
8	1964-08-13～08-15	0.31	0.19	1.63
9	1966-07-26～07-28	0.51	0.32	1.59
10	1966-07-29～07-31	0.51	0.32	1.59
11	1966-08-16～08-20	0.31	0.19	1.63
12	1967-07-18～07-20	0.24	0.16	1.50
13	1967-08-06～08-08	0.16	0.21	0.76
14	1967-08-11～08-13	0.16	0.21	0.76
15	1967-08-20～08-24	0.16	0.21	0.76
16	1970-08-09～08-11	0.20	0.04	5.00
17	1971-07-25～07-27	0.13	0.07	1.86
18	1974-07-31～08-02	0.27	0.27	1.00

注:编号4为"揭河底"冲刷深度达9 m后,历史河床物质组成;编号13、14、15因为没有洪水过后的资料而沿用洪水2个月后测量资料,此时河床应发生了一定的淤积。

第二节　河床层理淤积机理

从上节分析可以看出,黄河中游及渭河典型的水系结构、下垫面条件,决定了不同支流的洪水组成不同,也就形成了"揭河底"河段特殊的层理淤积结构,特别是在泥沙沉积过程中形成一定的胶泥层,为"揭河底"发生提供了首要条件。这些胶泥层的存在是"揭河底"现象发生的关键,然而分析胶泥层的组成可以看出,一般含有大量的细颗粒泥沙。张庆河研究发现,当泥沙群体含有一定比例的细颗粒泥沙时,泥沙的沉降和床面冲刷也更多地表现为细颗粒黏性泥沙的特征,而不是表现为中值粒径所代表的非黏性特征,含有一定数量细颗粒黏性泥沙的混合沙也会发生絮凝,经沉积等作用形成胶泥层。

由于泥沙絮凝,其沉降特性与非絮凝泥沙的沉降特性有所不同。有关此方面的研究,我国学者早在 20 世纪 80 年代就曾开展过大量的研究。在此通过对前人研究成果整理分析,探讨泥沙的絮凝结构对细泥沙沉降的影响,从而揭示"揭河底"中胶泥层形成的内在原因。

一、泥沙絮凝粒径探讨

钱宁和万兆惠根据 Migniot 和黄河水委员会黄河水利科学研究所的工作,把泥沙发生絮凝的上限粒径取为 0.01 mm。Mehta 和 Lee 以及张德茹和梁志勇等都对发生絮凝的临界粒径进行了研究,Mehta 和 Lee 认为黏性泥沙和非黏性泥沙的分界粒径可取为 20 μm;张德茹和梁志勇则根据试验数据指出,对于天然沙,大于 0.03 mm 的泥沙颗粒絮凝作用不明显。张志忠对长江口细颗粒泥沙的研究进行了总结,建议把 0.03 mm 作为划分粗颗粒与细颗粒两种不同性质泥沙的粒径界限。

实际上,影响絮凝现象的因素是很多的,水体中电解质浓度的高低,直接决定了絮凝现象是否明显。在河流中,粒径小于 0.01 mm 的泥沙颗粒才发生很明显的絮凝现象;而在河口海岸地区,水体中含盐量较高,粒径为 0.03 mm 的泥沙颗粒就可发生明显的絮凝现象。因此,根据以上研究,对于不同的水质和泥沙种类,当泥沙粒径 $d > 0.03$ mm 时,絮凝作用不显著;当粒径 0.03 mm $> d > 0.01$ mm 时,絮凝作用逐渐增强;当 $d < 0.01$ mm 时,絮凝作用显著。在具有絮凝作用的液体中,絮团沉速随着悬浮液体中含沙量的增加而逐渐加大。絮团的平均沉速在一定的盐度范围内随盐度的增加而迅速增大,当盐度为 4‰ 时,达到最大值;盐度继续增加,絮团沉速接近于常数。紊动增加了泥沙颗粒相互碰撞的机遇,增强了絮凝作用;同时紊动增大了流体的剪切率,有可能使絮凝团破碎,而导致絮凝作用减弱。絮凝的临界粒径可取为 0.01 ~ 0.03 mm,具体数值应由当地泥沙和水体环境条件而定。

下面以"揭河底"河段龙门水文站发生"揭河底"前的悬沙级配情况为例进行分析(见表 3-8)。从表 3-8 中可以看出 1966 ~ 1977 年间发生四次"揭河底","揭河底"前悬沙的平均中值粒径较小,一般都在 0.03 mm 以下,在絮凝的粒径范围之内。而且"揭河底"前泥沙粒径小于 0.01 mm 的细泥沙颗粒含量一般都在 25% 以上,甚至小于 0.007 mm 的细泥沙颗粒的含量在 20% 以上,含有的极细沙增强了泥沙在沿程淤积过程中的絮凝作用。

二、泥沙絮凝沉降特性

夏震寰和宋根培利用黄河花园口淤泥进行了沉降试验。该处泥沙中既含有黏性细颗粒,又含有无黏性粗颗粒。他们对低浓度时黏性颗粒形成絮团的沉降和离散颗粒的沉降,以及高浓度时形成絮网结构体时的沉降分别进行试验,得出了从絮团过渡到絮网的临界浓度,还分析得到絮团的尺寸。认为当含沙浓度超过絮团临界限度时,形成絮网结构。夏震寰在较高浓度絮团结构体中做粗颗粒的沉降试验,观测均质的离散颗粒出现非均匀的沉降分布和含沙量上层高下层低的浓度分布。夏震寰解释离散颗粒在絮网结构体中运动,有的颗粒顺着孔隙下沉,有的却被挟裹在结构中,因此出现沉速的不均匀性。对于浓度分布,夏震寰解释在组合沙的沉降中,离散颗粒的存在影响很大。部分粗颗粒可能被絮网支承或挟裹,负担粗颗粒较多的层次,即浓度较高的层次,其沉速较浓度低的层次为小。

钱宁认为含沙量变化对絮凝作用和絮团的沉速影响比较敏感。在含有盐分的河水或海水中,絮团沉速随含沙量增大而逐渐加大,直到 15 kg/m³ 左右时为最大,见图 3-13。含沙量超过 15 kg/m³ 后,沉速随含沙量增大而减小,这时絮凝作用进一步发展,由絮团联结形成网架结构。

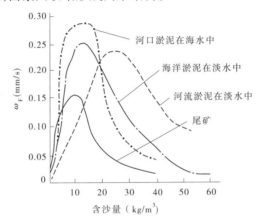

图 3-13 含沙量对絮凝体沉速的影响

三、形成絮凝结构的物理图形

20 世纪 70 年代,钱意颖和张浩等进行了不少天然混合沙的静水沉降试验。试验表明,混合沙中不包含细颗粒成分时,不存在絮凝现象,平均沉速与含沙量的关系与均匀沙的沉降规律相同。若包含细颗粒成分,存在絮凝现象(见图 3-14)。当含沙量很小时,颗粒连接成絮团,因而其沉速大于单颗粒泥沙的沉速。随着含沙量的继续增大,絮团与絮团之间形成一个连续的空间结构网,出现一定的刚性;这时泥沙的沉速大幅降低。在一开始,空间结构网仅由极细颗粒的泥沙组成,它们与清水组成均质的浆液,以极其缓慢的速度下沉,表现为在沉降筒顶部有一极其缓慢下降的清浑水交界面。粗颗粒泥沙虽受絮凝结构的影响而减低其沉速,但依然保持分散系的性质自由下沉。在沉降过程中存在着粗细泥沙的分选。含沙量继续增大以后,越来越多的较粗颗粒也成为絮凝结构的一部分,自

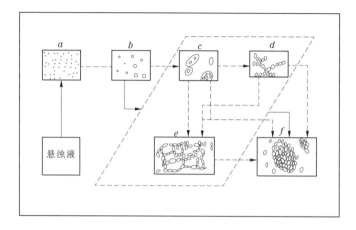

a—微细絮凝个体;b—微小絮凝团;c—中等絮团;d—链状与 X 形絮凝体;e—蜂窝状絮凝体;f—大絮团

图 3-14　絮凝体的形成及其演化过程

由沉降部分所占的权重越来越小。含沙量继续增加达到某个临界值时,全部泥沙均参与组成均质的浆液,这样便不存在粗细泥沙的分选,见表 3-10。例如,张浩等采用中径为 0.035 mm 的混合沙进行的试验情况(见表 3-10)表明,随着起始含沙量的增大,组成均质浆液的泥沙愈来愈粗,浓度不断增大,沉速则逐渐减小。当起始含沙量达到 800 kg/m³ 时,泥沙无论粗细均作为一个整体下沉,已看不到分选现象。

表 3-10　中径为 0.035 mm 的混合沙在沉降过程中粗细泥沙分选的情况

起始含沙量(kg/m³)		200	450	600	800
组成均质浆液的细颗粒泥沙的特点	中径(mm)	0.008 9	0.012 2	0.017 3	0.035
	含沙量(kg/m³)	73	211	297	800
清浑水交界面的沉速(cm/s)		0.003 45	0.000 85	0.000 83	0.000 67

四、动水絮凝泥沙沉降特性

以上研究成果多基于泥沙的静态絮凝,未涉及动态絮凝。在"揭河底"河段泥沙淤积形成的层理结构多在动水沉降时形成。由于观测上的困难和机理的复杂,目前对黏性泥沙动水沉降特性了解得还很少。黄建维等在 250 m 弯曲水槽内进行了黏性泥沙在流动盐水中沉降特性的试验研究,结果表明在流动盐水中黏性泥沙的平均含沙浓度随冲刷距离(或时间)基本遵循指数衰减规律,其沉降率随初始含沙量的增加而增加,随水流切力的增加而迅速减小,至某一临界切应力时,出现沉降率为零。对黏性泥沙在动水中沉降的黏着概率,基本随水流切力直线减小。在水流切力以下,紊动对盐水中黏性泥沙沉速的影响主要表现在对絮粒结合程度的影响。

根据以上研究,我们可以看出,在天然河流中泥沙的平均含沙浓度随着距离增加而逐渐减小,到一定距离后,沉降率为零,也就不会再出现细沙的絮凝沉降。从这点也能反映出,"揭河底"冲刷总在一个相对固定的河段,这个河段也就是泥沙发生絮凝沉降的河段。至于胶泥层沉积的长度、厚度及宽度,与来水来沙条件、前期河槽边界条件以及河势状况等有着紧密的联系,但目前还没有相关的研究开展。

五、胶泥层沉积及河床层理淤积机理

"揭河底"发生的首要条件是河床上有胶泥层存在,在细泥沙形成的絮凝结构作用下,这些胶泥块又是如何形成的呢? 我们知道砂、砾石、卵石类粗颗粒泥沙一旦沉积到河底,基上就不再固结了。而细颗粒泥沙,特别是黏土颗粒并非如此。由于絮凝作用,细颗粒在沉积过程中会连接成絮团,絮团与絮团会连接成集合体,集合体还会搭接而形成网架。絮凝的新沉积物是一个高蜂窝状的结构,含水量很高,密度很低,如图3-15(a)所示的状态,这样的淤积物具有很低的抗剪强度或黏结力。

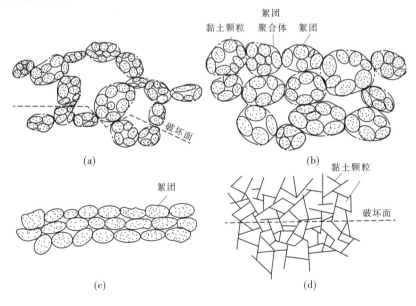

图3-15　细颗粒沉积物结构及压密过程

在自重或其他外力的作用下,最脆弱的集合体与集合体之间的连接将首先破裂,并改变沉积物结构达到较为密实的平衡状态,如图3-15(b)所示,这样的淤积物具有较大的密度和黏结力。

进一步增加压力将使絮团之间的连接破裂,絮团集合体的形式不复存在,许许多多絮团重叠排列成层,如图3-15(c)所示。

进一步增加压力则絮团将发生变形,使团间孔隙消失,淤积物成为颗粒密集排列的均匀结构,如图3-15(d)所示。

显然,同一细颗粒淤积物在不同状态下所具有的密度、黏结力、抗剪强度也将是不同的,甚至有极大的差别。相应地,它们抵抗冲刷的能力也将大不一样。

对于"揭河底"河段,河道冲淤主要取决于汛期洪水,而不同的洪水来源和组成构成不同的冲淤特性。黄河北干流和渭河的细泥沙来源区的洪水,历时长,极细沙颗粒含量较高。相反,粗泥沙支流来的洪水峰型尖瘦,历时短、涨落急剧,含沙量高、泥沙粒径粗,相应的细泥沙含量较低。两种情况下高含沙洪水出现的概率都较高。因其水流密度增大较多,给极细泥沙形成絮凝沉降创造了条件。来自粗泥沙来源区的洪水因极细沙含量小,形成絮凝沉降的概率低,即使形成絮凝沉降,絮团尺寸也不会很大,在沉淀、压密的过程中不会出现大面积的胶泥层,只会出现小型的胶泥块。相应地,如果洪水来自细泥沙来源区,高含沙水流密度的增大,必将出现较大尺寸的絮凝沉降,因而形成成片的、密实度极大的胶泥层沉积。另外,泥沙在输移过程中,由于河道河势的调整,洪水挟带的泥沙在滩地逐渐淤积下来,粗颗粒泥沙先淤,细颗粒泥沙后淤,由于细颗粒泥沙的絮凝作用,泥沙成块随机分布在河道中,形成相应的成块淤积物。而相应的粗泥沙在沉降的过程中,形成通常的河床淤积物,包围或覆盖在胶泥层(块)上,形成人们常说的"透镜体"淤积或大片的胶泥层沉积。这就是胶泥层淤积层理结构形成的机理。随着河势的调整,形成的"透镜体"胶泥块或大尺度的胶泥层,有可能在下一次洪水时处于河槽部位,也造就了"揭河底"冲刷的前期河床边界条件。

第三节　"揭河底"冲刷期断面形态调整规律

由于"揭河底"现象原型观测资料较少,以往对"揭河底"冲刷期断面形态调整的研究,大多是通过对比"揭河底"前后断面形态的变化来开展的,不能反映"揭河底"发生过程中的断面形态调整情况。本次研究深入挖掘龙门、潼关两个水文测验站的原始观测资料,通过对一些典型"揭河底"洪水过程中龙门、潼关站测验断面的形态调整过程的深入分析,总结得出了"揭河底"冲刷期断面形态的一般调整规律。

一、不同河段"揭河底"前后河道横断面调整总体情况

"揭河底"发生前后,河道断面一般要发生较剧烈的调整。不同河段调整变

化情况存在明显的差异。

(一)禹门口以上峡谷型河段"揭河底"发生前后横断面调整情况

为了说明黄河干流禹门口以上峡谷型河段发生"揭河底"前后河道横断面形态的调整变化情况,我们统计套绘了 1966 年 7 月 16 日至 7 月 20 日、1970 年 8 月 2 日至 8 月 3 日两次"揭河底"冲刷前后的龙门断面,如图 3-16、图 3-17 所示。

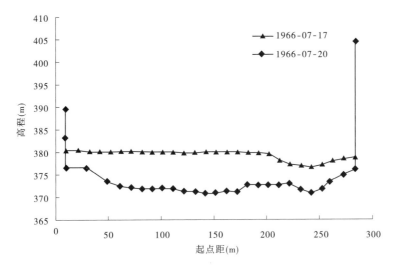

图 3-16 龙门水文站 1966-07-16～07-20"揭河底"前后断面套绘图

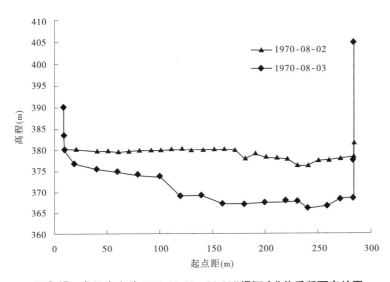

图 3-17 龙门水文站 1970-08-02～08-03"揭河底"前后断面套绘图

1977年主要有两场洪水,在7月5日至7月8日及8月5日至8月8日均发生了"揭河底"冲刷现象,由于在7月4日之前及8月8日之后,当年只有在5月17日、7月10日及11月22日进行了断面测量,两场"揭河底"洪水前后并没有出现较大的流量过程,因此这三次断面资料可以反映两次"揭河底"前后龙门断面的变化情况,其套绘结果见图3-18。

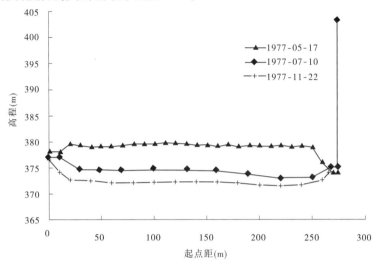

图3-18　龙门水文站1977-07-05～07-08与08-05～08-08"揭河底"前后断面套绘图

龙门水文站位于峡谷型河段,本身即为窄深河槽。1966年发生的"揭河底"冲刷,龙门断面平均河底高程降低6.7 m,1970年发生"揭河底"后,龙门断面平均河底高程降低8.6 m。1977年共发生两次"揭河底"现象,其中7月5日至7月8日发生第一次"揭河底"冲刷,河道平均河底高程下了4.5 m,全断面发生冲刷;8月5日至8月8日发生第二次"揭河底",在上一次基础上又冲刷了1.8 m。

因龙门河槽两岸石壁林立,这几次河道冲刷属整体下切,形态没有发生太大变化。但实际上还是存在着一定的差别,从图3-16～图3-18可以看出,这三次"揭河底"冲刷龙门断面的变化情况相似,即两岸边冲刷下切的少,中间下降的多,冲刷后河床呈U形,而1970年的冲刷明显偏于右岸。另外,在此要特别强调的是,这些冲刷里面应包括两部分,一部分为大洪水期间的一般冲刷,另一部分为"揭河底"冲刷,不能一概而论,我们还不能把二者从严格意义上区分开。

(二)小北干流游荡型河道"揭河底"发生前后横断面调整情况

黄河小北干流属于典型游荡型河道,河身比较顺直,在较长的河段内往往宽窄相间,呈藕节状。在窄河段,水流比较集中归顺,对下游河势有一定的控制作用;在宽河段,水流散乱,河槽宽浅,沙滩密布,河床变化迅速,主流摆动不定。横断面河相系数($\sqrt{B}/H$)一般在 40 ~ 52 之间变化。

表 3-11 统计了黄河小北干流不同河段在 1977 年"揭河底"冲刷前后的河槽平均宽度 $B(m)$、平均深度 $H(m)$ 以及河相关系。从表 3-11 中所统计的数据来看,黄淤 68 ~ 64 断面河相系数在"揭河底"发生前可达到 76.9,而两次"揭河底"冲刷后河相系数竟下降到 8.7,减小了 89%。黄淤 64 ~ 59 断面、59 ~ 53 断面"揭河底"后河相系数分别为 10.8、16.2,减小幅度分别达原值的 83%、71%。说明 1977 年两次"揭河底"冲刷后,河床由宽浅变为窄深,具体见图 3-19 ~图 3-21。

表 3-11 1977 年黄河小北干流"揭河底"断面调整情况

黄淤断面号	"揭河底"前(1977 年 6 月)			"揭河底"后(1977 年 10 月)		
	河槽平均宽度 $B(m)$	河槽平均深度 $H(m)$	河相系数	河槽平均宽度 $B(m)$	河槽平均深度 $H(m)$	河相系数
68 ~ 64	6 028	1.01	76.9	1 418	4.32	8.7
64 ~ 59	5 775	1.18	64.4	1 106	3.08	10.8
59 ~ 53	4 298	1.16	56.5	1 792	2.62	16.2
53 ~ 45	5 155	1.82	39.4	2 282	1.8	26.5
45 ~ 41	2 744	2.5	21.0	1 529	2.49	15.7

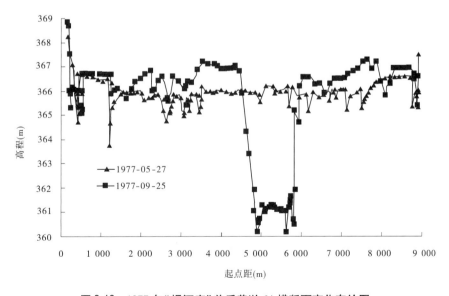

图 3-19 1977 年"揭河底"前后黄淤 64 横断面变化套绘图

　　然而,需要我们清晰地认识到的是,高含沙洪水在塑造窄深河槽的同时,造成河道的贴边淤积,引起过水断面的减小,对防洪安全构成严重的影响等。如图 3-19 ~ 图 3-21 所示,小北干流黄淤 64、65 断面发生"揭河底"冲刷后,两岸河床明显淤积抬高,河槽严重缩窄,河床出现显著下切;黄淤 68 断面河槽明显左移,右岸在"揭河底"后发生明显淤积。这也正是高含沙洪水特有的造床规律,"宽深河槽"的形成是以前期两岸边滩的严重淤积为代价的。

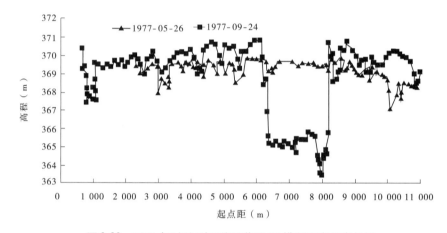

图 3-20　1977 年"揭河底"前后黄淤 65 横断面变化套绘图

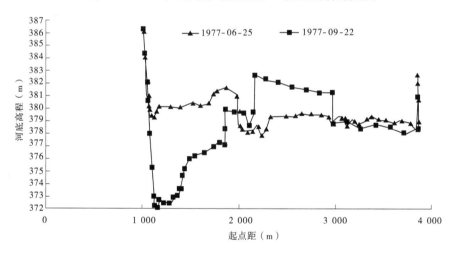

图 3-21　1977 年"揭河底"前后黄淤 68 横断面变化套绘图

(三)渭河华县水文断面"揭河底"前后调整情况

　　我们套绘了渭河华县水文断面几次"揭河底"前后的横断面资料,详见图 3-22 ~ 图 3-25。

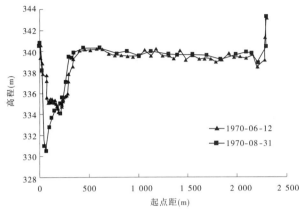

图 3-22 华县水文站 1970 年 8 月 3 日"揭河底"前后断面套绘图

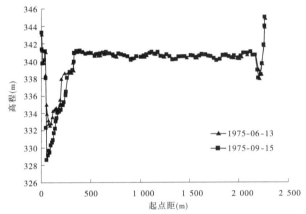

图 3-23 华县水文站 1975 年 7 月 26 日"揭河底"前后断面套绘图

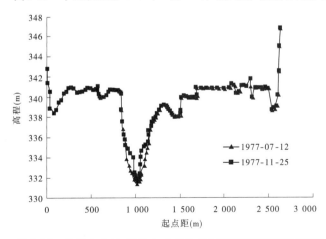

图 3-24 华县水文站 1977 年 8 月 7 日"揭河底"前后断面套绘图

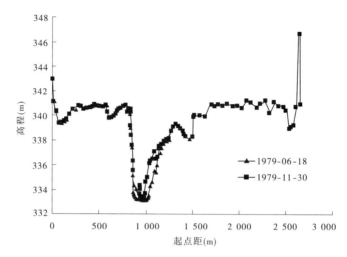

图 3-25　华县水文站 1979 年 7 月 30 日"揭河底"前后断面套绘图

从图 3-22～图 3-25 中可以看出,渭河"揭河底"河段断面始终为窄深河槽,仅主槽深泓位置可能发生一些变化,如 1975 年河道深泓点的位置在 90 m 处,1977 年河道深泓点位置在 1 000 m 左右。1970 年 8 月 3 日、1975 年 7 月 26 日"揭河底"发生时,断面河槽冲深 2 m 有余,而 1977 年 8 月 7 日及 1979 年 7 月 30 日发生"揭河底"前后,河道冲刷厚度变化不大。

二、典型"揭河底"洪水冲刷期断面形态调整过程

为进一步揭示"揭河底"冲刷期断面形态调整规律,采用几场典型"揭河底"洪水,通过套绘洪水期河床高程变化与水位变化,详细剖析了"揭河底"洪水冲刷期断面形态调整过程。

（一）"1964·7""揭河底"洪水冲刷过程

1. 龙门站

图 3-26 为洪峰期根据龙门站测流断面实测流量成果资料点绘的龙门站洪水过程与河床深泓点高程、平均河底高程和基本水尺水位关系。从河床冲淤情况看:在 1964 年 7 月 6 日 18:00 至 7 月 7 日 07:00 时间段,河床有明显冲刷过程,水位也发生明显的下降。该时段龙门断面共进行了四次测量,冲刷初期时段(7 月 6 日 18:00～20:00),平均河底高程已有明显下降(平均河底高程下降0.73 m),而对应时段的深泓点下降不明显(深泓点下降 0.09 m),表明该时段河道内洪水已经开始对河床产生冲刷,河床表面松散的浮沙被冲走。从图 3-27 中龙门断面冲刷变化过程也可以看出:此时河床表面整体表现为冲刷下切,但是在主河槽部分由于泥沙的松散层较少则冲刷也相对较少,此为大洪水的一般冲刷;随着洪水的持续冲刷,河床中胶泥块表层及边缘部分被淘刷,在 7 月 6 日 20:25

到 7 月 7 日 03:27 这一时段内,河床遭受持续冲刷后,淤积层被揭起并被带走,河床剧烈刷深下降,此时的平均河底高程下降 1.49 m,深泓点高程下降 2.24 m;此后洪峰流量到来,洪水的冲刷能力增强,河床进一步遭到冲刷,深泓点和平均河底高程进一步下降,7 日 03:27~06:55 这个时段内平均河底高程又下降 0.96 m,深泓点高程下降 1.56 m,这两个时段的冲刷即为"揭河底"冲刷期;随着洪水流量下降,冲刷逐步停止,"揭河底"冲刷结束。由此,判断龙门站发生"揭河底"时间段为 1964 年 7 月 6 日 20:25 至 7 月 7 日 06:55,持续时间约 11 h,深泓点高程下降 3.80 m,平均河底高程下降 2.45 m。

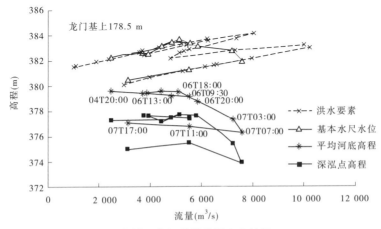

图 3-26 龙门站洪峰期水文特征

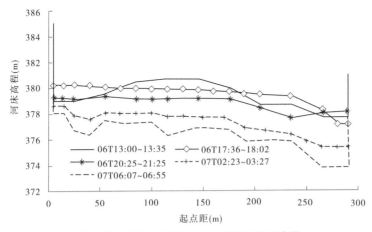

图 3-27 龙门站"揭河底"时段断面冲刷变化

2. 潼关站

考虑洪水传播,龙门站"揭河底"时段对应潼关站应为 7 月 7 日 09:20 至 7 日 20:20 之间。但此时段不能完全包括潼关站河床冲刷发生过程,从图 3-28 可以看出:由于洪水在传播过程中洪水水沙的峰型会逐渐变胖,因此对应龙门站发生"揭河底"冲刷时段洪水过程在传播到潼关站后,洪水过程会变长,不能严格按照龙门"揭河底"时段水沙传播到潼关时的水沙时段来确定,但考虑到该时段由于渭河以及其他支流来水来沙很小,因此潼关站大洪水水沙过程均为上游龙门站洪水传播。洪峰期,潼关站河床有明显冲淤变化,深泓点下降 3.23 m,平均河底高程下降 1.45 m。尽管洪峰过后,河床有明显的回淤,但是本次龙门"揭河底"洪水在传播到潼关后对潼关河段河床仍产生了冲刷,局部河床下切明显(见图 3-29)。

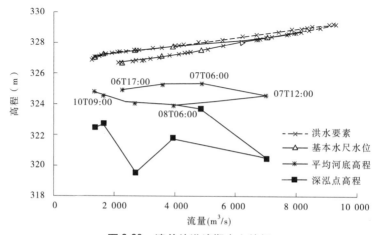

图 3-28　潼关站洪峰期水文特征

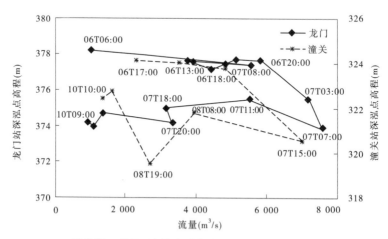

图 3-29　龙门、潼关站对应时段河床冲刷套绘情况

（二）"1966·7""揭河底"洪水冲刷过程

1. 龙门站

图 3-30 为根据龙门站实测流量成果资料点绘的洪水水沙过程与河床冲淤

情况,龙门站在本次洪水期实测流量测量有两个位置,涨峰期以及最大洪峰在龙门水文站基上 178.5 m 位置,落峰期在龙门站基本断面位置。在龙门站基本断面位置进行测量时,测量到该断面洪水期河床发生明显冲刷,从 7 月 18 日 11:00 到 19 日 11:00,洪峰流量处于落峰期而洪峰含沙量达到峰值,此时洪水的来沙系数很大,河床经过前期大洪水持续冲刷,河床中表面覆盖层已经冲走,淤积层被冲动并被揭起,河床高程发生显著下降,平均河底高程下降 5.33 m,深泓点高程下降 7.40 m,基本水尺水位下降 7.1 m。此时段应为"揭河底"冲刷阶段。因此,本次"揭河底"时段定为 7 月 18 日 18:00 到 19 日 11:00,共计 17 h,平均河底高程下降 5.33 m,深泓点高程下降 7.40 m。

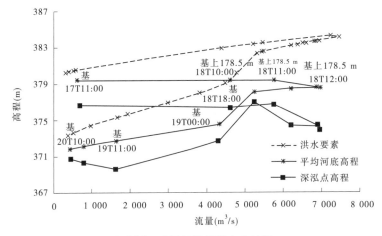

图 3-30 龙门站洪峰期水文特征

图 3-31 为龙门站"揭河底"时段断面冲刷变化过程,"揭河底"冲刷前期,即洪水涨峰期以及最大洪峰期,河床中松散的易于冲动的泥沙覆盖层被不断增大的洪水冲刷带走,河床高程普遍下降,但是深泓点部位没有发生冲刷,此阶段河床淤积层暴露出来,顶面以及侧面缝隙被持续大洪水冲刷;洪峰过后,含沙量增加,洪水冲刷力度加强,此时河床淤积层呈块状被揭起带走,龙门全断面逐步冲刷下切,河槽断面被扩大,水流能量进一步聚集,并对河槽的局部部位产生淘刷,此阶段应为"揭河底"冲刷期;之后洪水能量逐渐减弱,冲刷逐渐停止。

2.潼关站

按照洪水传播时间推算,龙门发生"揭河底"冲刷洪水到达潼关站的时间段应该为 7 月 19 日 17:30 到 20 日 10:30 左右。从图 3-32 看出,本次洪水潼关河段河道没有发生明显冲刷,测点水位洪水前后还略有抬升。从图 3-33 也可看出,1966 年 7 月 18 日洪水龙门河段发生了冲刷,洪水在传播过程中,河道发生了淤积,洪水到达潼关河段时河床并没有发生强烈的冲刷。

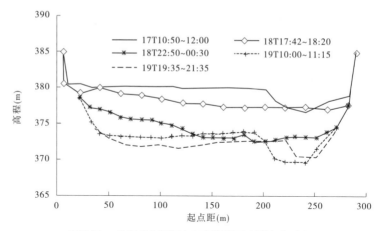

图 3-31　龙门站"揭河底"时段断面冲刷变化过程

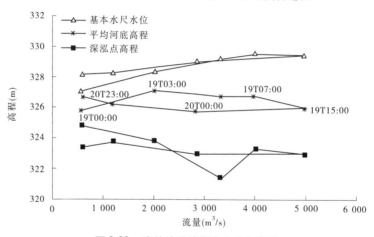

图 3-32　潼关站洪峰期水文特征套绘

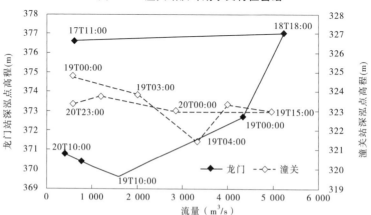

图 3-33　龙门、潼关站对应时段河床冲刷套绘情况

(三)"1969·7""揭河底"洪水冲刷过程

1.龙门站

图 3-34 为洪峰期根据龙门站测流断面实测流量成果资料点绘的龙门站河床平均河底高程随流量变化关系。龙门断面洪峰期水文资料测量有两个位置,洪峰前后在龙门基下 135 m 处,洪峰期在龙门基上 2 000 m 处。龙门站本次洪峰过程,有两个时段河床发生冲刷,第一阶段为洪水的涨峰期(26 日 17:00 至 27 日 15:00),从基下 135 m 处洪峰前后测量结果看,平均河底高程下降 2.48 m,表明该河段河道发生了明显的冲刷;第二阶段为落峰期中段(7 月 27 日 22:00 至 28 日 08:00,测量位置在基上 2 000 m 处),结合该时段水位表现以及现场目击者描述,第二阶段冲刷应该为"揭河底"冲刷。从图 3-34 中洪水要素资料点绘水

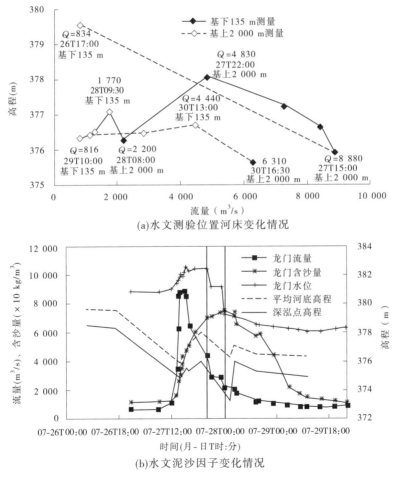

(a)水文测验位置河床变化情况

(b)水文泥沙因子变化情况

图 3-34 龙门站 7 月 26～30 日洪峰期水文特征

位流量关系,水位剧烈下降时段为 7 月 28 日 00:00 ~ 06:00,因此确定龙门站"揭河底"冲刷时间为 7 月 28 日 00:00 至 7 月 28 日 06:00,共计 6 h,平均河底高程下降 1.78 m,深泓点高程下降 2.82 m。

1969 年汛期"揭河底"冲刷发生在洪峰降落过程,洪水在上涨过程中,河床表现为全断面冲刷下切,洪峰过后,河床开始回淤。当洪水期含沙量逐步增加到 700 kg/m³ 时,"揭河底"冲刷发生。从图 3-35 可以看出,河道冲淤发展的过程以及龙门河段河道冲刷的深度,基下 135 m 处冲刷深度大于基上 2 000 m 处的冲刷深度。

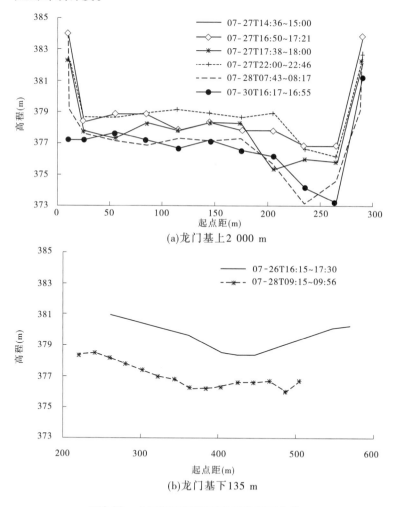

图 3-35　龙门断面"揭河底"时段断面变化

2. 潼关站

根据本次洪水龙门发生"揭河底"时段,考虑洪水传播后潼关站对应时段的平均河底高程下降 0.96 m,深泓点高程上升 0.01 m,基本水尺水位下降 0.49 m;渭河华县站由于流量小而含沙量较高,河道发生了明显淤积。因此,本次龙门"揭河底"冲刷没有发展到潼关河段(见图 3-36),潼关河段属洪水期正常的冲淤变化。

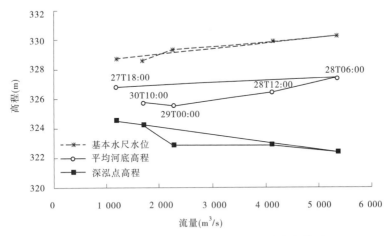

图 3-36　潼关站洪水期流量与水位及河床高程关系

(四)"1970·8""揭河底"洪水冲刷过程

1.龙门站

图 3-37 ~ 图 3-39 为洪峰期根据测流断面实测流量成果资料点绘的龙门站洪峰水沙过程与河床深泓点高程、平均河底高程和基本水尺水位关系。从龙门站水文测验资料看:本次洪水的实测流量水文数据测量分别在两个断面位置进行,一个是基本断面,另一个是基上 178.5 m 断面,洪峰前后在基本断面测量,大水期在基上 178.5 m 处测量。从图 3-37 中看出:龙门站洪水期两处断面深泓点高程和平均河底高程明显冲刷下降,基本断面从 2 日 09:00 到 3 日 10:00 时段内,基上 178.5 m 断面从 2 日 19:00 至 3 日 06:00 之间,河底高程下降明显。由于每次水文资料测量存在时间间隔,因此结合两个断面冲刷表现判断"揭河底"冲刷时段应为 8 月 2 日 19:00 至 3 日 06:00,共 11 h。龙门基上 178.5 m 断面位置冲刷的具体表现为:2 日 19:00 ~ 22:00,龙门站洪水迅速上涨,3 h 内流量从 2 300 m³/s 迅速涨到 13 800 m³/s,洪水涨速达 3 800 m³/(s·h),而此阶段洪水的含沙量也保持在 600 kg/m³ 以上,突然上涨的高含沙洪水对河道造成了强烈的冲刷。此时段内深泓点下降 5.43 m,平均河底高程下降 3.7 m,从该时段的断面测量也发现(见图 3-38):全断面普遍遭受冲刷下切的同时,主河槽冲刷更甚。之后 2 日 22:00 至 3 日 00:00,河床冲刷下降到一个局部稳定层后,河床高程下降停止,洪水对河床暴露的淤积层表面以及缝隙进行冲刷。此阶段深泓点高程下降 0.11 m,平均河底高程下降 0.61 m,洪水处于积蓄能量阶段。8 月 3 日

00:00~06:00 时间段内,随着冲刷力度的进一步加大,河床淤积层被成片揭起,河床高程下降剧烈。此阶段平均河底高程下降 2.01 m,深泓点高程下降 4.11 m,随着不断冲刷,河床被进一步冲深,此后洪水的冲刷能力逐步减少,冲刷逐渐停止。

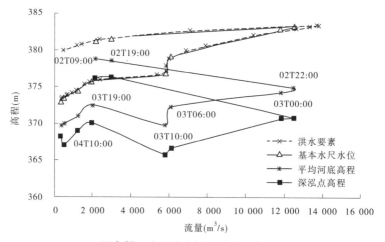

图 3-37　龙门站实测流量成果套绘

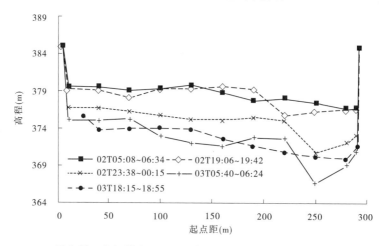

图 3-38　龙门基上 178.5 m 断面"揭河底"时段断面变化

龙门河段河床遭受"揭河底"冲刷深度,我们根据龙门两个测验断面冲刷情况分析,龙门基本断面深泓点冲深 10.33 m,平均河底高程冲深 9 m(见图 3-39),龙门基上 178.5 m 断面深泓点冲深 9.65 m,平均河底高程冲深 6.32 m(不考虑水位与断面位置的差别),从最不利角度考虑,本次龙门"揭河底"冲刷深度深泓点按 10.33 m,平均河底高程按 9 m 来认定。

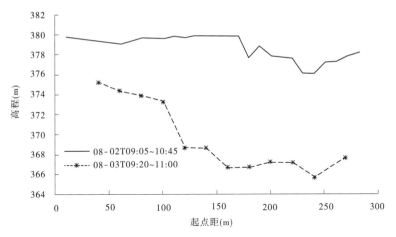

图 3-39　龙门基本断面洪水前后断面套绘

2.潼关站

潼关站洪峰涨峰期河床高程也发生了明显的下降,8 月 3 日 12:00 至 19:00,7 h 内平均河底高程下降 3.1 m,深泓点高程下降 4.28 m;落峰期河床有一定回淤,总体上,洪峰前后平均河底高程和基本水尺水位发生明显下降,深泓点高程基本平衡,对应龙门"揭河底"冲刷发生时段,潼关站平均河底高程和深泓点高程发生强烈冲刷下降;渭河华县站对应龙门"揭河底"时段以及潼关大冲刷时段,水沙量均较小,平均河底高程和深泓点高程变化不大(见图 3-40)。

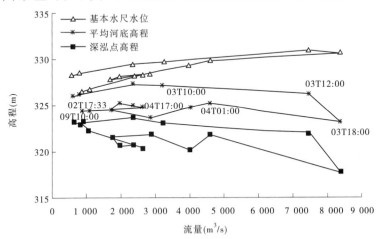

图 3-40　潼关站洪峰期水文特征套绘

(五)"1977·7""揭河底"洪水冲刷过程

1.龙门站

图 3-41 为根据龙门站洪峰期测流断面实测流量成果资料和洪水要素资料

点绘的龙门站洪峰水沙过程与河床深泓点高程、平均河底高程和基本水尺水位关系。从图 3-41 中可以看出,龙门断面在 7 月 6 日 14:00 到 7 日 09:00 时段内河床发生了明显冲刷。其过程大致可以分为三个阶段:

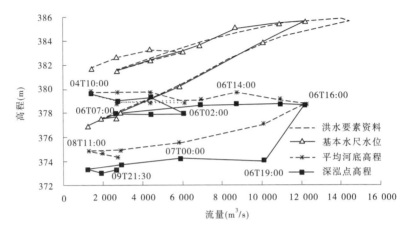

图 3-41　龙门站(基上 155 m)洪峰期水文特征套绘

第一阶段,在洪峰流量到来之前(6 日 14:00 ~ 16:00,洪水流量约为 10 000 m³/s,含沙量约为 200 kg/m³),河道中洪水位上升而河床遭受冲刷且冲刷强度逐步增加,洪水把河床中浮于表层松散的不稳定的淤积物冲走,主河槽部位由于长期遭受水流冲刷覆盖的松散淤积层较少,冲刷量较少,此时,平均河底高程下降 0.98 m,深泓点高程上升 0.08 m,此阶段与发生一般高含沙洪水冲刷时的表现一致。对同期龙门断面变化过程进行套绘(见图 3-42),在 6 日 14:00 ~ 16:00,洪峰到来前,龙门全断面河床高程有不同程度的下降,但龙门断面最左侧部位河床高程并没有下降,此时河床中长期沉积的淤积层(沉积日久、经过物理化学作用形成的黏性土)暴露出来,并开始遭受到冲刷。

第二阶段(6 日 16:00 ~ 19:00),洪峰流量和洪水含沙量都达到峰值,高含沙洪水冲刷能力进一步加大,河床中长期沉积的淤积层被揭起并被带走,河床高程剧烈下降,此时平均河底高程下降 1.61 m,深泓点高程下降 4.61 m,这样的冲刷下降幅度只有在发生"揭河底"冲刷时才会出现。从图 3-42 看出,剧烈冲刷部位首先发生在靠近左岸约 50 m 的局部河槽中,即河道的主河槽部位,3 h 河床冲深就达 4.61 m,其余部位冲深 1 m 多,断面形态变得窄深,水流集中,能量增加,此阶段发生的冲刷极易造成河道工程出险。

第三阶段,从 6 日 19:00 到 7 日 00:00,洪峰流量及洪水含沙量逐步回落,但是前期冲刷形成的窄深河槽,使水流对河床的冲刷能力继续保持,由于窄深河槽边界稳定性较低,此阶段冲刷表现为侧向发展,深泓点高程停止下降,而平均河底高程又下降 1.56 m。从图 3-42 中看,龙门河道断面冲刷向右侧发展,200 m

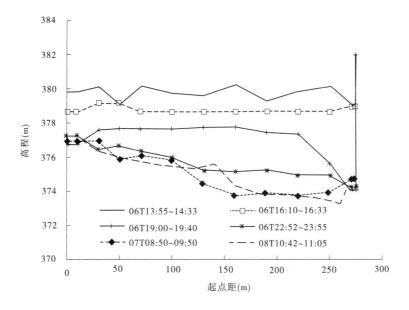

图3-42 龙门站"揭河底"时段断面变化

宽河道在4 h内被冲深1.56 m左右,冲刷范围基本涵盖全断面,此阶段为"揭河底"冲刷后期的表现。

从上述分析可以看出,当发生局部"揭河底"冲刷后,断面变得窄深,只有水流能量继续增强,河道的强烈冲刷才能持续。从断面冲刷效果看,第二、第三两个阶段龙门断面冲刷面积接近;之后由于河床高程被冲刷下降,河道断面扩大,水流冲刷能力逐渐减弱,加之洪峰流量及含沙量也不断减小,河床冲刷下切幅度逐渐减小,冲刷停止。据此,确定7月6日16:00至7日00:00为龙门站发生"揭河底"冲刷时段,冲刷时间为8 h,深泓点高程下降4.43 m,平均河底高程下降3.17 m。

2. 潼关站

1977年7月造成龙门河段发生"揭河底"冲刷的洪水,在传播到黄河潼关河段时也对河床造成了剧烈的冲刷,从图3-43根据潼关站测流断面实测流量成果资料点绘的洪峰水沙过程与河床高程和测点水位关系看,7月7日01:00到8日16:00时段,潼关河段河道也发生了明显冲刷,冲刷过程表现与龙门站相似。

第一阶段,7日01:00~03:00,潼关断面处于洪水上涨阶段,洪水流量平均为8 000 m³/s左右,洪水含沙量平均为200 kg/m³左右,此时河床处于冲刷状态,逐渐上涨的洪水首先对河床表面松散的浮沙进行冲刷,但是深泓点部位较难冲动,河道冲刷表现为深泓点高程基本不变,平均河底高程则下降0.65 m,此阶段为大洪水的一般冲刷。

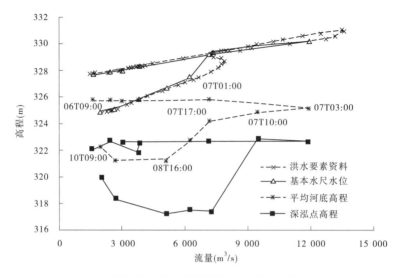

图 3-43　潼关站洪峰期水文特征套绘

第二阶段,7 日 03:00~10:00,洪水把河床中松散的浮沙冲走,下部长期形成的黏性土淤积层暴露,由于淤积层长期沉积板结后较难冲动,冲刷出现停滞,此阶段冲刷表现为深泓点高程上升了 0.21 m,平均河底高程下降 0.28 m。对同期潼关断面进行套绘(见图 3-44)可以看到:该时段河床表现为整体的冲淤交替,局部较易冲刷部位即黏性土淤积层正面和侧面缝隙淤积物被冲走,此阶段为河道中水流聚集能量的阶段。

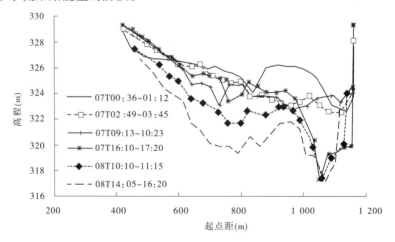

图 3-44　潼关站"揭河底"时段断面变化

第三阶段,7 日 10:00~17:00,经过前期洪水对河床淤积层持续不断地冲刷,潼关断面河床发生了剧烈的冲刷下降,冲刷表现为 7 h 深泓点高程下降 5.49

m,平均河底高程下降0.6 m;从图3-44看到,在潼关断面左侧形成了约150 m宽的深槽,断面变得相对窄深,此阶段为发生"揭河底"冲刷的表现。

第四阶段,7日17:00~8日16:00,深槽形成后,水流集中,单宽流量加大,加上渭河来水来沙影响,洪水对河道断面两侧进行冲刷,潼关断面被不断展宽,此时,深泓点高程下降停止,平均河底高程又下降了3.0 m,此后"揭河底"冲刷过程结束。

综合上述分析,确定7月7日10:00至8日16:00为潼关站发生"揭河底"冲刷时段,冲刷时间为30 h,深泓点高程下降5.69 m,平均河底高程下降3.60 m。

(六)"1977·8""揭河底"洪水冲刷过程

1.龙门站

图3-45为洪峰期根据龙门站测流断面实测流量成果资料点绘的龙门站洪峰水沙过程与河床深泓点高程、平均河底高程和基本水尺水位关系套绘。龙门断面在洪水发生过程中河床高程不断下降,龙门站在最大洪峰到来前,洪水含沙量较高,河床高程出现冲淤交替,总体上有所下降,之后洪峰流量到来,龙门站河床开始剧烈下降,在8月6日13:00~22:00时段,冲刷表现为在6日13:00~14:30,洪水首先对河道断面的主河槽进行冲刷(见图3-46),平均河底高程下降了0.25 m,深泓点高程下降了1.35 m;从图中看到,河道断面右侧的70 m宽的主河槽被剧烈刷深,高含沙水流强烈的冲刷能力在此位置得到呈现,尽管河道在前期的"揭河底"冲刷中已经发生剧烈冲刷,但是在出现了具有强烈冲刷能力的高含沙洪水时,河床的淤积层继续被冲刷甚至"揭起",而左侧河道没有明显冲刷,这是由于龙门河道在7月刚发生了一场"揭河底"冲刷过程,河床已经被冲

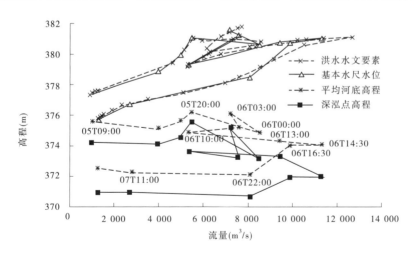

图3-45　龙门站洪峰期水文特征套绘

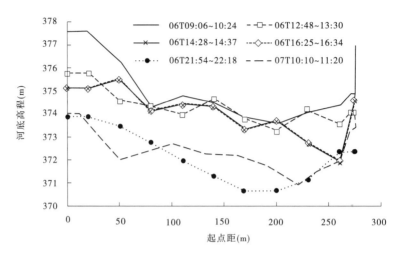

图 3-46　龙门站"揭河底"时段断面变化

刷了一定厚度,河床的泥沙松散层较少;之后,河床高程变化出现停滞(6 日 14:30~16:30),洪水对淤积层表面和侧面及缝隙位置进行反复冲刷,在 6 日 16:30 至 22:00,河床又发生了进一步的冲刷,断面横向展宽,此时平均河底高程下降 1.95 m,深泓点高程下降了 1.25 m。

从图 3-47 中发生在 1977 年 7 月和 8 月两次"揭河底"冲刷的河床表现套绘看出:1977 年 8 月的洪水对河床的冲刷是在 7 月发生剧烈冲刷产生的河床上再次进一步冲刷下切,因此可以确定 1977 年 8 月发生的"揭河底"冲刷应该发生在 8 月 6 日 13:00~22:00 时段,冲刷时间为 9 h,平均冲刷深度为 2.2 m,深泓点冲刷深度为 2.6 m。

2. 潼关站

潼关站本次洪水河底高程变化不大(见图 3-48),除其中流量为 3 000 m³/s 时深泓点高程突然下降外,其他时段以及平均河底高程和基本水尺水位则变化不大,洪水前后深泓点高程抬升 0.34 m,平均河底高程下降 0.36 m。潼关站对应龙门"揭河底"时段,平均河底高程和深泓点高程都有少量抬升,因此 1977 年 8 月 6 日发生在龙门附近的"揭河底"冲刷洪水对潼关河段没有造成剧烈冲刷(见图 3-49)。另外,点绘渭河华阴站河床高程变化,呈现淤积抬升态势,抬升幅度约 0.34 m。

三、"揭河底"洪水冲刷期断面形态调整规律

通过对龙门、潼关水文站 6 次典型"揭河底"冲刷过程原型实测资料的详细分析,可以看出,"揭河底"冲刷期间的断面形态调整过程具有明显的规律性,可划分为四个阶段。

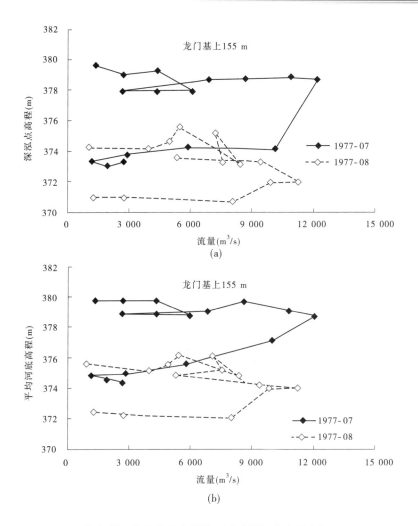

图 3-47 龙门站两次"揭河底"冲刷河床表现套绘

(一)"揭河底"冲刷前的一般冲刷阶段

这一阶段一般为胶泥层表面沉积物的冲刷阶段,高含沙洪水首先把河床中表层松散淤积物冲走,河床中较长时期形成的黏性土淤积层顶面暴露,此时河床高程一般有较小幅度的下降。以深泓点高程变化过程线为例,龙门站,图 3-26 中 7 月 6 日 18:00 到 20:00、图 3-30 中 7 月 17 日 11:00 到 12:00、图 3-41 中 7 月 6 日 14:00 至 16:00 等;潼关站,图 3-43 中 7 月 7 日 01:00 到 03:00 等。

(二)河底高程基本不变阶段

此阶段高含沙水流开始淘刷黏性土淤积层前沿以及侧面,由于淤积体沉积河道中较长时间,胶泥块的密实度较高,洪水对胶泥块的淘刷需持续一定时间,

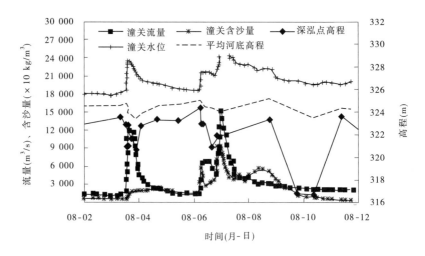

图 3-48　潼关站洪峰期水文特征套绘

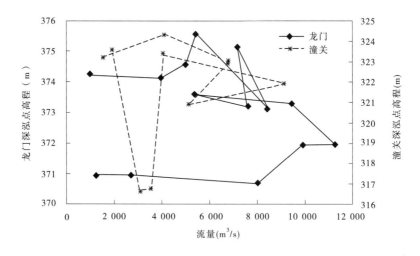

图 3-49　龙门、潼关站对应时段河床冲刷套绘情况

此时河床高程不降低或降低很少,甚至在深泓点部位还可能会出现少量的上升,此时是发生"揭河底"剧烈冲刷的前奏,水流正在为发生"揭河底"冲刷创造条件。以深泓点高程变化过程线为例,龙门站,图 3-30 中 7 月 17 日 12:00 ~ 18:00、图 3-45 中 8 月 6 日 14:30 ~ 16:30 等;潼关站,图 3-43 中 7 月 7 日 03:00 ~ 10:00 等。

(三)胶泥块揭起河床快速下降阶段

此阶段为胶泥块揭掀而起的阶段,河床中黏性土淤积物被掀起,河床高程快速下降。河床的剧烈下降首先发生在水流集中的河槽主流带上,表现为河床深泓点急剧冲刷下降,并逐步稳定在下一个成形的淤积体面上;然后冲刷逐渐向河槽横向发展,河床平均河底高程快速下降。河槽经过剧烈冲刷下切后,河道断面形成了相对窄深的河槽,水流汇集,动能加大,此时河势较易发生改变,导致工程出险。以深泓点高程变化过程线为例,龙门站,图3-34(a)中7月27日22:00到28日08:00、图3-41中7月6日16:00~19:00、图3-45中8月6日13:00~14:30和16:30到22:00等;潼关站,图3-43中7月7日10:00~17:00等。

(四)"揭河底"后期持续冲刷及回淤阶段

此阶段为"揭河底"停止以后、高含沙洪水落峰阶段,"揭河底"洪水塑造的窄深河槽使水流相对集中,冲刷能力增强,因此高含沙洪水落峰阶段,河床首先表现为持续一段时间的较小幅度冲刷,然后随着洪水减弱,河床出现一定程度的回淤。以深泓点高程变化过程线为例,龙门站,如图3-26中7月7日07:00~11:00、图3-30中7月19日11:00至20日10:00、图3-37中8月3日10:00~19:00等。

第四节 "揭河底"物理图形及冲刷机理

根据上述分析研究成果,"揭河底"的发生应是一个动态过程,分别为胶泥块形成过程、胶泥块底部逐渐淘刷过程、胶泥块失稳揭出过程、胶泥块翻出水面过程,按照上述过程勾绘的"揭河底"冲刷物理图形,为深入认识和揭示"揭河底"现象发生的规律和机理奠定了可靠的基础。

一、"揭河底"现象表观认识综述

通过走访以及上述相关的实测资料搜集整理,我们掌握了"揭河底"现象发生时的第一手资料,丰富了我们对"揭河底"现象的感性认识,现将我们对"揭河底"现象的表观概念归纳总结如下。

(一)"揭河底"现象表观概念

目前,文献资料对"揭河底"现象的描述几乎是统一的,即在高含沙洪水作用下,河底的淤积物被从河床上掀起,成块地露出水面,然后短时间内坍落被水流冲散带走的现象,称为"揭河底"现象。的确,这是"揭河底"最轰轰烈烈的一种表现形式。事实上,从我们实际调查与走访的过程中(上述记述中已有反映)、在概化模型试验(后文中记述)中的所闻、所见,我们认为"揭河底"冲刷不能等同于高含沙洪水作用下河床的"普通冲刷"。所谓"揭河底"冲刷,是由一些沉积下来的细颗粒泥沙随机形成的"胶泥块"被揭、冲刷而起,这种现象才是真正意义上的"揭河底",只是有一部分揭起的"胶泥块"可以露出水面,还有一部分(甚至是一大部分)未露出水面。由此,"揭河底"现象的表现特征及惯常概念应有所扩展。

由于河床淤积物结构形态千差万别,水流条件也各不相同,"揭河底"时揭起的胶泥块有大有小,有厚有薄,形态各异。一种情况就是像人们常见常说的那样,还有可能揭起后并不能立起,而是漂浮在水中或水面,还有一种情况可能是更加普遍存在,然而并不为人们所看到、所了解、所重视。比如,揭起的河底胶泥块可能较小,未能露出水面,默默地顺水而下,我们认为这也属于"揭河底"现象的范畴。

因此,我们把"揭河底"现象的概念做如下扩展,即在水流作用下,河床泥沙以块体的形式被水流揭起,脱离河底的现象,都称之为"揭河底"现象。因"揭河底"现象发生使河道产生冲刷,也可称为"揭河底"冲刷。

(二)"揭河底"现象的表现形式

根据上面对"揭河底"现象概念的扩展,"揭河底"现象归纳为以下几种主要表现形式。

1. "揭河底"一般形式

河底的胶泥块较大,水流能量也较大,水流将胶泥块整块揭起并露出水面,多表现为单块"揭河底"冲刷现象。

2. "揭河底"潜移形式

(1)河底的胶泥块较大,水流能量将较大的胶泥块冲散,分成若干个小的胶泥块被从河底掀起,由于胶泥块尺寸小,可能露不出水面。据现场看到过这种现象的人称,此时水流会出现河水好像向上游翻卷的浪花,与一般的水流状态则有明显不同,程龙渊将这种现象称为"卷毛虎"浪。

(2)河底形成的胶泥块本身就较小,成块淤积物被揭起时不露出水面,顺流潜移而下。

3. "揭河底"极端表现形式

"揭河底"发生时,几乎全断面像堤一样向下游移动。这种现象多出现在长河段"揭河底"冲刷中,比如1969年程龙渊亲眼目睹的"揭河底"现象的表现形式就属于此种。

"揭河底"现象以何种形式出现,主要取决于河底"胶泥块"的大小与水流对胶泥块的作用强度,但不论以何种形式表现出来,只有"胶泥块"被揭起才能称其为"揭河底"现象。

(三)"揭河底"发生的水沙表象特征

"揭河底"现象是高含沙洪水的一种特有现象,对河道有着剧烈的冲刷作用。每场洪水的水沙条件不同,河道"揭河底"冲刷的表现,如冲刷长度、深度、河道断面形态、比降等的调整,也不尽相同。为了预测"揭河底"现象的发生,许多学者对黄河小北干流历次发生"揭河底"时的龙门水文站资料进行了统计,提出了"揭河底"发生的水沙条件。例如,含沙量达到 400 kg/m³ 以上,流量为 4 000 m³/s 以上的洪水持续 10 h 以上等,提出的这些水沙条件为过去预测"揭河底"何时发生冲刷提供了一定的参考依据。根据目前收集到的资料看,这种说法似乎并不能涵盖所有"揭河底"发生时的水沙条件。比如,1988 年 6 月 25 日府谷河段发生"揭河底"时,流量仅为 103～438 m³/s,含沙量也仅 98.6 kg/m³;1995 年 7 月 18 日龙门河段发生"揭河底"时,含沙量范围为 15～487 kg/m³。因此,以往研究成果认为含沙量作为"揭河底"冲刷发生与否的判别条件显然有失严格,关键是水流强度的大小。

(四)"揭河底"冲刷与"普通冲刷"的区别

众所周知,在研究不同粒径泥沙的起动规律时,发现泥沙起动存在着一个临界粒径(一般认为是一个范围值)。凡是比临界粒径粗的泥沙,随着粒径的加大,重力作用必然增大,要在更大的水流强度下才能起动;凡是比临界粒径细的泥沙,随着粒径的减小,也变得越来越不容易起动。细颗粒泥沙之所以难以起动,很大程度上,是受细颗粒泥沙之间的黏结力增大的影响。

在上面的分析中曾提到细颗粒泥沙淤积而成的胶泥层是"揭河底"冲刷发生的首要条件。然而河床中除存在有以成块形式沉积的胶泥层外,还有大量的粗颗粒泥沙以及河床冲淤过程中自然沉积下来、新淤未久、尚未完全密实的细颗粒泥沙,这些泥沙仍然以单颗粒泥沙形式起动,因此这部分泥沙的起动输移引起的河道冲刷,应属于"普通冲刷"。而对于那些经过物理化学作用形成的黏性土,胶结强度达到某一量级后,在洪水作用下成块起动而造成的河道冲刷才属于真正的"揭河底"冲刷。在"揭河底"冲刷过程中,一定伴随着"普通冲刷";而河道的"普通冲刷",并不一定有"揭河底"现象的剧烈冲刷。因为"揭河底"冲刷,首先要有黏性土层的存在,并且水流能量还要达到一定条件,才能满足黏性胶泥层起动的要求。

(五)河床的层理淤积结构及水沙条件是"揭河底"发生的必备条件

作用于河床的洪水流量、含沙量再大,如果河床前期没形成胶泥块,也就不可能出现"揭河底"现象。因此,"揭河底"发生的首要条件就是河底要存在胶泥层,而胶泥块是河道的细颗粒泥沙经过日久沉积、在物理化学作用下形成的黏性土层(或称胶泥层)。这些黏性土层的形成,与河道上游及支流的来水来沙条件及河道本身的特征有着紧密的联系。毫无疑问,"揭河底"现象主要发生在黄河小北干流及渭河这些特有的多沙河流河道中,这些河段的河床是如何沉积形成黏性土层?河床土层又是如何呈现?只有认清这些问题,才能真正认识"揭河底"现象发生的内在机理。

在此,我们必须把(四)和(五)联系起来综合分析。黄河特有的强不平衡水沙过程,即黄土高原地区不同支流来水来沙特性的不同,如洪水的陡涨陡落,含沙量的高低,泥沙级配,细泥沙含量的多少等为"揭河底"现象的发生提供了条件。河床层理淤积伴随的胶泥层是"揭河底"现象发生的首要条件;黄河典型的高含沙洪水是"揭河底"现象发生的动力条件。从第一章总结分析看,可以被揭起的胶泥层不一定需要沉积太长时间,只要胶凝的强度达到能结而不散的状态,同时水流强度能够达到一定量级即可。

二、"揭河底"现象物理图形

(一)胶泥块形成过程

原型现场河床开挖结果表明,"揭河底"多发河段,河床多呈分层沉积构造,而且这些层理沉积层中均存在着由极细泥沙组成的胶泥层。胶泥层的形成是一长期的随机过程,其大小、厚度、密实度等指标因沉积的前期条件和沉积时间的不同而各有不同。图3-50为一简化的"揭河底"前期河床成层淤积状况示意图。

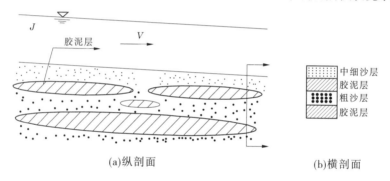

(a)纵剖面　　　　　　　　　　　　　　(b)横剖面

图3-50 "揭河底"前期河床成层淤积状况示意图

正是由于随机形成的胶泥块大小、厚度不同,造成了"揭河底"的表现形式不同。如果河底的胶泥块较大,水流能量也足够大,水流将胶泥块整块揭起并露出水面,则出现大规模的"揭河底"现象,这一现象也是"揭河底"的一般形式;若河底的胶泥块较大,水流能量将较大的胶泥块冲散,分成若干个小的胶泥块从河底被掀起,由于胶泥块尺寸小,胶泥块可能露不出水面,或者河底形成的胶泥块本身尺寸就较小,被揭起时也不会露出水面,即发生"揭河底"的潜移形式;若水流能量特别巨大,且胶泥块分布相对连续时,此时会出现全断面胶泥块揭起的形式,这种现象多发生在长河段"揭河底"冲刷过程中,我们称这种形式为极端表现形式。

(二)胶泥块底部淘刷过程

当遇高含沙水流时,水流在造床过程中,一旦遇到抗冲性很强的胶泥块,必将在胶泥块前端发生流态的极大改变,尤其在这个过程发生之初,胶泥层前缘的局部冲刷非常类似桥墩的局部冲刷过程,即在水流顶冲到胶泥块以后,形成下潜水流,水流在能量转换的过程中,形成强大的载能涡漩,淘刷胶泥层前端可动性较强的粗沙,待胶泥层前缘部分暴露之后,下潜水流必将继续淘刷下层粗沙层,而且强大的紊动作用会使水流下伸到胶泥层下继续挖掘压在胶泥层下面的粗沙层,并逐步使胶泥层前端悬空部分增加,这一过程如图 3-51 所示。

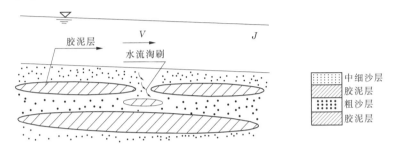

图 3-51　水流对胶泥块周围及底部淘刷示意图

(三)胶泥块失稳揭出过程

随着水流对胶泥块底部淘刷长度的增加,水流对其作用的上举力也逐渐增大。随着上举力的增加,对胶泥块产生的掀动力矩也逐渐增大,达到一定数值后,胶泥块则会被掀起,见图 3-52。

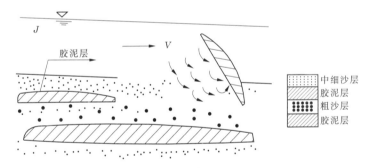

图 3-52　胶泥块瞬间掀起时的示意图

(四)胶泥块翻出水面过程

胶泥块从河底揭起后,块体本身还有一个向上的速度,加之块体前后受力不均,就产生了块体翻转,此时就会有部分块体出露水面,然后崩塌散落,被水流带向下游。

三、"揭河底"冲刷机理

由前文的分析可知,"揭河底"现象发生过程主要由四个阶段组成。第一阶段为胶泥层的形成过程,其机理已在前文中介绍,在此不再赘述。

第二阶段为胶泥块底部淘刷过程。根据以前开展的高含沙洪水试验及水槽试验,特殊的河道边界条件和水沙组成(B、H、Q、S、J、d_{50}等)产生中尺度涡漩是"揭河底"现象的诱因。中小尺度的紊动涡漩产生与高含沙水流的紊动特性有着紧密的联系。"揭河底"河段水流为紊流,紊流是一种完全不规则的脉动现象,而这种脉动,是由随机地分布在流场中的大小涡体所产生的。紊流中各种尺度的涡体,都伴随着一定程度的脉动周期和动能含量。大涡体混杂运动的脉动周期长,振幅大,频率低,有效能量大,在涡体分裂成小一级涡体的过程中,将能量传给中小尺度涡体。也就是说,大涡体主要起能量的传递作用。而中小尺度涡体脉动周期短,振幅小,频率高,与周围流体之间形成的相对速度大,黏性切力作用也大,所以能量损失主要是通过中小涡体的黏性作用而产生的。

在高含沙水流中存在着较多低频率大尺度涡漩,由于大尺度的涡漩具有不稳定性,在水流的运动过程中不断分解成中尺度涡漩即载能涡漩,作用于胶泥块特别是河床底部载能涡漩顺着胶泥块前端下潜逐渐淘刷胶泥块下部的中细沙层,并进一步增大了其紊动作用,导致胶泥块前端逐渐形成一个由小及大的淘刷坑。

"揭河底"的第三阶段为胶泥块失稳揭出过程。认清这一过程,才能真正地解释"揭河底"这一神秘的自然现象。但是由于没有原型"揭河底"的瞬时水力参数、河底胶泥块压力场的变化情况的记载,因而大家对这一过程如何发生目前还不是十分清晰。

对此,我们查阅了大量的文献,一些学者对相关问题有不少研究成果。如刘沛清等在开展水利水电泄洪消能建筑物溢洪道的陡槽、消力池、水垫塘等底板失事机理研究中,通过试验研究表明,底板失事破坏、底板整块从河底被水流掀起的原因是:

脉动压力通过板块接缝处进入板块底面缝隙层中,并迅速传播开来产生脉动上举力将其从河底掀起,而脉动上举力的产生是由于板块表、底面脉动压力波的传播速度不同引起的,通过实际测量发现板下水体受缝隙壁面制约,压力波的传播速度为100~1 000 m/s;而板块上方压力波的传播速度与河床临底流速同量级,正是由于板块表、底面所承受的脉动压力波的不同,才会产生瞬时较大的上举力。

虽然"揭河底"中胶泥块比闸底板的物理特性要复杂得多,但两者的受力特性有着一定的相似性。在胶泥块底面悬空之后的部分,脉动压力的传播速度很大(推测也在10^2~10^3 m/s这一量级),"揭河底"发生时通常胶泥块尺度L不过几米到几十米,因此脉动压力波几乎瞬时传遍悬空的胶泥层底面。而在胶泥块表面,水流的运动不受层间夹缝的约束,因而脉动压力传递速度应与水流的特征速度(或为载能涡的运移速度)同量级($V_L < 5$ m/s),其数值远小于夹缝内脉动压力波的传播速度。这样胶泥块表面、底面的脉动压力波在传播过程中,在时间

上有滞后效应,因而在某一瞬时,胶泥块表、底面的脉动压力,有可能相位不同,也可能是两个几乎互不相关、独立的脉动压力波,出现一个最大、一个最小的情况的概率是很大的,这样就在胶泥块上形成强大的瞬时上举力,由此形成对胶泥块强大的掀动力矩。当其力矩达到一定程度时,就会促使胶泥块失稳并从河底揭起。

第四阶段为胶泥块翻出水面过程。这一过程主要取决于胶泥块的大小与水深等因素,且坍落过程随机性比较大,不再对此进行受力分析。

由此可知,河床淤积物层理结构是形成"揭河底"冲刷的首要条件,持续的高含沙水流(相关水力泥沙因子有 B、H、Q、S、J、d_{50} 等)产生中尺度涡漩是"揭河底"现象的诱因,由于胶泥块上下脉动压力波传播速度不同而产生的掀动力矩是形成"揭河底"现象的主要动力。

天然淤积形成的胶泥块往往是不规则的,为了便于理论分析,假设胶泥块为一矩形块,长为 L,宽为 b,厚度为 δ,胶泥块的面积为 $A = b \times L$,胶泥块的密度为 γ_s,胶泥块表面处水深为 h,并假设胶泥块上面沉积有一粗沙层,厚度为 δ_1,密度为 γ_s'。此时流量为 Q,断面平均流速为 U,水面比降为 J,河道平均宽度为 B,含沙量为 S,浑水密度为 γ_m,g 为重力加速度。胶泥块整体受力分析如图 3-53 所示。

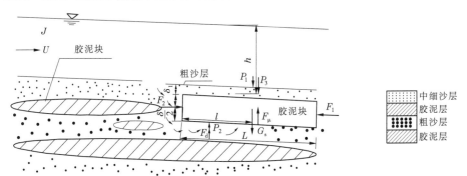

图 3-53 "揭河底"现象发生时掀动力矩示意图

随着水流的不断作用,胶泥块的悬臂长度 l 逐步增大,当其所受的向上力矩大于等于向下的力矩时,胶泥块即被掀起,此时胶泥块的悬臂长度记为 L_s。L_s 的最大值即 L。考虑作用于胶泥块后部土体对其的阻抗力 F_1 和作用于胶泥块前端的水流推力 F_2,二者平衡($F_1 = F_2$),据此可得胶泥块揭起或者说发生"揭河底"的临界条件为:

$$\int_0^{L_s} (f_d + P_2) l \, \mathrm{d}l \geq \int_0^{L_s} (g_s + P_1 + P_3 + f_\mu) l \, \mathrm{d}l \tag{3-1}$$

其中,f_d 为 F_d 的分布函数;$\dfrac{\mathrm{d}F_d}{\mathrm{d}l} = f_d$;其余各项意义同前。

在胶泥块揭起瞬间,我们可将上式进一步简化为力的形式,其受力分析如图 3-54 所示,式(3-1)进一步整理可得式(3-2):

$$F_d + P_2 = P_1 + P_3 + G_s + F_\mu \qquad (3-2)$$

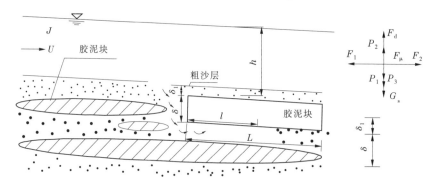

图 3-54 "揭河底"现象发生时胶泥块受力分析

其中,F_d 为由于水流紊动而产生的上举力,它是一个随时间而变化的面积力,随着时间 T 的发展,胶泥块底部淘刷长度的逐渐增加,F_d 也会因作用面积增加而增大。在此我们借鉴刘沛清等对闸底板下水流紊动的传播机理及特征的研究以及大量的试验成果,可知 F_d 主要受 Q、S、B、J、h 等因素的影响,因此可将其表示为如下形式:

$$F_d = \int_0^{l_s} f(Q, S, B, J, h)\, dl \qquad (3-3)$$

式中,$f(Q, S, B, J, h)$ 为胶泥层单位长度上受的上举力。

此外,式(3-2)中 G_s 为胶泥块本身的重力,即 $G_s = \gamma_s A \delta g$;$F_\mu$ 为胶泥块下面的泥沙与淤积的黏结力;P_1 为水流对胶泥块的压力,即 $P_1 = \gamma_m A(h - \delta)g$;$P_2$ 为胶泥块下部水流对胶泥块的上浮力,即 $P_2 = \gamma_m A(h + \delta)g$;$P_3$ 为因粗沙层的重力而产生对胶泥块的压力,可用 $P_3 = \gamma'_s A \delta g$ 表示。

将以上各分式代入式(3-3),即可得到"揭河底"发生前胶泥块的受力关系:

$$\int_0^{l_s} f(Q, S, B, J, h)\, dl = (\gamma_s - \gamma_m)A\delta + (\gamma'_s - \gamma_m)A\delta + F_\mu \qquad (3-4)$$

随着冲刷历时的增加,上举力 F_d 越来越大,受载能涡漩及水流的扰动影响,胶泥块周围的粗颗粒泥沙相应起动,其上表面的泥沙颗粒逐渐被冲向下游,此时因粗沙层的厚度 δ_1 越来越小,对胶泥层的作用力 P_3 相应变小,胶泥块揭起的瞬间,胶泥块与下面泥沙层完全脱离或大部分脱离,胶泥块周围泥沙对此作用的黏结力也大大减小。为问题简化其见,胶泥块揭起瞬时,上面粗沙层及黏结力的作用可忽略不计,则胶泥块从河底被揭起并露出水面的临界力学条件可以表示成下式：

$$\int_0^{l_s} f(Q,S,B,J,h)\,\mathrm{d}l \geq (\gamma_s - \gamma_m)A\delta \qquad (3\text{-}5)$$

基于上述分析，可知"揭河底"的发生是一个动态的过程，其冲刷物理图形可以分为 4 个过程，即胶泥块形成过程、胶泥块底部逐渐淘刷过程、胶泥块失稳揭出过程、胶泥块翻出水面过程。特别是在其底部逐步淘刷过程中，胶泥块周围泥沙颗粒遭受水流淘刷、悬空，而胶泥块表面、底面脉动压力波的传播速度有着明显的不同，表面与底面的脉动压力波传播会出现一个最大、一个最小的情况，这样会对胶泥块形成巨大的瞬时上举力，当上举力达到一定程度时，胶泥块将失稳从河底揭起，这正是"揭河底"现象发生的主要原因。

在此基础上，后续几章将分别研究胶泥层的胶结强度、揭而不散的力学机理、"揭河底"的临界条件及胶泥层底部水流紊动结构与传播机理等，以全面诠释和认知"揭河底"现象。

第四章

胶泥层力学特性研究

"揭河底"冲刷是含沙量较高、河床冲淤变幅较大的多沙河流特有的一种现象,特殊的来水来沙条件是出现这一奇观的先决条件。从河床淤积特征上讲,河床淤积的层理结构是发生"揭河底"冲刷的前提条件,而实际上出现这种典型层理淤积结构的根本原因仍归结为特殊的来水来沙条件。众所周知,黄河中游典型的水系结构、下垫面条件,决定了不同支流的洪水组成不同、泥沙级配不同,这些都为"揭河底"前期河床边界的形成创造了条件。在前面章节中,已经阐述了在泥沙絮凝作用下形成胶泥层,其黏聚力较一般土体都大得多,使得遭受水流淘刷时不易被冲散、折断,进而被水流从床面揭掀而起。正是胶泥层具备这一特有的土力学、结构力学特性,才可能出现轰轰烈烈的"揭河底"冲刷现象。本章将重点研究胶泥层特殊的土力学和结构力学特性。

首先,对原型取样中含有胶泥层的试样进行了基本土力学特性试验。试样所取的位置分别位于小北干流黄淤 61 断面、黄淤 54 断面、黄淤 52 断面和黄淤 49 断面附近,取样时尽量保证了土层原始结构不被破坏。室内基本土力学试验主要包括胶泥层和其他土层的中值粒径、自然状态含水率、密度、界限含水率及抗剪强度等土力学指标测定,测定结果见表 4-1。

图 4-1 为"揭河底"河段不同淤积层泥沙组成与黏聚力关系,从图中可以看到粗沙层泥沙的中值粒径一般大于 0.03 mm,其泥沙颗粒之间的黏聚力最小,这也正是其软弱夹层在水流作用下先被冲散的原因。细沙层与极细沙组成的胶泥层泥沙中值粒径一般为 0.007 ~ 0.03 mm,其黏聚力大于粗沙层,特别是胶泥层的黏聚力明显提高很多,有的甚至大于 50 kPa。同时,从胶泥层的泥沙组成来看,泥沙多由极细沙组成,其中值粒径 D_{50} 为 0.007 ~ 0.02 mm,并且不同级配泥沙组成的胶泥层中,中值粒径越小、中间掺杂粗颗粒泥沙越少,相应的黏聚力越大。

"揭河底"河段胶泥层的形成,与洪水过程中极细沙的絮凝沉降有着直接联系。近年来,Mehta 和 Lee 以及张德茹和梁志勇等都对发生絮凝的临界泥沙粒径进行了研究。Mehta 和 Lee 认为黏性泥沙和非黏性泥沙的分界粒径可取为 0.02 mm;梁志勇则根据试验数据指出,对于天然沙,大于 0.03 mm 的泥沙颗粒絮凝作用不明显；张志忠对长江口细颗粒泥沙的研究进行了总结，建议把 0.03 mm 作为划分粗颗粒与细颗粒两种不同性质泥沙的界限。从图 4-1 中可以看出，中值粒径大于 0.03 mm 的泥沙形成的粗沙层，颗粒之间几乎没有絮凝作用，黏聚力很小；而中值粒径介于 0.02 mm 至 0.03 mm 之间的细沙层，虽因絮凝作用在层内部形成一定的黏聚力，但黏聚力较小，也很容易遭到破坏。而胶泥层的中值粒径小于 0.02 mm，特别是对于中值粒径小于 0.01 mm、由极细沙组成的胶泥层，其颗粒间的絮凝作用比较明显，形成的内部黏聚力也较大。

表 4-1 典型断面河床淤积物力学特性

断面名称		中值粒径（mm）	湿密度（g/cm³）	干密度（g/cm³）	含水率（%）	抗剪强度		塑性指标		
						内摩擦角 φ(°)	黏聚力 C(kPa)	液限（%）	塑限（%）	塑性指数 I_p
黄淤61断面	粗沙	0.056	2.02	1.71	18.3	34.3	5.3	19.4	14.5	5.3
	胶泥1	0.019	2.01	1.65	21.6	28.5	21.4	30.7	19.0	11.7
	中沙	0.026	1.99	1.61	23.5	32.1	12.0	27.2	20.4	6.8
	胶泥2	0.011	2.02	1.58	27.9	23.8	53.7	34.4	14.8	19.6
黄淤54断面	细沙	0.022	1.91	1.62	17.9	29.2	4.5	21.6	14.8	6.8
	中沙	0.032	2.03	1.68	20.5	31.7	3.7	15.9	11.2	4.7
	胶泥	0.008	1.80	1.44	24.5	17.6	36.9	41.8	23.8	18.0
	细沙	0.024	1.97	1.56	26.0	26.4	5.5	20.7	13.4	7.3
	中沙	0.035	1.87	1.46	28.1	28.6	3.9	14.8	8.9	5.9
黄淤52断面	中沙	0.029	1.88	1.52	23.7	28.6	14.7	22.3	16.7	5.6
	胶泥	0.009	1.80	1.44	24.0	23.5	17.1	40.6	22.3	18.3
	中沙	0.027	1.91	1.51	26.3	30.2	11.5	25.7	19.6	6.1
	胶泥	0.007	1.83	1.43	28.2	21.8	38.5	38.6	22.2	16.4
	中沙	0.029	1.88	1.46	29.0	31.0	18.9	37.5	19.0	18.5
	胶泥	0.018	1.93	1.47	31.5	24.7	15.6	34.6	17.6	17.0
黄淤49断面	胶泥	0.011	1.82	1.40	29.7	21.3	20.8	33.4	17.0	16.4
	胶泥	0.010	1.80	1.38	30.2	19.9	27.3	36.0	20.7	15.3
	胶泥	0.014	1.83	1.39	31.8	28.6	11.6	34.0	18.0	16.0
	细沙	0.021	1.82	1.40	29.9	31.0	9.3	30.7	19.7	11.0
	胶泥	0.015	1.91	1.45	31.7	27.8	15.3	33.0	17.7	15.3

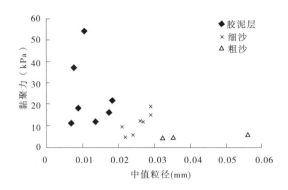

图 4-1 "揭河底"河段不同淤积层泥沙组成与黏聚力关系

第一节　胶泥层的胶结强度

"揭河底"冲刷与普通冲刷区别于揭起方式的不同,"揭河底"冲刷是以整块的形式揭起,而普通冲刷是以泥沙单颗粒的方式起动,泥沙级配是区别胶泥层与粗细颗粒泥沙的关键。胶泥层之所以能够以成块的方式起动,说明细颗粒特别是极细颗粒泥沙在固结沉积过程中,胶泥块的胶结性能比较强,在一定的水流条件下,无法将块体冲散。胶泥层的胶结强度可以采用抗剪强度表示。

通过多次对"揭河底"河段的原型取样,发现胶泥层的泥沙中值粒径值范围较窄,而且许多胶泥层厚度较薄,有的甚至不满足环刀取样厚度要求。为使研究成果更具有普遍意义,本次研究通过泥沙的自然絮凝沉降,重塑土样以获取不同级配组成的胶泥层;再通过相应的配比,制作形成中值粒径为 0.007 ~ 0.03 mm 的试样,使试验的泥沙级配范围足够宽,试样的尺寸也可满足试验要求。

一、试样的制备

试验方案设计,考虑 8 组不同颗粒级配,每组颗粒级配下取 5 ~ 6 个含水率的试样。试样按以下两种成型方法制备。

方法一:将胶泥层土体碾碎、过筛,根据预计高度称量一定量的土样,在塑料桶里浸泡、搅拌成散粒状态,然后倒入设计好尺寸、密封严实的有机玻璃缸内,使粗细颗粒泥沙自由沉降、分选、自然失水,得到不同颗粒级配的土样,取最上层土样作为控制颗粒级配的下限,即中值粒径较小的试样,如图 4-2 所示。玻璃缸侧面的玻璃胶黏结缝在缸内胶泥体不变形后打开,目的是使胶泥体内的水分尽快散失,加快试验进程,玻璃缸的尺寸如图 4-3 所示。

 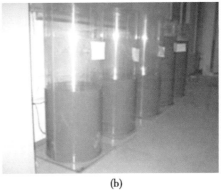

(a)　　　　　　　　　　　　　　　(b)

图 4-2　浸泡自然沉降获得不同组分的泥沙

方法二：将准备好的胶泥层土体和偏粉质土体分开碾碎、过筛，根据预计高度和体积合成多组重量相近的土体，测量每组土体的颗粒级配，对颗粒级配在预计范围内的土体进行编号，对不在预计颗粒级配范围内的土体进行有目的的混掺，形成符合要求的颗粒级配并对其编号。将已编号的各类

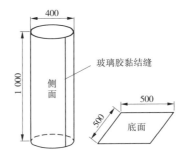

图 4-3　玻璃缸尺寸设计图　（单位:mm）

土体浸泡，充分搅拌成均匀状态，浇筑在底部包有土工布的小木槽中，让其自然失水、固结，根据所需含水率进行抗剪强度和抗折强度试样的储备。木槽尺寸及放置方法如图 4-4 所示，在大木槽里铺置一定厚度的粉煤灰并压实，作为透水垫层且保证浇筑的试样底部相对平整。重塑过程中发现含水率直接影响胶泥层的干密度，含水率较大时同质量同体积的胶泥层试样干密度相对较小，因此最先制备干密度相对较小的试样，随着自然失水时间的增长，胶泥层中的含水量逐步减少，试验用试样的干密度也随之增大，从而得到预先设计的不同干密度试样，以备试验结果的保证。胶泥块重塑过程如图 4-5 所示。

将重塑的 8 组（包括玻璃缸中胶泥质土上、下层，偏粉质细沙，原胶泥质土和偏粉质细沙的混掺）胶泥层各取少许，泡水 24 h，利用激光颗分仪进行粒度分析。各组试样级配组成如表 4-2 所示。由表 4-2 可以看出，所有 8 组试验试样的泥沙中值粒径范围为 0.007 8 ~ 0.03 mm，满足试验要求。

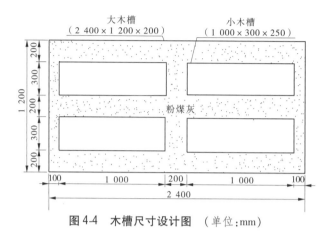

图 4-4　木槽尺寸设计图　（单位:mm）

图 4-5　胶泥块重塑过程

从表 4-2 可以看出,级配 1、级配 2 的中值粒径(D_{50})分别是 8.29 μm、7.81 μm,是黏粒含量最多的极细沙;级配 3、级配 4、级配 5 的中值粒径(D_{50})分别是 11.60 μm、12.21 μm、13.71 μm,为黏粒含量较多的极细沙;级配 6、级配 7 的中值粒径(D_{50})分别是 23.85 μm、22.67 μm,为细沙;级配 8 的中值粒径是 30.39 μm,属粗沙范围。

表4-2 不同试样泥沙颗粒级配组成

| 样品名称 | 小于某粒径的体积百分数(%) | | | | | | | | | | | 中值粒径(μm) |
| | 粒径级(μm) | | | | | | | | | | | |
	2	4	8	16	25	50	75	125	250	1 000	2 000	
级配1	16.27	30.53	48.98	67.91	77.10	86.88	91.41	95.34	97.06	98.47	100	8.29
级配2	17.01	31.95	50.71	69.46	78.58	87.55	91.54	95.97	99.28	100	100	7.81
级配3	11.83	23.16	39.38	59.95	74.04	91.98	97.63	99.89	100	100	100	11.60
级配4	11.80	22.91	38.46	58.07	72.00	90.34	96.10	98.57	98.96	100	100	12.21
级配5	10.62	20.79	35.44	54.62	68.63	88.27	95.26	98.80	99.30	100	100	13.71
级配6	7.77	14.70	24.19	37.76	51.71	79.16	90.83	97.23	99.17	100	100	23.85
级配7	9.06	16.70	26.92	40.56	53.08	77.13	87.99	94.69	96.78	98.22	100	22.67
级配8	5.00	8.72	14.35	25.37	40.79	75.08	89.85	97.26	98.64	100	100	30.39

二、试验方法

胶泥块的胶结强度指标借用土力学中的抗剪强度。为了研究不同级配、不同含水率下胶泥块的抗剪强度,基于土力学抗剪试验规范,采用 ZJ 型应变控制式直剪仪(见图4-6),采用快剪试验对各组试样进行测试。试验依据《土工试验规程》(SL 237—1999)进行,试样直径 6.18 cm、高 2 cm。

根据土样的软硬程度施加各级垂直压力,对松软试样垂直压力应分级施加,以防土样挤出。以 1.2 mm/min 的剪切速度进行剪切,使试样在 3~5 min 内剪损,如测力计的读数达到稳定或有明显后退,表示试样已剪损,但一般剪至剪切变形达到 4 mm 时停机。手轮每转动两圈测记测力计和位移读数,直至测力计读数出现峰值,记下破坏值;当剪切过程中测力计读数无峰值时,剪切至剪切位移为 6 mm 停机。以抗剪强度为纵坐标,剪切力为横坐标,绘制抗剪强度与垂直压力关系曲线,从而得出胶泥层的抗剪强度指标。

直剪试验后试样典型破坏状态如图4-7所示。

三、胶泥层胶结强度随含水率变化规律

胶泥层的胶结强度通过土力学中的土体抗剪强度来反映,抗剪强度由黏聚力和内摩擦角来表征,它不仅与胶泥层的级配组成有关,而且随含水率变化而变化的规律性极强。

为了了解不同含水率情况下土体的抗剪强度变化规律,将浇筑好的每一种

图 4-6　ZJ 型直剪仪　　　　　图 4-7　直剪试验后试样典型破坏状态

级配的胶泥块在自然环境中失水,失水 3 ~ 5 d 后进行环刀取样(失水间隔视天气情况而定),开展直剪试验,同时平行测定其含水率。

　　级配 1 ~ 级配 8 的不同颗粒级配的胶泥块在相同剪切力作用下的抗剪强度试验结果见表 4-3。由表 4-3 可以看出,抗剪强度与含水率成反比,即含水率越大其抗剪强度越小。

表 4-3　胶泥层抗剪强度试验结果

颗粒级配 1		颗粒级配 2		颗粒级配 3	
抗剪强度(kPa)	含水率(%)	抗剪强度(kPa)	含水率(%)	抗剪强度(kPa)	含水率(%)
26.8	38.0	27.2	34.8	22.2	32.1
41.3	34.4	48.7	31.2	30.5	30.2
119.9	27.7	98.1	29.0	44.4	27.7
—	20.1	325.6	22.3	101.8	23.4
473.6	12.2	466.2	6.9	284.9	14.1
606.8	5.7	582.8	4.9	368.2	6.1
颗粒级配 4		颗粒级配 5		颗粒级配 6	
抗剪强度(kPa)	含水率(%)	抗剪强度(kPa)	含水率(%)	抗剪强度(kPa)	含水率(%)
23.1	31.7	26.1	31.5	51.4	21.6
81.4	23.7	68.1	23.0	64.8	20.3
244.9	18.1	306.7	15.8	96.2	16.6
356.9	14.0	444.9	13.5	167.4	10.4
592.7	5.5	377.4	5.1	488.4	2.5

续表 4-3　胶泥层抗剪强度试验结果

颗粒级配 7		颗粒级配 8			
抗剪强度(kPa)	含水率(%)	抗剪强度(kPa)	含水率(%)		
53.5	21.9	70.3	19.8		
86.8	19.7	86.6	19.8		
143.4	15.5	76.0	17.7		
247.9	8.6	82.3	11.8		
266.4	5.7	94.0	9.1		
—		161.0	3.3		

　　含水率对抗剪强度的影响主要体现在黏聚力及内摩擦角随含水率的变化上。图 4-8 套绘了不同级配下胶泥块黏聚力(C)随含水率(ω)的变化关系。

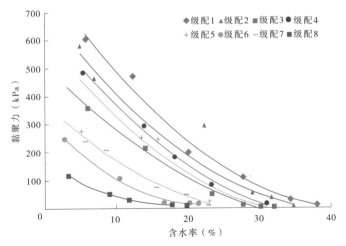

图 4-8　胶泥层黏聚力随含水率变化情况

　　从图 4-8 中可以看出,不同级配试样的强度参数——黏聚力,随含水率的变化呈现如下特点:

　　(1)同一级配时,其黏聚力随含水率增大而减小,变化呈现非线性关系。说明胶泥层含水率越大,其黏聚力越小,胶泥层(块)的胶结强度也越小,越容易受破坏。

　　(2)同一含水率时,其黏聚力随中值粒径增大而减小。说明形成胶泥层(块)的泥沙颗粒越细,相应的黏聚力就越大,其胶结强度亦越大。

　　(3)黏聚力随含水率增大而逐渐减小的速率,随着泥沙级配的增大而有逐渐放缓的趋势。

图 4-9 套绘了不同级配下胶泥层内摩擦角(φ)分别随含水率(ω)的变化情况。

从图 4-9 整体上看,胶泥层(块)的内摩擦角变化随着泥沙级配从小到大呈现出规律性的演变过程,即内摩擦角随含水率呈从对称的抛物线变化逐步演化到直线的单调较少趋势。分述如下:

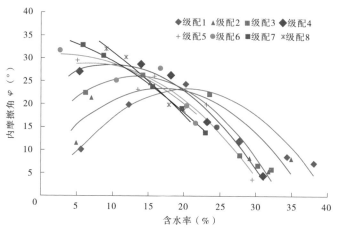

图 4-9　胶泥层内摩擦角随含水率变化情况

(1)胶泥层(块)为黏性颗粒含水量较多的极细沙时(D_{50}介于 0.007 ~ 0.01 mm,级配 1、级配 2),内摩擦角与含水率的变化基本呈现对称的二次函数关系,内摩擦角有一明显的峰值点出现,且因两者级配比较接近,峰值点也基本相当;在小于峰值点对应的含水率时,内摩擦角随着含水率的增大而增大;在大于峰值点对应的含水率时,内摩擦角随着含水率的增加而减小;而且峰值点前后,内摩擦角上升与下降的速率明显较大,变率都较陡。

(2)胶泥层(块)为黏性颗粒含量适中的极细沙时(D_{50}介于 0.01 ~ 0.015 mm,级配 3、级配 4、级配 5),内摩擦角与含水率的变化也呈二次函数关系,也有明显的峰值点,且峰值点较黏性颗粒含量较多的极细沙要大,并逐渐向含水率较小的方向移动;在小于峰值点对应的含水率时,内摩擦角随着含水率的增大而增大,变率有所减缓;在大于峰值点对应的含水率时,内摩擦角随着含水率的增大而较小,变率有所增大。

(3)胶泥层(块)为细沙时(D_{50}介于 0.015 ~ 0.03 mm,级配 6、级配 7),内摩擦角与含水率的变化逐渐向线性关系发展,随含水率的增大呈减小的趋势。

(4)胶泥层(块)为粗沙时(D_{50}大于 0.03 mm,级配 8),内摩擦角随含水率变化完全呈单调下降的线性关系。

四、颗粒级配对胶泥层强度参数的影响规律

为了进一步研究胶泥层的强度参数(黏聚力、内摩擦角)与其颗粒级配的响应规律,图 4-10 套绘了不同含水率下,黏聚力(C)与中值粒径(D_{50})的变化关系。

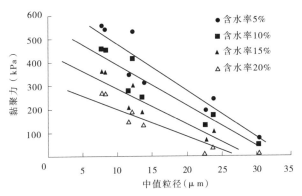

图 4-10　不同含水率下黏聚力与中值粒径关系

从图 4-10 中可以看出,不同含水率下试样的黏聚力与级配的变化呈现如下规律:

(1)同一含水率时,胶泥块黏聚力随中值粒径增大而减小,且黏聚力 C 的变化与中值粒径 D_{50} 有较好的线性关系。

(2)胶泥块的黏聚力随中值粒径的变化速率,随着含水率的增大而逐渐减缓。

图 4-11 套绘了不同含水率下,内摩擦角(φ)与中值粒径(D_{50})的变化关系,由于粗泥沙组成的胶泥层内摩擦角与级配关系不明显,该部分研究不再考虑粗沙的情况。

从图 4-11 中可以看出,不同含水率下细沙(含极细沙)的内摩擦角与级配的变化呈现如下规律:

(1)同一含水率时,胶泥块内摩擦角与中值粒径 D_{50} 呈一定的二次函数关系;有明显的峰值点,含水率越小其峰值点越大,然而随着含水率的增大峰值点逐渐减小;在小于峰值点对应的中值粒径时,内摩擦角随着含水率的增大而增大;在大于峰值点对应的中值粒径时,内摩擦角随着含水率的增大而减小。

(2)内摩擦角与中值粒径形成的二次函数关系,在达到峰值前,内摩擦角随着中值粒径单调增加,含水率越小,其变率越大;含水率越大,其变率相应减缓。

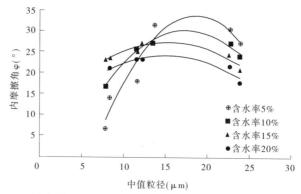

图 4-11　不同含水率下内摩擦角与中值粒径关系

（3）内摩擦角与中值粒径形成的二次函数关系，达到峰值后，内摩擦角随着中值粒径单调减小，其变率基本一致，形成这一点的主要原因是含水率的增加，胶泥块试样由非饱和土逐步变为饱和土。

通过数学回归分析，将 4 种含水率作为初始条件，建立了黏聚力 C、内摩擦角 φ 与中值粒径 D_{50} 之间的相关关系，如表 4-4 所示。

表 4-4　不同含水率下黏聚力、内摩擦角与中值粒径的相关关系

含水率 $\omega(\%)$	黏聚力 C 与中值粒径 D_{50} 关系 $K'_1 D_{50} + K'_2$	内摩擦角 φ 与中值粒径 D_{50} 关系 $K_1 D_{50}^2 + K_2 D_{50} + K_3$
5	$K'_1 = -19.96, K'_2 = 678.4$	$K_1 = -0.214, K_2 = 8.006,$ $K_3 = 41.19$
10	$K'_1 = -17.49, K'_2 = 565.4$	$K_1 = -0.136, K_2 = 4.802,$ $K_3 = 12.32$
15	$K'_1 = -15.03, K'_2 = 452.4$	$K_1 = -0.074, K_2 = 2.275,$ $K_3 = 9.683$
20	$K'_1 = -12.46, K'_2 = 338.2$	$K_1 = -0.069, K_2 = 2.115,$ $K_3 = 7.971$
备注	K'_1 变化范围为 $-19.96 \sim -12.46$; K'_2 变化范围为 $678.4 \sim 338.2$	K_1 变化范围为 $-0.214 \sim -0.069$; K_2 变化范围为 $8.006 \sim 2.115$; K_3 变化范围为 $41.19 \sim 7.971$

五、胶泥层胶结强度本构方程

综合考虑含水率 ω、中值粒径 D_{50} 双重因素影响,通过相关分析,黏聚力与含水率、中值粒径的相关关系三维视图如图 4-12 所示。内摩擦角与含水率、中值粒径的相关关系三维视图如图 4-13 所示。

接下来我们在以上定性认识的基础上,推导胶泥块胶结强度的本构关系式,该关系式应包含胶泥层的含水率与颗粒级配双重影响因子。

土力学成为一门科学,可追溯到 Terzaghi(1936)提出的有效应力原理,该原理指出:饱和土体中任意一点的应力可以从作用于该点的总主应力 σ_1、σ_2、σ_3 计算得出。总应力由两部分组成,一是各向等值作用于水和土粒的 u_w,称为孔隙水压力;二是有效应力,代表超过孔隙水压力的部分,造成各种可量测的后果,如压缩、畸变和抗剪强度的变化。写成公式形式即为:

$$\sigma' = \sigma - u_w \tag{4-1}$$

式中,σ' 为土体中的有效应力;σ 为土体总应力;u_w 为饱和土的孔隙水压力。

进一步地,根据摩尔库伦定律,饱和土体的抗剪强度为:

$$\tau_f = \sigma' \tan\varphi + C = (\sigma - u_w)\tan\varphi + C \tag{4-2}$$

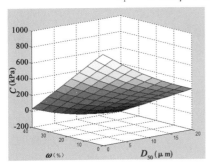

图 4-12 黏聚力与含水率、
中值粒径的关系

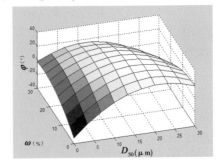

图 4-13 内摩擦角与含水率、
中值粒径的关系

式中,τ_f 为饱和土体的抗剪强度;φ 为饱和土体的内摩擦角;C 为有效黏聚力,均为国际标准单位。

然而,"揭河底"现象发生时的胶泥层状态更为复杂,在不同沉积环境和沉积时间下,其含水率并不总是对应土体最大含水量,因此胶泥层的抗剪强度试验中获得的抗剪强度参数,必须采用非饱和土土力学的本构关系才能从理论上计算求解。

与饱和土的两相性相比,非饱和土通常被认为是三相系的(固相、液相、气相),最近的研究成果认为,收缩膜(水—气分界面)是独立的第四相。最早的非饱和土有效应力的研究,全都企图将饱和土的有效应力概念直接延伸应用于非饱和土,只是增加一个土性参数的修正。然而各种试验结果均表明,直接延伸得到的非饱和土有效应力公式中的土性参数,对不同问题、不同应力路径、不同土类均具有不同的数值,单一参数的修正对于非饱和土本构关系描述是困难的。

进一步地,学者们开始将非饱和土的有效应力公式分成两个独立的应力状态变量来描述。Biot(1941)最早提出了适用于含有封闭气泡的非饱和土的普遍固结理论,在联系应力与应变关系的本构公式中采用了有效应力和孔隙水压力两个参数。目前,最广泛使用的非饱和土有效应力表达式是 Bishop(1959)在挪威首都奥斯陆的一次演讲中提出的,即

$$\sigma' = (\sigma - u_a) + \chi(u_a - u_w) \tag{4-3}$$

式中,u_a 为土体的孔隙气压力;χ 为土体的饱和度,显然对于饱和土 $\chi = 1$,上式退化为饱和土有效应力公式,对于干土 $\chi = 0$;$\sigma - u_a$ 被称为净法向应力,对应土体完全不含水时的有效应力;$u_a - u_w$ 被称为基质吸力,对应土体中由于含水而产生的有效应力。

与有效应力计算公式相对应的是,包含双应力状态变量的非饱和土抗剪强度公式(Fredlund 等,1978),即

$$\tau_f = (\sigma - u_a)\tan\Phi' + (u_a - u_w)\tan\Phi_b + C' \tag{4-4}$$

式中,Φ' 为与净法向应力状态变量对应的内摩擦角;Φ_b 为与基质吸力对应的内摩擦角;C' 为摩尔库伦破坏包线的延伸与剪应力轴的截距,也被称为有效黏聚力。

在非饱和土的抗剪强度试验中,获得不同含水率条件下的土样有两种方法,一是根据干密度和添加的水量来控制含水率(干土变湿土),二是制成饱和土样后通过烘干或自然风干来控制含水率(湿土变干土)。两类实验中抗剪强度与含水率的关系是不同的。

对于干土逐渐变湿的过程,含水率较低时,抗剪强度随含水率增加而增加,达到临界含水率后,抗剪强度随之下降(林鸿州等,2007)。

对于湿土逐渐变干的过程,随着含水率增加,抗剪强度下降;含水率对抗剪强度的影响主要是降低了土的黏聚力,对内摩擦角的影响较小;含水率与黏聚力之间的关系可由两个直线段描述,第二直线段的斜率要大于第一直线段,这表明,当含水率达到一定值时(接近饱和含水率时),土的黏聚力急剧下降(缪林昌等,1999;姜献民等,2009)。

比较两种方法,第一种方法保证了土体抗剪强度测量过程中的干密度相同,但不同含水率的土样压实度不同,测得的抗剪强度变化实际是土体含水率与压实度共同作用的结果;第二种方法则保证了测量过程中土体的原状结构和压实度,能够更单纯地反映土体含水率的影响,因此更为科学严谨。

我们所开展的胶泥层抗剪强度试验,是将饱和土自然风干的过程作为变含水率条件来进行测量的,由上述分析可知,其土体含水率主要影响有效黏聚力与基质吸力的大小。

　　将式(4-4)进一步改写为与饱和土抗剪强度公式完全相同的形式:

$$\tau_f = (\sigma - u_a)\tan\Phi' + C \tag{4-5}$$

式中,C 为与非饱和土性质直接相关的待定参数,暂定义其为总黏聚力,表达式为:

$$C = (u_a - u_w)\tan\Phi_b + C' \tag{4-6}$$

　　接下来要建立总黏聚力 C 与胶泥层含水率 ω 和颗粒级配之间的定量关系,然后代入式(4-5)中,即可得到最终胶泥层试验中的抗剪强度与含水率、颗粒级配之间的定量关系。

　　李培勇和杨庆(2009)在对非饱和土抗剪强度的非线性分析中,提出总黏聚力 C 与基质吸力之间的关系:

$$C = C'\left\{1 + \frac{(u_a - u_w)}{|u_s|}\right\}^{\frac{1}{m}} \tag{4-7}$$

　　而基质吸力与土体含水率之间存在较好的幂函数关系如下(文宝萍和胡艳青,2008):

$$\omega = \omega_r + (\omega_s - \omega_r) \cdot e^{\left[-\frac{(u_a - u_w)}{A}\right]} \tag{4-8}$$

式中,ω 为非饱和土的含水率;ω_s 为该土样对应的饱和土的饱和含水率;ω_r 为非饱和土残余含水率(当土体中的含水量随着吸力的增加而降低到一定值时,含水量的继续减少需要增加很大的吸力,这一临界值即为残余含水量);A 为待定常数。

　　因此,非饱和土体的抗剪强度与含水率之间的本构关系即为:

$$\tau_f = (\sigma - u_a)\tan\Phi' + C'\left[1 - a\ln\left(\frac{\omega - \omega_r}{\omega_s - \omega_r}\right)\right]^{1/m} \tag{4-9}$$

式中,各物理量的物理意义已有定义,a 和 m 为待定参数。显然,非饱和土抗剪强度与土体含水率 ω 为非线性的负相关关系。

　　进一步研究表明,颗粒级配影响最大的是式(4-9)中的残余含水率 ω_r。土体残余含水率与黏粒、粉粒含量显著的线性正相关,与角砾含量线性负相关,与粗细颗粒含量之比呈非线性负相关。从物理机制分析,粗颗粒存在对残余含水率应无影响。但当细颗粒与粗颗粒同时存在时,粗细颗粒的比例关系会对残余含水率产生影响。为简化研究,参考土力学划分方法,取 0.025 mm 为黏粉粒与沙粒之间的分界线(注:此与前述从河流泥沙动力学角度划分的粗沙、细沙、黏性颗粒不矛盾),取下列公式为 ω_r 的计算式(文宝萍和胡艳青,2008):

$$\omega_r = ke^{-P_1/P_s} \tag{4-10}$$

式中,P_1 为粗颗粒所占土体的比例;P_s 为细颗粒所占土体的比例;k 为待定参数。

将式(4-10)代入式(4-9),则最终考虑土体含水率和级配的抗剪强度公式为:

$$\tau_f = (\sigma - u_a)\tan\Phi' + C'\left[1 - a\ln\left(\frac{\omega - ke^{-P_1/P_s}}{\omega_s - ke^{-P_1/P_s}}\right)\right]^{1/m} \tag{4-11}$$

本构关系和本构方程是最典型的力学概念之一,通常把应力与应变率,或应力张量与应变张量之间的函数关系称为本构关系,它反映特定的物质的固有特征。最为人所熟悉的本构关系——胡克定律在牛顿力学提出之前就有了,本次主要指应力与应变率之间的关系。在本次试验中,将全部试验组次中的试验数据统一用上述公式模拟,通过参数率定,最终得到的本构方程形式为:

$$\tau_f = 4.641\left[1 - 84.734\ln\left(\frac{\omega - 0.055\,3e^{-P_1/P_s}}{\omega_s - 0.055\,3e^{-P_1/P_s}}\right)\right]^{0.818} \tag{4-12}$$

其相关参数与计算结果见表4-5。

表4-5 胶泥块抗剪强度计算公式相关参数与计算结果

颗粒级配组别	抗剪强度实测值(kPa)	实际含水率(%)	饱和含水率(%)	粗细颗粒占比	抗剪强度计算值(kPa)
级配1	26.8	38	40	0.297	19.71
	41.3	34.4	40	0.297	43.39
	119.9	27.7	40	0.297	88.13
	473.6	12.2	40	0.297	244.43
	606.8	5.7	40	0.297	445.48
级配2	27.2	34.8	36.6	0.273	19.67
	48.7	31.7	36.6	0.273	42.29
	98.1	29	36.6	0.273	61.74
	325.6	22.3	36.6	0.273	114.52
	466.2	6.9	36.6	0.273	370.92
	582.8	4.9	36.6	0.273	529.22
级配3	22.2	32.1	34.4	0.351	24.50
	30.5	30.2	34.4	0.351	39.14
	44.4	27.7	34.4	0.351	58.20
	101.8	23.4	34.4	0.351	92.71
	284.9	14.1	34.4	0.351	190.45
	368.2	6.1	34.4	0.351	387.64
级配4	23.1	31.7	32.4	0.389	11.70
	81.4	23.1	32.4	0.389	83.56
	244.9	18.1	32.4	0.389	131.41
	356.9	14	32.4	0.389	180.94
	592.7	5.5	32.4	0.389	407.67

续表 4-5　胶泥块抗剪强度计算公式相关参数与计算结果

颗粒级配组别	抗剪强度实测值(kPa)	实际含水率(%)	饱和含水率(%)	粗细颗粒占比	抗剪强度计算值(kPa)
级配 5	26.1	31.5	33.4	0.457	21.63
	68.1	23	33.4	0.457	89.43
	306.7	15.8	33.4	0.457	160.83
	444.9	13.5	33.4	0.457	190.51
	377.4	5.1	33.4	0.457	423.51
级配 6	51.4	21.6	28.6	0.934	68.94
	64.8	20.3	28.6	0.934	80.94
	96.2	16.6	28.6	0.934	118.10
	167.4	10.4	28.6	0.934	200.54
	488.4	2.5	28.6	0.934	589.45
级配 7	53.5	21.9	26.1	0.884	48.10
	86.8	19.7	26.1	0.884	69.86
	143.4	15.5	26.1	0.884	115.54
	247.9	8.6	26.1	0.884	222.59
	266.4	5.7	26.1	0.884	303.18
级配 8	70.3	19.8	31.7	1.452	100.79
	76.0	17.7	31.7	1.452	119.94
	82.3	11.8	31.7	1.452	185.91
	94.0	9.1	31.7	1.452	227.00
	161.0	3.3	31.7	1.452	398.69

其模拟效果如图 4-14 所示。

模拟结果定性正确,模拟精度相对较高。需要特别指出的是,本节中针对非饱和土抗剪强度与土体含水率、颗粒级配之间本构关系参变量的推导,都是针对非饱和土抗剪强度公式中受影响最大的因子展开的。事实上,含水率对内摩擦角的影响,颗粒级配对内摩擦角、土体饱和含水率的影响也都是存在的,只是在本节中作为次要因素被忽略了,这也是公式模拟结果存在一定误差的主要原因。未来仍可在此基础上开展研究,进一步提升式(4-12)的模拟精度。

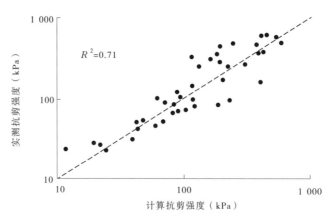

图4-14 胶泥层抗剪强度本构方程检验结果

第二节 胶泥层"揭而不散"的力学机理

为了更简单地区分和理清胶泥块泥沙组成、不同含水率(反映胶泥块的沉积条件,如不同沉积环境、沉积时间)对抗剪强度的影响,我们根据上述试验资料点绘了不同级配条件下胶泥块抗剪强度随含水率的变化,如图4-15所示。

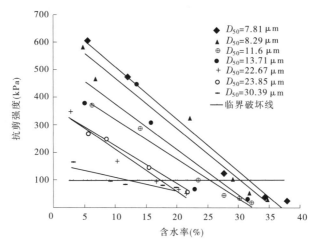

图4-15 不同级配条件下胶泥块抗剪强度随含水率的变化

从图4-15中看出,抗剪强度随含水率的变化呈现如下几大规律:

(1)总体上,胶泥块的抗剪强度随含水率的增大呈减小趋势。

(2)抗剪强度随含水率的增大而减小的速率随泥沙级配的增大而逐渐放缓。

(3)泥沙级配在30 μm时,曲线已接近破坏的临界值98.1 kPa。

（4）根据河流泥沙动力学研究泥沙级配划分习惯、抗剪强度与含水率的关系，我们将其分为4个组进行分析，并给出不同级配组成时的胶结层强度与含水率（ω）的影响关系式：

①泥沙中值粒径 $D_{50} < 10\ \mu m$ 时，属极细沙且黏粒含量多的范畴，胶结强度与含水率的关系式为式（4-13），其相关系数 R^2 为 0.963 7：

$$\tau_f = -18.27\omega + 667.16 \qquad (4\text{-}13)$$

②泥沙中值粒径 $10\ \mu m < D_{50} < 15\ \mu m$ 时，属极细沙但黏粒含量较少的范畴，胶结强度与含水率的关系式为式（4-14），其相关系数 R^2 为 0.937 7：

$$\tau_f = -14.93\omega + 479.87 \qquad (4\text{-}14)$$

③泥沙中值粒径 $15\ \mu m < D_{50} < 25\ \mu m$ 时，属细沙范畴，胶结强度与含水率的关系式为式（4-15），其相关系数 R^2 为 0.961 6：

$$\tau_f = -14.48\omega + 359.63 \qquad (4\text{-}15)$$

④泥沙中值粒径 $D_{50} > 25\ \mu m$ 时，属粗沙范畴，胶结强度与含水率的关系式为式（4-16）时，R^2 为 0.886 3：

$$\tau_f = -4.93\omega + 157.55 \qquad (4\text{-}16)$$

呈现上述规律的主要原因是，中值粒径范围 $D_{50} < 10\ \mu m$ 的泥沙属于极细沙且黏粒含量较多的范畴，在含水率较少、抵抗外力作用时其黏聚力占主导地位，内部结构基本不能形成较大的重新排列；随着含水率的逐步增多，颗粒之间因为水的润滑作用，在抵抗外力作用时内部结构有明显的重新排列、挤密、剪切直至破坏，在此过程中黏聚力的主导作用逐步减弱，颗粒间的摩擦作用逐步增强，当含水率达到一定值时颗粒间的摩擦达到最大；当含水率接近饱和含水率时，颗粒间被水充盈，黏聚力和摩擦力均较小。随黏粒含量的逐渐减少即中值粒径逐渐增大至 $D_{50} > 25\ \mu m$，其级配不再属于细沙范围，颗粒间的絮凝作用不明显，随含水率的逐步增大，抵抗外力的作用同细沙差别较大，特别是当中值粒径等于 30.39 μm 时基本表现出散粒体性质。

从图4-15也可以清晰地看出，对于极细沙组成的胶泥块，在一定的含水率下，其胶结层大部分位于临界破坏线以上，这也正是胶泥块"揭而不散"的原因，而对于中值粒径大于 0.03 mm 粗泥沙组成土体，其胶结强度大部分位于临界破坏线以下，只有含水率极低时才不容易冲散，而在实际河道中很难发生，这也正是粗颗粒泥沙在一定的水流作用下，就容易被冲散，以单颗粒泥沙起动的原因。

第三节　胶泥层抗折力学性能

一、试样的制备

在"揭河底"发生时，可以看到胶泥块被水流揭起、后翻，随后又被折断的过程。实际上,胶泥块强度的胶结作用使得其不但表现出它的土力学特性,还表现出自身特殊结构的结构力学特性。这一点,过去并未引起人们的关注。胶泥块在什么条件下更易折断,主要取决于其本身的抗折性能。抗折性能用抗折强度表示,又称抗弯强度,指的是材料单位面积承受弯矩时的极限折断应力,本次试验参照《水泥胶砂强度检验方法》(GB/T 17671—1999)进行。

抗折强度试验分两方面,为保证所测试件含水率与直接剪切试验试样接近,试样成型方法同抗剪强度试验相同,试件尺寸均为长×宽×高 = 160 mm×40 mm×40 mm(简称常见尺寸),试验级配为级配1~级配8(见表4-2);为研究胶泥层厚度对抗折强度的影响,又进行了3种不同厚度尺寸试件的抗折强度试验,试验级配为9和10(如表4-6所示),试件长×宽×高分别为160 mm×40 mm×40 mm、160 mm×40 mm×60 mm 和160 mm×40 mm×80 mm(简称不同厚度尺寸)。

表4-6　试样级配9与级配10的泥沙组成

样品名称	小于某粒径的体积百分数(%)										中值粒径(μm)	平均粒径(μm)
	粒径级(μm)											
	2	4	8	16	25	50	75	125	250	1 000	2 000	
级配9	11.50	21.99	36.42	54.43	67.49	87.01	94.58	98.83	99.95	100	100	13.63	23.45
级配10	12.26	23.62	39.59	60.10	74.64	92.70	97.84	99.90	100	100	100	11.57	18.16

二、试验测定方法

抗折强度试验试样制备及试验过程如图4-16所示。抗折强度测试仪如图4-17所示,试样典型破坏形态如图4-18所示。

将试件顺着侧面横放在抗折试验机的两根支撑圆柱上,试件长轴垂直于试验机支撑圆柱,以大约50 N/s±10 N/s的速率通过试验机加荷圆柱将垂直荷载均匀地加在棱柱体胶泥块的水平面上,直至试件折断。

(a)　　　　　　　　　　　　　(b)

图4-16　抗折强度试验试样制备及试验过程

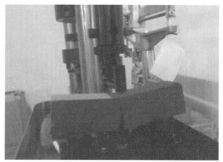

图 4-17　抗折强度测试仪　　　图 4-18　抗折强度试验试样典型破坏形态

记抗折强度为 R_f，单位为 MPa，按式(4-17)进行计算：

$$R_f = \frac{1.5 F_f L}{bh^2} \tag{4-17}$$

式中，F_f 为试件折断时垂直加在其顶部平面中部的荷载，N；L 为支撑圆柱之间的距离，mm；b 为棱柱体试样宽度，mm；h 为棱柱体试样高度，mm。

以一组三个棱柱体抗折结果的平均值作为试验结果。当三个强度值中有超出平均值的 15% 时，剔除后再取平均值作为抗折强度试验结果。如果两个测定值中再有超过它们平均数 ±15% 的，则此组结果作废。为了提高试验精度，减小试验误差，采用的是四个棱柱体抗折强度的平均值作为试验结果。该公式反映了胶泥层厚度对胶泥层抗折强度的影响。

三、抗折试验结果分析

(一)抗折强度试验结果

不同颗粒级配的重塑胶泥层，不同含水率条件下的抗折强度试验结果见表 4-7。同时对各组试验数据加以拟合，得到抗折强度随含水率及中值粒径的变化情况，分别如图 4-19 和图 4-20 所示。

从图中看出抗折强度随含水率及中值粒径的变化呈现如下几大规律：①总体上，胶泥块的抗折强度随含水率、中值粒径的增大呈减小趋势；②抗折强度随含水率的增大而减小的速率随泥沙级配的增大而逐渐放缓；③抗折强度随中值粒径的增大而减小的速率随含水率的增大而逐渐放缓；④当含水率接近 30% 时，抗折强度随中值粒径的增大已接近水平直线。

表 4-7　不同颗粒级配下胶泥层抗折强度试验结果

级配编号	厚度(mm)	试样组别	F_f 均值(N)	F_f 终值(N)	抗折强度 R_f (MPa)	平均含水率 (%)
9	40	第一组	17.2	18.9	0.044	35.3
		第二组	71.6	71.6	0.196	28.3
		第三组	223.6	223.6	0.662	13.0
		第四组	272.7	272.7	0.808	10.2
		第五组	334.0	305.7	0.905	4.3
	60	第一组	47.5	47.5	0.490	31
		第二组	344.8	344.8	0.419	20
		第三组	526.6	526.6	0.640	8.0
		第四组	555.3	555.3	0.718	5.8
	80	第一组	93.8	93.8	0.055	30.4
		第二组	500.3	500.3	0.325	21.7
		第三组	1 013.9	1 013.9	0.712	14.5
		第四组	1 482.1	1 482.1	1.040	6.5
10	40	第一组	18	18	0.042	32.1
		第二组	35.5	35.5	0.083	18.3
		第三组	111.7	111.7	0.282	22.8
		第四组	140.2	140.2	0.383	12.2
		第五组	289.2	289.2	0.791	7.3
	60	第一组	34.3	34.3	0.036	33.5
		第二组	107.1	107.1	0.112	25.3
		第三组	169.2	169.2	0.187	21.1
		第四组	255.7	255.7	0.311	14.1
		第五组	316.0	316.0	0.423	7.8
	80	第一组	78.7	78.7	0.046	34.3
		第二组	691.1	691.1	0.473	21.4
		第三组	1 404.4	1 588.7	1.115	12.0
		第四组	1 913.3	1 913.3	1.343	8.9

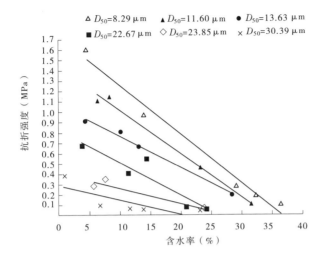

图 4-19　相同级配条件下抗折强度随含水率的变化情况

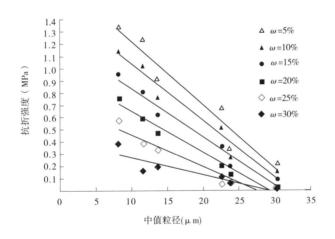

图 4-20　相同含水率条件下抗折强度随中值粒径变化情况

根据河流泥沙动力学研究泥沙级配划分习惯,泥沙中值粒径范围为 0.007~0.017 mm,属于典型的极细沙范围,其絮凝作用较强;而中值粒径范围为 0.02~0.03 mm 时属细沙,颗粒间的絮凝作用表现不明显,这一点在试样制备过程中也能体会;中值粒径 $D_{50} < 20$ μm 时,由于颗粒间的黏聚作用使含水率较大,试样相对较容易制备成所需尺寸;当中值粒径 $D_{50} > 20$ μm 时,由于颗粒间的黏聚力很弱,含水率较小时试样也不易制备,轻轻触碰也易断开。

将胶泥层抗折强度与含水率、材料厚度、中值粒径、粗细颗粒比例的相关系数列入表 4-8。

表4-8　胶泥层抗折强度影响因素相关系数表

影响因素	含水率	胶泥层厚度	平均粒径	中值粒径	粗细颗粒比例
抗折强度	$-0.655**$	0.145	$-0.295*$	$-0.295*$	-0.233

注:1. 标注 $**$ 表明通过 $\alpha=0.01$ 的显著性检验; $*$ 表示通过 $\alpha=0.05$ 的显著性检验。

2. 粗细颗粒标准划分参考第一节抗剪强度公式中的划分标准。

从上述分析可知,抗折强度与含水率、颗粒中值粒径(或平均粒径)之间存在显著的负相关关系,而与粗细颗粒比例、胶泥层厚度的相关关系并不显著。特别地,粗细颗粒的比例与中值粒径之间的正相关关系显著。因此,我们就采用中值粒径作为泥沙级配的代表性参数进行分析。首先排除胶泥块厚度的影响,则抗折强度 R_f 可以写成含水率与中值粒径的函数,即:

$$R_f = f(\omega, D) \tag{4-18}$$

式中, ω 为胶泥块含水率; D 为中值粒径。

由图4-19、图4-20可知,固定含水率或者中值粒径中的一个变量,则单变量关系变成一簇线性关系,该簇线性关系的斜率随着固定变量的增大而逐渐增加(即下降趋势逐渐放缓),因此可假定:

$$\frac{\partial R_f}{\partial \omega} = aD - b < 0$$

$$\frac{\partial R_f}{\partial D} = c\omega - d < 0 \tag{4-19}$$

式中, a 、 b 、 c 、 d 为待定参数,理论上均应大于0。

对式(4-19)求积分,当 $a=c$ 时,可推得原函数为:

$$R_f = aD\omega - b\omega - dD + k \tag{4-20}$$

上式可以简化为一个多元线性回归问题,将厚度统一为40 mm 的37 组数据代入率定公式(4-20),得到最终的表达式为:

$$R_f = 1.5 \times 10^5 D\omega - 4.8 \times 10^3 \omega - 6.8 \times 10^4 D + 1.8 \times 10^3 \tag{4-21}$$

式中, R_f 的单位是 kPa; D 的单位是 mm; ω 为无量纲百分数。

注意到式(4-21)与式(4-20)的形式完全相同,符号性质也完全相同,因此该式完整地反映了抗折强度随含水率和中值粒径"双线性下降"的规律。从计算结果看,式(4-21)同样表现出了较好的模拟精度,如图4-21所示。

接下来我们将厚度为60 mm 和80 mm 的实测抗折强度和利用公式(4-21)算得的计算抗折强度对比,得到图4-22。

可以看到公式的模拟效果在60 mm 时偏大,在80 mm 时值偏小。因此,从定性上说,利用式(4-21)计算得到的抗折强度应该增加一个非线性修正项,即随着试件厚度的增加,胶泥块的抗折强度先减后增。我们考虑厚度的修正项,由于

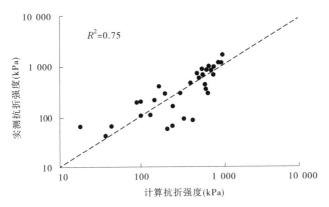

图 4-21　胶泥层抗折强度试验中抗折强度计算公式检验结果

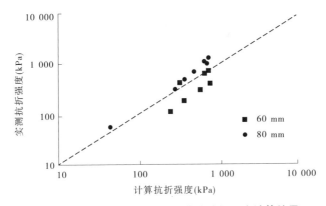

图 4-22　60 mm 与 80 mm 胶泥块的抗折强度计算结果

图 4-22 中数据点需整体平移才能回到 $y=x$ 的趋势线附近,在对数坐标系下,最简便的修正方法即是对式(4-21)做整体的斜率修正,故考虑厚度因子的修正公式形式如下:

$$R_f = (\alpha\delta^2 + \beta\delta + \gamma)(1.5 \times 10^5 D\omega - 4.8 \times 10^3 \omega -$$
$$6.8 \times 10^4 D + 1.8 \times 10^3) \tag{4-22}$$

式中,δ 为胶泥块厚度,mm;α,β,γ 为待定参数。

经重新率定,考虑三因素的抗折强度计算公式如下所示:

$$R_f = (0.012\,5\delta^2 - 0.137\,5\delta + 4.5)(1.5 \times 10^5 D\omega - 4.8 \times 10^3 \omega -$$
$$6.8 \times 10^4 D + 1.8 \times 10^3) \tag{4-23}$$

修正后的计算效果如图 4-23 所示,当 $\delta=40$ mm 时,式(4-23)自动退化为式(4-21);当 $\delta=60$ mm、80 mm 时可以发现数据点回到了 $y=x$ 的趋势线附近,修正效果良好。

需要特别说明的是,式(4-23)是从数据出发得到的统计公式,并不能说明胶

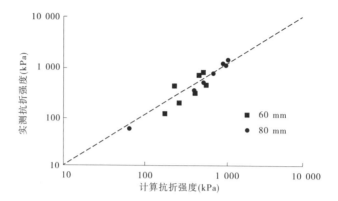

图 4-23　60 mm 与 80 mm 胶泥块的抗折强度计算修正结果

泥块抗折强度与厚度之间存在二次函数的响应关系。从定性上分析,胶泥块的抗折强度应随着厚度的增长逐渐增大,即总体上抗折强度与厚度的关系应类似于二次函数对称轴右侧所表现出的单调增函数。

(二)不同厚度胶结层揭起与否和水流能量的关系

相同颗粒级配、不同含水率、不同厚度条件下胶泥块的抗折强度见表 4-7,不同厚度、不同含水率条件下的抗折强度如图 4-24、图 4-25 所示。

从图 4-24 中看出抗折强度随含水率的变化呈现如下规律:

①总体上,胶泥块的抗折强度随水率的增大呈减小趋势。

②抗折强度随试件厚度的增加呈增大趋势。

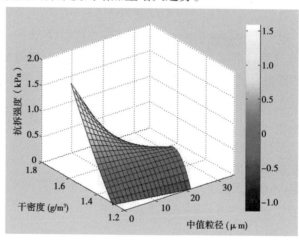

图 4-24　胶泥层抗折强度随干密度和中值粒径变化图

基于瞬变流模型,项目组在第六章提出了"揭河底"不同表现形式下临界起动条件及判别指标,即

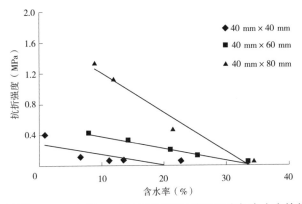

图 4-25 $D_{50} = 11.57 \ \mu m$ 时不同厚度时抗折强度与含水率的关系

$$K \frac{V^2 J}{g \delta} \geqslant \frac{\gamma_s - \gamma_m}{\gamma_m} \tag{4-24}$$

式中,V 为水流平均流速;J 为比降;g 为重力加速度;δ 为胶泥块厚度;γ_s 为胶泥块的湿容重;γ_m 为浑水容重。

式(4-24)可以变换为

$$\delta \leqslant \frac{K V^2 J}{g} \frac{\gamma_m}{\gamma_s - \gamma_m} \tag{4-25}$$

高含沙水流的能量可以用式(4-26)表示:

$$E_k = \gamma_m Q J = \gamma_m V B H J \tag{4-26}$$

式中,E_k 为水流能量;B 为平均河宽;H 为平均水深。

由式(4-26)稍作变换可知

$$V = \frac{E_k}{\gamma_m B H J} \tag{4-27}$$

将式(4-27)代入式(4-25),化简整理可得

$$\delta \leqslant \frac{K}{g(\gamma_s - \gamma_m) \gamma_m B^2 H^2 J} E_k^2 \tag{4-28}$$

由于参数 K、g 为常数,当河道边界条件时,河道宽度 B、平均水深 H、河道比降 J 也为定值,当洪水含沙量一定时,从式(4-28)可以看出,胶泥块的厚度与水流能量的平方成正比,水流能量越大,能揭起的胶泥块厚度也就越厚。

从原型河道、小北干流输沙渠、模型试验等不同位置的"揭河底"冲刷表象看,对于黄河小北干流河段发生的"揭河底"情况,其胶泥层往往固结时间较长,含水率相对较小,厚度较大,其揭起时块体更多地表现为刚性特征,其胶泥块揭起时上半区表现为压应力,下半区表现为拉应力(见图 4-26)。

对于小北干流输沙渠及模型试验中出现的"揭河底"现象(见图 4-27、

图4-28),虽然其胶泥层为极细沙且黏性含量较多,但由于胶泥层往往固结时间较短,含水率相对较大,厚度较小,其揭起时块体更多地表现为柔性特征,其形迹过程为弯曲过程,也就是人们常说的"卷地毯"现象。

图4-26 黄河小北干流"揭河底"情况

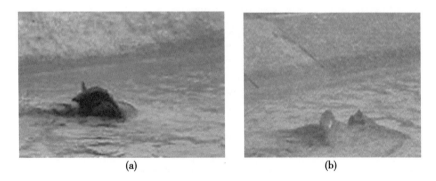

图4-27 小北干流输沙渠"揭河底"情况

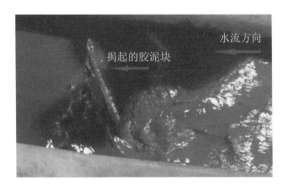

图4-28 模型试验中"揭河底"情况

第五章

"揭河底" 冲刷室内模拟试验

由于多沙河流水流及河床边界条件的复杂性,就原有认知水平而言,对"揭河底"现象发生的机理及其发生的边界条件研究还不够深入,特别是由于"揭河底"的发生时间、地点具有随机性,人们能亲眼目睹这一现象已十分难得,更不要说基于目前的水文观测技术,去实时跟踪观测到"揭河底"之前、"揭河底"过程当中,水流参数的变化、河床边界条件的调整以及水下胶泥块的运动情况。

基于此,要想深入开展这一问题的研究,还必须依靠模型试验来弥补。但是,通过室内水槽试验或概化模型试验成功模拟出真正意义上的"揭河底"冲刷现象,还有很多技术上的难题需要攻关。实际上,受原型实测地质资料和实体模型试验周期、经费,也包括制模技术水平的制约,黄河动床模型试验一般都不能准确地模拟河床可动层范围之内的实际地质情况,往往在选择模型床沙时用原型当地或局部河段平均床沙级配(或中值粒径)控制,以求反映河床冲淤演变的一般规律。然而,在一些特殊的试验中,对一些特殊问题的研究或要求,试验必须反映出特殊河床边界条件和河床演变约束或控制作用时,就必须特殊问题特殊处理,特别是要加测局部原型河床地质资料,力求准确地反映特殊河床地质条件对河势及河床演变的影响。例如,2002年本研究团队在开展"河南黄河挖河固堤工程王庵至古城河段实施方案中试试验"研究时,为了分析王庵工程前胶泥层的存在对新开挖引河分流情况的影响,按照现场查勘开挖河段河床地层结构、厚度与泥沙组成和河南局在王庵工程设计时的地质勘探资料,利用极细粉煤灰平铺于模型河床上来模拟局部胶泥层的存在。试验中发现河道内铺设极细粉煤灰经过密实以后,强度很大,水流对胶泥层下面的一般床沙淘刷后,胶泥层能够形成悬臂支撑其上部沉积层,待悬臂加长到一定长度以后,垮塌下来顺着河槽岸坡掩盖在其下面的河床上,形成胶泥碎块表面铺盖层,掩护并延缓了老河道下口被水流淘刷的速度。也正是这次试验,为"揭河底"现象试验模拟提供了借鉴。

第一节 "揭河底"冲刷室内模拟技术

"揭河底"冲刷室内模拟技术包括模型试验应遵循的基本相似条件,"胶泥层"的结构与力学特性相似条件,水流掀动相似条件,以及特殊地层结构的模拟技术。

一、模型基本相似条件及模型沙选择

(一)模型基本相似条件

鉴于黄河水沙条件及河床边界条件的复杂性,20 世纪 80 年代末,黄科院张红武、江恩慧等在前人研究的基础上,对黄河动床模型相似条件进行了深入探讨和研究,提出一套完整的模型相似律,并在国内冲积性河流的动床模型试验中广泛采用,使其日臻完善。相似律主要由式(5-1)~式(5-8)组成。

水流重力相似条件

$$\lambda_V = \sqrt{\lambda_h} \tag{5-1}$$

水流阻力相似条件(对于宽浅河流, $\lambda_R \approx \lambda_h$)

$$\lambda_n = \frac{1}{\lambda_V} \lambda_h^{2/3} (\lambda_h/\lambda_L)^{\frac{1}{2}} \tag{5-2}$$

水流挟沙能力相似条件

$$\lambda_S = \lambda_{S_*} \tag{5-3}$$

悬沙悬移相似条件

$$\lambda_\omega = \lambda_V \left(\frac{\lambda_h}{\lambda_L}\right)^{\frac{3}{4}} \tag{5-4}$$

河床变形相似条件

$$\lambda_{t_2} = \frac{\lambda_{\gamma_0}}{\lambda_S} \lambda_{t_1} \tag{5-5}$$

泥沙起动相似条件

$$\lambda_{V_c} = \lambda_V \tag{5-6}$$

床沙相似条件

$$\lambda_D = \frac{\lambda_i \lambda_h}{\lambda_{\gamma_s - \gamma}} \tag{5-7}$$

河型相似条件

$$\left[\frac{\left(\frac{\gamma_s - \gamma}{\gamma} D_{50} H\right)^{1/3}}{i B^{\frac{2}{3}}}\right]_{模型} \approx \left[\frac{\left(\frac{\gamma_s - \gamma}{\gamma} D_{50} H\right)^{1/3}}{i B^{\frac{2}{3}}}\right]_{原型} \tag{5-8}$$

上述诸式中：λ_L 为水平比尺；λ_h 为垂直比尺；λ_R 为水力半径比尺；λ_V 为流速比尺；λ_n 为糙率比尺；λ_ω 为泥沙沉速比尺；λ_S、λ_{S_*} 分别为含沙量比尺和水流挟沙力比尺；λ_{γ_0} 为淤积物干密度比尺；λ_{t_1}、λ_{t_2} 分别为水流运动时间比尺及河床冲淤变形时间比尺；λ_{V_c} 为泥沙起动流速比尺；λ_D 为床沙粒径比尺；λ_i 为比降比尺；i 为河床比降；B、H 分别为造床流量下的河宽及平均水深；γ_s、γ 分别为泥沙及水流的密度；D_{50} 为床沙中值粒径。

另外，原型及模型悬沙粒径较细，一般采用滞流区公式计算沉速，由此可导出悬沙粒径比尺的计算式为

$$\lambda_d = \left(\frac{\lambda_\omega \lambda_\nu}{\lambda_{\gamma_s - \gamma}} \right)^{\frac{1}{2}} \tag{5-9}$$

式中：λ_ν 为水流运动黏滞性系数比尺；$\lambda_{\gamma_s - \gamma}$ 为泥沙与水的密度差比尺。

大量研究结果表明，河道中一般含沙水流及高含沙水流，多属于紊流挟沙的范畴。通过理论探讨和资料分析发现，高含沙紊流在流速和紊动强度沿水深分布以及输沙规律等方面，都能与一般挟沙水流统一起来，在定量上可相应采用同一个公式来描述。因此，为保证高含沙紊流运动相似，必须满足一般挟沙水流模型所要求的水流运动的重力相似条件和阻力相似条件。另一方面，费祥俊、钱宁及杨美卿等学者的研究表明，高含沙紊流中的宾汉剪切力 τ_{BT} 随紊动强度的增加而大大下降，比静止时实验室测得的宾汉剪切力 τ_B 小得多，天然大江大河出现的高含沙洪水紊动强烈，处于充分紊动状态，其 τ_{BT} 已小到完全可以忽略的地步，因而实际上为牛顿体。经对试验资料分析，当雷诺数 Re_* 大于 8 000 后，阻力系数与雷诺数变化无关，水流处于充分紊动状态。因此，为保证模型高含沙水流流态与原型相似，其雷诺数 Re_{*m} 必须大于 8 000，即

$$Re_{*m} > 8\ 000 \tag{5-10}$$

此外，为了不使表面张力影响模型的水流运动，保证高含沙水流与原型洪水能用相同的物理方程描述，水深还必须保证大于 1.5 cm，即

$$h_m > 1.5\ \text{cm} \tag{5-11}$$

按上述模型相似准则设计黄河动床模型，不仅能满足一般的水沙运动相似条件，而且能较好地复演黄河宽浅游荡的演变特性。

（二）模型沙选择

动床河工模型试验中，模型沙特性对于正确模拟原型泥沙运动规律具有重要作用。特别是对于需要模拟冲淤调整幅度较大的原型情况来说，既要保证淤积相似，又要保证冲刷相似，因此对模型沙的物理、化学等基本特性有更高的要求。

在已有研究成果的基础上，黄河水利科学研究院的科研人员还对不同材料模型沙的重力特性、物理化学特性、土力学特性、沉降特性、起动流速及动床阻力

特性以及模型水流挟沙能力等进行了专门的试验研究。研究结果表明,郑州热电厂粉煤灰的物理化学性能较为稳定,同时还具备造价低、宜选配加工等优点。因此,近20年来,黄科院在开展黄河河工模型试验时,基本都选用郑州热电厂粉煤灰作模型沙,效果良好。该模型沙土力学特性试验成果见表5-1。

表5-1 郑州热电厂粉煤灰土力学特性试验成果表

容重 γ_s （kN/m³）	干容重 γ_0 （kN/m³）	内摩擦角 （°）	水下休止角 （°）	黏聚力 （kg/cm²）
20.58	0.66	31.2	29.5~30.5	0.06

郑州热电厂排出的粉煤灰中值粒径一般为0.04~0.045 mm,而用于模型的悬移质泥沙中值粒径大多为0.01~0.025 mm,因此需通过水力分选将该部分泥沙分离出来。

（三）该模型相似律对黄河的适应性

1991年"黄河花园口至东坝头河段河道动床模型"制作完成后,先后进行了1977年、1982年、1988年、1992年等洪水的系统验证试验,以及后来为研究小浪底水库运用初期的运行方式而开展的三门峡水库1963年下泄清水期验证试验。验证试验结果表明,按照该黄河动床模型相似律所设计的模型及选取的模型沙,可较好地满足水流阻力、河床冲淤变形、河型与河势等方面的相似性,为该模型相似律的广泛推广应用奠定了基础。采用该模型相似律,黄科院近20年来先后开展了"黄河花园口至东坝头""黄河小浪底至苏泗庄""小浪底至花园口"等十多个大型河工模型试验,研究成果在治黄实践中得到了广泛的推广应用,为黄河下游河道防洪、小浪底水库运用方式的确定、黄河下游河道整治、黄河下游滩区综合治理等提供了重要的科学依据。值得一提的是,1996年汛前开展的黄河下游洪水演进预报试验,半个月后的"96·8"高含沙洪水,从洪水位变化、滩区上水部位、淹没范围、受灾状况及河道淤积情况等全方位的反过来验证了我们预报试验的准确性,也验证了该模型模拟的相似性。总之,将该模型相似律作为高含沙洪水"揭河底"试验的基本依据是可行的。

二、"揭河底"模拟相似条件

要想真正模拟"揭河底"这一特殊现象,模型设计除必须遵循上述一般相似条件外,还必须满足河床物质层理淤积结构的相似、满足"胶泥层"力学特性的相似、满足水流掀动条件的相似。本小节将重点探讨这几个决定"揭河底"现象模拟成败的关键性相似条件。

（一）河床物质层理淤积结构相似条件

前面的理论分析以及实际开挖结果表明,"揭河底"发生河段的河床是成层分布的,河床一般沉积物主要由粗沙和细沙以及典型的胶泥层等组成。为了模拟河床这一典型的层理淤积结构,结合黄河水利科学研究院多年来对黄河高含沙洪水模型试验的经验,本次试验拟采用黄河动床模型一般常用的粗粉煤灰模拟天然河床的粗沙层,采用极细粉煤灰模拟天然河床中沉积的胶泥层。

对于模型变率问题,多数人的研究结果表明,变率 $D_r \leq 4$ 基本上可以保证流场的相似和含沙量分布的相似。在此选取 $D_r = 4$,则 $\lambda_h = 25$。

试验中选用不同级配的粉煤灰分别来模拟原型河床层理淤积结构的一般床沙和胶泥层。

对于一般床沙,其相似条件遵循公式(5-7),$\lambda_D = \dfrac{\lambda_i \lambda_h}{\lambda_{\gamma_s - \gamma}} = 1.7$。

对于胶泥块,因其基本来自于洪水过程中的悬沙,且级配极细,其相似条件参照式(5-9),$\lambda_d = \left(\dfrac{\lambda_\omega \lambda_\nu}{\lambda_{\gamma_s - \gamma}} \right)^{\frac{1}{2}} = 1$。

根据原型河床开挖结果,河床上的胶泥层厚度一般为 25～100 cm,因此试验中极细粉煤灰厚度应为 1～4 cm;原型一般床沙中值粒径多为 0.15～0.20 mm,因此概化模型床沙选取时应为 0.088～0.12 mm;原型胶泥块的中值粒径为 0.007～0.01 mm,则极细粉煤灰的中值粒径也应相应满足。

根据上述分析和要求,所选粉煤灰的级配情况如表5-2所示。

由表5-2可知,用来模拟胶泥块的极细粉煤灰,中值粒径为 0.008 mm,小于 0.01 mm 泥沙占到87.25%;用以模拟模型悬沙的细粉煤灰的中值粒径为 0.020 mm,小于 0.01 mm 泥沙占到28.22%;用来模拟一般床沙的粗粉煤灰,其中值粒径为 0.094 mm,小于 0.01 mm 泥沙占到8.27%。由此可见,所选粉煤灰用以模拟试验的河床物质组成基本可以满足与原型的相似。

表5-2 三组粉煤灰颗粒分析成果表

粉煤灰组类	小于某粒径(mm)沙重占全部沙重的百分数(%)							中值粒径(mm)	平均粒径(mm)
	0.008	0.010	0.025	0.05	0.10	0.25	1.00		
极细沙	50.60	87.25	95.62	98.42	100	100	100	0.008	0.008 7
细沙	22.06	28.22	57.76	78.24	94.71	100	100	0.020	0.032
粗沙	4.85	8.27	18.99	38.04	54.91	85.07	100	0.094	0.12

(二)"胶泥层"力学特性相似条件

模型的相似条件一般都是对水流而言的,如质量力、压力、紊动切应力、惯性力等。但对于"揭河底"这种典型现象的模拟,上述河床物质结构组成的相似和土力学特性的相似尤为重要。因此,对"胶泥层"的力学相似条件做以下探讨就显得十分必要。

20 世纪 90 年代初黄科院在开展黄河动床模型相似律研究时,曾对模型沙的土力学特性进行过初步研究,开展了模型沙抗剪强度试验,确定了参数 C 和 φ,而且是用以库伦理论为代表的古典土力学方法获得的,把 C 作为单纯的黏聚力,而把 $\tan\varphi$ 作为单纯的摩擦力,并认为一种土的 C、φ 都是定值。经过长期试验研究,特别是近 40 年土力学理论和试验技术的发展,虽然库仑公式在世界范围仍被普遍采用,但是对于 C 和 φ 的意义已有新的认识。同一种土的 C、φ 值也并非定值,它们随试验方法和排水条件的不同而有变化,所以对 C 和 $\tan\varphi$ 分别赋予黏聚力和摩擦阻力的物理意义是不确切的。实际上 C 和 φ 只是 $C'' \sim \tau$ 关系图中的两个参数。尽管如此,C 值在一定程度上确实反映了颗粒之间的黏聚力,因而 C 值可表征由于颗粒之间薄膜水受到颗粒本身静电引力作用而产生的黏聚力的大小。

黏聚力是由于颗粒之间薄膜水受到颗粒本身静电引力而产生的,黏聚力的存在,使淤积物起动困难,也即是增大了淤积物的抗冲性。在模型试验中,这一特性直接影响到模型沙的冲刷相似条件。特别需要指出的是,90 年代初我们开展的模型沙抗剪强度试验研究,主要是为了确定模型床沙的活动性(当然,决定模型床沙活动性的另一方面,还有模型沙的有机物成分),也就是说,是为了模拟黄河河道一般床沙的游荡特性,借以确定模型床沙的级配范围。对于"揭河底"现象而言,要想模拟出胶泥块成块揭起的情况,则刚好与上述相反,应尽量选择那些黏聚力较大的极细粉煤灰,只有这样才能保证胶泥层在一定的厚度或强度条件下能够成块揭起,实现天然河道胶泥层"被揭掀而起"的基本特性,这也正是成功模拟"揭河底"现象的关键。

综上所述,要想满足胶泥层"被揭掀而起"的基本特性,模型中胶泥块自身的黏聚力 C 与原型应基本接近,或讲:

$$\lambda_C = 1 \tag{5-12}$$

为此,我们开展了专门的土力学试验。本次试验也采用直剪试验,对原型黏土、壤土、粉煤灰等不同含水率下的力学指标进行了研究。其土力学指标如表 5-3 所示。

从表 5-3 可以看出,在含水率为 10%~45% 的条件下,实测原型胶泥块的黏聚力 C 值为 25~40 kPa,而本次试验拟采用的极细粉煤灰固结成块的黏聚力为 28~35 kPa,两者大小基本一致,基本满足式(5-12)。

(三)水流掀动能力的相似条件

"揭河底"现象能否发生,在于水流能量能否造成"揭河底"位置河床周围泥沙发生淘刷,进而克服块体重量掀揭而起。在此基础上,我们提出了水流掀动条件,用水流能量与块体重量之比值 η_E 表示,即

$$\eta_E = \frac{\gamma_m QJ}{\gamma_s Ad} \tag{5-13}$$

表5-3 不同含水率下各沙样的力学性质

序号	样品分类	比重 G_s	含水率 $\omega(\%)$	湿密度 ρ (g/cm³)	干密度 ρ_d (g/cm³)	孔隙比 e	孔隙度 $n(\%)$	饱和度 S_r (%)	黏聚力 C (kPa)	内摩擦角 $\varphi(°)$
1	黏土	2.75	13.7	1.478	1.30	1.115	52.7	33.8	24.7	32.8
2	黏土	2.75	15.9	1.507	1.30	1.115	52.7	39.2	28.3	31.0
3	黏土	2.75	18.3	1.538	1.30	1.115	52.7	45.1	40.1	30.7
4	黏土	2.75	20.9	1.572	1.30	1.115	52.7	51.5	25.0	20.8
5	黏土	2.75	24.0	1.612	1.30	1.115	52.7	59.2	23.7	18.5
6	黏土	2.75	28.6	1.672	1.30	1.115	52.7	70.5	21.0	11.0
7	黏土	2.75	41.2	1.836	1.30	1.115	52.7	101.6	8.0	1.7
8	壤土	2.71	12.1	1.457	1.30	1.085	52.0	30.2	7.9	30.8
9	壤土	2.71	15.3	1.499	1.30	1.085	52.0	38.2	8.9	24.4
10	壤土	2.71	17.0	1.521	1.30	1.085	52.0	42.5	23.2	22.0
11	壤土	2.71	20.0	1.560	1.30	1.085	52.0	50.0	18.2	24.5
12	壤土	2.71	22.3	1.590	1.30	1.085	52.0	55.7	13.7	22.2
13	壤土	2.71	25.0	1.625	1.30	1.085	52.0	62.5	—	—
14	壤土	2.71	40.2	1.823	1.30	1.085	52.0	100.4	1.9	0.3
15	粉煤灰	2.11	10.7	0.996	0.90	1.344	57.3	16.8	28.2	33.3
16	粉煤灰	2.11	14.6	1.031	0.90	1.344	57.3	22.9	30.9	32.5
17	粉煤灰	2.11	19.1	1.072	0.90	1.344	57.3	30.0	29.6	32.3
18	粉煤灰	2.11	25.0	1.125	0.90	1.344	57.3	39.2	35.9	31.4
19	粉煤灰	2.11	30.4	1.174	0.90	1.344	57.3	47.7	34.8	30.9
20	粉煤灰	2.11	38.2	1.244	0.90	1.344	57.3	60.0	38.0	29.8
21	粉煤灰	2.11	48.6	1.337	0.90	1.344	57.3	76.3	33.7	29.5
22	粉煤灰	2.11	57.5	1.418	0.90	1.344	57.3	90.2	24.1	25.7

由此得:

$$\lambda_{\eta_E} = (\lambda_{\frac{\gamma_m}{\gamma_s}} \lambda_Q \lambda_J)/(\lambda_A \lambda_h) \tag{5-14}$$

要想模型能够模拟出与原型实际情况相似的"揭河底"现象,必须满足水流掀动能力的相似条件:

$$\lambda_{\eta_E} = (\lambda_{\frac{\gamma_m}{\gamma_s}} \lambda_Q \lambda_J)/(\lambda_A \lambda_h) = 1 \tag{5-15}$$

实际上,这一相似条件相当于上述相似率与相似条件的封闭解,满足了上述基本条件,这一点就应该能够实现。关于这一条件,后续的预备试验中,我们还专门进行了验证。

第二节 "揭河底"模拟试验

目前,还没有成功模拟"揭河底"现象的先例,对试验中河床的模拟、胶泥块的模拟等都是需要一个探索的过程,包括在实验室内如何实现分层,用以模拟胶泥层的极细沙厚度是否合适,极细沙能否在试验中固结形成胶泥块并在一定水力条件下形成"揭河底"现象等。此外,试验如果成功模拟了"揭河底"现象,如何进一步通过仪器量测胶泥块底部的受力变化情况,才能为揭示这一现象发生的机理的探讨奠定基础。"揭河底"初步模拟试验是在前期"948"项目资助下完成的,当时的预备试验开展情况如下。

一、水槽布置

为开展"揭河底"冲刷模拟试验,我们在黄科院本部"花园口至东坝头河工模型试验厅"里新建水泥水槽一座,长 31.5 m,宽 0.80 m,高 0.8 m。其平面布置如图 5-1 所示。

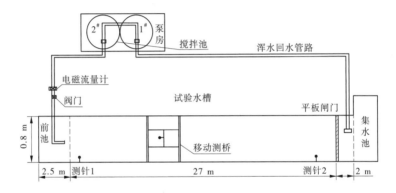

图 5-1 "揭河底"水槽试验平面示意图

该试验系统设有专用泵房,内有两个浑水搅拌池。其中 1# 搅拌池是配沙池,按试验要求在 1# 搅拌池内配好一定含沙量的浑水,再通过泥浆泵抽到 2# 搅拌池内使用。

进口水流由上海虹桥潜水式排污泵从 2# 搅拌池通过进口系统进入模型前池,清水时流量最大可达 54 L/s,进口流量采用电磁流量计进行控制。水位由测针量测,移动测桥上有测针和微型流速仪,另配有专职人员手持流速仪随时测取"揭河底"部位前后流速的变化。尾门采用平板式闸门控制,水出闸门退入尾部集水池后随即抽回 1# 搅拌池,构成一个完整的试验循环系统,水槽主要部位照片如图 5-2 所示。

二、参数量测

试验中流量采用流量计控制,流速主要采用微型旋桨式流速仪量测,含沙量采用称重法量测,水位由测针读取,断面高程采用水准仪量测,浑水密度采用量

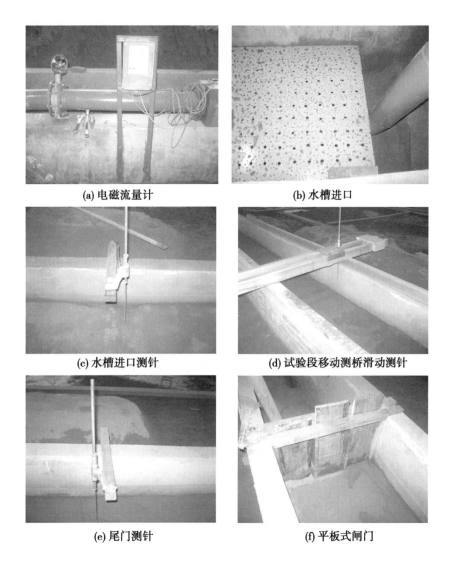

(a) 电磁流量计　　　　　　　　(b) 水槽进口

(c) 水槽进口测针　　　　　(d) 试验段移动测桥滑动测针

(e) 尾门测针　　　　　　　　(f) 平板式闸门

图 5-2　"揭河底"冲刷试验水槽主要设备

筒天平量测,胶泥块土力特性通过土力学相关试验测定。

试验段地形铺制采用隔段分层铺设的方法,且根据预备试验情况,为了便于研究,正式试验不再分三层,而是直接分成粗粉煤灰和极细粉煤灰两层。将试验水槽的 7 ~ 8 m,11 ~ 12 m,15 ~ 16 m 作为试验段,试验段最底层铺制 45 cm 厚的粗粉煤灰,最上面一层为 4 cm 极细粉煤灰。非试验段均铺粗粉煤灰。进口含沙量按 300 kg/m³ 控制,床面按 4‰比降控制。

三、预备试验

为检验我们对河床分层现象的模拟,包括胶泥层极细沙厚度是否合适,能否在试验中固结形成胶泥块,并在一定水力条件下形成"揭河底"现象,以及整体模拟效果等,我们先期开展了三组预备试验。

(一)第一组预备试验

1.试验过程

本次试验从进口开始算起,将水槽6~12 m槽段作为试验段。试验段地形采用分层铺制的方法,最底下为粗粉煤灰,厚40 cm(用于模拟粗沙层);中间一层为4 cm的极细粉煤灰(用于模拟胶泥层);最上面为4 cm的粗粉煤灰。试验段以外,不分层,采用粗粉煤灰铺制。

进口含沙量控制在500 kg/m³,水面比降J与床面比降一致,按4‰控制,通过阀门调节进口流量来判断试验可能在哪一流量级出现"揭河底"现象。试验步骤如下:

(1)初始流量控制为20 L/s。观察判断床面变化情况,水槽两边壁是否发生淤积,同时对主要参数(水位、进出口含沙量、试验段含沙量、流速)进行测量,此过程时间控制在15 min左右,观察到河床没有发生"揭河底"现象。

(2)流量调至25 L/s,J按4‰控制,步骤同(1)。判断床面变化,若无发生"揭河底"现象,则继续增加流量,此过程时间控制在10 min左右。

(3)流量调至30 L/s,J按4‰控制,步骤同(1),观察试验情况。

(4)将流量调至最大,观察试验情况。

2.试验结果及认识

此次铺制的极细沙用于模拟的胶泥块有6 m之长,铺沙的方式也是直接把细粉煤灰沙(干的)均匀地铺在粗沙层上面,厚度为4 cm,试验中发现在当时的试验条件下细沙并没有发生固结。由此,我们推测可能是由于铺制极细沙的长度太长,且上面还铺制了一层4 cm的粗沙层,这使得极细沙层在短时间内来不及固结,就被水流冲走了,导致试验最终并没有出现"揭河底"现象。

虽然试验失败,但我们却进一步加深了对这一问题的认识。原型上小北干流河段虽然分层淤积,但落淤后,胶泥层并不是完全连续。在试验水力条件下,要想把胶泥块整体揭起,很难达到这样的水流条件。所以,铺沙的时候,不应采用连续铺干沙的办法,且分层时很难模拟太多的泥沙分层,所以没有必要铺太多层次。

(二)第二组预备试验

1.试验过程

吸取第一组预备试验的经验,本次试验段地形铺制采用隔段分层铺的方法,且为了便于研究,此次试验不再分三层,而是直接分成粗粉煤灰和极细粉煤灰两层。将试验水槽的 7 ~ 8 m,11 ~ 12 m,15 ~ 16 m 作为试验段,试验段最底层铺制 45 cm 厚的粗粉煤灰,最上面一层为 4 cm 极细粉煤灰。非试验段均铺粗粉煤灰。进口含沙量按 300 kg/m³ 比降控制,床面仍按 4‰ 比降控制。

由于上次试验极细沙没有得到固结,此次改变了铺制方法。具体操作办法是,在试验段先铺好粗粉煤灰,周围也铺制成粗粉煤灰。在欲设固结形成胶泥块的位置,先不铺极细粉煤灰,而是预留一定的空间。将细粉煤灰倒在盛着水的桶里(桶直径 0.4 m,高 0.8 m),含沙量约 800 kg/m³,用搅拌器充分将其搅拌均匀,再将其浇筑在水槽预留的空间内。浇好的极细粉煤灰约 3 h 后,就逐渐固结成胶泥块。

试验步骤与第一组预备试验相同。

2. 试验结果及认识

此次试验,细沙在试验过程中发生了固结,但由于固结块有 4 cm 厚,在试验水流条件下并没有将胶泥块揭起,没有成功模拟真正意义上的"揭河底"现象。但用手触摸胶泥块前端,水流已将底部一般床沙冲走,胶泥层已呈悬臂状。

从本次试验我们得出,胶泥层不宜铺的太厚,应与试验水槽的水流条件相适应,可控制在 4 cm 以下,厚度可以尝试 1 ~ 2 cm,且胶泥块也不宜铺得太大。

在两组预备试验中,都没有成功模拟"揭河底"现象,但却带给了我们很多的启示和经验。

其中,第一组水槽试验,利用粗细不同粉煤灰成层铺制的方法对河床地形进行了前期制作,当时采用的是干粉煤灰直接铺在粗沙层上,而后又利用水浸的方法,力图模拟"揭河底"现象中从河底揭起并露出水面的胶泥块,但经过试验证明成段铺的极细粉煤灰很难发生大块的絮凝固结,难以形成胶泥块,也就使得"揭河底"现象发生的前提条件再不具备了。

第二组试验,改变了铺沙制作工艺,通过事先对极细粉煤灰加水充分搅拌,再铺制在预留的空间上,能使胶泥块固结充分,但由于铺的细粉煤灰太厚,试验的水流能量达不到,仍未能将"胶泥块"揭起,似乎存在水流掀动力不足的问题。

(三)第三组预备试验

1. 试验过程

第三组"揭河底"预备试验在前两组预备试验的基础上,对试验方案进一步进行了改进。由于上次试验极细沙没有得到固结,此次改变了初始地形铺制的方法。具体操作如下,在全试验段先铺好粗粉煤灰,在欲想固结形成胶泥块的位置,先不铺极细粉煤灰,而是预留一定的空间。按第二组预备试验的方法,极细粉煤灰铺制前,先将其倒在盛着水的桶里用搅拌器充分搅拌均匀,再将其浇筑在水槽预留的空间内。铺好极细粉煤灰约 3 h 后,就逐渐固结成胶泥块,如图 5-3 所示。固结后的胶泥块共 31 处,在水槽中的分布位置参见图 5-4,尺寸见表 5-4。

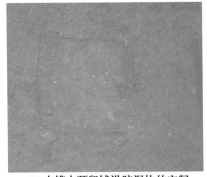

(a) 水槽中预留铺设胶泥块的空间　　　　　(b) 成型后的胶泥块

图 5-3　极细粉煤灰固结的情况

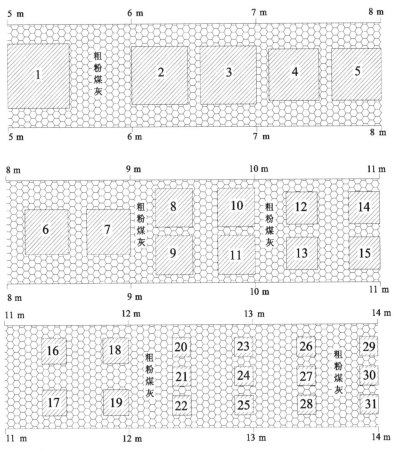

图 5-4　胶泥块设计铺设位置

表5-4 胶泥块尺寸

胶泥块序号	长（m）	宽（m）	厚（cm）	胶泥块序号	长（m）	宽（m）	厚（cm）
1	0.50	0.50	0.5	22	0.15	0.15	0.5
2	0.45	0.45	0.5	23	0.15	0.15	1.0
3	0.45	0.45	1.0	24	0.15	0.15	1.0
4	0.40	0.40	0.5	25	0.15	0.15	1.0
5	0.30	0.30	1.0	26	0.15	0.15	1.0
6	0.35	0.35	0.5	27	0.15	0.15	1.5
7	0.35	0.35	1.0	28	0.15	0.15	1.5
8	0.30	0.30	1.0	29	0.15	0.15	2.0
9	0.30	0.30	0.5	30	0.15	0.15	2.0
10	0.30	0.30	1.0	31	0.15	0.15	2.0
11	0.30	0.30	1.5	32	0.10	0.10	0.5
12	0.25	0.25	1.0	33	0.10	0.10	0.5
13	0.25	0.25	0.5	34	0.10	0.10	0.5
14	0.25	0.25	2.0	35	0.10	0.10	1.0
15	0.25	0.25	1.5	36	0.10	0.10	1.0
16	0.20	0.20	1.0	37	0.10	0.10	1.0
17	0.20	0.20	0.5	38	0.10	0.10	1.5
18	0.20	0.20	1.5	39	0.10	0.10	1.5
19	0.20	0.20	2.0	40	0.10	0.10	1.5
20	0.15	0.15	0.5	41	0.40	0.40	1.0
21	0.15	0.15	0.5	42	0.30	0.30	1.0

2.试验结果及认识

控制水槽床面比降为4‰,进口水流含沙量为100 kg/m³。当流量达到30 L/s 流量级时,在试验段的11 ~ 12 m(此试验段胶泥块的铺设情况如图5-5所示),一块长、宽、厚分别为20 cm、20 cm、2 cm 的黏性泥块被高含沙水流揭起后悬浮到水面,随后被水流冲向下游直至消失,当时胶泥块的平均流速达到 0.3 m/s(见表5-5)。这一现象与原型中出现的"揭河底"现象极为相似,参与试验的所有人员对此也兴奋不已。当时试验过程中因只有一人手持摄像机、一人手

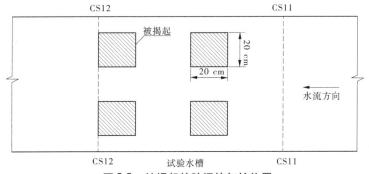

图5-5 被揭起的胶泥块初始位置

持照相机分别对试验情况进行抓拍和录制,胶泥块揭起来很快又倒入水流中,时间极为短暂,试验人员当时措手不及,很遗憾,没有留下第一次室内成功模拟"揭河底"现象的影像资料。

这一组试验的成功基本证明了我们试验的设计思路和试验方法是正确的,为后续的正式试验奠定了可靠的基础,也为我们开展系列"揭河底"冲刷、认清"揭河底"冲刷过程树立了信心。根据预备试验观测的数据结果,我们计算了水流掀动能力相似比尺 λ_{η_E},其值约为1.06,基本满足 $\lambda_{\eta_E}=1$ 的相似条件。

表5-5 不同胶泥块在不同水流条件下状态对应表

胶泥块序号	流量（L/s）	平均流速（m/s）	比降 J（‰）	块湿密度（kg/m³）	浑水密度（kg/m³）	厚度 d（cm）	状态
22、32	20	0.25	4	1 460	1 100	0.5	被冲散
23	20	0.25	4	1 460	1 100	1.0	揭未露
27	20	0.25	4	1 460	1 100	1.5	揭未露
19	25	0.27	4	1 460	1 100	2.0	未揭
19	27	0.28	4	1 460	1 100	2.0	未揭
19	30	0.29	4	1 460	1 100	2.0	揭底

四、正式试验

（一）第一组正式试验

1. 试验前期准备情况

在前三组预备试验的基础上,对"揭河底"现象有了更进一步的认识。这次试验是我们开展"揭河底"现象模型试验的第一组正式试验。第三组预备试验中胶泥块较小,铺得较密,不利于试验的观测,而且前面发生"揭河底"以后对后面胶泥块的揭掀水沙条件影响也太大,因此本组试验拟对第三组预备试验进行优化处理。粗粉煤灰铺的厚度与第三组相同,在粗粉煤灰上填充极细粉煤灰,仍采用第二、三组预备试验铺制极细粉煤灰的办法,铺制的极细沙层仍以方形为主,预留的铺沙位置均位于水槽中央。细粉煤灰经过充分搅拌,填充至预留的空间,3 h后,细粉煤灰固结成胶泥块。各胶泥块尺寸如表5-6所示。

表5-6 细粉煤灰铺制后形成的胶泥块相应尺寸

胶泥块序号	长（m）	宽（m）	厚（m）	胶泥块序号	长（m）	宽（m）	厚（m）
1	0.40	0.40	0.02	5	0.25	0.25	0.02
2	0.40	0.40	0.01	6	0.25	0.25	0.02
3	0.30	0.30	0.02	7	0.20	0.20	0.02
4	0.30	0.30	0.01	8	0.20	0.20	0.01

极细粉煤灰铺置后,固结形成的胶泥块在水槽中的位置分布如图5-6所示。

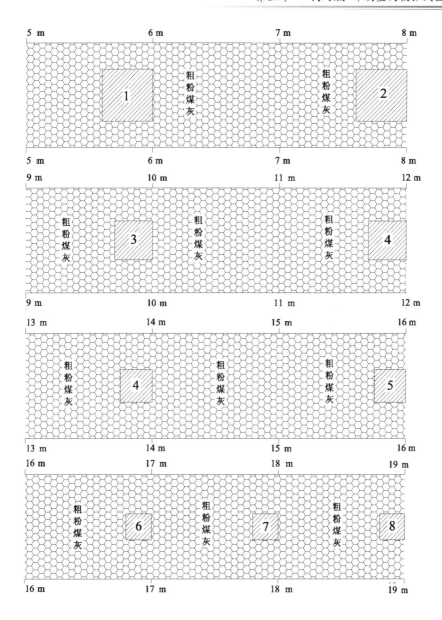

图 5-6 固结的胶泥块在水槽中的分布情况

2.试验过程

利用粗细不同的粉煤灰分层铺制初始地形之后,试验人员先洒一定量的水,让水槽内河道上的粉煤灰充分浸透。与此同时,试验人员开始在 $1^{\#}$ 搅拌池内配沙,此次搅拌池内粉煤灰 d_{50} 为 0.02 mm 的较细粉煤灰,进口含沙量约为 100 kg/m³。地形铺制完成约 20 h 后,开始准备放水试验,并特别对摄录像设备进行了充分的准备,共准备了三架摄像机,分别安装在三角架上,沿着水槽依次排列,对有胶泥块的重点试验段进行不间断地摄录。

试验放水开始前,水槽中细粉煤灰的固结情况见图5-7。

图5-7 细粉煤灰固结的情况

试验开始利用阀门控制水槽进口流量20 L/s,浑水含沙量100 kg/m³。水槽内的水位和流态平稳,只有局部铺有胶泥块的前端,水流紊动比较剧烈。试验人员用手去探摸这些水流紊动比较剧烈的位置,发现黏性胶泥块前端较粗的一般粉煤灰颗粒已经开始被水流淘刷,胶泥块前缘部位形成一个较小的冲刷坑,但胶泥块并没有被冲散。

这种情况持续了10 min后,发现水槽内胶泥块并没有被揭起,于是又将进口流量调至25 L/s。随着流量的增加,水槽内的水流状态也发生了相应的变化,胶泥块的前端的冲刷坑进一步增大,但是仍没有"揭河底"现象发生。将流量继续增大,调至30 L/s,水槽中的平均流速为0.3 m/s,该流量级刚持续4 min,发现胶泥块前端的水流流态发生了显著的变化,水槽内出现一道水堤,不一会,厚度为2 cm的胶泥块5被水流揭起并露出水面,我们用录像机也录下了这一过程,提取出揭起瞬时的照片,见图5-8。此时,用手触摸发现铺制胶泥块位置已经形成了一个较大的冲刷坑,周围也相应地发生了局部冲刷;同时,水槽内铺的一些较薄的胶泥块也被揭走,但并没有露出水面,只是用手去探摸时才发现已经被冲走。最后,我们将流量逐渐增大至45 L/s,此时一些较大的胶泥块也被揭起露出水面。当铺制的胶泥块都被揭起完后,试验结束。

此次试验,留下了胶泥块揭起的全过程录像资料。被揭起的胶泥块特征参

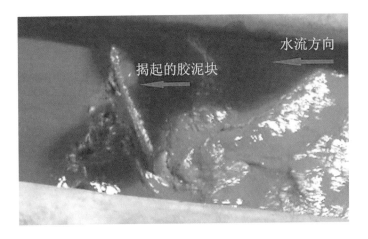

图5-8 试验放水时胶泥块从河底揭起瞬间情形

数如表5-7所示。

表5-7 胶泥块发生揭底时的水力参数

胶泥块序号	流量（L/s）	平均流速（m/s）	比降 J（‰）	块湿密度（kg/m³）	浑水密度（kg/m³）	厚度 d（cm）	状态
2	20	0.25	4	1 460	1 102	1.0	揭未露
8	20	0.25	4	1 460	1 102	1.0	揭未露
4	25	0.27	4	1 460	1 102	1.0	揭底
5	30	0.3	4	1 458	1 102	2.0	揭底

胶泥块1位于5～7 m，试验结束后，套绘了胶泥块前5 m及胶泥块后7 m断面处的地形变化情况，如图5-9所示。5 m处，整个断面发生了较强烈的冲刷，冲刷面积为484.9 cm²，其中沿主流方向冲刷最为严重，最大冲深为9.2 cm，其厚度远大于铺设的胶泥块厚度，因此很容易判断胶泥块的前沿完全悬空的可能是非常大的。悬空后下潜水流紊动程度会更加剧烈，并直接作用于胶泥层下部。当水流达到一定条件时就会把胶泥块揭起，发生"揭河底"现象。7 m处，整个断面也发生了较强烈的冲刷，冲刷面积为412.5 cm²，靠右边壁侧冲刷最为严重，最大冲深为8.8 cm。

胶泥块6位于17～18 m，套绘了17 m处和18 m处放水前后的地形情况（见图5-10），从图中也可以看出放水前后胶泥块周围发生了强烈冲刷。

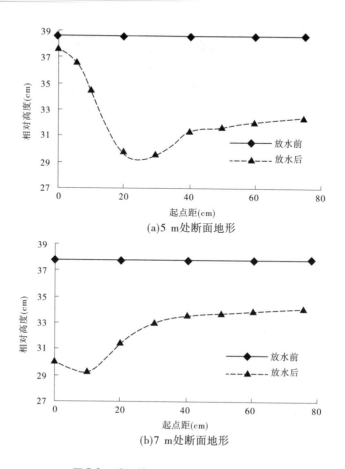

(a)5 m处断面地形

(b)7 m处断面地形

图5-9 胶泥块1试验前后地形变化情况

此组放水试验含沙量仅为 $100\ kg/m^3$,从图5-9和图5-10可以看出,胶泥块周围形成了较大的冲刷坑。另外,从试验过程来看,胶泥块即将被揭起前,揭底处水流的流态变化剧烈,使胶泥块逐渐地与周围河床松动脱离,当达到一定的条件时就可以使黏性胶泥块完全脱离周围河床的束缚,在含沙水流的作用下,胶泥块被揭起,甚至翻转露出水面,然后被冲向下游直至消失。

(二)第二组正式试验

第三组预备试验及第一组正式试验都发生了"揭河底"现象,且试验中发现揭起的胶泥块较多,但试验中铺的"胶泥块"都是矩形,为了验证其他形状胶泥块的揭掀情况,我们开展了第二组次的正式试验。此次试验中,增加了正方形、椭圆形、圆形等形状各异的胶泥块。试验初始地形铺制方法与第一组正式试验相同。水槽床面比降仍按 4‰ 控制。上层铺的极细粉煤灰经过固结后,胶泥块的形状、所在水槽的相对位置及尺寸如图5-11所示。

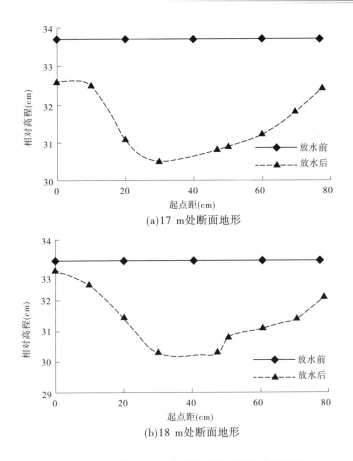

(a)17 m处断面地形

(b)18 m处断面地形

图5-10 胶泥块6和7试验前后尾部地形变化情况

此次试验放水的流量按20 L/s逐步增加到40 L/s控制,浑水含沙量控制在70 kg/m³左右。试验过程中发现,在流量为30 L/s时,圆形及椭圆形的胶泥块都已经被揭底了,但并没有看见其露出水面,而是用手去探摸的时候,才发现胶泥块已经不在了。在流量达到35 L/s时,6~7 m处铺的矩形胶泥块1被从水底揭起,并露出了水面,形成了典型的"揭河底"景象。其他的胶泥块也多处发生"揭河底",但大都被冲散成一些小的胶泥块,这些胶泥块揭起时也多未露出水面。这也印证了水文站工作人员所讲的话,"揭河底"现象发生的概率是很高的,只是程度不同,有的我们可以发现,并亲眼看到,大多揭起后可能以潜移形式随水漂流,不被人们所发现。在此,将相应各胶泥块揭底时的水力参数列于表5-8。

试验前后,对胶泥块前部的河床地形进行了测量,套绘结果如图5-12所示。

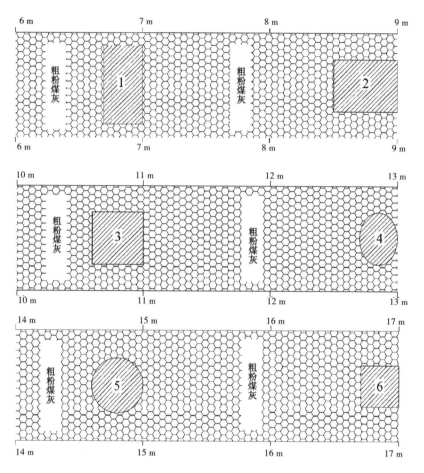

图 5-11　固结后的胶泥块形状、位置及尺寸情况

表 5-8　相应各胶泥块揭底时的水力参数

胶泥块序号	流量（L/s）	平均流速（m/s）	比降 J（‰）	块湿密度（kg/m³）	浑水密度（kg/m³）	厚度 d（cm）	状态
4	30	0.29	4	1 455	1 050	2.0	揭未露
5	30	0.29	4	1 455	1 050	2.0	揭未露
1	35	0.35	4	1 455	1 050	2.5	揭底
6	35	0.35	4	1 455	1 050	2.5	揭未露

从图 5-12 中可以看出,每一个胶泥块的前部,都有局部位置发生了一定程度的淘刷。如 6.7 m 处胶泥块的左边发生了淘刷,10.5 m 处胶泥块前部整体都发生了淘刷。从 14.6 m 及 15 m 的地形变化可以看出,水槽边壁发生了一定量的淤积,此处河床被束窄,与原型中"揭河底"后形成的窄深河槽极为相似。从这点可以看出,窄深河槽的形成增大了河流的流速,有利于"揭河底"现象的发生。

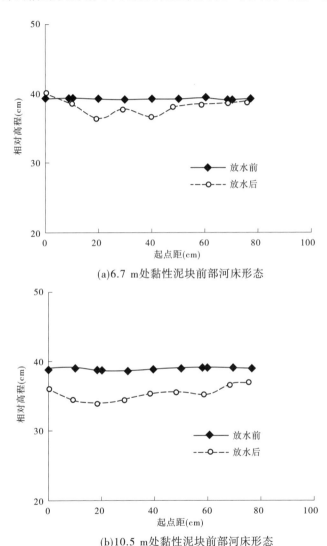

(a)6.7 m 处黏性泥块前部河床形态

(b)10.5 m 处黏性泥块前部河床形态

图 5-12 胶泥块前地形变化情况

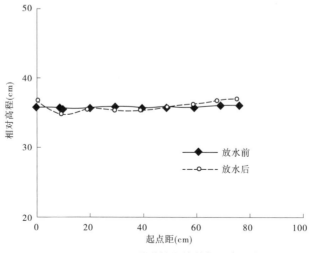

(c)14.6 m处黏性泥块前部河床形态

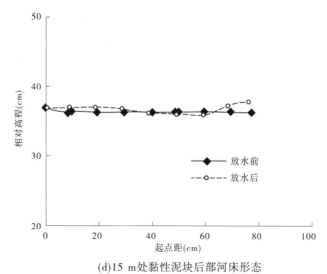

(d)15 m处黏性泥块后部河床形态

续图 5-12　胶泥块前地形变化情况

在满足模型试验的基本相似条件和模型沙选择的基础上,我们通过探讨"揭河底"模拟的河床物质层理淤积结构相似条件、"胶泥层"力学特性相似条件、水流掀动能力相似条件;探索了"揭河底"冲刷模型试验技术,为弥补原型实际现象观察不足与实测资料跟随性较差,提供了切实可行的研究方法。进而,利用概化模型,首次成功复演了真正意义上的"揭河底"现象,可以更加直观、近距离观察"揭河底"发生前、中、后详细的动态过程,同时验证了构建的"揭河底"物理图形的正确性。继而,通过多组次"揭河底"正式冲刷试验,测取了相关跟随性较强的试验资料,为"揭河底"冲刷临界指标的确定奠定了基础。

第三节 "胶泥块"底部上举力模拟试验

由于"揭河底"现象发生的随机性与复杂性,加之观测其发生的概率本身就比较小,因此根本无法实现现场观测"揭河底"冲刷"胶泥块"底部上举力大小。前面成功开展的"揭河底"模拟试验为进一步深入研究"揭河底"现象有关问题奠定了基础。而想要真正揭示"揭河底"现象发生的机理,最重要的就是要能够对胶泥块底部的受力过程进行实时的量测。然而,高含沙"揭河底"水力因素的同步测量是水利量测的一个难题;如何选择并布设传感器测量胶泥块底部压力情况,并尽量减小仪器对水流结构的影响也是本项目拟解决的关键问题之一。为此,在"948"项目验收后,项目组并没有停止对这一问题的探索,而是对国内外的传感器进行了选型调研,要求布置在胶泥块底部的传感器应非常薄。最后通过多地走访,认为美国 Tekscan 公司的薄膜压力传感器比较适合,该传感器外观非常薄,能够直接贴在胶泥块的底部,同时,该仪器能够对整个胶泥块底面的受力进行测试,这样在理论上能够满足试验需求。在此基础上,我们申请了水利行业科研专项项目,并在此项目资助下开展了"揭河底"现象胶泥块底部受力过程的测量研究。

一、仪器选配

试验中进行的量测需要压力传感器插入胶泥块与河床组成的几乎完全相贴为一个整体的平行面中,测量胶泥块底部的水流上举力,这就要求该压力传感器具有足够的薄度、测量精度、灵敏度、足够的韧性,并且对水流的干扰作用小至可以忽略。经过对各型号传感器的调研,美国 Tekscan 公司生产的片状薄膜式压力传感器(见图5-13)能够完全贴于整个胶泥块底部,几乎可以监测到胶泥块底部每一点所受的压力,传感器精度的误差值在5%以内,能够保证试验中数据采集的精度。

片状薄膜传感器表面有2 000多个测点,厚度只有0.1 mm,而且基底是柔性薄膜材料,柔软轻薄,不影响原来的接触环境,从而测量2个接触面之间的接触压力面与压力分布,可以真实测量到2个接触面的压力变化和整个接触面的压力分布情况,从而更好地进行受力过程分析。这就可以方便地将其放置于胶泥块底部受力区,并利用 I－Scan 监测系统精确监测"揭河底"发生时胶泥块底部产生的上举力。片状薄膜压力传感器的原理是当传感器的感应部分,即压阻材料位置受到压力,其电阻发生改变,受到压力后电阻与压力变化成反比例关

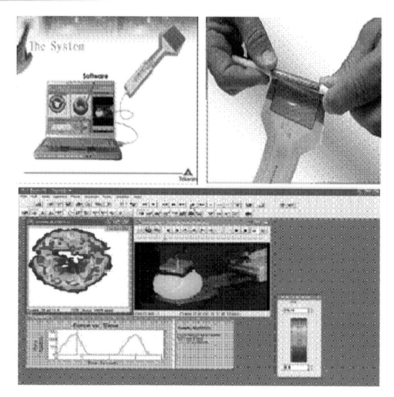

图 5-13　片状薄膜压力传感器及量测系统

系,通过测量电阻的变化,转换受力变化,最终来反映胶泥块底部压力的变化,从而分析出胶泥块底部的水流上举力变化过程,寻找揭掀而起的临界状态,为理论研究做好准备。

二、仪器布置

在模型试验中,胶泥块是采用极细粉煤灰模拟的,往往将搅拌均匀的利用极细粉煤灰(中值粒径小于 0.01 mm)制成含沙量为 800 ~ 1 000 kg/m³ 的浆体,逐渐倒入水槽床面上预留空间,通过一定时间的固结,由极细粉煤灰制成的浆体逐步形成胶泥块。如果通过薄膜传感器直接放到胶泥块底部对其测量,由于其传感器无法完全与胶泥块的底部进行结合固定,测量的压力不能准确地反映胶泥块底部实际情况。为了能够更好地量测胶泥块底部的受力情况,本次试验中采用有机玻璃块来模拟胶泥块,其底部可以很容易地布置片状薄膜压力传感器,而且两者可以贴敷在一起。为了达到与试验中"揭河底"情况的类似,通过有机玻璃块内加入铅丝,对其进行配重,使其容重等于胶泥块的容重,以更好地模拟胶泥块的重量。此外,在连接传感器的数据线时,顺水流方向布设,并从胶泥块的后侧面引出数据线,以尽量减少数据线对水流的干扰。由于选取 12 cm × 12 cm 大小的片状薄膜压力传感器,本次试验中,在水槽中布置大小为 20 cm × 15 cm × 1.5 cm,且容重等于胶泥块容重的有机玻璃块,以保证传感器的有效测力面积。片状薄膜压力传感器放置与压力传感器布置系统图如图 5-14 及图 5-15 所示。

图 5-14　片状薄膜压力传感器放置

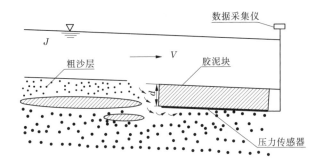

图 5-15　压力传感器布置系统图

三、试验系统设计

由于原"花园口至东坝头河工模型试验厅"被拆除,本次试验的水槽重建于黄科院北郊"模型试验"基地的"小浪底至陶城铺河工模型试验厅"内,水槽长 31 m、宽 1 m,其中水槽进口段长 3 m,出口长 1 m,如图 5-16 所示。试验系统的进口利用潜水泵抽水,流量最大可达 50 L/s,进口流量采用电磁流量计控制。水槽进口、试验段、尾门的水位由测针测量。试验采用平板式闸门控制,水出闸门后进入退水池,通过浑水回水管路随即就流入东搅拌池,利用潜水泵将回水抽入西搅拌池,从而构成整个试验循环系统。试验水槽其他主要设备见图 5-17 所示。

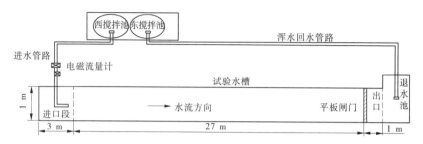

图 5-16　试验水槽布置图

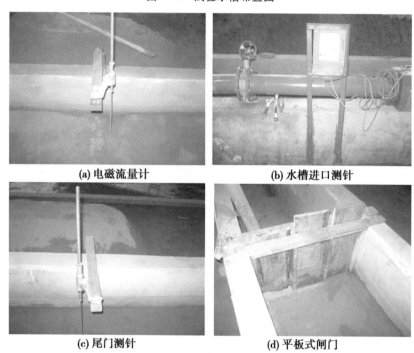

(a) 电磁流量计　　　　　　　　　(b) 水槽进口测针

(c) 尾门测针　　　　　　　　　　(d) 平板式闸门

图 5-17　试验水槽其他主要设备

在项目组前期成功模拟"揭河底"水槽试验现象的基础上,本次试验一次成功床面试验的,床面比降仍按4‰铺设,铺设厚度为45 cm 以上的粗颗粒粉煤灰(中值粒径约为0.05 mm)以模拟原型河床上的粗沙层,在粗沙层上预留"胶泥块"设计尺寸大小的空间。"揭河底"胶泥块底部水流上举力的大小是否能够促使胶泥块揭掀而起与预置胶泥块的大小密切相关,预置的胶泥块长度取30 cm、20 cm、15 cm、12 cm,宽度取15 cm、12 cm、10 cm,厚度取2 cm、1.5 cm、1 cm,共铺设18 块胶泥块与有机玻璃块,并将底部布设有12 cm×12 cm 片状薄膜压力传感器的20 cm×15 cm×1.5 cm 的有机玻璃块铺设在水槽顺水流向的16 m 位置处。水槽试验中布置的胶泥块及水槽整体情况如图5-18 及图5-19 所示。

图 5-18　试验中布置的胶泥块

图 5-19　试验水槽整体情况

四、试验概况

试验开始利用电磁流量计控制水槽进口流量 20 L/s,浑水含沙量 250 kg/m³。水槽内的水位和流态平稳,用手去探摸有机玻璃块的前端,发现其前端较粗的一般粉煤灰颗粒已经开始被水流淘刷,有机玻璃块的前缘部位形成一个较小的淘刷坑,但并没有被揭起。

这种情况持续了十几分钟后,有机玻璃块仍然没有被揭起,继而又将进口流量调至 30 L/s。随着流量的增加,水槽内的水流状态也发生了相应的变化,将流量调至 40 L/s,有机玻璃块虽然没有揭起,在水槽中一块胶泥块被瞬时揭起,如图 5-20 所示,停水后清晰可见胶泥块被揭起后留下的淘刷坑,如图 5-21 所示。

图 5-20　试验中胶泥块揭起状态

图 5-21　胶泥块揭起后留下的淘刷坑

随着流量的继续增加,布设有机玻璃块的前端水流剧烈翻滚,可知其淘刷坑不断发展。将流量调至 50 L/s,持续约 10 min 左右,有机玻璃块模拟的胶泥块迅速被水流揭起,如图 5-22 所示,试验结束。

五、胶泥块底部上举力监测结果

本次试验选取的含沙量为 $S = 250$ kg/m³,胶泥块容重为 $\gamma_s = 16\,522.8$ N/m³,实测浑水容重为 $\gamma_m = 11\,034.8$ N/m³,流量从 5 L/s 逐渐变化至 50 L/s,并将 I－Scan 监测系统的采集频率设定为 20 Hz/s,通过片状薄膜压力传感器即

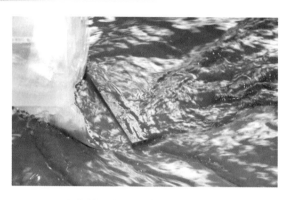

图 5-22 有机玻璃块揭起的瞬间

可实现对水流压力信号的实时采集,生成胶泥块底部水流上举力的监测数据。试验水槽放水共历时 5 703.09 s,每个受力区均监测到 114 108 个实时数据。

片状薄膜压力传感器测得的数据并不是有机玻璃块底部的脉动上举力,而是有机玻璃块所受到的合力,图 5-23 ~ 图 5-25 表示的是区域受力随流量的变化过程,其中胶泥块底部不同颜色表示不同的区域。从图 5-25 可以清楚地看出,胶泥块底部整个受力过程的变化情况。特别是对应采集到的实时数据,发现前期"胶泥块"底部压力逐步增大,至 2 000 ~ 4 750 s 期间,底部压力基本稳定在 1 400 左右波动,在有机玻璃块揭起的瞬间,整体受力与局部受力在相同时刻都有一个突变点,在该突变点之前,有机玻璃块底部所受压力呈随机的脉动趋势,有突变时有机玻璃块底部所受的力急速下降至受力过程的最低点,然而根据时间记录的对应性,该突变点即是有机玻璃块被揭掀而起的瞬间。

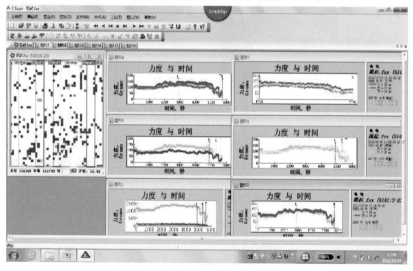

图 5-23 揭起时受力过程综合图

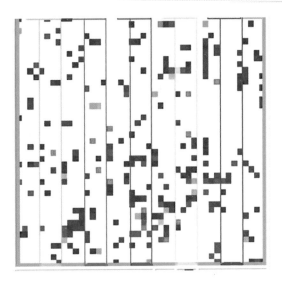

图 5-24　受力感应区图

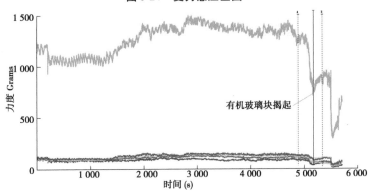

图 5-25　片状薄膜压力传感器整体受力与局部受力图

第六章

"揭河底"冲刷临界条件及判别指标

由前述构建的"揭河底"发生物理图形可知,"揭河底"冲刷这一个动态物理过程包括胶泥块形成过程、胶泥块底部逐渐淘刷过程、胶泥块失稳揭出过程、胶泥块翻出水面过程。基于以上章节对"揭河底"现象的认识,本章借鉴传统水力学闸底板失稳破坏过程中闸底板下水流脉动压力传播特征研究成果,创新性地引进瞬变流模型,揭示了"揭河底"现象发生过程中,胶泥块周围泥沙颗粒遭受水流淘刷、悬空,进而从河底揭掀而起的瞬时最大上举力产生原因,并给出了胶泥块底部瞬时最大上举力计算方法,提出了"揭河底"冲刷临界判别指标,并对不同"揭河底"冲刷表现形式下判别指标的关联性进行了分析,利用原型和模型跟随性较强的实测资料对判别指标进行了验证,统一了不同形式的判别条件,提高了公式的实用性。

第一节 基于瞬变流模型的 "揭河底"冲刷临界判别指标

在第三章,我们通过对"揭河底"冲刷现象发生时胶泥块的受力分析,得出了胶泥块从河底被揭起并露出水面的临界力学条件,为方便计,本章记为公式(6-1):

$$\int_0^{L_s} f(Q,S,B,J,h)\,\mathrm{d}l \geqslant (\gamma_s - \gamma_m)A\delta \tag{6-1}$$

上式左边项因水流紊动而产生的上举力 $F_d = \int_0^{L_s} f(Q,S,B,J,h)\,\mathrm{d}l$,是确定发生"揭河底"冲刷临界力学指标的关键因素。根据对"揭河底"表观现象的描述及相关理论探讨,本章将引入一个全新的模式,即基于瞬变流模型来计算瞬时上举力。

一、瞬时最大上举力成因及瞬变流模型

在"揭河底"冲刷机理研究中,我们借鉴刘沛清对闸底板下水流脉动压力传

播机理及特征等研究成果。刘沛清的研究成果表明,由于受水流紊动能的影响,闸板底部脉动压力的传播是由连续介质内的水力瞬变引起的,压力波的传播速度 C 很大,一般地 $C = 10^2 \sim 10^3$ m/s。"揭河底"冲刷过程中胶泥块的底部水流脉动压力传播与此相类似。

"揭河底"冲刷掀起的胶泥块一般角度为 $30° \sim 60°$,因此脉动压力波在任何时间点几乎瞬时传遍胶泥块底部,强烈的脉动水流搅入胶泥块底部形成较强的脉动压力并沿底部传播。而在胶泥块表面,水流的运动不受底部裂隙的约束,因而脉动压力传递速度应与载能涡漩的运移速度同量级,其数值远小于裂隙内脉动压力波的传播速度。这样胶泥块表面和底面的脉动压力波在传播过程中,时间上存在有滞后效应,因而在某一瞬时,胶泥块表面、底面的脉动压力,有可能出现相位不同,也有可能出现两个几乎互不相关、独立的脉动压力波,压力波在传播的过程中就可能会出现一个最大、一个最小的情况,这种强大的压差就会在胶泥块上形成强大的瞬时上举力,当其超过胶泥块重力时,就会促使胶泥块失稳并从河底揭掀而起。

对于脉动压力在底部的传播、上举力的产生及最大上举力的预测等问题,国内外许多学者从不同角度提出过诸多模型,例如 G. Rehbinder 提出的渗流模型,赵耀南、梁兴蓉等提出的水体振荡模型,Fiorotto 和 Rinaldo 提出的瞬变流模型。三个模型中瞬变流模型将底部水体作为脉动压力的传播介质,可模拟底部脉动压力急剧变化的特征,而被广泛采用。

Fiorotto 和 Rinaldo 在研究消力池内混凝土底板块体上的脉动上举力时,为探讨缝隙内脉动压力的传播特征,提出的瞬变流模型如图 6-1 所示。其中,X 为沿缝隙方向的坐标;p 为缝内任一点的压强;ρ 为水体的密度;ν 为运动黏滞系数;U 为水流速度;V 为缝内流速;测压管水头为 h。

我们借鉴 Fiorotto 和 Rinaldo 的研究思路,针对胶泥块冲刷过程水流

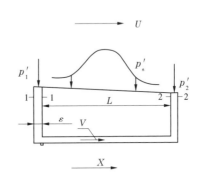

图 6-1 瞬变流模型

与压力分布示意图(见图 6-2),设胶泥块缝宽为 ε,胶泥块长为 L,缝内流速为 V,压力水头差为 h,则可得一维瞬变流方程为:

$$\frac{\partial V}{\partial t} + \nu \frac{\partial V}{\partial x} + g \frac{\partial h}{\partial x} + R(V)V = 0 \tag{6-2}$$

$$\frac{\partial h}{\partial t} + \nu \frac{\partial h}{\partial x} + \frac{C^2}{g} \frac{\partial V}{\partial x} = 0 \tag{6-3}$$

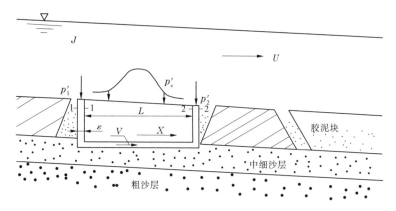

图 6-2　胶泥块冲刷过程水流与压力分布示意图

式中,g 为重力加速度;C 为脉动压力传播速度;$R(V)$($R(V) = \dfrac{\lambda}{4\varepsilon}|V|$,$\lambda$ 为沿程阻力系数;ε 为阻力参数。

二、瞬时最大上举力计算

(一)胶泥块底部脉动压力波的传播特征指标求解

对于各个时期脉动压力传播的特征,刘沛清等用下列方程表述。首先考虑胶泥块未晃动前的情况。如图 6-1 所示,设在某一瞬时,入口端 1—1 处突然感应到一个脉动压力场,$p'_1 = A\cos\omega t$,但出口端 2—2 处还未感应到,$p'_2 = 0$,则相应的定解问题为

$$\frac{\partial V}{\partial t} + \nu \frac{\partial V}{\partial x} + g \frac{\partial h}{\partial x} = 0 \tag{6-4}$$

$$\frac{\partial h}{\partial t} + \nu \frac{\partial h}{\partial x} + \frac{C^2}{g} \frac{\partial V}{\partial x} = 0 \tag{6-5}$$

初始条件:$p' = \gamma h \big|_{t=0} = 0, \nu \big|_{t=0} = 0$。

边界条件:入口端 $p'_1 = A\cos\omega t\,(t > 0)$,出口端 $p'_2 = 0$。

为便于求解式(6-2)、式(6-3),可根据脉动压力波的瞬变特征 $\partial h/\partial t \gg \partial h/\partial x$,$\partial V/\partial t \gg \partial V/\partial x$,并略去摩阻影响,方程组简化为

$$\frac{\partial h}{\partial x} + \frac{1}{g} \frac{\partial V}{\partial t} = 0 \tag{6-6}$$

$$\frac{\partial h}{\partial t} + \frac{C^2}{g} \frac{\partial V}{\partial x} = 0 \tag{6-7}$$

这是一组波动方程,其通解形式为

$$h(x,t) = F(t - x/C) + G(t + x/C)$$

$$V(x,t) = \frac{g}{C}\left[F\left(t - \frac{x}{C}\right) - G\left(t + \frac{x}{C}\right) \right]$$

式中，$F(\cdot)$ 和 $G(\cdot)$ 分别为顺波和逆波的波形函数。

波动方程还可以写成沿特征线的特征方程

$$\frac{dx}{dt} = \pm C \tag{6-8}$$

$$\frac{DV}{Dt} \pm \frac{g}{C}\frac{Dh}{Dt} = 0 \tag{6-9}$$

沿着特征线对式(6-9)积分，就可以得到 V 和 h 的特征解。

设在 t_1 时刻，脉动压力波位于 1—1 断面处，相应的水力要素为 h_1 和 V_1；在 t_2 时刻，压力波沿着 $\frac{dx}{dt} = C$ 方向运移至 x 处，此时此处相应的水力要素为 h_x 和 V_x，沿着 $\frac{dx}{dt} = C$ 方向积分，得

$$h_x = h_1 + \frac{C}{g}(V_x - V_1) \tag{6-10}$$

其中，$t_2 = t_1 + x/C$，当 $x = L$ 时，h_2 和 h_1 的关系为

$$h_2 = h_1 + \frac{C}{g}(V_2 - V_1) \tag{6-11}$$

考虑水体的连续性，可得近似关系为

$$V_x \varepsilon = V_x \varepsilon + \frac{d\varepsilon}{dt}x \tag{6-12}$$

将式(6-12)代入式(6-10)，得

$$h_x = h_1 - \frac{C}{g}\frac{x}{\varepsilon}\frac{d\varepsilon}{dt} \tag{6-13}$$

用 h_x 分别乘以式(6-13)两端，取时均值后有

$$\overline{h_x^2} = \overline{h_1^2} - \frac{C}{g}\overline{x(h_x + h_1)}\frac{1}{\varepsilon}\frac{d\varepsilon}{dt} \tag{6-14}$$

由于 $\sigma_x^2 = \gamma^2\overline{h_x^2} = \overline{p_x'^2}$，可得

$$\sigma_x^2 = \sigma_1^2 - \rho Cx(p_x' + p_1')\frac{1}{\varepsilon}\frac{d\varepsilon}{dt} \tag{6-15}$$

式(6-15)即为缝内任一点脉动压力的方差点与入口端脉动压力方差的关系。可见，缝内任一点的 σ_x 除与 σ_1 有关外，还与脉动压力的传播速度和胶泥层的晃动速度（$d\varepsilon/dt$）有关，胶泥块晃动越快，σ_x 消弱越明显，这一点在尤季茨基的试验中也有证实。

（二）瞬时最大上举力的计算

如图 6-2 所示，设某一瞬时，胶泥上表面脉动压强为 p_s'，胶泥块入口端的脉

动压强为 p'_1 ,因在裂缝内脉动压力波可认为是波形不变地瞬时传遍胶泥块底部,故胶泥块上由脉动压强产生的瞬时上举力(单宽升力)为

$$F'_L = p'_1 L - p'_s L_s \tag{6-16}$$

其中, L_s 为岩块表面脉动压强的积分尺度,求式(6-16)的方差,可得

$$\sigma^2_{F_L} = \sigma^2_1 L^2 + \sigma^2_s L^2_s - 2\overline{p'_1 p'_s} L L_s \tag{6-17}$$

由于胶泥块表、底面上脉动压力波传播速度相差很大,可认为 p'_1 与 p'_s 互不相关,有 $\overline{p'_1 p'_s} \approx 0$,代入式(6-17)得

$$\sigma^2_{F_L} = \sigma^2_1 L^2 + \sigma^2_s L^2_s \tag{6-18}$$

尤季茨基的试验表明,胶泥块上的脉动压强及脉动升力基本符合正态概率分布,故可能最大上举力为:

$$F_{\max} \approx 3\sigma_{F_L} = 3\sqrt{\sigma^2_1 L^2 + \sigma^2_s L^2_s} \tag{6-19}$$

对于 σ_1 和 σ_s 最不利的组合是: σ_1 取胶泥块表面的正脉动压强(认为瞬时传遍胶泥块底部),即 $\sigma_1 = \sigma_p$; σ_s 取胶泥块表面的负脉动压强,即 $\sigma_s = \sigma_{\min}$ 。将 σ_p 和 $\sigma_{\min}$ 代入式(6-19),有

$$F_{\max} = 3\sqrt{\sigma^2_p L^2 + \sigma^2_{\min} L^2_s} \tag{6-20}$$

σ_p 与 $\sigma_{\min}$ 具有同一量级,可令 $\sigma_{\min} = \alpha_p \sigma_p$ 。其中, α_p 为比例常数,一般地有 $0 < \alpha_p < 1.0$,式(6-20)可写成

$$F_{\max} = 3\sigma_p L \sqrt{1 + \alpha^2_p (L_s/L)^2} \tag{6-21}$$

上式即为胶泥块上可能出现的最大脉动上举力计算公式,对于底面面积为 A 的胶泥块,式(6-21)可写成

$$F_{\max} = 3\sigma_p A \sqrt{1 + \alpha^2_p (L_s/L)^2} \tag{6-22}$$

式中,可把 L_s 、 L 看成是最不利方向的尺度。应指出,式(6-21)与式(6-22)是在胶泥块底部被水流完全贯通情况下导出的,对于部分贯通的情况,可由下式计算

$$F_{\max} = 3\sigma_p \alpha_A A \sqrt{1 + \alpha^2_p (L_s/L)^2} \tag{6-23}$$

其中, $\alpha_A = A_c/A$ 为底部贯通系数; A_c 为底面贯通面积。实际发生"揭河底"时,可取 $\alpha_p \approx \alpha_A = 1.0$ 。但 α_p 的值取决于胶泥块表面脉动压强的特征,而 α_A 取决于水流的作用时间。

三、"揭河底"冲刷临界判别指标

根据上述分析,考虑"揭河底"冲刷最不利情况,取 $\alpha_p = 1.0$, $\alpha_A = 1.0$,此时最大上举力为

$$F_{\max} = 3\sigma_p A \sqrt{1 + (L_s/L)^2} \tag{6-24}$$

将式(6-24)代入"揭河底"临界力学关系式(6-1)可得:

$$F_{\max} = 3\sigma_{\mathrm{p}}A \sqrt{1 + (L_{\mathrm{s}}/L)^2} \geqslant (\gamma_{\mathrm{s}} - \gamma_{\mathrm{m}})A\delta \tag{6-25}$$

进一步整理：

$$\sigma_{\mathrm{p}} \geqslant \frac{(\gamma_{\mathrm{s}} - \gamma_{\mathrm{m}})\delta}{3\sqrt{1 + (L_{\mathrm{s}}/L)^2}} \tag{6-26}$$

对于 σ_{p} 可以按下式进行整理，即

$$\sigma_{\mathrm{p}} = f(Q, \gamma_{\mathrm{m}}, B, h, J) \tag{6-27}$$

式中，Q 为流量；γ_{m} 为浑水密度；B 为河道宽度；h 为水深；J 为比降；g 为重力加速度。

按量纲分析，式(6-27)可改写成

$$\sigma_{\mathrm{p}} = \gamma_{\mathrm{m}}hJf\left(\frac{Q^2}{gB^2h^3}\right) \tag{6-28}$$

将式(6-28)中的 $f\left(\dfrac{Q^2}{B^2h^3}\right)$ 函数写成线性关系，整理得

$$\sigma_{\mathrm{p}} = \frac{k'\gamma_{\mathrm{m}}JQ^2}{gB^2h^2} = k'\gamma_{\mathrm{m}}JV^2/g \tag{6-29}$$

式中，k' 为系数；V 为水流的平均流速。

一般而言，"揭河底"处的水流处于强剪切紊动区，水流流动结构相当复杂。根据均匀紊流中的"冻结"紊流假设，脉动上举力的积分长度 L_{s} 可按下式计算：

$$L_{\mathrm{s}} = \alpha V_{\mathrm{b}}T \tag{6-30}$$

式中，α 为紊动特征系数（一般可取为 0.15）；V_{b} 为河底平均流速；T 为积分时间。

将式(6-30)代入式(6-26)，可得发生"揭河底"冲刷的临界判别条件：

$$\frac{3k'V^2J \sqrt{1 + (L_{\mathrm{s}}/L)^2}}{g\delta} \geqslant \frac{\gamma_{\mathrm{s}} - \gamma_{\mathrm{m}}}{\gamma_{\mathrm{m}}} \tag{6-31}$$

四、不同"揭河底"冲刷表现形式下判别指标关联性分析

在此，针对"揭河底"冲刷不同表现形式判别指标的关联性讨论如下。

（一）"揭河底"冲刷一般形式

"揭河底"冲刷常见的表现形式是胶泥块本身尺寸较大，胶泥块被水流掀起时能够露出水面。对于此种情况，可认为脉动压力的积分尺度近似等于胶泥块的几何尺度，即 $L_{\mathrm{s}} \approx L$。此时，"揭河底"冲刷发生的临界条件式(6-31)可变化为以下形式：

$$\frac{4.2k'V^2J}{g\delta} \geqslant \frac{\gamma_{\mathrm{s}} - \gamma_{\mathrm{m}}}{\gamma_{\mathrm{m}}} \tag{6-32}$$

进一步整理，可得发生此种"揭河底"冲刷形式的临界判别指标如下：

$$V^2 \geqslant \frac{(\gamma_s - \gamma_m)g\delta}{4.2k'\gamma_m J} \tag{6-33}$$

（二）"揭河底"冲刷潜移形式

对胶泥块的尺寸较小,被揭起后未能露出水面、顺水漂流这类"揭河底"现象,我们称之为"揭河底"冲刷的潜移表现形式。对于此种情况,可认为脉动压力的积分尺度远小于胶泥块的几何尺度,即 $L_s \ll L$。此时,"揭河底"冲刷发生的临界条件式(6-31)可变化为:

$$\frac{3k'V^2 J}{g\delta} \geqslant \frac{\gamma_s - \gamma_m}{\gamma_m} \tag{6-34}$$

进一步整理,可得发生此种"揭河底"冲刷形式的判别指标如下:

$$V^2 \geqslant \frac{(\gamma_s - \gamma_m)g\delta}{3k'\gamma_m J} \tag{6-35}$$

（三）"揭河底"冲刷的极端形式

此种"揭河底"现象发生时,表现为全断面大规模的"揭河底"冲刷。对于此类情况,认为 $L_s \approx L$。此时,"揭河底"冲刷发生的临界条件式(6-31)可变化为:

$$V^2 \geqslant \frac{(\gamma_s - \gamma_m)g\delta}{4.2k'\gamma_m J} \tag{6-36}$$

从上面的推导中可以看出,不同"揭河底"冲刷表现形式时,其瞬时最大上举力 $F_{max} = (3 \sim 4.2)\sigma_p A$。也就是说,瞬时最大上举力 F_{max} 系数的变化区间为 $3 \sim 4.2$。

这一点与崔广涛的建议 $F_{max} = (3 \sim 4)\sigma_p A$,基本吻合;与刘沛清通过试验得到的结果 $F_{max} = (2.5 \sim 4.2)\sigma_p A$,也基本一致。由此基本可以说明,本次研究提出的式(6-31)具有普遍意义,具有较强的适应性和实用性。

（四）"揭河底"冲刷临界判别指标的统一形式

"揭河底"冲刷不同表现形式下,其临界判别指标的形式基本一样。在此,将胶泥块的临界起动判别指标写成统一形式,即

$$K\frac{V^2 J}{g\delta} \geqslant \frac{\gamma_s - \gamma_m}{\gamma_m} \tag{6-37}$$

式中,K 为系数;V 为平均流速,m/s;J 为比降(‰);g 为重力加速度,m/s²;γ_s 为胶泥块的湿密度,kg/m³;δ 为胶泥块的厚度,m;γ_m 为浑水密度,kg/m³。

该公式与张瑞瑾所提出的公式 $K\dfrac{V^2}{g(A\delta)^{\frac{1}{3}}} \geqslant \dfrac{\gamma_s - \gamma_m}{\gamma_m}$ 形式相近,但所含指标并不完全相同。本次建立的胶泥块揭掀临界判别指标式(6-37)中含有比降 J,而没有面积 A,这是非常符合实际和常理的。首先,比降越大,代表水流能量相应也越大,更容易发生"揭河底"冲刷,在公式中应给予考虑;至于揭起的胶泥块

的面积,在实际中往往很难判断,胶泥块的大小并不是揭与不揭的前提条件,关键是胶泥块所受到水流作用的上举力与作用其上的阻抗力之间的博弈关系。另外,需要说明的是 γ_m 其实已经隐含了含沙量的概念。

从式(6-37)可以看出,水流含沙量 S 越大时,γ_m 的值越大,则($\frac{\gamma_\mathrm{s}}{\gamma_\mathrm{m}} - 1$)的值就越小,此时胶泥块就容易起动;平均流速 V 越大时,胶泥块越容易起动;河床比降 J 越大时,胶泥块越容易起动;胶泥块的厚度 δ 越小时,胶泥块越容易起动。这些都符合人们的一般推断。

将式(6-37)进一步整理,可得"揭河底"冲刷临界流速的判别指标如下:

$$V^2 \geq \frac{(\gamma_\mathrm{s} - \gamma_\mathrm{m})g\delta}{K\gamma_\mathrm{m}J} \tag{6-38}$$

另外,由式(6-24)可见,当 $L_\mathrm{s} > L$ 时,$F_{\max}$ 更大,此时,脉动压强对 $F_{\max}$ 的影响显著增大。但随着胶泥块尺度 L 的变小,会导致相反的结果,这是因为 L 足够小时,如松散的泥沙颗粒,在颗粒表面、底面上传播的脉动压力波在时间上无法形成滞后效应,因而同一脉动压力波几乎瞬时传遍泥沙颗粒的四周,这样作用在泥沙颗粒上的脉动压力几乎是对称的,此时泥沙颗粒起动的上举力应由绕流产生,这也正是泥沙运动学中普遍采用绕流模型来分析泥沙颗粒起动的原因所在。

第二节　判别指标 K 值的确定与验证

一、判别指标 K 值的确定

回顾前面章节胶泥块的受力分析,假设胶泥块为一长方体,长为 L,宽为 b,厚度为 δ,胶泥块的面积为 $A = b \times L$,胶泥块的容重为 γ_s,胶泥块表面以上水深为 h,并假设胶泥块上面沉积有一粗沙层,厚度为 δ_1,容重为 γ_1'。此时流量为 Q,断面平均流速为 U,水面比降为 J,河道平均宽度为 B,含沙量为 S,浑水容重为 γ_m,g 为重力加速度,则胶泥块的受力情况如图6-3所示。

随着水流的不断作用,胶泥块的悬臂长度 l 逐步增大,当其所受的向上力矩大于等于向下的力矩时,胶泥块即被掀起,此时胶泥块的悬臂长度记为 L_s。L_s 的最大值即 L。考虑作用于胶泥块后部土体对其的阻抗力 F_1 和作用于胶泥块前端的水流推力 F_2,二者平衡($F_1 = F_2$),又考虑到原型河床比降较小,胶泥块重力垂直于水平面,其大小与其在胶泥块垂面上的力近似相等,据此可得胶泥块揭起或者说发生"揭河底"冲刷的临界力学条件为:

$$\int_0^{l_\mathrm{s}} (f_\mathrm{d} + P_2) l \mathrm{d}l \geq \int_0^{l_\mathrm{s}} (g_\mathrm{s} + P_1 + P_3 + f_\mu) l \mathrm{d}l \tag{6-39}$$

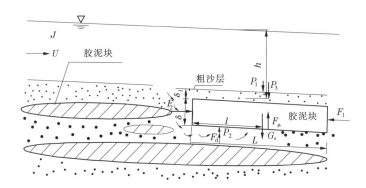

图 6-3 "揭河底"冲刷发生时胶泥块受力情况

式中,G_s 为胶泥块本身的重力,即 $G_s = \rho_s A\delta g$;F_μ 为胶泥块下面的泥沙与淤积的黏结力;P_1 为水流对胶泥块的压力,即 $P_1 = \gamma_m A(h-\delta)$;$P_2$ 为胶泥块下部水流对胶泥块的上浮力,即 $P_2 = \gamma_m A(h+\delta)$;$P_3$ 为因粗沙层的重力而产生的对胶泥块的压力,可用 $P_3 = \gamma'_s A\delta$ 表示。

在胶泥块被揭起的瞬间,我们可将式(6-39)力矩方程进一步简化为力的形式,其受力分析如图 6-4 所示。

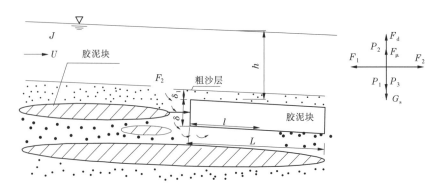

图 6-4 "揭河底"现象发生时胶泥块受力分析

将式(6-39)进一步整理可得:

$$F_d + P_2 = P_1 + P_3 + G_s + F_\mu \tag{6-40}$$

其中,F_d 为由于水流紊动而产生的上举力,它是一个随时间而变化的面积力,随着时间的发展,胶泥块底部淘刷长度的逐渐增加,F_d 也会因作用面积增加而增大,F_d 主要受 Q、S、B、J、h 等因素的影响,因此可将其表示为如下形式:

$$F_d = \int_0^{l_s} f(Q,S,B,J,h)\,\mathrm{d}l \tag{6-41}$$

式中,$f(Q,S,B,J,h)$ 为胶泥层单位长度所受的上举力。

将以上各式代入式(6-41),即可得到"揭河底"发生时胶泥块的受力关系:

$$\int_0^{l_s} f(Q,S,B,J,h)\,\mathrm{d}l = (\gamma_s - \gamma_m)A\delta + (\gamma'_s - \gamma_m)A\delta + F_\mu \tag{6-42}$$

随着冲刷历时的增加,上举力 F_d 越来越大,受载能涡漩及水流的扰动影响,胶泥块周围的粗颗粒泥沙相应起动,其上表面的泥沙颗粒逐渐被冲向下游,此时因粗沙层的厚度 δ_1 越来越小,对胶泥层的作用力 P_3 相应变小,胶泥块揭起的瞬间,胶泥块与下面泥沙层完全脱离或大部分脱离,胶泥块周围泥沙对此作用的黏结力也大大减小。为问题简化其见,胶泥块揭起瞬时,上面粗沙层及黏结力的作用可忽略不计,则胶泥块从河底被揭起并露出水面的临界力学条件可以表示为:

$$\int_0^{l_s} f(Q,S,B,J,h)\,\mathrm{d}l \geqslant (\gamma_s - \gamma_m)A\delta \tag{6-43}$$

通过已建立的临界力学公式,根据第五章胶泥块临界上举力检测试验得到的薄膜压力传感器所测资料(见图5-25),当胶泥块迅速被揭起时,监测到的胶泥块底部整体所受的合力为:

$$F = 0.749 \times 9.8 = 7.34(\mathrm{N})$$

胶泥块的上部水流压力为:

$$\begin{aligned} P_1 &= \rho_m A(h-\delta)g = \gamma_m A(h-\delta) \\ &= 11\,034.8 \times 0.12 \times 0.12 \times (0.18 - 0.015) = 26.22(\mathrm{N}) \end{aligned}$$

胶泥块下部水流对胶泥块的上浮力为:

$$P_2 = \gamma_m A(h+\delta) = 11\,034.8 \times 0.12 \times 0.12 \times (0.18 + 0.015) = 30.99(\mathrm{N})$$

胶泥块本身的重力:

$$G_s = \gamma_s A\delta = 16\,522.8 \times 0.12 \times 0.12 \times 0.015 = 3.57(\mathrm{N})$$

由于本次正式试验没有在水槽上方铺设粗沙层,所以忽略粗沙层的作用力,胶泥块被揭起的瞬间,周围泥沙对其作用的黏结力减小至可忽略不计。

因此,胶泥块所受的上举力为:

$$F_d = F + P_1 + G_s - P_2 = 7.34 + 26.22 + 3.57 - 30.99 = 6.14(\mathrm{N})$$

本次试验中,胶泥块从河底被揭起并露出水面时的临界力为:

$$(\gamma_s - \gamma_m)A\delta = (16\,522.8 - 11\,034.8) \times 0.12 \times 0.12 \times 0.015 = 1.19(\mathrm{N})$$

根据以上计算得出,胶泥块揭掀而起的瞬间满足:

$$F_d = \int_0^{l_s} f(Q,S,B,J,h)\,\mathrm{d}l = 6.14\mathrm{N} \geqslant (\gamma_s - \gamma_m)A\delta = 1.19(\mathrm{N})$$

同时,由前面的力学分析可知,上举力可以用式 $K\dfrac{V^2\gamma_m J}{g}$ 来表达,将上面计算的数值代入该式,得到 K 的数值约为0.206。为了研究方便,在此将 K 值初步定为0.2。

二、判别指标 K 值的验证

基于瞬变流模型,我们得到了"揭河底"不同表现形式下临界起动条件及判别指标式(6-37),为方便计,本节记为式(6-44):

$$K \frac{V^2 J}{g\delta} \geqslant \frac{\gamma_s - \gamma_m}{\gamma_m} \qquad (6\text{-}44)$$

为了便于表述,在此用 E' 表示"揭河底"发生的临界力学条件式(6-44)的左边项,即 $E' = K \frac{V^2 J}{g\delta}$;用 G' 表示式(6-44)的右边项,即 $G' = \frac{\gamma_s - \gamma_m}{\gamma_m}$。$E'$ 可代表水流的紊动强度,G' 代表淤积物的重力作用,"揭河底"发生的物理本质正是水流的紊动作用与重力作用的对比关系。当 $\frac{E'}{G'} \geqslant 1$ 时,说明水流的紊动作用占主导地位,此时在前期一定的河床条件下就发生"揭河底"冲刷。

需要进一步说明的是,在"揭河底"临界力学指标的建立推导过程中,计算瞬时最大上举力时引进了系数 K,从式(6-44)也可以看出,K 的临界值也可以看作 $\frac{\gamma_s - \gamma_m}{\gamma_m}$ 与 $\frac{V^2 J}{g\delta}$ 的比值,若令 $\Delta = (\frac{\gamma_s - \gamma_m}{\gamma_m})/(\frac{V^2 J}{g\delta})$,则 $K \geqslant \Delta$ 时,即发生"揭河底"冲刷现象;$K < \Delta$ 时,就不发生"揭河底"冲刷现象。

下面结合模型试验、小北干流防淤输沙渠等资料对系数 K 值进行验证。

(一)模型资料验证

由"揭河底"模拟试验第一组正式试验可知,当进口含沙量为 100 kg/m³,流量达到 30 L/s,平均流速为 0.3 m/s 时,厚度为 0.02 m 的胶泥块发生了"揭河底"现象。γ_s 为胶泥块的湿密度,实测密度值为 1 458 kg/m³;γ_m 为浑水密度,实测值为 1 102 kg/m³。

由第二组"揭河底"模拟试验可知,进口含沙量为 70 kg/m³,当进口河段流量达到 35 L/s,平均流速为 0.35 m/s 时,厚度为 0.025 m 的长方形的胶泥块 1 发生了"揭河底"现象,揭起的胶泥块的湿密度实测值为 1 455 kg/m³;浑水密度实测值为 1 050 kg/m³。

由第三组预备试验可知,当流量为 20 L/s 时,持续 15 min 后即发现在 14 ~ 15 m 和 16 ~ 17 m 试验段有胶泥块被揭起,说明已发生"揭河底"现象,但并没有露出水面,厚度分别为 1 cm、1.5 cm,而 0.5 cm 的胶泥块大都被冲散了。进口流量逐渐调大,当流量达到 27 L/s 时,2 cm 厚的胶泥块仍没有起动。达到 30 L/s 时,固结厚度为 2 cm 的胶泥块 10 已经被揭走,但由于胶泥块尺寸较小,都未能露出水面。

根据试验情况,我们对不同胶泥块揭起未露出水面、揭起露出水面、未揭起

等不同状态下的 Δ 值进行计算。各参数及计算 Δ 值见表6-1。

表6-1　"揭河底"试验中对 K 值的验证

流量 Q （m³/s）	平均流速 V （m/s）	比降 J(‰)	块厚 δ（m）	块湿密度 γ_s （kg/m³）	浑水密度 γ_m（kg/m³）	系数 Δ	块体 状态
0.03	0.3	4	0.02	1 458	1 102	0.18	揭底
0.035	0.35	4	0.025	1 455	1 050	0.19	揭底
0.02	0.25	4	0.01	1 460	1 100	0.13	揭未露
0.02	0.25	4	0.015	1 460	1 100	0.19	揭未露
0.025	0.27	4	0.02	1 460	1 100	0.22	未揭
0.027	0.28	4	0.02	1 460	1 100	0.21	未揭
0.03	0.29	4	0.02	1 460	1 100	0.20	揭底

由上表可以得出,0.2 为 Δ 的临界值。即当 $\Delta > 0.2$ 时,不发生"揭河底"; $\Delta < 0.2$ 时,发生"揭河底"。与上举力试验所建立的 K 值0.2一致。

(二)小北干流放淤输沙渠"揭河底"冲刷资料的验证

在小北干流放淤输沙渠内发生"揭河底"现象的时间为2004年8月11日5时35分左右。根据实测流量过程及输沙渠断面尺寸,并参照8月11日3时及9时的流速实测资料,推算"揭河底"时主流区平均流速 V 为2.6 m/s,当时输沙渠比降为0.6‰;据当时现场试验人员观察情况,揭起的胶泥块厚度为 15～20 cm,在此选取胶泥块的厚度为 0.18 m;γ_s 为揭起胶泥块的湿密度,在此取 1 870 kg/m³;γ_m 为浑水密度,可按下式计算,

$$\gamma_m = S + 1\,000\left(1 - \frac{S}{\gamma'}\right) \tag{6-45}$$

式中,S 为含沙量,kg/m³;γ' 为泥沙的干密度,kg/m³,当时输沙渠进口含沙量为 520 kg/m³,γ' 取 2 650 kg/m³,代入式(6-45),得浑水密度 γ_m 为 1 323 kg/m³。

此时,将各参数代入临界起动条件式,分别计算左右项可得:

$$K\frac{V^2 J}{g\delta} = 0.2 \times \frac{2.6^2 \times 0.6}{9.8 \times 0.18} = 0.46 \tag{6-46}$$

$$\frac{\gamma_s - \gamma_m}{\gamma_m} = \frac{1\,870 - 1\,323}{1\,323} = 0.41 \tag{6-47}$$

式(6-46)大于式(6-47),满足"揭河底"冲刷发生的临界条件。

（三）小北干流"揭河底"冲刷资料的验证

我们搜集了比较详细的龙门马王庙站 1964～1977 年"揭河底"的实测资料，现将各参数列于表 6-2，对原型实测"揭河底"冲刷资料进行验证。

表 6-2　原型"揭河底"冲刷实测资料

时间 （年-月-日）	V （m/s）	J （‰）	d （μm）	γ_s （kg/m³）	γ_m （kg/m³）	E'	G'	状态
1964-07-06	6.8	1.6	2.34	1 870	1 433	0.65	0.30	揭底
1966-07-18	8.6	2.53	7.55	1 870	1 581	0.51	0.18	揭底
1970-08-02	8.3	3.18	6.59	1 870	1 447	0.68	0.29	揭底
1977-07-06	10.7	0.72	4.05	1 870	1 359	0.42	0.38	揭底
1964-08-13	5	0.5	0.5	1 870	1 106	0.51	0.69	未揭

为了便于表述，在此采用 E' 表示临界起动条件关系的左项，采用 G' 表示临界条件的右项，即

$$E' = K\frac{V^2 J}{g\delta} \tag{6-48}$$

$$G' = \frac{\gamma_s - \gamma_m}{\gamma_m} \tag{6-49}$$

δ 选取时，因无法估计"揭河底"时的单块胶泥块的厚度，采用的是"揭河底"冲刷一般厚度。从表 6-2 中第 7 和第 8 列数据对比，我们可以看出 $E' > G'$ 时，就会发生"揭河底"冲刷现象，反之依然。通过小北干流原型河床开挖以及亲眼目睹"揭河底"冲刷现象的人描述，一般发生"揭河底"冲刷的胶泥块厚度为 0.5 m 左右。分析 1964 年 8 月 13 日资料时，河床胶泥层的厚度按 0.5 m 计，经过计算，此时不能满足"揭河底"的临界条件，原型中也未发生"揭河底"冲刷现象。

（四）"揭河底"冲刷判别指标合理性分析

综上，我们利用其他组次"揭河底"冲刷模型试验资料、2004 年小北干流放淤输沙渠内"揭河底"冲刷资料以及小北干流龙门站及马王庙河段发生"揭河底"冲刷资料对"揭河底"冲刷临界条件进行了验证。从验证结果来看，计算的临界判别条件能够反映是否发生"揭河底"，进一步说明了"揭河底"冲刷判别指标的合理性，验证资料列于表 6-3。

表6-3 "揭河底"冲刷临界力学条件判别参数表

资料来源	V (m/s)	J (‰)	δ (m)	γ_s (kg/m^3)	γ_m (kg/m^3)	E'	G'	状态
预备试验 3	0.25	4	0.01	1 460	1 100	0.51	0.33	揭未露
预备试验 3	0.25	4	0.015	1 460	1 100	0.34	0.33	揭未露
预备试验 3	0.27	4	0.02	1 460	1 100	0.30	0.33	未揭
预备试验 3	0.28	4	0.02	1 460	1 100	0.32	0.33	未揭
预备试验 3	0.29	4	0.02	1 460	1 100	0.34	0.33	揭底
正式试验 1	0.3	4	0.02	1 458	1 102	0.37	0.33	揭底
正式试验 2	0.35	4	0.025	1 455	1 050	0.40	0.39	揭底
放淤输沙渠	2.6	0.6	0.18	1 870	1 323	0.46	0.41	揭底
龙门站	6.8	1.6	2.34	1 870	1 433	0.65	0.30	揭底
龙门站	8.6	2.53	7.55	1 870	1 581	0.51	0.18	揭底
龙门站	8.3	3.18	6.59	1 870	1 447	0.68	0.29	揭底
龙门站	10.7	0.72	4.05	1 870	1 359	0.42	0.38	揭底
龙门站	5	0.5	0.5	1 870	1 106	0.51	0.69	未揭

利用上述数据,点绘相关关系如图6-5所示。

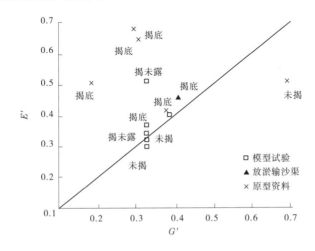

图6-5 "揭河底"冲刷临界条件验证图

从图中可以清晰地看出,当 $E' \geqslant G'$ 时,则发生"揭河底"冲刷现象,表现形式有揭起露出水面的,还有揭起未露出水面的;$E' < G'$ 时,则不发生"揭河底"冲刷现象。

通过系统分析小北干流"揭河底"冲刷实测资料发现,发生"揭河底"冲刷时,流量按 5 000 m³/s,含沙量按 400 kg/m³,此时取平均流速为 5 m/s。要在此条件下发生"揭河底"冲刷现象,其胶泥块的厚度可按临界判别条件计算得出:

$$\delta = 0.2 \frac{V^2 J}{g} \times \frac{\gamma_m}{\gamma_s - \gamma_m} = 0.2 \times \frac{5^2 \times 0.5}{9.8} \times \frac{1\ 249}{1\ 870 - 1\ 249} = 0.51(\text{m})$$

该值与现场调研时人们所述"揭河底"掀起的块体厚度有"半米左右"的说法相吻合。

特别值得说明的是,在图 6-5 中,模型试验资料和小北干流放淤输沙渠内的资料跟随性较好,所以点子分布在 45°线附近,而其他原型实测点子因其跟随性差而明显远离 45°线。

(五)韩其为公式的验证

前文已对韩其为有关"揭河底"冲刷现象的研究成果做了整理分析,在此利用模型试验数据、放淤输沙渠资料、原型资料等,对上述公式及韩其为公式进行进一步的验证比较。

韩其为通过大量的力学分析,给出了"揭河底"的起动流速公式,即

$$V_{b.c}^2(D_0) = 63.25 \frac{\lambda^{\frac{4}{3}}}{\lambda^2 - 4} \frac{\gamma_s - \gamma_m}{\gamma_m} D_0 \tag{6-50}$$

式中,$V_{b.c}(D_0)$ 为粒径 D_0 的单颗粒泥沙瞬时起动流速;λ 为土块的扁度;γ_s 为湿密度;γ_m 为浑水密度;D_0 为颗粒粒径。

将韩其为"揭河底"起动公式(6-50)以及本研究所建立的公式稍作变换,可得式(6-51)并进一步简化为(6-52):

$$\frac{(\lambda^2 - 4) V_{b.c}^2(D_0)}{63.25 \lambda^{\frac{4}{3}} D_0} = \frac{\gamma_s}{\gamma_m} - 1 \tag{6-51}$$

$$0.2 \frac{V^2 J}{g\delta} \geqslant \frac{\gamma_s}{\gamma_m} - 1 \tag{6-52}$$

式(6-51)及式(6-52)的左项均分别用 E' 代替,右项分别用 G' 代替。则可以看出,E' 表示"揭河底"发生的动力项,G' 为"揭河底"发生时胶泥块的重力项。E' 大于 G' 时,即发生"揭河底"冲刷现象。对比点绘的相关关系如图 6-6 所示,说明本文所建公式更优一些,同时也进一步验证了韩其为公式的适应性及扩展性。

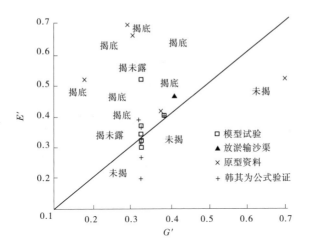

图6-6 韩其为公式验证结果

第七章

"揭河底"冲刷期胶泥块底部水流
紊动结构及传播机理

第三章研究了"揭河底"冲刷发展过程及物理图形,第四章通过土力学特性试验和胶泥层抗折试验,揭示了"揭河底"冲刷发生时胶泥层"揭而不散"的力学机理,提出了不同厚度胶泥层的抗折强度力学指标。本章将在第三、四章基础上,重点研究"揭河底"冲刷期胶泥块底部水流紊动结构及其传播机理。

本次系统研究过程中,通过精细的水槽试验,在对"揭河底"过程的仔细观察和深入分析基础上,我们有了新发现,并明确指出:胶泥层底部瞬时最大脉动上举力是发生"揭河底"冲刷的主要原因。关于胶泥层掀起的水流条件,过去的相关研究几乎全部采用水流的时均物理量来描述,鲜有人将"揭河底"与水流脉动或紊动涡联系起来,这一研究思路的创新成为"揭河底"冲刷研究历史上一个重大突破。这个突破口一旦打开,"揭河底"冲刷研究将出现崭新的局面。事实上,在相近的工程领域里,如桥墩冲刷、消力池底板破坏过程的研究中都有很多运用水流脉动和紊动涡的概念和原理的成功经验。本章借鉴这些研究成果,通过专门的水槽试验,系统地研究了"揭河底"冲刷过程中胶泥层底部紊动涡体的形成、发展和脉动能的传递规律,以及脉动上举力在掀起胶泥层的过程中所发挥的作用。

第一节　相关研究成果概述

前期"揭河底"机理研究试验成果分析认为,胶泥块底部水流的脉动上举力达到一定数值后就会导致胶泥块被揭掀而起。水流之所以能够产生巨大的脉动压力,是由于水流遇到紊源,即遇到边界及其他障碍时,将造成水流紊动的产生,紊流脉动流速的形成、发展,以及在这种形成、发展过程中的紊动能转变为脉动压力。近年来工程实践的需要,学术界对紊动结构的研究也广泛关注,如对桥墩、闸底板等水工建筑物周围水流紊动结构的研究都取得不少的成果,其中以刘沛清对闸底板"揭底"破坏的研究最为典型,闸底板底部下潜水流形成的脉动压力沿底板缝隙的传播虽与黄河"揭河底"冲刷破坏过程有所不同,但有很多相似之处,其研究思路和方法值得借鉴。

一、水流紊动基本理论与观测研究手段概述

(一)水流紊动的基本概念

紊动不是流体的物理性质,而是紊流的流动状态,这种流动状态中的紊动能会在界面上形成紊动的水压,即脉动压力。涡是形成紊流必不可少的元素,其中,大尺度的涡漩起着能量的输送作用,而能量的耗散则是由小尺度涡漩完成的。正是如此,对涡的运动情况进行研究就显得格外重要。流场中速度梯度的存在正是涡量场形成的源泉,可以用涡量场作为运动学物理量,进行有旋流动的描述,并且在某些时候,涡量场可能由许多个离散的小涡量相互集聚在一起组成涡街。涡的运动具有非常复杂的机制,但其对自然规律的探索、自然现象的认知以及工程实际应用都有巨大的意义,是《流体力学》中经久不衰的研究课题。

河道水流与平直的管道、棱柱体明槽流中的紊动结构,有着本质上的不同。具体表现在平直管道、棱柱体明槽的紊动结构虽然也是由大、中、小尺度紊动涡漩结合构成,但是这种构成方式不占主要地位,由小尺度涡漩所构成的紊动结构发挥着主导作用。而河道水流的紊动结构则由大、中、小尺度涡漩相互结合,其中的大尺度涡漩占有十分突出的地位。

紊源问题是水流紊动结构最基本的问题。管流以及明槽流,其紊源主要在临近管壁,或者槽壁的高流速梯度以及高剪应力强度区,该高流速梯度以及高剪应力强度区为小尺度紊动涡体的形成、发展提供最为有利的条件,同时容易在轻微的扰动下产生边界层的波动。边界层因受某种扰动及与接近边界区的大流速梯度和强剪力相联系的压力差的作用而产生的以高频率、小尺度紊动为主的紊动涡体,形成面积较广泛、结构比较单纯的紊流。这几种作用相互结合,待近壁的紊动涡体发展至一定的尺度后,加之紊动涡体受到的表面压力的非对称性(仅以近壁区为限),能够导致这些紊动涡体脱离边层水流,向管中心部位或明槽近表层部位飞去,故普兰特尔称这种近壁区为"涡体作坊"。如果离近壁区稍远,表面压力在垂向的非对称性便会丧失。在此,紊动涡体能继续在全流区中维持无规律、不规则的混掺运动,是与紊动的扩散作用紧密联系在一起的。以上所述紊源所提供的紊动涡体构成的水流紊动结构,最有可能的是各向同性的小涡体构成的紊动结构。在这种紊动结构中,涡体的大小自然不相同,脉动频率也有强弱的差别,脉动速度同样有高低不同,进而能量损失不一样,但是相同的是,它们在变化中的基本性质,遵循着一定的统计规律。

明渠紊流中的相干结构或拟序结构指流体质团有序的运动,分为猝发现象和大尺度漩涡运动体。猝发现象最初是美国斯坦福大学克兰教授的研究组在20世纪60年代使用氢气泡的流动显示技术观察到的,克兰等发现在靠近固体

壁面的黏性底层中,在平面上具有顺流向的高速带和低速带相间形成的带状流动结构。在黏性底层中低速带在向下游流动的过程中,其下游头部常缓慢上举,低速带与固体壁面间的距离逐渐增大,低速带与固体壁面之间产生横向漩涡。漩涡在流场的作用下将受到向上的升力作用,从而漩涡将顶托低速带使低速带上升。横向漩涡在向下游运行的过程中发生变形,成为马蹄形涡,或称 U 形涡。在克兰之后,许多学者研究了"猝发清扫"现象,在雷诺数某个变化范围内以及壁面糙率不同的情况下均可观察到紊流拟序运动。在粗糙床面上产生的紊流比在光滑床面上产生的要强烈得多,紊动随着粗糙体尺度的增加而趋向于各向同性。在沙砾河床有限水深情况下,A. kirkbride 研究了床面粗糙对紊流结构的影响。分析表明,从粗糙体顶部发生的涡漩宣泄是边界层中产生紊流结构的控制性机制。在相对粗糙度较高的情况下,水流结构外区的主体受涡漩宣泄制导,而边界层紊流结构内区在相对粗糙度较低的情况下就对"猝发清扫"比较敏感。在结构内区外缘与结构外区的主体之间可能有某种连续体。紊动能量是通过大尺寸涡漩之间强烈的相互作用从平均流动取得的,故紊动能量主要包含于拟序涡漩之中。

(二)水流紊动结构基本特性

水流的紊动结构主要是指紊动强度的分布,紊动强度是紊流最重要的动力特性量。脉动流速 u'_i 的均方根定义为紊动强度,即 $\sigma_x = \sqrt{\overline{u'^2_x}}$,其沿水流方向($x$)、垂直水流方向($z$)以及横向($y$)的计算公式为:

$$\left.\begin{array}{l} \sigma_x = \sqrt{\overline{u'^2_x}} = \sqrt{\dfrac{1}{n}\sum_{i=1}^{N}(u_{xi} - U_x)^2} \\[3mm] \sigma_y = \sqrt{\overline{u'^2_y}} = \sqrt{\dfrac{1}{n}\sum_{i=1}^{N}(u_{yi} - U_y)^2} \\[3mm] \sigma_z = \sqrt{\overline{u'^2_z}} = \sqrt{\dfrac{1}{n}\sum_{i=1}^{N}(u_{zi} - U_z)^2} \end{array}\right\} \tag{7-1}$$

式中,σ_x,σ_y 及 σ_z 分别是流体质点在 x,y,z 方向上的紊动强度,也就是我们通常说的 RMS;u'_x,u'_y,u'_z 分别是 x,y,z 方向上的脉动流速;N 为采样点个数;u_{xi},u_{yi},u_{zi} 为第 i 个质点的瞬时流速;U_x,U_y,U_z 分别为相应空间点在采样时段的平均流速。

现有的研究表明,紊动强度沿垂线分布情况一般遵循以下的规律:自水面向下紊动强度沿垂线逐步增加,在近壁处达到最大值,然后逐渐减小,并通过试验分析得出脉动流速情况以及流速梯度直接影响了紊动强度的大小,紊动强度随流速的增加而增加,在同一断面上,先随水深增加而增加,在边界层内区和外区交界面附近达最大值,然后迅速减小,到黏性底层接近 0。

垂向紊动强度沿垂线的分布与纵向紊动强度分布非常类似,即自水面向下紊动强度沿垂线逐步增加,在近壁处达到最大值,然后逐渐减小。

水流 x、y、z 三个方向上的紊动强度的平方和的一半即为单位质量水体的紊动能(TKE),其计算公式为:

$$TKE = \frac{1}{2}(\sigma_x^2 + \sigma_y^2 + \sigma_z^2) \tag{7-2}$$

式中, σ_x , σ_y 及 σ_z 分别表示水流在 x、y 及 z 方向上的单位质量的紊动强度。

由紊动能公式看出,水流的紊动能直接由水流在 x、y 及 z 方向上的紊动强度值所决定。

(三)泥沙对水流紊动的影响

人们对水流紊动的研究从来没有停止过,已有一百多年的历史,但迄今为止,相关理论仍然不够成熟,物理本质和形成机理也不是很清楚,在不同的条件下可能有一定的局限性。

紊动是由于河道水流受到内在或者外界干扰失稳而形成的,对于挟沙水流,泥沙随着水流不断运动、掺混,泥沙对紊动强度的影响究竟是怎样的,学术界存在较大的分歧。

在挟沙紊流中,不仅悬移质靠水流紊动、水团交换而悬浮,而且床沙的起动和推移质的运动也和近底部水流的紊速和脉动压力密切相关,所以挟沙水流的紊动特性,尤其是垂向紊动强度分布规律是十分重要的,一直引起很多科学家的重视。对挟带泥沙后水流紊动强度的变化,理论和试验研究存在三种观点,即紊动增加、紊动减小和在一定条件下紊动不变。

张瑞瑾、王兴奎、Bagnold 曾在水槽试验基础上,提出了在一般悬沙水流中,泥沙有"制紊作用"的观点,即悬移质的存在对紊动的形成和发展会起到一定的抑制作用,使紊动结构发生变化,紊动强度减弱,阻力损失降低。但也有许多学者持有不同观点,如 A. Muller、C. Elate 和 A. T. Ippen 的水槽试验则认为"紊动强度随含沙量增加而增大"。

挟沙水流和清水相比,黏性增大,悬移质的存在需要紊动来支持,即从水流的紊动能中取得一部分能量,使紊动减弱,但另一方面,若推移质颗粒较大,则加大了床面糙率,从而加大床面附近的水流紊动。

讨论清水、浑水紊动强度分布的前提是令这两者的摩阻流速相等,即 $u_* = u_{*s}$ (下标"s"代表含有泥沙后的浑水,也包括高含沙紊流),以保证在相同的水力条件下进行分析。根据理论分析,可以得到同时适用于光滑及粗糙壁面的紊动强度分布,即垂向紊动强度可以表示为:

$$\sigma_v = \sqrt{\frac{\pi}{2}} k_1 l_{1m} \frac{d\,\overline{u_x}}{dz} \tag{7-3}$$

式中，k_1 为比例常数；l_{1m} 为掺长的数学期望；u_* 为摩阻流速。

式(7-3)与国外学者 Grass 采用氢气泡法获得的试验资料也较为吻合，且形式简单。浑水时的垂向紊动强度可以表示为：

$$\sigma_{vs} = \sqrt{\frac{\pi}{2}}k_1 \left(l_{1m} \frac{\mathrm{d}\,\overline{u}_x}{\mathrm{d}z} \right)_s \tag{7-4}$$

由式(7-3)、式(7-4)可得出 $\dfrac{\sigma_{vs}}{\sigma_v} = \dfrac{\left(l_{1m} \dfrac{\mathrm{d}\,\overline{u}_x}{\mathrm{d}z} \right)_s}{l_{1m} \dfrac{\mathrm{d}\,\overline{u}_x}{\mathrm{d}z}}$，其中 $l_{1m} = \dfrac{1}{\sqrt{k_1 k_2}}l$，$l$ 为掺长，k_2 也

为比例常数，则 $\dfrac{\sigma_{vs}}{\sigma_v} = \dfrac{\left(l \dfrac{\mathrm{d}\,\overline{u}_x}{\mathrm{d}z} \right)_s}{l \dfrac{\mathrm{d}\,\overline{u}_x}{\mathrm{d}z}}$ （ $l \dfrac{\mathrm{d}\,\overline{u}_x}{\mathrm{d}z} = u_* \sqrt{1 - \dfrac{z}{h}}$，$\dfrac{z}{h}$ 为相对水深），由此可

以得出：

$$\frac{\sigma_{vs}}{\sigma_v} = \frac{\left(u_* \sqrt{1 - \dfrac{z}{h}} \right)_s}{u_* \sqrt{1 - \dfrac{z}{h}}} = 1 \tag{7-5}$$

上式可以说明，只要浑水水流处于充分紊动状态，其紊动强度分布规律与清水紊流时是一致的。因此，在目前的观测设备与技术条件下，我们以清水水流试验来观测研究充分紊动的浑水紊流特征虽是无奈之举，但也是可行的。

（四）紊动结构测量设备

紊动测试技术的发展与进步，以及紊动测量记录的真实性与精度在很大程度上决定了对水流紊动结构的认识水平。几十年来，紊动测量技术逐步发展，这些测试技术都由于这样或者那样的缺陷无法满足水流紊动结构的精准测量。然而，粒子图像速度仪（PIV）、声学多普勒（ADV）、激光诱导荧光技术（LDV）等新技术应用极大满足了人们对紊动结构深入认识的需求，并被广泛应用。依托流动显示技术的不断发展，人们更加深入地认识了紊流结构。计算机与试验量测技术相互结合，为紊动结构的深入研究提供了一个新的平台。

最早用于水流流速测量的是毕托管，在水流流速的实际测量操作中，毕托管与水流方向必须保证正对，而且当流速 $u < 0.1$ m/s 时，毕托管的测量结果误差较大。毕托管属于接触式量测设备，其使用操作虽然比较简单，但是精度较低，而且毕托管所测得的流速仅仅是时均流速，无法满足水流紊动特性研究的需要。

较为广泛应用的是旋桨流速仪，它与毕托管一样属于接触式测量设备，只能测量水流的时均流速，也无法提供准确的紊动信息。因此，仍然不能满足紊动特

性研究的需要。

粒子图像测速技术(PIV)是20世纪八九十年代兴起的一种流场测量技术。PIV具有测量的范围大、实时性强、对流场无干扰等特点,使得它成为现在研究复杂流动的有效工具。同时,伴随着激光技术、高速摄影技术和图像处理技术的发展,PIV技术日益广泛地应用于流体力学研究的各个领域。PIV技术诞生之初主要用于单相流动的流场测量。随着PIV技术的发展,试验设备的改进,PIV技术逐步开始运用于油水两相流、多相流、单个气泡沿导管的运动、气泡流场、叶轮机械内流场、人体上呼吸道内的稳态气流运动等进行了测量。

新型声学多普勒流速仪(Acoustic Doppler Velocimeter, 简称 ADV),如图7-1、图7-2所示,对水流干扰小、测量精度高、无须率定、操作简便。目前ADV测速技术已相当成熟,已经被越来越多的专家学者应用到各种研究当中,如河海大学肖洋等详细研究了不同采样频率和采样高度条件对ADV测速的影响,并讨论了其在四面六边框架体阻力特性和紊动射流特性研究中的应用;武汉大学槐

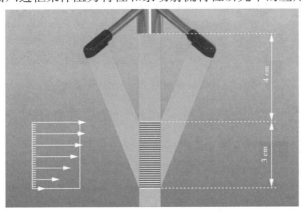

图 7-1　Vectrino Ⅱ量测示意图

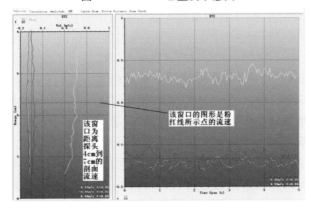

图 7-2　Vectrino Ⅱ的量测系统

文信等利用 ADV 对流动环境中二维铅垂射流进行了试验研究；华南理工大学刘月琴采用 ADV 对水力光滑壁面的弯道水流紊动特性进行了系统的试验研究。

鉴于声学多普勒(ADV)、粒子图像速度仪(PIV)等新技术应用成果，本次对胶泥块水流紊动结构试验研究中，主要采用 PIV 观测胶泥块底部水流紊动发展情况，如图 7-3 所示，利用 ADV 实时量测流速的变化以及紊动强度变化关系，其他均为水槽试验中的常规测量仪器。

图 7-3 试验所采用的 PIV 系统(河海大学)

二、桥墩与丁坝冲刷有关水流紊动研究成果简介

(一)桥墩冲刷过程中水流紊动的有关研究成果

近年来，跨河大桥的建设不断增加，桥梁失稳带来的灾害也越来越多。桥梁建成后，除了河床的自然演变外，还有由于桥墩干扰水流和泥沙运动而引起的河床局部冲刷，桥梁的倒塌大部分与桥墩等基础部位被冲刷淘空有关，导致承载力不足、基础沉降和位移。

Graf. W. H 和 Istiarto. I 通过试验观测了水流中圆柱体周围冲刷坑内的三维流场，显示出水流受到圆柱阻挡后产生垂直向下和侧向流速分量，形成局部涡漩流。Subrata 和 Mark(2005)通过一系列物理模型研究了急流对桥墩的作用和桥墩之间的相互影响，测量了在湍流作用下桥墩的受力并分析了水流流速与涡漩情况。Subhasish 和 Raikumar(2007)使用 ADV 流速仪研究马蹄形涡漩在圆柱形桥墩周围冲刷坑形成过程中的特性，分析了桥墩周围时均流速、雷诺应力、紊流强度的分布情况及对比冲刷坑形成前后紊流强度及流速的变化。Gokhan et. al(2005)采用大涡模拟研究了圆柱形桥墩周围冲刷平衡时的地形情况，分析了桥墩周围涡漩运动及床面剪应力分布。Michael et. al(2007)就圆柱形桥墩墩后的尾流涡漩对桥墩冲刷的影响进行了研究。

研究表明，天然河流中水流受到建筑物阻碍，产生紊动涡漩，局部河床泥沙在水流紊动剪应力作用下起动,并被涡漩流带向下游,建筑物局部河床因此受到侵蚀而下降,形成局部冲刷坑,大桥桥墩的局部冲刷就是如此。由于桥墩的阻水作用,其周围形成强烈漩涡流场和具有很大淘刷功能的非常复杂的三维水流,如图7-4所示,致使水流不规则、河床不稳定。通过对桥墩附近水流结构的观测与分析,桥墩周围局部冲刷形成的内在原因是:①桥墩的阻水作用,在桥墩前会形成螺旋流,并向下游传播发展,同时,在桥墩下游形成回流区,该回流区会形成漩涡,其中心是中空的,产生有漩流动,将泥沙卷往下游,引起床面冲刷;②桥墩阻水后的侧向绕流会逐渐形成马蹄形螺旋流,对桥墩两侧地形产生冲刷,逐渐带动桥墩周围床面的泥沙运动,并逐渐向下游发展,从而形成冲刷坑。桥墩基础迎流面尺度越大,对水流影响越大,局部涡漩流形成的范围及强度也就越大。

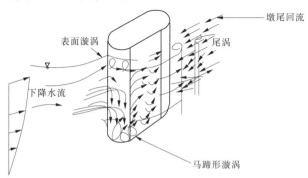

图7-4 桥墩附近水流结构

(二)丁坝冲刷有关水流紊动的研究成果

丁坝作为河道整治工程中广泛采用的工程形式,在河道整治中发挥了很大的作用。不同的坝工及丁坝平面布置形式,其周围水流场的变化各具特点,因此泥沙运动及冲刷、淤积的发展过程和结果也存在明显的差异,必然造成其护岸、导流及输水输沙效用的不同。在水流中设置丁坝后,丁坝作用的机理及其周围区域河床演变状况如何,也是值得关注的问题,许多学者曾做过这方面的研究。

武汉水利水电大学把丁坝附近水流分为三个区:主流区、上回流区和下回流区,丁坝使上游水流受阻,形成上回流区,下回流区是水流绕过丁坝时的离解现象所造成的,回流区与主流区的交界面是很不稳定的,因此多形成泡漩等复杂流态。许雨新等在武汉水利水电大学分析的基础上,对下挑丁坝周围水流流场做了更为详尽的分析研究,研究表明,在坝头附近,沿坝面的下降水流与流速大增的纵向水流结合形成斜向河底的马蹄形螺旋流。应强将丁坝附近水流流态分为四个区,Ⅰ区,位于丁坝断面上游,称为壅水区;Ⅱ区,即丁坝下游的回流区;Ⅲ区,纵向尺度与Ⅱ区相等的主流区,细分为收缩区Ⅲ₁和扩散区Ⅲ₂;Ⅳ区,为恢复区,起始于回流末端断面至水流流态基本不受影响的复原断面为止。劳尔森在对平原宽滩桥址处水流平面流动进行研究时,把水流也分为四个区,即Ⅰ区,位于路堤上游,水流特征由纵向壅水和横向回流组成;Ⅱ区,水流为压缩性水流,近似于孔口二元无漩流型;Ⅲ区,是由压缩水流产生的喷射扩散,因紊动和混合而加剧的流区;Ⅳ区,位于路堤下游河段上,情况与Ⅰ区相反,水流从河槽沿不同方向涌向河滩。郑州大学工学院吴桢祥、吴建平就丁坝定床试验所观察到的丁坝绕流状况,考虑到丁坝对水流作用所产生的两种影响,即对主流时均运动的影响和坝头涡系的扩散传播对紊动场的影响,将丁坝水流进行新的分区:上游壅水区a,主流压缩区b,强冲刷区c,涡动扩散区d,上下游死水区e、f(角涡区),坝后回流滞水区g。在主流压缩区,水流的紊动强度与上游场来流情况几乎相同。随着坝头涡系的传播,主流逐渐受到影响,紊动加剧,而衰减极慢。

黄科院通过室内丁坝冲刷试验,研究了丁坝周围的水流结构及丁坝根石走失网罩防护方案。张柏山、江恩慧等对不漫水丁坝周围的水流结构进行了详细观察,如图 7-5 所示是漫水与不漫水丁坝周围水流情况比较图。一般情况下,漫水丁坝周围除了有与不漫水丁坝相对应的涡系 A_1、B_1、D_1、G_1 外,在丁坝下游多出一组水平轴涡系 C_1。另外 A_1、A_2 略有不同,它是坝头与坝顶两股水流合成作用的结果。B_1、B_2 都是绕坝头四边缘的水流因流速梯度突变而产生的一斜轴涡系。A_1、B_1 是产生丁坝坝前与坝体局部冲刷的主要原因之一。C_1 是过坝顶的水流在坝后形成的水平轴涡系,水平尺度为坝高的 3 ~ 4 倍。它一方面增加轴心位置的床面冲刷;另一方面又把冲刷的泥沙带到坝踵处。因此,C_1 对丁坝安全影响不大。由 B_1 和 C_1 的综合作用决定了坝后的河床演变,当坝顶水头较小时,B_1 的作用显著,坝后回流淤积区可达十几倍坝长;当坝顶水头较大时,B_1 的作用会因坝顶水头而消弱较大,但由 C_1 产生的回流淤积区可达 3 ~ 4 倍的坝高,B_1 也能起消弱下游流速的作用。丁坝坝顶漫水后,在近河床处仍存在回流区。漩涡 D_1、G_1 是两组诱发性涡系,它们的存在及变化与丁坝挑角关系较大。因此认为,坝头附近河床局部冲刷的成因不是由单一某个因素形成的,而应是下潜水流、坝体附近水流

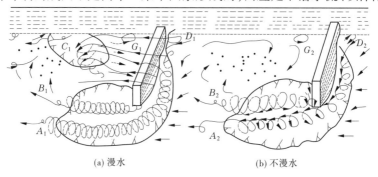

(a) 漫水　　　　　　　　　(b) 不漫水

图 7-5　丁坝周围水流示意图

单宽流量的增加以及它们的相互作用所产生的漩涡系综合作用的结果。

三、水垫塘底板"揭底"破坏时水流紊动研究成果简介

水利水电泄洪消能建筑物溢洪道的陡槽、消力池、水垫塘等底板失事的工程实例时有发生,如1967年开始运行的墨西哥Malpaso工程溢洪道,在1970年连续两周宣泄流量3 000 m³/s(仅为设计流量的1/3)后,消力池底板破坏范围达46%。重达720 t的底板块(每块由12根锚筋锚固)被洪水掀起冲走。1961年6月建成的Karnafuli工程,以1/5的设计泄流量运行仅1个月,溢洪道陡槽末端的破坏面积达到180 m宽、23 m长。1960年在赞比亚建成的卡瑞巴工程(Kariba Project)设计时认为坝址岩性良好,而10年内已被冲走基岩体积达3×10⁵ m³。苏联的萨扬水电站和我国的五强溪水电站消力池底板严重破坏。对此,前人已经做了大量的研究,一致认为造成底板揭掀而起的上举力是闸底板与基岩形成缝隙中的脉动压力引起的。研究水流脉动压力在缝隙中的传播规律,对板块上举力的分析意义重大。脉动压力沿缝隙传播从而造成消力池底板上下表面同时作用动水荷载,进而产生上举力增大了对块体自身抵抗力的要求。国内外学者对脉动压力沿缝隙传播开展了大量的研究,基本认为缝隙内的脉动压力是造成消力池底板破坏的决定因素。

国内外已有许多文献从不同方面对缝隙内水流脉动压力进行了研究。G. Rehbinder通过大量射流冲击岩体的试验,认为岩体破坏是由于冲击点压力大于岩块的解体压力,造成岩体逐层剥落破坏,水体在岩缝中的运动符合渗流定律。由于实际中消力池底板破坏大多是板块整体的抬升,而不是如射流切割岩体那样以颗粒的形式被逐层剥落的,可见这种模型并不能解释大多数消力池底板的破坏过程。姜文超等应用紊流理论探讨了脉动压力沿缝隙的传播规律,认为缝隙中各点脉动压力具有完全相同的特性,且强度近似相等,缝隙内传递脉动压力遵循静水压强的传递规律,同时还对不同缝隙长度下脉动压力的变化进行了探讨;赵耀南提出了水体振荡模型,将缝隙中水流视为不可压缩的水体,分析了缝隙中水流脉动的传播规律,辜晋德基于水体振荡模型的基本理论,分析了二元均匀流场板块底部与表面水流脉动压力频谱的转换关系,并进一步分析了固定流场中不同板块长度对缝隙内脉动压力强度的削减作用,指出了缝隙内脉动压力随板块长度增加的变化趋势;Fiorotto和Rinald则提出了瞬变流模型,将缝隙内水流脉动压力的传播视为水力瞬变的过程;基于该模型,国内有许多学者从数值计算和物理试验等方面积极开展了研究,并取得了较好的成果。李爱华通过理论分析和数值模拟研究认为:①缝隙中脉动压力传播的3种物理模型——渗流模型、瞬变流模型、振荡流模型从不同的动力角度分析了缝隙中水体运动的主导作用力,分别适用于缝隙堵塞严重、水力瞬变作用剧烈和块体随机振

动的情况。②三种模型的本质统一，当 λ 较大、缝隙堵塞严重的情况下，瞬变流模型与渗流模型相统一，当板块在坐穴中随机振动时，在忽略板块随机振动速度影响的条件下，瞬变流模型与振荡流模型相统一。③瞬变流模型最为完整地考虑了缝隙水体所受的惯性力、阻力、压力和弹性力，将其作为统一模型，解决了长期以来国内外关于缝隙中脉动压力传播的物理模型的争议。

刘沛清对高坝下游水垫塘内脉动压力在底板缝隙水介质中的传播机理进行了一系列研究，认为脉动压力和缝隙共同存在时，才可以促使闸底板发生揭底破坏，二者缺一不可。通过分析缝隙粗糙程度及堵塞程度对脉动压力传播的影响，提出底板缝隙通道的阻滞作用，使脉动压力波的传播成为一个衰变过程。阻滞作用主要体现在削弱由水力瞬变引起的高频脉动。堵塞系数越大，脉动压力的衰变现象更为明显，高频分量被更快地滤除。也就是说：底板缝隙的贯通性越差，堵塞系数越大，板块所受的脉动压力的幅值衰减越快。根据这一结论，可对高坝在泄洪时，水垫塘底板发生揭底破坏的过程解释如下：脉动压力通过板块间缝隙传入底板下缝隙，一开始缝隙的贯通程度很差，堵塞系数较大，脉动压力从入口端传入，缝隙中高频脉动压力受阻滞作用衰变较快，板块所受脉动压力的主要贡献者是低频脉动。随后，在高速水流长期冲击的作用下，缝隙贯通程度不断增大，堵塞系数不断减小。这时，同样强度的脉动压力波从入口端传入缝隙，高频压力波幅值衰变较慢，底板所受脉动压力除低频部分外，由水力瞬变产生的高频部分的贡献也不能忽视，有时甚至对板块的破坏起决定性作用。所以，板块发生揭底破坏的最不利情况是：板块缝隙阻尼较小、没有充填无堵塞情况。

上述相关研究成果为我们开展"揭河底"冲刷胶泥块头部与底部水流紊动结构的产生与发展等研究奠定了基础，具有较强的借鉴作用。

第二节 "揭河底"冲刷水流紊动结构及传播过程水槽试验

一、试验设计

基于对"揭河底"现象物理图形的认识，通过玻璃水槽，借助先进的仪器设备，开展了系列清水试验，研究胶泥块在不同揭掀状态、不同流量下的水流紊动结构及其发展情况，以揭示"揭河底"冲刷现象发生时胶泥块底部水流紊动结构及传播过程，观测水流紊动涡的实时分布与量值关系。

前期研究提出了"揭河底"冲刷发展过程及物理图形，可以动态地将"揭河底"冲刷分解为四个过程，即胶泥块形成过程、胶泥块底部逐渐淘刷过程、胶泥块失稳揭出过程、胶泥块翻出水面。在水流顶冲到胶泥块前端以后，即遭遇紊源时，即形成类似于桥墩冲刷的下潜水流，水流在能量转换的过程中，形成强大的载能涡漩,淘刷胶泥层前端可动性较强的粗沙,待胶泥层前缘部分暴露之后,下潜水流必将继续淘刷下层粗沙层,导致胶泥块前端逐渐形成一个由小及大的冲刷坑,并逐步使胶泥层前端悬空部分增加,直至胶泥块被揭掀而起。

为了更好地分析胶泥块底部冲刷过程中,处于不同发展状态时的水流紊动情况,本节根据"揭河底"冲刷物理图形,将"揭河底"冲刷发生、发展的动态过程进行分解,分别制作不同形状、不同尺寸的有机玻璃体,以模拟"揭河底"发生过程的不同状态。

首先,将 350 mm×194 mm×7 mm 的有机玻璃块进行不同程度折弯,以模拟胶泥块处于不同揭掀角度时的状态,具体设计尺寸见表 7-1。其中,有机玻璃块折弯角度为 0°～60°,模拟的是胶泥块底部逐渐淘刷过程中的不同揭掀状态;有机玻璃块折弯角度大于 60°的,模拟胶泥块失稳揭出的过程。然后,采用 600 mm×194 mm×100 mm 的有机玻璃块,模拟胶泥块底部冲刷坑形态,具体尺寸见表 7-2;胶泥块与底部冲刷坑的组合状态见表 7-3。将胶泥块与底部冲刷坑组合体嵌入试验水槽底部,即可开展多组次不同淘刷和揭掀状态下系列试验,以观测胶泥块底部水流紊动涡的发展过程和传递情况。

由于现有仪器尚无法监测到高含沙状态下胶泥块底部的涡漩发展情况,加之相关基础理论研究成果认为,充分紊动的挟沙水流紊动强度和清水紊流的基本一致,因此本次研究仅开展了清水玻璃水槽试验。

表 7-1 胶泥块的尺寸设计

胶泥块序号	厚度（mm）	水平长（mm）	圆弧长（mm）	圆心角（°）	胶泥块图示
1	7	350	0	0	
2	7	250	100	30	
3	7	250	100	60	
4	7	200	150	120	

续表7-1　胶泥块的尺寸设计

胶泥块序号	厚度（mm）	水平长（mm）	圆弧长（mm）	圆心角（°）	胶泥块图示
5	7	200	150	150	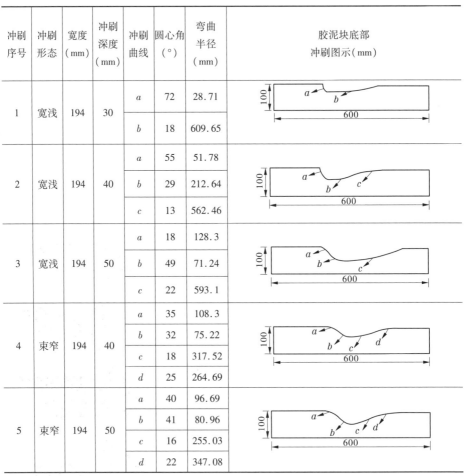

表 7-2　胶泥块底部冲刷坑尺寸设计

冲刷序号	冲刷形态	宽度（mm）	冲刷深度（mm）	冲刷曲线	圆心角（°）	弯曲半径（mm）	胶泥块底部冲刷图示（mm）
1	宽浅	194	30	a	72	28.71	
				b	18	609.65	
2	宽浅	194	40	a	55	51.78	
				b	29	212.64	
				c	13	562.46	
3	宽浅	194	50	a	18	128.3	
				b	49	71.24	
				c	22	593.1	
4	束窄	194	40	a	35	108.3	
				b	32	75.22	
				c	18	317.52	
				d	25	264.69	
5	束窄	194	50	a	40	96.69	
				b	41	80.96	
				c	16	255.03	
				d	22	347.08	

表7-3 胶泥块与其底部冲刷坑组合状态

胶泥块揭掀角度(°)	冲刷深度(cm)				
	宽浅型冲刷			束窄型冲刷	
	1	2	3	4	5
0	√	√	√		
30	√	√	√		
60		√	√	√	√
120				√	√
150				√	√

二、试验装置

本次试验水槽为矩形玻璃水槽,尺寸为6.0 m×0.2 m×0.3 m(长×宽×高),边壁和底面均为透明玻璃,水槽前端的底座与主体部分采用固定支架进行铰接,水槽末端设有可升降螺杆,可以自动调节水槽坡度,调整范围为0～0.05,本次试验水槽床面坡降按4‰控制。水流由固定在潜水池中的潜流泵从池中抽出,经循环管道进入水槽进口,流量大小通过安装在进水管道上的开度阀门控制,水槽进口部分设有密集圆管和稳流格栅,对进口水流进行消能使水槽内的水流平顺,水槽尾部采用翻板式尾门调节水位。水槽沿程布置的刻度纸控制其沿程水位,刻度纸事先由水准仪标定。试验水槽3～3.6 m作为水槽的试验段,将胶泥块与其底部冲刷坑组合体铺设于水槽底部,用以模拟"不同揭掀状态的胶泥块",水槽布置图及试验玻璃水槽如图7-6、图7-7所示,图7-8～图7-10为试验中制作的有机玻璃模具。

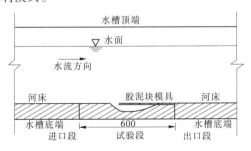

图7-6 水槽布置剖面图 (单位:mm)

图 7-7　试验玻璃水槽

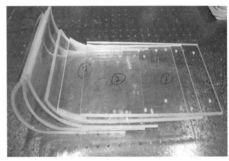

图 7-8　胶泥块模具

图 7-9　底部冲刷坑模具

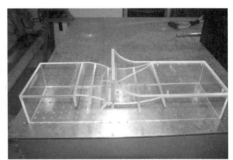

图 7-10　冲刷坑模拟情况

三、试验概况

依据"揭河底"冲刷发生机理,水流紊动是胶泥层底部产生揭掀上举力的根本原因,但究竟胶泥块底部水流紊动结构是怎样发展变化的,目前相关研究尚属空白。为了能够清晰、准确地认识胶泥块底部水流紊动结构的发展规律,本次试验拟通过以下试验步骤开展研究。首先,通过在玻璃水槽试验中加入一定的有色试剂,初步观察胶泥块底部紊动的发展情况,了解胶泥块底部水流紊动涡的发育过程;基于试验中 PIV 的实时量测,从微观紊动涡形态的发展情况揭示胶泥块底部流场发展规律,并为 ADV 量测确定关键垂线位置提供第一手资料;最后,通过 ADV 对试验中需要量测的垂线流速、紊动强度等进行实时量测。

试验中采用 7 L/s、5 L/s、3 L/s 三个流量级,对每一个流量级,胶泥块和其底部冲刷坑形态均按照表 7-3 进行组合,以分析不同流量条件下、不同揭掀状态的胶泥块底部水流紊动涡变化规律。

(一)有色试剂试验概况

通过有色试剂输送装置控制试验中不同时刻、不同颜色的有色试剂进入胶泥块底部冲刷坑内,以便摄像机等清晰地拍摄记录水流中紊动涡的混掺、扩散等运动发展状态。

　　具体地,在胶泥块底部顺水流向的中心线上每间隔 2 cm 钻一直径为 1 mm 的小孔,这样可以使得外径为 1 mm 的空心细钢管前端能够恰好嵌入孔内;将不锈钢管后端与配置好的有色试剂输送装置相连并固定,由试验段后方引出接入有色试剂瓶内;有色试剂是通过不同色素、酒精、水以一定比例配制而成的。整个装备及试验中输送试剂的钢管如图 7-11 所示。

(a)有色试剂罐与连接　　　　　　　(b)细钢管

图 7-11　有色试剂输送装置

(二)PIV 量测试验概况

　　基于开展的有色试剂试验,对胶泥块底部水流紊动涡的发展有了初步的认识。在此基础上,进一步开展了PIV量测试验(参见图7-12),以拍摄紊动涡的

图 7-12　PIV 系统布置以及拍摄图像情况

发展情况,探讨冲刷坑深度改变而胶泥块揭掀角度为 0°(相当于胶泥块底部逐步被淘刷,而揭掀力还达不到揭起胶泥块、胶泥块处于不同悬空状态)、冲刷坑深度不变而胶泥块揭掀角度不断增加(相当于胶泥块底部淘刷已经使揭掀力达到将胶泥块揭起、胶泥块处于不同角度的揭掀状态)、冲刷深度及胶泥块揭掀角度均不变(相当于胶泥块底部所受到的揭掀力和水流推力使得胶泥块已经达到翻转、出水、断裂状态)等不同状态、不同流量级下紊动涡的发展规律。

进口流量 Q 仍采用 7 L/s、5 L/s、3 L/s 三个流量级。

(三)ADV 量测试验概况

基于 PIV 量测试验的拍摄结果,胶泥块底部前端存在一个尺度较大的紊动涡。由于试验仪器 ADV 的限制,无法量测胶泥块底部整个冲刷范围内的断面垂线流速,因此本节从下潜水流开始淘刷的部位起,每隔 2 cm 采用 ADV 测量断面垂线上的流速分布如图 7-13 所示,垂线 1、垂线 2、垂线 3 距离间隔 2 cm,垂线 1 位于下潜水流开始淘刷部位或者冲刷坑起点处,垂线 3 位于胶泥块前端位置。

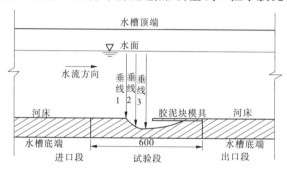

图 7-13　ADV 量测位置　(单位:mm)

第三节　水流紊动结构发展过程

一、胶泥块底部水流紊动结构定性分析

(一)有色试剂试验成果

多组次有色试剂试验表明(见图 7-14),胶泥块底部存在着明显不同大小、不同尺度的泡漩和涡漩。涡漩呈强烈的三维性,在水流的纵向、横向、垂向均不同程度的存在,三维涡漩的叠加导致胶泥块底部冲刷坑内的紊动非常强烈,分布状况极度复杂;流量越大,紊动越剧烈、越显著,泡漩相互裹挟着从冲刷坑底部冲向水面方向;而且随着淘刷坑的不断发展增大(即胶泥块底部冲刷深度以及胶泥块揭掀角度的增大),胶泥块底部冲刷坑内有色试剂显示的两个大尺度涡漩

的尺度逐步增大;同时可以非常清晰地看到,在胶泥块的前端,也就是在胶泥块底部冲刷坑的前方,涡漩的尺度非常大;在胶泥块的后端,即在胶泥块底部冲刷坑的后方也有一个小涡漩,其尺度较前端的明显要小,在两个大尺度涡漩的交界处,小涡漩与大涡漩逐渐混掺,分别顺河底和胶泥层底面逆水流方向扫出。

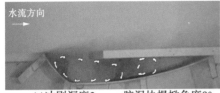

(a)冲刷深度3 cm,胶泥块揭掀角度0°

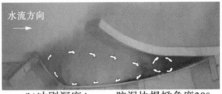

(b)冲刷深度4 cm,胶泥块揭掀角度30°

(c)冲刷深度4 cm,胶泥块揭掀角度120°

(d)冲刷深度5 cm,胶泥块揭掀角度150°

图7-14 胶泥块不同揭掀状态时底部涡的发展情况

图7-14 显示在不同揭掀状态时,形成的涡基本类似,只是尺度不同,总体上冲刷坑底部均存在两个明显的大尺度涡漩:一个位于冲刷坑前部,呈顺时针方向;另一个位于冲刷坑的后部,呈逆时针方向。

(二)PIV 量测试验成果

在此,将不同边界条件下,胶泥块底部紊动涡的发展情况进行详细对比分析,以阐明胶泥块在不同揭掀状态、不同流量级下紊动涡的发展规律,分以下三类情况阐述。

1.随底部冲刷坑深度增加(胶泥块不同悬空状态时)底部涡的发展规律

水槽进口流量为 7 L/s、床面坡降为 4‰、胶泥块揭掀角度为 0°时,胶泥块下部冲刷深度由 4 cm 扩展为 5 cm,冲刷坑内紊动涡的发展情况如图7-15 所示。

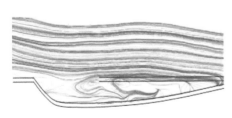

(a)冲刷深度4 cm,胶泥块揭掀角度0°

(b)冲刷深度5 cm,胶泥块揭掀角度0°

图7-15 冲刷深度发展时胶泥块底部涡发展情况

可以发现,在"揭河底"的淘刷过程中,随着胶泥块底部冲刷坑的深度逐渐增大,胶泥块底部的紊动涡尺度也随之增大,水流在强烈紊动中逐渐分离出现两个清晰的大尺度涡漩,其中胶泥块前端的紊动涡尺度是最大的,且随着冲刷坑增大而增大;胶泥块底部后端的小紊动涡随着冲刷坑增大逐步形成并扩大,从而进一步加快了胶泥层底部床沙的淘刷速度和淘刷力度。

2. 揭掀角度逐渐增大时胶泥块底部涡的发展规律

水槽进口流量为 7 L/s、床面坡降为 4‰、胶泥块下部冲刷深度为 4 cm 时,胶泥块的揭掀角度由 30° 逐渐发展至 150° 的过程中,胶泥块底部紊动涡的尺度变化如图 7-16 所示。

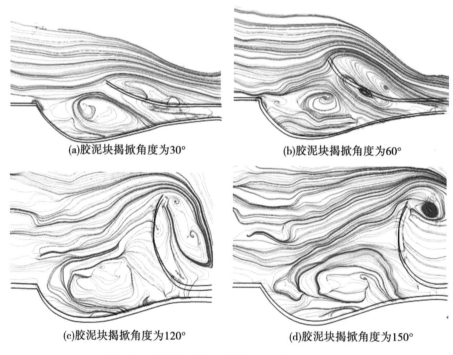

(a)胶泥块揭掀角度为30°   (b)胶泥块揭掀角度为60°

(c)胶泥块揭掀角度为120°   (d)胶泥块揭掀角度为150°

图 7-16　揭掀角度变化时胶泥块底部涡发展情况

对比图 7-16 可以看出,随着胶泥块揭掀角度的逐渐增大,胶泥块底部前端的大紊动涡以及后端的小紊动涡的尺度都随之增加,胶泥块底部的淘刷越来越剧烈;当胶泥块的揭掀角度达到 150° 时,紊动涡漩在尺度快速增大的同时,涡强明显减小,其中胶泥块底部后端的小尺度涡漩的涡强减小得更为迅速。

3. 流量减小时胶泥块底部涡的发展情况

胶泥块揭掀角度为 120°、下部冲刷深度为 4 cm,水槽进口流量由 7 L/s 减小至 3 L/s 时,胶泥块底部紊动涡的发展变化情况如图 7-17 与图 7-18 所示。可以看出,在小流量时,胶泥块底部紊动涡的尺度较小,但是紊动涡和小泡漩数量较多;随着流量的逐渐增大,多个尺度较小的紊动涡演化为一个尺度较大的紊动涡,胶泥块底部的紊动涡强度也随之增加。总体上,随着流量增加,胶泥块底部紊动涡的尺度和强度逐渐增大,但紊动涡和小泡漩数量减少。

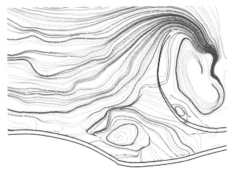 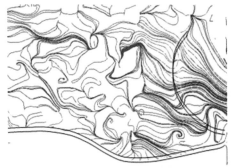

图 7-17　流量为 7 L/s 时底部涡发展情况　图 7-18　流量为 3 L/s 时底部涡发展情况

二、胶泥块底部水流紊动涡强的定量分析

(一)不同断面位置的水流紊动涡强发展规律

有色试剂及 PIV 量测试验结果表明,胶泥块底部存在大小不一、强度不同且不断发展变化的紊动涡漩。本节根据图 7-13 中所表示的量测位置,进行不同断面垂线上的水流紊动强度量测,并根据式(7-1)及式(7-2)分别计算垂线紊动强度与紊动能,定量研究其紊动传递规律。

在水槽进口流量为 7 L/s、胶泥块揭掀角度为 0°、下部冲刷深度为 4 cm 时,三个断面处的垂线紊动流速(垂线 1、垂线 2、垂线 3)分布如图 7-19 所示。可以看出,位于冲刷坑最前端位置的垂线 1,其纵向流速分布基本符合天然河流对数流速分布,而位于胶泥块前端冲刷坑范围内的垂线 2、垂线 3 位置,其纵向流速分布已不符合对数分布,流速不仅大小发生了改变,方向也存在正反方向的转化。在垂向流速分布方面,垂线 1 位置上的流速方向皆为负值(流向水面),而垂线 2、垂线 3 上的流速方向有正有负;垂向流速梯度分布与纵向流速梯度分布趋势近似,垂线 1、垂线 2、垂线 3 位置上的流速梯度逐渐增大。

根据量测的垂线紊动流速,计算得出三条垂线的紊动强度和紊动能分布,分别如图 7-20、图 7-21 所示。结合前述定性分析的结果,从两个图中可以清晰、直观地看出,从垂线 1 到垂线 2、垂线 3,紊动强度和紊动能是不断增加的;垂线 1 的紊动强度和紊动能沿水深分布较均匀,而垂线 2、垂线 3 的紊动强度和紊动能沿水深分布差异较大,呈现出中间大、两端小的特点。

(二)不同揭掀状态下的水流紊动涡强发展规律

根据第三章提出的"揭河底"冲刷物理图形和胶泥块的揭掀动态过程,随着

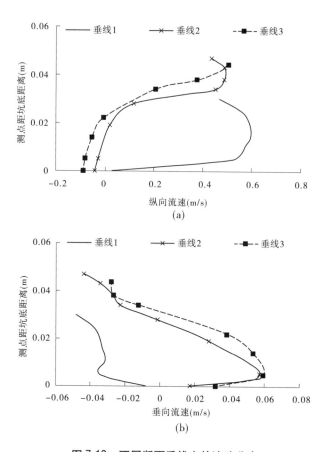

(a)

(b)

图 7-19　不同断面垂线上的流速分布

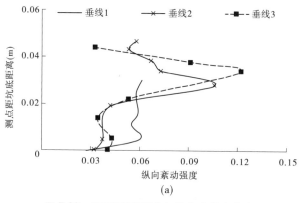

(a)

图 7-20　不同断面垂线上的紊动强度分布

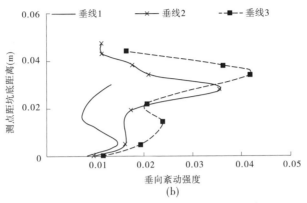

(b)

续图 7-20 不同断面垂线上的紊动强度分布

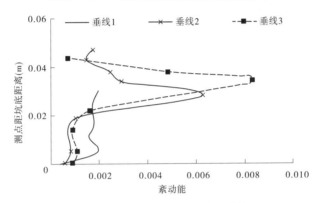

图 7-21 不同断面垂线上的紊动能

底部冲刷坑的淘刷发展,胶泥块揭掀角度和胶泥块底部冲刷深度不断增加,直至胶泥块被揭起带走。本节通过多组次的水槽试验,分析不同揭掀过程的流速、紊动强度、紊动能的变化过程,揭示"揭河底"发生过程的紊动传递规律,验证"揭河底"物理图形的正确性。

由于量测仪器 ADV 的限制,胶泥块前端水深小于 4 cm 时,ADV 无法量测到冲刷坑内的流速,因此根据前期试验情况,将水槽进口流量为 7 L/s、胶泥块揭掀角度为 0°,冲刷坑深度发展到 4 cm 时的揭掀状态作为研究的初始对比状态。试验主要量测、分析揭掀过程中紊动涡最剧烈、涡发展最充分的胶泥块最前端即图 7-13 中所示垂线 3 上的纵向紊动流速、垂向紊动流速、紊动强度以及紊动能。为了与"揭河底"的发生、发展过程相匹配,按照以下两种方案分析研究"揭河底"发展过程中的紊动涡强发展规律。

1.揭掀过程模拟方案一

该方案模拟的是胶泥块底部冲刷坑深度保持 4 cm 不变,胶泥块揭掀角度由 0°逐渐增至 30°、60°后,冲刷坑深度再增加至 5 cm 的过程,具体试验的边界条件如表7-4所示。

表7-4　揭掀过程模拟方案一边界条件

组次	流量(L/s)	胶泥块揭掀角度(°)	冲刷深度(cm)	冲刷形态
1	7	0	4	宽浅
2	7	30	4	宽浅
3	7	60	4	宽浅
4	7	60	5	宽浅

　　图7-22为模拟方案一不同揭掀状态时垂线3的流速分布情况,图7-23、图7-24为计算的相应紊动强度、紊动能分布情况。从图中可以看出,对于冲刷坑深度都是4 cm的前3个试验组次,其纵向流速、垂向流速分布基本一致,断面流速变化较大,存在较大的流速梯度,紊动强度大,且流速也存在正反方向的转变;而且随着揭掀角度的增大,其流速梯度稍有减小,紊动强度也有所减小。在保持揭掀角度60°不变、冲刷坑深度增加到5 cm后(组次4),断面流速分布发生了较大变化,流速方向不再有正反方向的转变,而趋于明渠的对数流速分布状态;流速梯度明显小于前3个组次,说明随着冲刷坑深度的增加,胶泥块底部的水流紊动强度不断衰减。

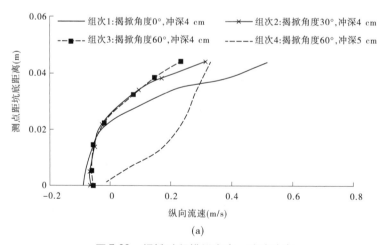

(a)

图7-22　揭掀过程模拟方案一流速分布

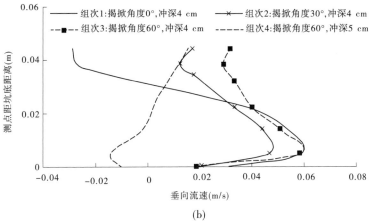

(b)

续图 7-22 揭掀过程模拟方案一流速分布

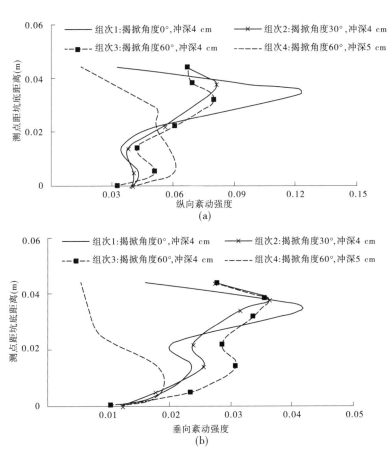

(a)

(b)

图 7-23 揭掀过程模拟方案一紊动强度分布

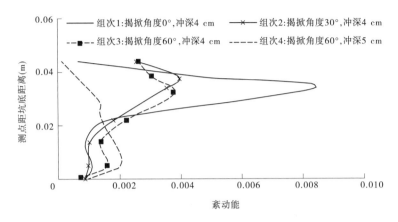

图 7-24　揭掀过程模拟方案一紊动能分布

2. 揭掀过程模拟方案二

该方案模拟的是胶泥块揭掀角度保持 0° 不变,胶泥块底部冲刷坑深度由 4 cm 发展到 5 cm,然后冲刷坑深度保持不变,揭掀角度逐渐增加至 30°、60°、150° 的过程,具体试验的边界条件如表 7-5 所示。

表 7-5　揭掀过程模拟方案二边界条件

组次	流量(L/s)	胶泥块揭掀角度(°)	冲刷深度(cm)	冲刷形态
1	7	0	4	宽浅
2	7	0	5	宽浅
3	7	30	5	宽浅
4	7	60	5	宽浅
5	7	150	5	宽浅

图 7-25 为模拟方案二不同揭掀状态时垂线 3 的流速分布情况,图 7-26、图 7-27 为计算的相应紊动强度、紊动能分布情况。从图中可以看出,在保持揭掀角度 0° 不变,冲刷坑深度由初始状态 4 cm 逐渐发展为坑深 5 cm 的前 2 个试验组次中,其纵向流速、垂向流速分布趋势基本一致,断面流速变化较大,存在较大的流速梯度,紊动强度大,且流速也存在正反方向的转变。在保持冲刷坑深度 5 cm 不变,胶泥块揭掀角度逐渐增加到 30°、60°、150° 后(组次 3 至组次 5),断面流速分布发生了较大变化,流速梯度明显小于前 2 个组次,当揭掀角度达到 150° 时,流速方向不再有正反方向的转变,而趋于明渠的对数流速分布状态,说明随着揭掀角度的增加,胶泥块底部的水流紊动强度和紊动能不断衰减。

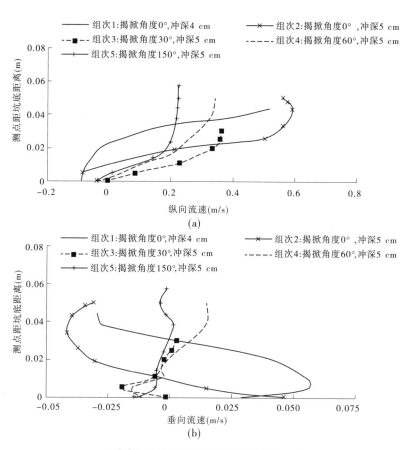

图 7-25 揭掀过程模拟方案二流速分布

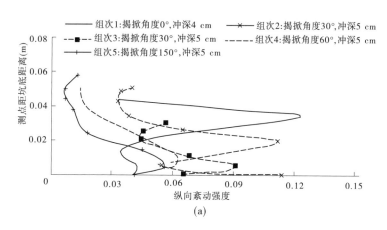

图 7-26 揭掀过程模拟方案二紊动强度分布

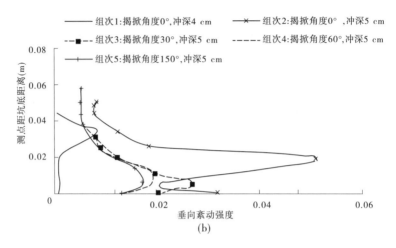

(b)

续图 7-26　揭掀过程模拟方案二紊动强度分布

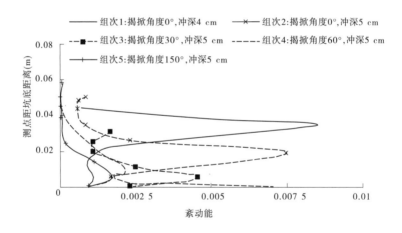

图 7-27　揭掀过程模拟方案二紊动能分布

（三）垂线流速分布影响因素分析

　　根据上述试验情况，影响垂线流速分布的主要因素包括流量、胶泥块揭掀角度和冲刷坑深度，为了清晰得出这三个因素对垂线流速的影响，试验分别量测、分析了胶泥块揭掀角度改变而流量与冲刷坑深度不变、冲刷坑深度或形态改变而流量与胶泥块揭掀角度不变、流量改变而胶泥块揭掀角度与冲刷坑深度不变三种模式下（见表 7-6），相应的胶泥块底部水流紊动流速、紊动强度、紊动能的变化规律。

表7-6 不同边界条件组合

组次	流量(L/s)	胶泥块揭掀角度(°)	冲刷深度(cm)	冲刷形态
1	7	0	4	宽浅
2	7	30	4	宽浅
3	7	60	4	宽浅
4	7	0	4	宽浅
5	7	0	5	宽浅
6	3	30	4	宽浅
7	7	30	4	宽浅
8	7	60	4	窄深

1. 胶泥块揭掀角度改变对紊动的影响

组次1、组次2、组次3为水槽进口流量7 L/s、冲刷坑深度4 cm情况下,胶泥块揭掀角度逐渐增加的过程。图7-28为测得的垂线3流速分布,可以看出:胶泥块揭掀角度为0°时,断面流速分布变化较大,存在较大的流速梯度,随着胶泥块揭掀角度的增加,纵向流速梯度逐渐减小;3个组次的流速分布,都存在正反方向的转变。垂向流速同样具有与纵向流速相同的规律。

图7-29、图7-30为相应的紊动强度、紊动能变化情况,可以看出,流速梯度越大,相应的紊动强度、紊动能也越大,紊动强度和紊动能的最大值发生在淘刷初期的组次1,随着胶泥块揭掀角度的增加,紊动强度和紊动能也随之减小。

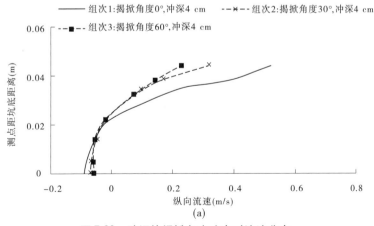

图7-28 胶泥块揭掀角度改变时流速分布

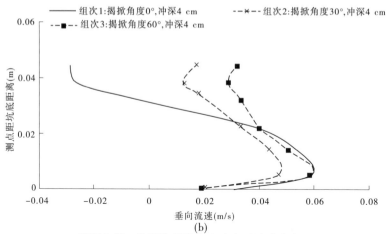

续图7-28　胶泥块揭掀角度改变时流速分布

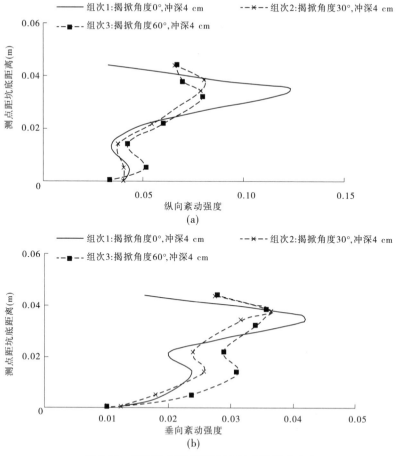

图7-29　胶泥块揭掀角度改变时紊动强度分布

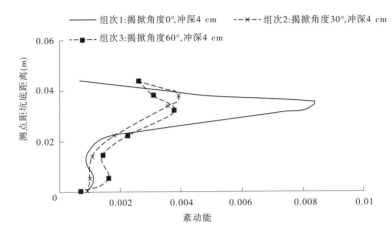

图 7-30　胶泥块揭掀角度改变时紊动能分布

2.冲刷深度改变对紊动的影响

组次 4、组次 5 为水槽进口流量 7 L/s、胶泥块揭掀角度 0°情况下,冲刷坑深度由 4 cm 变为 5 cm 的过程。图 7-31 为测得的垂线 3 流速分布,可以看出:随着冲刷深度增加,垂线上的纵向流速和垂向流速均变大;相同的纵向流速和垂向流速位置随着冲刷深度的增加而向下移,说明冲刷深度增加时,胶泥块底部的水流紊动涡漩将向下及向后逐步发展。此外,从图 7-31 还可以看出,胶泥块揭掀角度为 0°时,胶泥块底部水流的纵向流速梯度较大,再次印证了在揭掀过程中,胶泥块底部水流紊动最剧烈的时候就是胶泥块揭掀的初期。

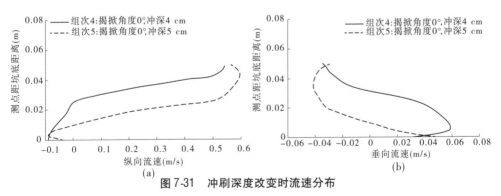

图 7-31　冲刷深度改变时流速分布

图 7-32、图 7-33 为组次 4、组次 5 相应的紊动强度、紊动能变化情况。可以看出,随着冲刷深度的增加,纵向和垂向紊动强度最大值都向冲刷坑底部方向下移,且垂向紊动强度最大值向后端移动。同时,随着冲刷坑深度的增加,紊动能最大值也向冲刷坑底部移动。

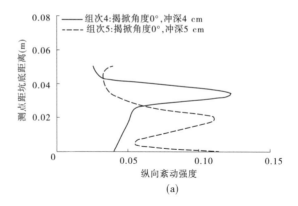

(a)

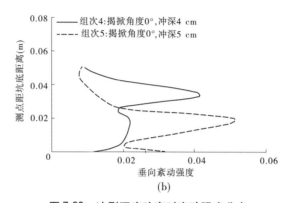

(b)

图7-32　冲刷深度改变时紊动强度分布

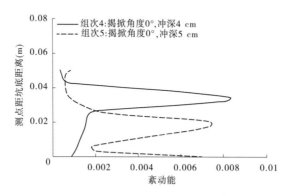

图7-33　冲刷深度改变时紊动能分布

3. 冲刷坑形态改变对紊动的影响

组次3、组次8为水槽进口流量7 L/s、胶泥块揭掀角度60°、冲刷坑深度4 cm情况下,冲刷坑形态由浅变深的过程。图7-34为测得的垂线3流速分布,可以看出:在冲刷坑形态由浅变深时,纵向流速明显增大,但流速梯度较小;冲刷坑较浅时,纵向流速正负方向皆有,而在冲刷坑较深时仅有正方向流速存在。垂向流速分布与纵向流速正好相反,冲刷坑较浅时垂向流速皆为正值(向河底),冲刷坑较深时流速正负方向皆有,流速梯度也比较浅状态时的大。

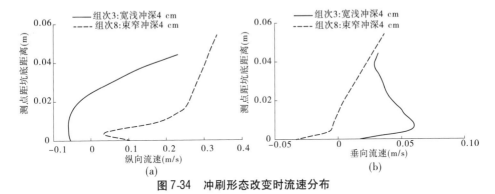

图 7-34　冲刷形态改变时流速分布

图 7-35、图 7-36 为组次 3、组次 8 相应的紊动强度、紊动能变化情况,可以看出,冲刷坑较深形态时,紊动强度和紊动能减小,最大值且向窄深段下移接近坑底,不利于胶泥块底部水流紊动的发展,对胶泥块底部的作用强度明显减弱。

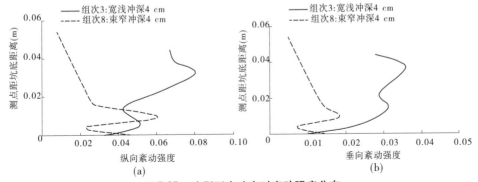

图 7-35　冲刷形态改变时紊动强度分布

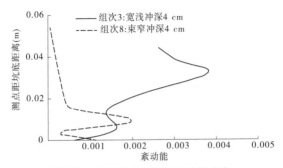

图 7-36　冲刷形态改变时紊动能分布

4. 流量改变对紊动强度的影响

组次 6、组次 7 为胶泥块揭掀角度 30°、冲刷坑深度 4 cm 情况下,流量由 3 L/s 增大为 7 L/s 的过程。图 7-37 为测得的垂线 3 流速分布,图 7-38、图 7-39 为组次 6、组次 7 相应的紊动强度、紊动能变化情况。可以看出:随着流量的增加,流速梯度增加,垂线紊动强度增加;胶泥块底部水流紊动强度最大值在断面垂线上的位置变化不大。流量的改变主要影响紊动强度的大小,对紊动强度最大值出现的位置影响不大。

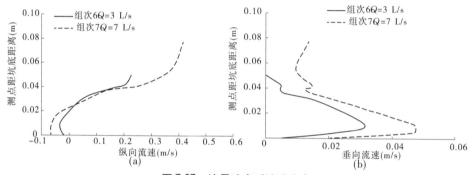

图 7-37 流量改变时流速分布

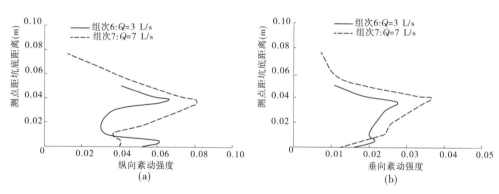

图 7-38 流量改变时紊动强度分布

综上所述,可以得到以下几点结论:

(1)随着胶泥块揭掀角度的增加,胶泥块底部水流紊动强度最大值逐步减小,即存在一个衰变过程,而紊动强度的最大值出现在淘刷初期,胶泥块揭掀角度为 0°的时候。

(2)随着冲刷深度的不断增加,胶泥块底部水流紊动强度最大值向下移动,紊动涡漩也随着冲刷深度增加而向下向后发展。

(3)当冲刷深度不变,而冲刷坑形态由浅变深时,胶泥块底部水流紊动强度最大值减小,不利于水流紊动的发展。

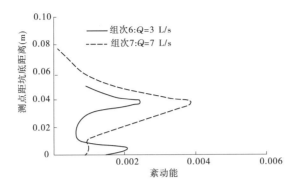

图 7-39 流量改变时紊动能分布

（4）当流量增加时，胶泥块底部水流的流速梯度增加，紊动强度增大，紊动能增大，有利于紊动的充分发展，极易促使胶泥块揭掀而起。

（四）胶泥块底部水流紊动结构的量值关系

"揭河底"发生时促使胶泥块揭起的上举力的主要来源是纵向的紊动强度，为此，本次研究又进一步分析了"揭河底"发生过程中纵向流速分布的量值关系。PIV、ADV 的量测试验均表明，胶泥块揭掀过程中紊动涡最剧烈、发展最充分的地方是胶泥块最前端。因此，选取胶泥块最前端断面中间（即垂线 3 位置）的纵向紊动流速分布量测结果进行量值关系分析。

胶泥块不同组合条件下底部淘刷坑的纵向流速分布如图 7-40 所示，可以看出，"揭河底"发生过程中流速分布虽不同于天然河流流速的对数分布特征，但是有其独特的规律，纵向流速沿相对水深迅速减小，达到相对水深 $y/h = 0.3$ 以下时，纵向流速不仅大小改变，且出现负值，此时产生纵向紊动涡漩。

根据实测流速分布情况（如图 7-40 所示）分析认为，胶泥块揭掀角度为 0°时，即"揭河底"淘刷初期，流速的发展变化较大，明显不同于胶泥块逐渐被揭起时的流速分布情况。因此，以下将分胶泥块揭掀角度为 0°和大于 0°两种情况分别分析。

在陈永宽提出的指数流速分布公式基础上，即 $\dfrac{u}{U} = (1 + m)\left(\dfrac{y}{h}\right)^{m}$（式中 U 为垂线平均流速，m 为指数，在清水水流中等于 1/6 ~ 1/7，流速分布愈均匀，m 值越小），同时考虑与"揭河底"胶泥块底部紊动流速相关的垂线平均流速、相对水深、冲坑深度等影响因子，并引入参数 f，对实测纵向流速数值进行拟合，可得"揭河底"冲刷过程中纵向时均流速分布公式：

$$v_{纵向} = f \cdot u_0 \cdot \dfrac{y/h}{(y/h)^2 + (D_K/h)^2} \tag{7-6}$$

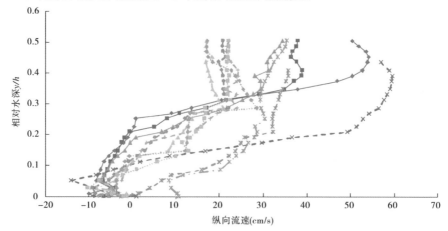

图 7-40　不同胶泥块底部淘刷坑与不同揭掀角度组合条件下的实测纵向流速分布

$$
f = \begin{cases} 0.6\ln\dfrac{y}{h} + 1.25 & \text{揭掀角度为 0° 时} \\[2mm] 0.36\ln\dfrac{y}{h} + 0.77 & \text{揭掀角度大于 0° 时} \end{cases} \tag{7-7}
$$

式中,y 为测点距淘刷坑底部的距离;h 为测点所在垂线的水深;u_0 是水流表面流速;D_K 是冲刷坑深度。参数 f 符合对数分布,如图 7-41 所示。

由式(7-6)、式(7-7)可以看出,纵向流速受胶泥块底部淘刷坑深度以及表面流速影响较大。

当胶泥块揭掀角度为 0°时,水流不断淘刷胶泥块底部,由于 ADV 自身量测的限制,以及水流对胶泥块最前端的顶冲作用,影响了淘刷坑内一定范围的量测结果,如图 7-41(a)所示,在相对水深 $y/h = 0.15 \sim 0.35$ 范围内的实测参数 f 发生了偏离;而在胶泥块揭掀角度不为 0°的情况下,仪器受水流干扰作用较小,误差也很小,如图 7-41(b)所示。

将不同胶泥块揭掀状态与胶泥块底部淘刷坑形态组合条件下的相应水力边界条件代入式(7-6)、式(7-7),得到图 7-42 所示的纵向流速分布,可以看出实测纵向流速分布与计算纵向流速分布虽有差异存在,但是两者基本一致,能够表明"揭河底"发生过程中胶泥块最前端中间位置所在垂线的纵向流速变化规律。

三、胶泥块上部水面强烈紊动现象

无论是在原型观测到的天然河流中发生的"揭河底"现象,还是本课题组在试验室内模拟成功的"揭河底"冲刷现象,均无法观测到水下胶泥块的揭掀变化

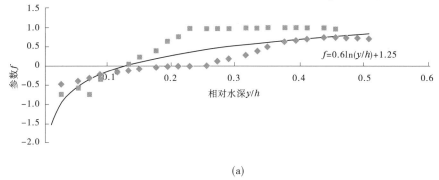

(a)

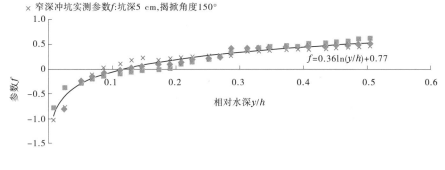

(b)

图 7-41　参数 f 实际曲线以及拟合曲线

过程,所以人们一直猜测,水面紊动剧烈的地方就是"揭河底"发生时胶泥块的前端。非也!

图 7-43 为本次水槽试验中,流量 7 L/s 时胶泥块在不同揭起角度时的水面表现情况,图 7-44 为流量 3 L/s 时胶泥块在不同揭起角度时的水面表现情况。从图 7-43、图 7-44 可以看出,水流表面紊动最强烈的部位并不在"揭河底"发生时胶泥块的前端,而是位于揭掀胶泥块的后部。同时还可以看出,只要胶泥块具有一定的揭掀角度,其后部即开始出现紊动,而且紊动强度随揭掀角度的增大而增大,而且逐步发生下移。此时的这种紊动非常类似于经薄壁堰淹没出流后的水舌与堰后水流的混杂所形成的大涡漩。本次开展的多组水槽试验都证明了这一现象。

直到揭掀角度达到一定程度后,下游水流的淹没作用使得胶泥块尾部水流的表面紊动反而减弱;当胶泥块立起露出水面那一刻,逐步转换为胶泥块的前端

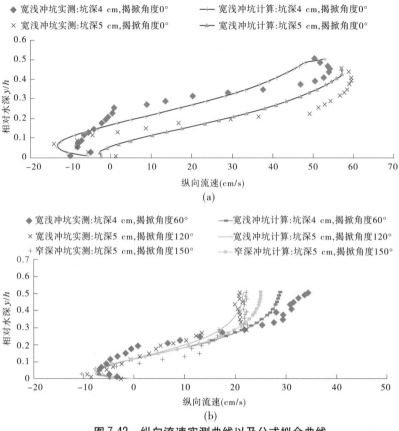

图7-42　纵向流速实测曲线以及公式拟合曲线

紊动强烈,胶泥块的后方风平浪静(参看照片图7-45、图7-46)。

　　这一重大发现,将为"揭河底"冲刷前期出险部位的准确定位和后期出险点的预判奠定科学基础!

　　另外,从图7-43、图7-44也可看出,水流流量大小不同,水深不同,胶泥块后部的紊动表现状态也不同。同样的揭掀角度,图7-43(b)所示的水流表面未出现明显的紊动,而图7-44(a)所示的水流表面就出现了明显的波动,说明在相同揭掀角度时,较大流量时水面紊动较大;而在相同流量时,水面紊动随着胶泥块揭掀角度的增大而增大。

第四节　水流紊动结构传播机理

　　前述研究提出了"揭河底"冲刷发展过程及物理图形,动态地将"揭河底"的发生分解为四个过程,即胶泥块形成过程、胶泥块底部逐渐淘刷过程、胶泥块失

(a)揭掀角度为0°,冲深3 cm   (b)揭掀角度为30°,冲深4 cm

(c)揭掀角度为120°,冲深4 cm   (d)揭掀角度为150°,冲深4 cm

图 7-43　Q 为 7 L/s 时不同揭掀状态的水面变化情况

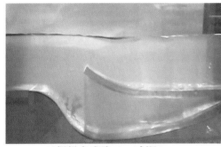 

(a)揭掀角度为30°,冲深4 cm   (b)揭掀角度为60°,冲深4 cm

图 7-44　Q 为 3 L/s 时不同揭掀状态的水面变化情况

图 7-45　"揭河底"冲刷初期胶泥块未出露时的水面变化情况

图 7-46 "揭河底"冲刷后期胶泥块出露时的水面变化情况

稳揭出过程、胶泥块翻出水面。高含沙水流顶冲到胶泥块前端以后,即水流遭遇紊源时,会产生水流的强烈紊动,形成下潜水流;水流在能量转换的过程中,形成尺度大小不一的载能涡漩,大尺度的涡漩起着能量的输送作用,能量的耗损主要由小尺度涡漩完成。

由于"揭河底"冲刷发生时多为高含沙水流,目前的测量仪器很难观测到其发生时刻胶泥块底部紊动涡传播的动态情况。室内玻璃水槽的清水试验为认识水流紊动的传播机理提供了有效的手段。

本次研究系列水槽试验结果表明:

"揭河底"冲刷发生初期,在高含沙洪水强大的载能涡漩淘刷下,胶泥层前端可动性较强的粗沙被冲走;待胶泥层前缘部分暴露之后,下潜水流将会继续淘刷下层粗沙层,在胶泥块前端形成一个由小及大的冲刷坑。根据水槽试验 ADV量测结果,冲刷坑内纵向流速梯度较大,高流速梯度区为小尺度紊动涡体的形成、发展提供最为有利的条件,加之淘刷范围较小,因此形成了大量小尺度紊动涡漩。小尺度紊动涡形成后,通过层间的黏性相对运动耗散大量能量,涡漩在垂向运动中对胶泥块底部产生明显的揭掀作用,实际量测的紊动强度和紊动能的最大值位置即紧贴胶泥块底部。

随着胶泥块底部淘刷坑的发展以及胶泥块揭掀角度不断增大,逐渐达到能够促使大尺度紊动涡得以形成和发展的边界条件。大尺度涡的尺寸与冲刷坑深度属于同一数量级,因此相较于淘刷初期的小尺度涡漩,此时形成的大尺度涡漩不仅尺度变大,且位置发生相对下移,从紊动强度和紊动能分布图中也可以明显看到,垂线上涡能最大值位置发生下移。大尺度涡本身并不稳定,会不断崩解为小尺度涡,能量被小尺度涡或泡漩分散;由于胶泥块底部冲刷坑范围有限,小尺度涡在上升过程中,还未来得及形成大尺度涡,便已作用在胶泥块底部,能量即在小尺度涡的运动中逐渐被耗散。由于水流源源不断地提供能量,因此大小涡涡的能量是连续的,不断耗散,并不断获取新的能量。同时,随着紊动涡相应后移,由涡紊动能转化而来的脉动压力也相应后移,即脉动压力沿着冲刷坑的缝隙逐渐传播。

随着淘刷的持续,影响涡尺度的淘刷坑边界范围不断向胶泥块后端发展,胶泥块前端悬臂长度增加。由于冲刷坑尾部空间限制,小尺度紊动涡得以形成;同时冲刷坑前部随着冲刷深度的增加,大尺度涡得以形成、发展、崩解,如此不断循环、淘刷,使胶泥块底部冲刷坑范围不断增大。

大尺度涡是引起低频脉动的原因,而小尺度涡是引起高频脉动的原因。"揭河底"冲刷发生初期,脉动压力通过缝隙传入胶泥块底部淘刷坑内,胶泥块底部的淘刷坑发展很小,受到的揭掀力矩也很小;但是随着紊动涡相应的后移,由小尺度涡引起的高频脉动压力占具主导作用,加速了对胶泥块下层粗沙层的淘刷;淘刷坑范围不断发展且揭掀力矩不断增加,胶泥块底部的淘刷坑几乎达到全部贯穿的程度。在某一个瞬时,紊动强度和揭掀力矩达到一定临界量值时,即使胶泥块瞬时揭掀而起。也就是说,在"揭河底"冲刷期水流紊动结构传播过程中,小尺度涡引起的高频脉动是其发生揭掀的主作用力。研究再次验证了前期构建的"揭河底"冲刷物理图形的正确性。

综上所述,"揭河底"现象中胶泥块揭掀过程中的水流紊动传播机理可总结为:"揭河底"发生初期,胶泥块底部有两个尺度较小的涡漩,此时该处的涡漩承载的紊动能为整个揭掀过程中最大值。随着胶泥块底部淘刷坑的发展后退以及胶泥块揭掀角度的增大,胶泥块底部的紊动强度和紊动能不断减小,而且在胶泥块前端的紊动涡尺度逐渐增大,紊动涡逐步向胶泥块底部尾端传递,并出现一个明显的小涡漩,小紊动涡逐步扩大,更加快了胶泥层底部泥沙的淘刷速度和淘刷力度,水流向上的揭掀力也逐步增加,最终将胶泥层揭掀而起。

第八章

"揭河底"冲刷期潼关与龙门水沙响应关系

黄河小北干流发生"揭河底"冲刷时段,进入三门峡水库的水沙过程会发生相应的调整,造成库区冲淤状况的不同响应。本章立足于对原型资料的挖掘整理,力求建立"揭河底"冲刷期潼关水文站水沙特征和龙门水文站的响应关系,为三门峡、小浪底水库联合调控模式的建立提供前提条件。

第一节 "揭河底"冲刷期水沙演进与
河床沿程冲淤表现特征

一、不同场次"揭河底"冲刷洪水期的沿程表现

1933 年以来,黄河小北干流河段共发生了八场强烈的"揭河底"冲刷洪水过程,分别是"1933·8"洪水、"1951·8"洪水、"1964·7"洪水、"1966·7"洪水、"1969·7"洪水、"1970·7"洪水、"1977·7"洪水、"1977·8"洪水。此外,该河段小规模的局部"揭河底"冲刷也时有发生,近期主要有"1993·7"洪水、"1995·7"洪水、2002·7洪水等。由于本章主要研究目标是建立"揭河底"冲刷期潼关站水沙过程与上游水文站(龙门站)的响应关系,因此我们将针对潼关站水沙过程影响强烈的长距离"揭河底"冲刷洪水过程开展研究。

黄河小北干流河段(长约 132.5 km)仅有龙门(进口)和潼关(出口)两个水文站,对探寻"揭河底"冲刷洪水在小北干流河道演进过程的表现特征是远远不够的。为此,本次研究在全面挖掘两个水文站的系统水文原始观测资料基础上,还调研收集了龙门至潼关间沿程各水位站洪水期的实时水位监测资料和洪水前后的断面测验资料。在大量原型调查及资料收集的基础上,通过资料分析,揭示了"揭河底"冲刷洪水期沿程水沙因子的表现特征,建立了上下游水文站(龙门站与潼关站)之间的水沙响应关系。具体方法是:首先判断龙门站汛期发生大洪水前后同流量水位是否有明显下降(一般水位下降要超过 1 m 以上),结合现场目击者描述或录像设备拍摄的影像资料,确定是否发生了"揭河底"冲刷;然后根据沿程各水位站水位变化和大断面河床高程变化确定该水位站和该断面处是否也相应发生了"揭河底"冲刷,并借此初步确定该水位站和该断面处"揭河

底"冲刷发生的时间;再根据洪水传播时间和洪水要素测量结果建立各水位站水位流量关系,校核并确定各水位站或断面处"揭河底"冲刷发生的时刻、持续的时间;根据上述基础工作,最终确定"揭河底"冲刷时间段内沿程各断面深泓点变化、平均冲刷深度、冲刷距离等。另需说明的是,本节所选的几场洪水均是与渭河洪水不遭遇、或遭遇但影响极小的洪水。

(一)1964 年 7 月"揭河底"冲刷水沙情势及河床冲淤变化沿程表现

1964 年 7 月 6~9 日,黄河中游出现高含沙洪水,龙门站涨峰过程呈现逐级抬升的波浪形,直至洪峰流量为 10 200 m^3/s,整个洪峰过程持续时间约 60 h(见图 8-1),含沙量与流量涨落时间基本一致,最大含沙量为 695 kg/m^3,超过 400 kg/m^3 含沙量持续时间约为 24 h,最大含沙量出现在洪峰流量前约 10.5 h;最大含沙量所依附的洪水流量较小,洪峰流量所对应的含沙量已逐渐减小。潼关站洪峰流量为 9 240 m^3/s,最大含沙量为 465 kg/m^3,均小于龙门站;洪峰流量过程

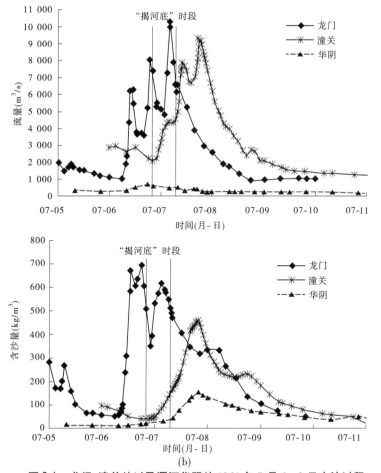

图 8-1 龙门、潼关站以及渭河华阴站 1964 年 7 月 6~9 日水沙过程

持续时间较长,峰值较高,高含沙量持续时间较短,含沙量峰值衰减较多。龙门至潼关河段洪峰的削峰率为 9.8% 。洪峰过后,1 000 m³/s 流量对应水位下降 2.31 m。同期渭河及其他支流来水来沙均较小。

1964 年淤积断面测量只到黄淤 53 断面,按照实际测次情况进行断面套绘,"揭河底"冲刷洪水在黄淤 53 断面以下河道产生了淤积(见图 8-2),大部分河段表现为槽冲滩淤,断面形态有所改善。

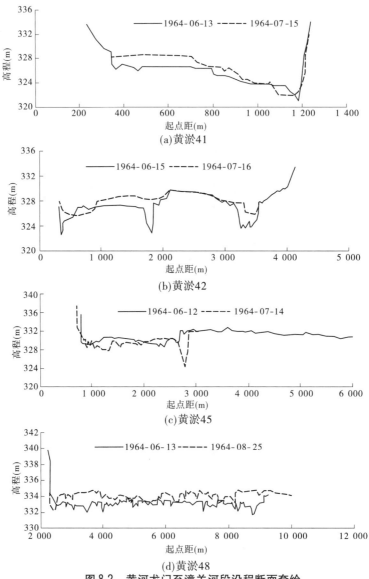

图 8-2　黄河龙门至潼关河段沿程断面套绘

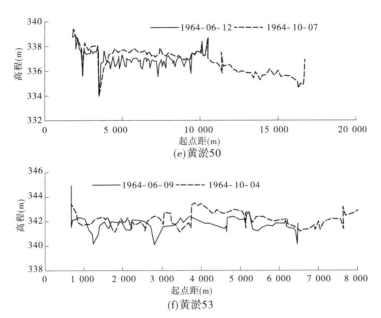

(e)黄淤50

(f)黄淤53

续图8-2 黄河龙门至潼关河段沿程断面套绘

从水位表现看(见图8-3),"揭河底"洪水造成河道冲刷明显,水位下降。龙门断面1 000 m³/s流量对应水位下降2.31 m,2 000 m³/s流量对应水位下降2.36 m。但是冲刷没有发展到上源头断面附近,上源头断面2 000 m³/s流量对应水位上升0.66 m,潼关断面2 000 m³/s流量对应水位上升0.74 m。

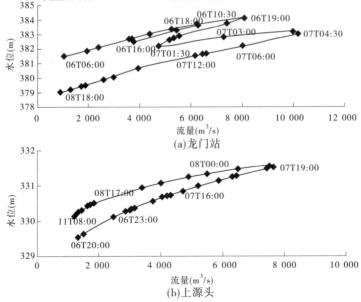

(a)龙门站

(b)上源头

图8-3 龙门至潼关河段沿程各断面水位流量关系绳套图

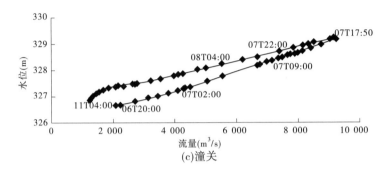

续图8-3　龙门至潼关河段沿程各断面水位流量关系绳套图

(二)1966年7月"揭河底"冲刷水沙情势及河床冲淤变化沿程表现

1966年7月18～20日,黄河中游出现高含沙洪水,龙门站洪峰流量为7 460 m³/s,整个洪峰过程持续时间为33 h,涨峰期仅用时2 h。龙门站洪水最大含沙量为933 kg/m³,沙峰滞后洪峰6.4 h;400 kg/m³以上含沙量持续时间为54 h,500 kg/m³以上含沙量持续时间为45 h,全部出现在落峰期(见图8-4)。龙门站水位在汛前一直维持在380 m以上,在经过7月18日的高含沙洪水后,龙门站水位有明显下降,洪水前后,500 m³/s流量对应水位下降约6.87 m。潼关站对应洪峰流量为5 130 m³/s,最大含沙量为476 kg/m³,峰型与龙门站洪水的峰型相似,洪水的削峰率为31%,洪水传播到潼关站时,河道水位发生明显抬升,河道发生淤积。同期渭河及其他支流来水来沙均较小。

从龙门至潼关河段沿程断面套绘图(见图8-5)可以看出,龙门附近河道和潼关附近河道均发生冲刷,龙门至潼关河段中部河道发生了淤积。在靠近龙门河段,主槽发生强烈的冲刷,而滩地发生少量淤积,河道总体呈现冲刷状态;在龙门至潼关河段的中部即黄淤60至黄淤50断面河段,洪水大量漫滩,只有主河槽发生少量冲刷,其他部位发生大量的淤积,淤积量大于冲刷量;在黄淤50以下断面,由于洪水流量衰减,漫滩概率下降,泥沙淤积主要发生在主河槽内;到潼关河段附近,由于断面缩窄,洪水聚集河道,河床有所冲刷。从深泓点高程变化看出,本场洪水冲刷发展到黄淤54断面,即夹马口水位站附近。

从水位表现看,洪峰期间龙门河段水位出现剧烈下降,龙门以下河段冲刷下降值逐渐减小。统计1 000 m³/s流量时水位,龙门站下降6.35 m,北赵下降1.62 m,王村下降1.50 m,老永济下降0.15 m,上源头和潼关站水位上升。其中,潼关段1 000 m³/s流量水位上升0.75 m。冲刷应发展到老永济附近(见图8-6)。

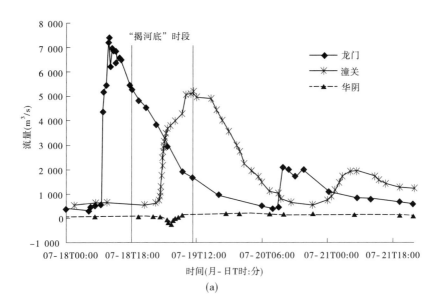

(a)

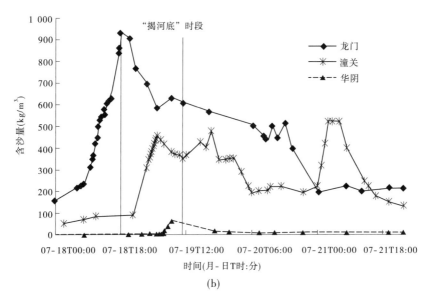

(b)

图8-4　龙门、潼关站及渭河华阴站1966年7月18～22日水沙过程

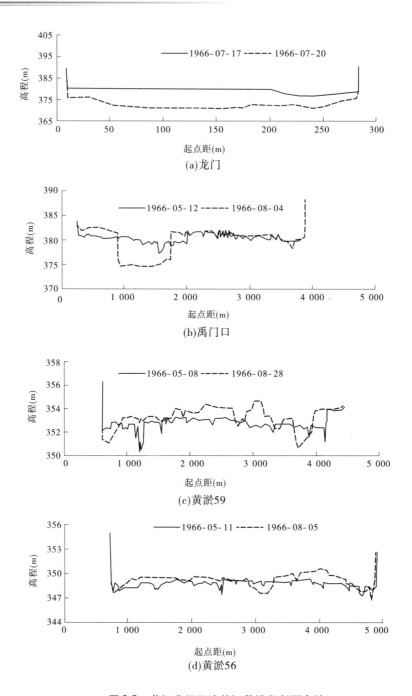

(a)龙门

(b)禹门口

(c)黄淤59

(d)黄淤56

图8-5 黄河龙门至潼关河段沿程断面套绘

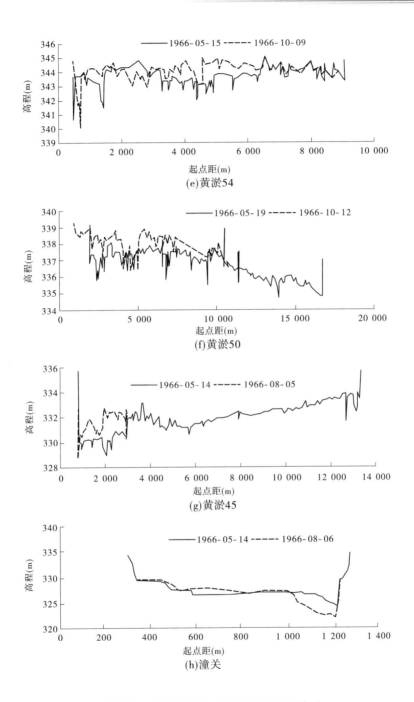

(e)黄淤54

(f)黄淤50

(g)黄淤45

(h)潼关

续图8-5　黄河龙门至潼关河段沿程断面套绘

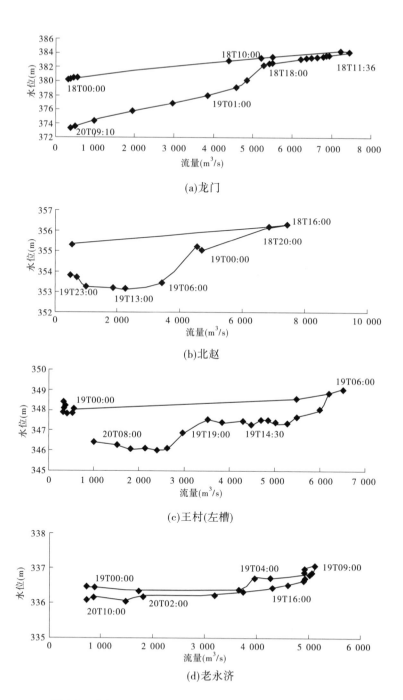

图8-6　龙门至潼关河段沿程各断面水位流量关系绳套图

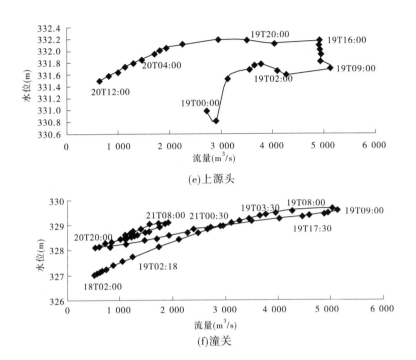

(e)上源头

(f)潼关

续图8-6 龙门至潼关河段沿程各断面水位流量关系绳套图

(三)1969 年 7 月"揭河底"冲刷水沙情势及河床冲淤变化沿程表现

1969 年 7 月 27~29 日,黄河中游出现高含沙洪水,泥沙主要来自于细沙区。龙门站洪峰流量 8 860 m³/s,涨落迅猛,洪水过程约 22 h,峰型单一(见图8-7)。最大含沙量 752 kg/m³,峰型肥胖,沙峰持续时间约 46 h,400 kg/m³ 以上含沙量过程持续 32 h,500 kg/m³ 以上含沙量过程持续时间超过 24 h,且全部出现在落峰期,洪峰流量超前沙峰时间约 13.6 h。龙门站汛前水位维持在 381 m 左右,洪水过后,水位下降明显。洪水前后 800 m³/s 流量对应水位下降约 2.8 m,2 000 m³/s 流量对应水位下降 2.02 m。潼关站洪峰流量 5 680 m³/s,流量峰型与龙门站接近,龙门至潼关河段洪峰削峰率为 36%。潼关站最大含沙量 404 kg/m³,含沙量沿程坦化严重。由于有渭河支流来沙影响,潼关站含沙量过程出现两个峰值。渭河华县站洪峰流量较小,洪峰含沙量较高,洪峰最大含沙量达到 508 kg/m³。潼关站汛期洪水位变化不大,没有明显的下降。

从断面套绘(见图8-8)结果看,1969 年汛期河道发生了淤积,淤积部位主要在嫩滩处。在龙门附近河段和潼关附近河段河道刷槽淤滩,在河道断面较宽的河段,河槽摆动,全断面发生淤积。

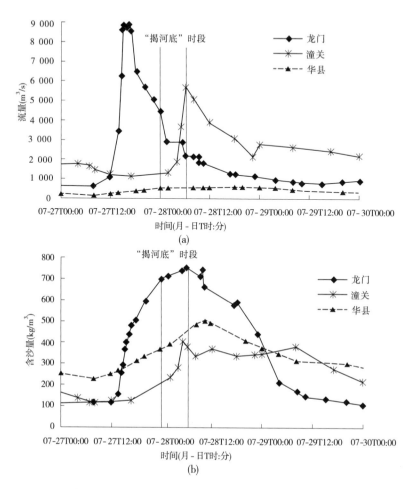

图 8-7　龙门、潼关、华县站 1969 年 7 月 27~29 日水沙过程

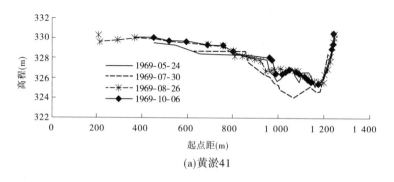

(a)黄淤41

图 8-8　黄河龙门至潼关河段沿程断面套绘

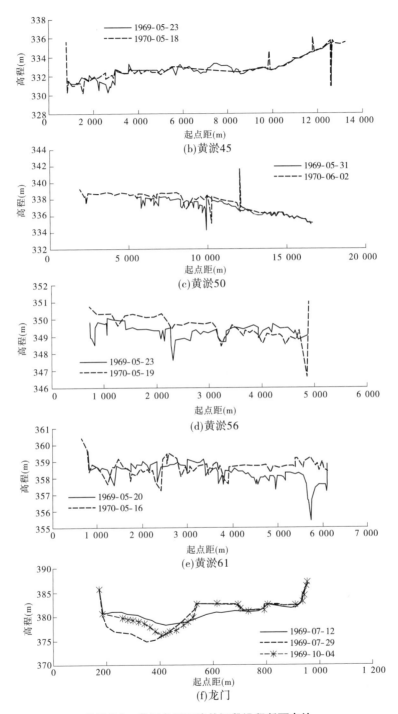

续图8-8 黄河龙门至潼关河段沿程断面套绘

从水位表现看,洪水造成龙门河段 2 000 m³/s 流量水位下降 2.02 m,下降发生在落峰期,含沙量最大时段。该场洪水造成的冲刷持续距离较近,在北赵断面处,洪水前后 2 000 m³/s 流量对应水位上升 0.33 m,潼关断面 2 000 m³/s 流量对应水位上升 0.25 m(见图 8-9),冲刷没有发展到北赵断面。

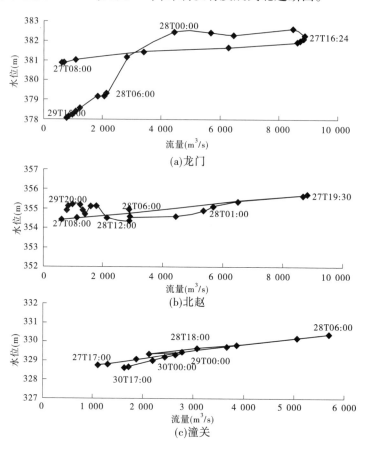

图 8-9 龙门至潼关河段沿程各断面水位流量关系绳套图

（四）1970 年 8 月"揭河底"冲刷水沙情势及河床冲淤变化沿程表现

1970 年 8 月 2~4 日,黄河龙门站发生本年汛期唯一一次大于 10 000 m³/s 以上的高含沙洪水,洪水峰高坡陡,龙门站最大洪峰流量为 13 800 m³/s,整个洪水过程持续时间 24 h 左右,涨峰期仅为 3 h;含沙量过程胖且峰值高,最大含沙量 826 kg/m³,超过 400 kg/m³ 以上含沙量持续时间约 68 h,洪峰超前沙峰近 7 h。洪水前后 1 000 m³/s 流量水位下降 6.22 m,2 000 m³/s 流量水位下降 5.57 m(见图 8-10)。潼关站流量过程与龙门站对应,为单峰过程,洪峰流量 8 420 m³/s,龙门到潼关洪峰流量削峰率为 39%;潼关含沙量过程有两个沙峰,最大含沙量为

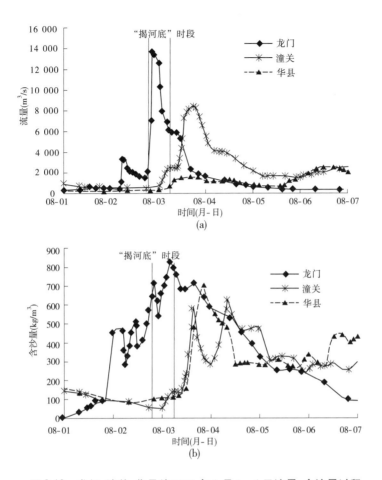

图8-10 龙门、潼关、华县站1970年8月1~6日流量、含沙量过程

631 kg/m³;从传播时间看,潼关站第一个沙峰为龙门站传播,第二个沙峰为龙门和渭河华县站来沙共同作用。这场洪水在传播到潼关站后,对潼关河段河道也造成了明显冲刷。从潼关站洪水水位表现看,在洪峰流量8 420 m³/s洪水后,河道水位有明显下降,1 000 m³/s流量水位下降1.91 m,2 000 m³/s流量水位下降了1.24 m,但冲刷下降后的水位维持时间很短,在后续洪水冲淤过程中,河道水位迅速上涨,甚至超过洪峰前同流量的水位值。华县站在同期也出现了高含沙洪水,但是洪峰流量不大。

从该河段沿程各断面汛前汛后断面冲淤变化看,1970年汛期洪水对于龙门至潼关河段上游黄淤56断面以上的河道产生了明显的冲刷,尤其是河道断面的主河槽位置,如在龙门以下30 km的黄淤66断面,汛前汛后断面冲深2 m左右,汛后主河槽缩窄到仅有500 m左右,断面横比降增加,增大了河势摆动的可能性;至黄淤 56 断面,洪水对河道的冲刷仅存在于最右侧主河槽 100 余 m 的范围内,断面其他位置都出现了严重的淤积,尤其是在嫩滩部位。黄淤 56 断面以下河段河道发生淤积,淤积主要在主河槽和嫩滩部位。至潼关附近,河道淤积量逐渐减小,在潼关断面,河道还有明显冲刷,由 8 月断面测绘成果可以看出,河道发生了剧烈的冲刷,见图 8-11。

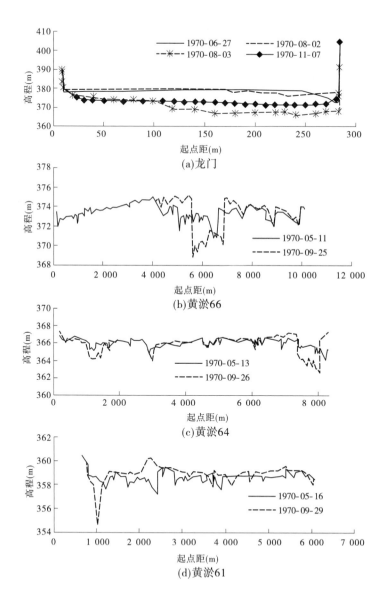

图 8-11　黄河龙门至潼关河段沿程断面套绘

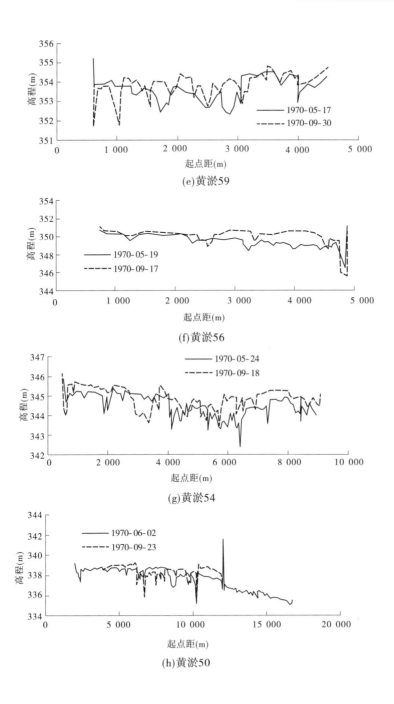

(e)黄淤59

(f)黄淤56

(g)黄淤54

(h)黄淤50

续图 8-11　黄河龙门至潼关河段沿程断面套绘

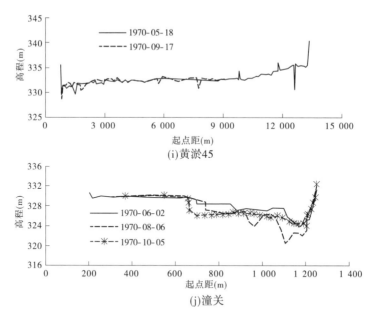

(i)黄淤45

(j)潼关

续图 8-11　黄河龙门至潼关河段沿程断面套绘

从沿程险工水位表现看(见图 8-12),洪峰前后水位都出现冲刷下降态势,龙门站水位下降最大,2 000 m³/s 流量时水位下降 5.6 m,北赵水位下降 1.03 m,王村(二)站水位下降 0.7 m,上源头站水位下降 0.8 m,潼关站水位下降 1.24 m。

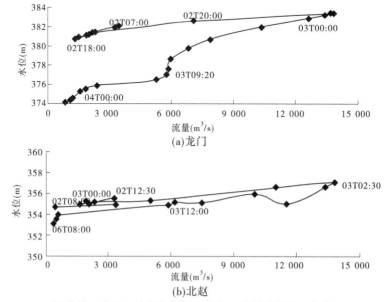

(a)龙门

(b)北赵

图 8-12　龙门至潼关河段沿程各断面水位流量关系绳套图

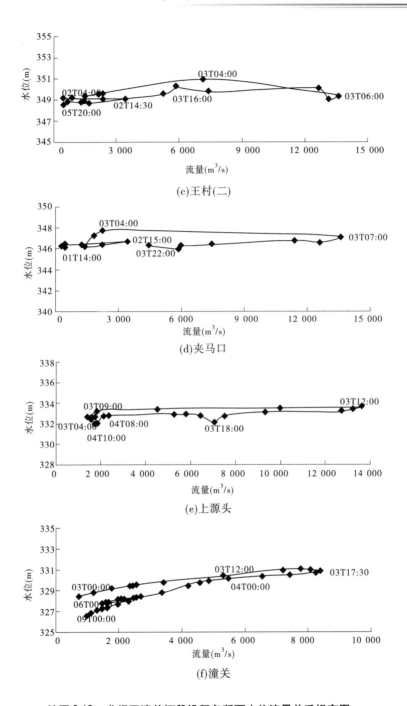

续图8-12 龙门至潼关河段沿程各断面水位流量关系绳套图

(五)1977 年 7 月"揭河底"冲刷水沙情势及河床冲淤变化沿程表现

1977 年汛期,黄河龙门河段共发生三场大洪水过程,7 月一场,8 月两场,三场洪水洪峰流量均超过 10 000 m³/s。其中,第一场洪水和第三场洪水使龙门至潼关河段河床发生了"揭河底"冲刷。

1977 年 7 月 5~9 日,黄河龙门至潼关河段发生了高含沙洪水,龙门站洪水过程前期有一个洪峰流量为 6 090 m³/s 的小洪峰,经过短期(15 h)回落后洪水又迅猛上涨至最大洪峰流量 14 500 m³/s,之后洪峰流量迅速下降,整个洪水过程持续时间约 52 h,最大洪峰过程持续时间约 26 h。龙门站实测最大含沙量为 690 kg/m³,涨水期的含沙量变化过程与涨水期流量变化过程近似,落水期含沙量下降过程滞后于流量下降过程。400 kg/m³ 以上含沙量过程持续 27 h,500 kg/m³ 以上含沙量过程持续 13 h。龙门站最大含沙量出现在洪峰流量之后,沙峰滞后洪峰 2 h,500 kg/m³ 以上高含沙量过程全部出现在洪水过程的落峰期。洪水前后 2 000 m³/s 流量水位下降 4.59 m。潼关站洪水受龙门和渭河来水共同影响,涨猛落缓,潼关站实测最大流量为 13 600 m³/s,最大含沙量为 616 kg/m³,整个洪水期水沙过程持续时间比龙门站长,落峰期流量和含沙量过程由于受渭河来水来沙影响有一个反复上升的过程。本次洪水从龙门传播到潼关洪峰流量削减率为 6%,最大含沙量削减率为 11%,对潼关河段河道造成了明显冲刷,洪峰前后 2 000 m³/s 流量对应水位下降 2.88 m。同期在黄河支流渭河也发生高含沙洪水,洪水最大流量为 4 000 m³/s,洪水期最大含沙量为 703 kg/m³,渭河华阴站洪水期水沙过程滞后于黄河龙门站洪水过程到达潼关站,对本次小北干流"揭河底"冲刷水沙运移到潼关站影响不大。水沙过程见图 8-13。

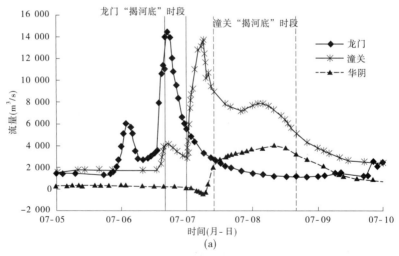

图 8-13 黄河龙门、潼关站及渭河华阴站 1977 年 7 月 5~9 日水沙过程

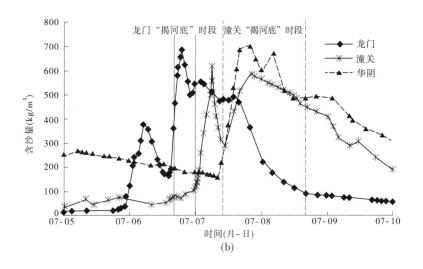

续图 8-13　黄河龙门、潼关站及渭河华阴站 1977 年 7 月 5 ~ 9 日水沙过程

　　从沿程各断面形态套绘(见图 8-14)看,1977 年汛期发生的大洪水,对龙门至潼关不同河段河床造成的冲淤影响有很大差别。在河段的上部(龙门至黄淤60 断面之间),洪水水流集中,水流动力强,河道中主河槽发生强烈冲刷,滩地上仅有少量淤积,整个断面冲刷效果非常明显。在洪水传播到黄淤 60 断面,即距离龙门断面大约 50 km 以后,洪水开始大量漫滩,主槽在遭受强烈冲刷的同时,滩地也开始大量淤积,整个河道断面冲刷效果不大,但断面形态有一定改善。在洪水传播到黄淤 50 断面,即距离龙门断面约 100 km 后,因河道断面较宽,河势游荡多变,洪水大量漫滩,主槽冲刷量较小,河道断面呈淤积状态。之后,洪水传播到潼关附近河段河道,由于河段断面变窄,水流逐渐汇集,水流动能增加,同时,渭河高含沙洪水汇入黄河,在潼关河段河道发生了冲刷。

　　从沿程水位表现(见图 8-15)看,1977 年 7 月黄河龙门至潼关河段发生的高含沙洪水,造成该河段河床发生了不同程度的冲刷下降,龙门河段附近河床冲刷幅度最大,往下游冲刷幅度逐渐减小,直至消失;在潼关河段附近河道又发生了明显的冲刷。统计 2 000 m³/s 流量下,龙门断面水位下降 4.59 m,北赵(三)断面水位下降 1.5 m,吴王断面水位下降 1.1 m,夹马口断面水位下降 1.23 m,上源头(一)断面水位抬升 0.3 m,潼关断面水位下降 2.88 m。从沿程水位表现看,本次"揭河底"冲刷应发展到夹马口断面与上源头(一)断面之间。

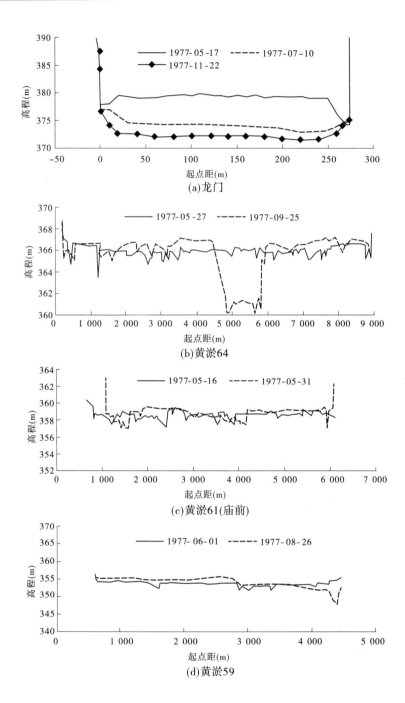

(a)龙门

(b)黄淤64

(c)黄淤61(庙前)

(d)黄淤59

图8-14　龙门至潼关河段1977年汛前、汛后断面套绘

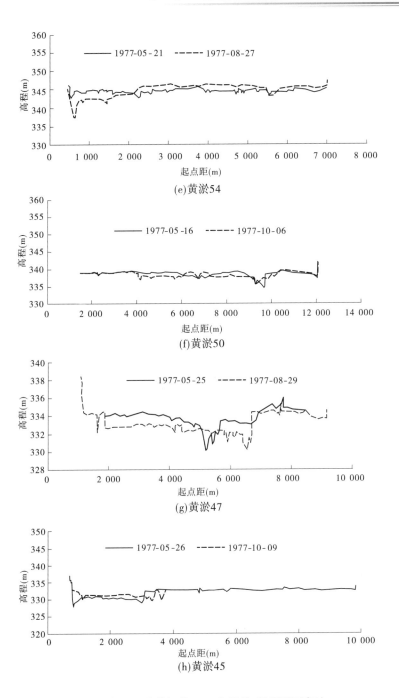

续图 8-14　龙门至潼关河段 1977 年汛前、汛后断面套绘

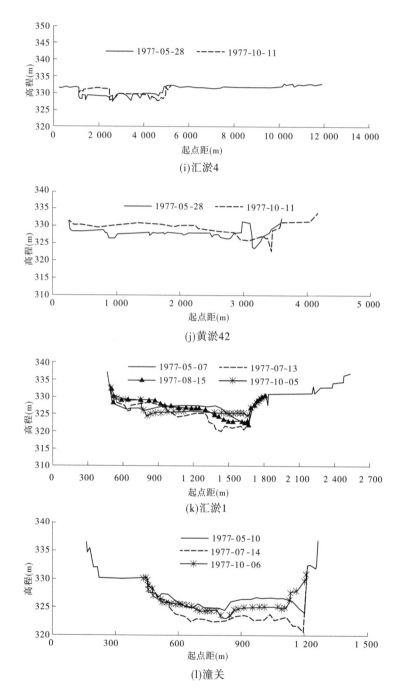

(i)汇淤4

(j)黄淤42

(k)汇淤1

(l)潼关

续图 8-14　龙门至潼关河段 1977 年汛前、汛后断面套绘

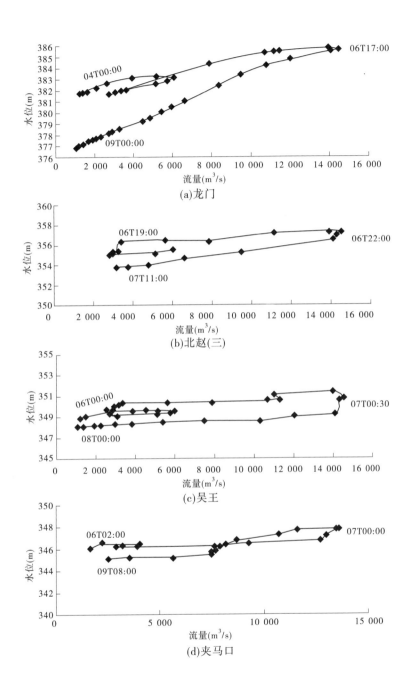

(a)龙门

(b)北赵(三)

(c)吴王

(d)夹马口

图 8-15 龙门至潼关河段沿程各断面水位流量关系绳套图

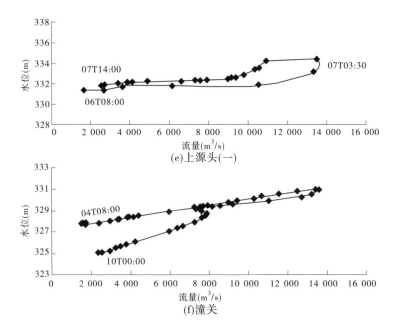

续图 8-15　龙门至潼关河段沿程各断面水位流量关系绳套图

(六)1977 年 8 月"揭河底"冲刷水沙情势及河床冲淤变化沿程表现

1977 年 8 月 6 日黄河龙门河段发生了当年第三场超过 10 000 m³/s 的洪水。本年汛期在 7 月 6 日和 8 月 3 日龙门站已经发生了两场超过 10 000 m³/s 洪水,7 月 6 日发生的高含沙洪水在黄河龙门河段还造成了"揭河底"冲刷(前述),造成河床高程剧烈下降,洪水过后,河道中水流流量一直在 2 000 m³/s 以下,含沙量和水位均较低。至 8 月初,黄河又发生大洪水,龙门站洪水过程为前期有一个洪峰流量为 8 580 m³/s 的洪峰,有少量的回落又快速上涨至最大洪峰流量 12 700 m³/s,之后洪峰迅速回落,整个洪峰持续时间约 48 h;龙门站实测最大含沙量为 821 kg/m³,沙峰峰型为单峰,涨峰迅速,落峰较为缓慢。含沙量大于 400 kg/m³洪水持续时间约 34 h,含沙量大于 500 kg/m³以上洪水持续时间约 23 h,洪峰含沙量超前洪峰流量 9 h,大部分高含沙洪水出现在洪峰到来之前,洪水前后 1 200 m³/s 流量水位下降约 1.8 m 左右。潼关站对应洪峰流量为 15 300 m³/s,洪峰含沙量为 911 kg/m³,流量过程与龙门站洪水峰型相似,含沙量过程由于受渭河来沙影响,后期有升高的过程。洪水从龙门传播到潼关洪峰流量与洪峰含沙量沿程均出现了增加。后期渭河发生了高含沙洪水,但是在洪水传播到潼关站后与龙门站来水来沙不遭遇(见图 8-16)。

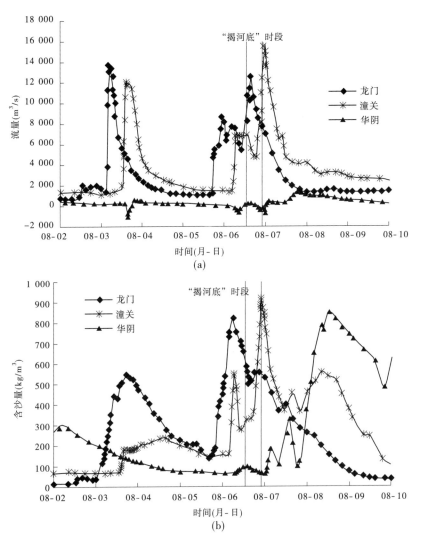

图 8-16 黄河龙门、潼关站及渭河华阴站 1977 年 8 月上旬水沙过程

由于本年汛期发生了两次"揭河底"冲刷,龙门至潼关河段河道冲刷幅度很大,8 月河道的冲刷幅度小于 7 月的冲刷幅度。从水位表现看,沿程龙门、吴王、夹马口断面均发生了不同程度的冲刷,上源头(一)没有发生冲刷,表明龙门站发生"揭河底"冲刷发展到上源头附近(见图 8-17)。

(七)2002 年 7 月"揭河底"冲刷水沙情势及河床冲淤变化沿程表现

2002 年 7 月 4~5 日,黄河龙门河段发生高含沙洪水,龙门站洪峰流量 4 580 m³/s,最大含沙量达 1 040 kg/m³,洪峰超前沙峰 1.5 h。本次洪水涨落过程迅猛,整个洪水过程仅持续 7 h,之后流量维持在 2 000 m³/s 左右约 24 h。洪

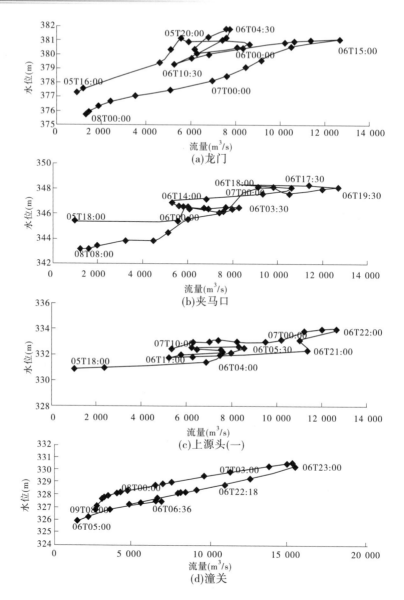

图 8-17　龙门至潼关河段沿程各断面水位流量关系绳套图

水期高含沙量过程持续时间约 22 h,洪水期含沙量过程涨峰用时约 4 h,落峰用时 18 h,高含沙量过程滞后于洪水流量过程,造成在"揭河底"冲刷发生时段(即目击"揭河底"现象发生时间 2002 年 7 月 5 日 8 时 10 分至 8 时 40 分)流量已经减少到 2 000 m³/s 左右,而含沙量则仍为 500 kg/m³ 以上,洪水前后龙门站 1 000 m³/s 流量对应水位下降约 1.22 m。从龙门到潼关洪峰削峰率为 44.3%,潼关站洪水含沙量出现两个峰值,最大含沙量为 208 kg/m³。洪峰从龙门传播到潼关站时间为 50 小时 41 分钟。

从断面套绘看,由于 2002 年 7 月的洪水为小流量高含沙量过程,因此洪水冲刷距离较近。龙门和潼关河段河床冲淤变化不大,中部河段河道发生少量淤积(见图 8-18)。

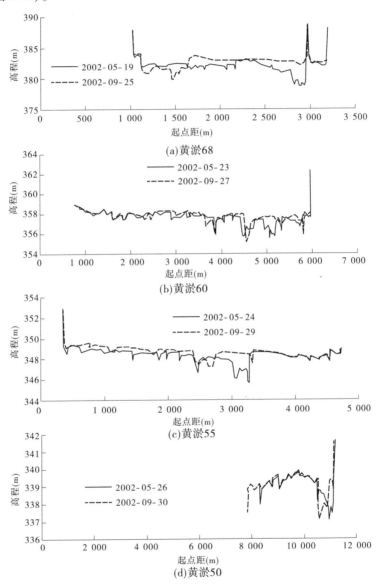

图 8-18 黄河龙门至潼关河段沿程断面套绘

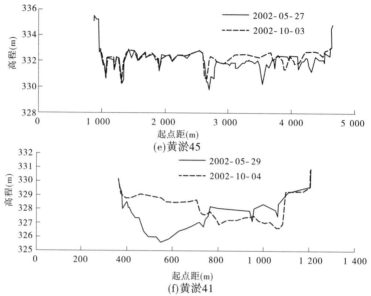

(e)黄淤45

(f)黄淤41

续图 8-18　黄河龙门至潼关河段沿程断面套绘

　　龙门站水位流量关系在洪峰期水位与流量呈正比例,流量增加,水位升高。在后期,由于高含沙量过程对河道的淤积作用,水位随流量减少有所回升,随后河道发生了"揭河底"冲刷过程,水位有一个明显下降过程,以下河段水位变化较小,没有明显水位下降的过程(见图 8-19)。

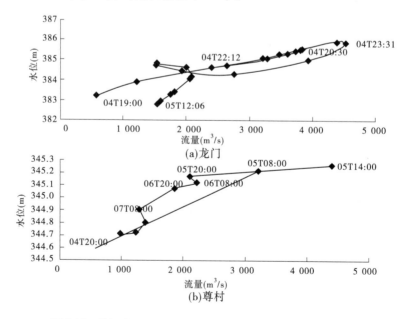

(a)龙门

(b)尊村

图 8-19　黄河龙门至潼关河段沿程各断面水位流量关系绳套图

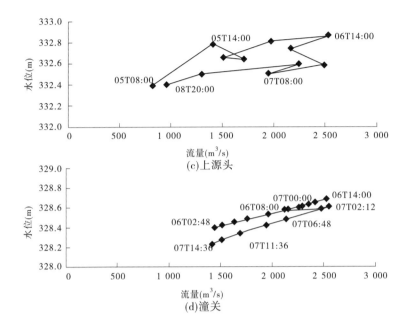

续图 8-19 黄河龙门至潼关河段沿程各断面水位流量关系绳套图

二、"揭河底"冲刷期水沙特征指标统计

描述"揭河底"洪水冲刷最明显的特征是"揭河底"冲刷深度、冲刷持续时间和"揭河底"冲刷长度。上述特征指标的确定,需要首先确定"揭河底"发生时段。判断"揭河底"发生时段的方法,是依据水文站(龙门站)测流断面实测流量成果,点绘洪水期河床高程变化,当测流断面在某一时段河床发生剧烈下降超过1 m以上时,表明该时段河床发生了强烈冲刷,此时再结合洪水位以及水沙过程表现,综合确定"揭河底"发生时段。由于所依据的主要水文资料测验站——龙门站河床冲淤变化复杂,同时龙门站测流断面实测流量测量测次间隔时间较长,因此测量得到河床遭受冲刷使高程下降的时段可能会长于实际发生时间,在分析龙门河段洪水期河床表现以及对应发生时间时,应结合多种测量资料综合分析。"揭河底"冲刷深度按照已确定"揭河底"时间内河床深泓点最大冲深值确定。

对发生在黄河龙门至潼关河段较为强烈的"揭河底"冲刷洪水进行分析后得到的特征指标汇总于表8-1、表8-2。

表 8-1　龙门站发生"揭河底"冲刷分析结果

时段（年-月-日）	水沙分布	洪峰流量（m³/s）	最大日均含沙量对应日均流量（m³/s）	最大含沙量（kg/m³）	最大日均含沙量（kg/m³）	洪峰持续时间（h）	洪峰前后水位下降（m）	洪峰水沙对应关系	"揭河底"起止时间（月-日T时:分）	揭底时长（h）	"揭河底"冲刷下降幅度（m）	
											平均河底	深泓点
1964-07-06~08	第一场洪水,第二洪峰,第一沙峰	10 200	5 260	695	434	54	2.3(1 000)	沙峰超前洪峰10.5 h	07-06T20:00~07T07:00	11	2.45	3.80
1966-07-18~20	第一场洪水,第四洪峰,第一沙峰	7 460	3 450	933	667	33	6.87(500)	洪峰超前沙峰6.4 h	07-18T18:00~19T11:00	17	5.33	7.40
1969-07-27~29	第一场洪水,第一洪峰,沙峰	8 860	1 880	752	665	22	2.8(800)	洪峰超前沙峰13.6 h	07-28T00:00~06:00	6	1.78	2.82
1970-08-02~04	第一场洪水,第一洪峰,第一沙峰	13 800	4 670	826	702	26	6(1 000)	洪峰超前沙峰6.95 h	08-02T19:00~03T06:00	11	9.0	10.33
1977-07-05~08	第一场洪水,第二洪峰,第二沙峰	14 500	2 700	690	485	26	4.65(1 200)	洪峰超前沙峰2 h	07-06T16:00~07T00:00	8	3.17	4.43
1977-08-06~08	第三场洪水,第三洪峰,第一沙峰	12 700	7 910	821	603	48	1.80(1200)	沙峰超前洪峰9 h	08-06T13:00~22:00	9	2.20	2.60
1995-07-17~19	第一场洪水,第四洪峰,第一沙峰	3 880	2 310	487	398	32	0(989)	洪峰超前沙峰2.5 h	07-18T09:00~12:30	3.5	1.82	3.32
2002-07-04~06	第一场洪水,第一洪峰,沙峰	4 580	2 000	1 040	394	7	1.23(1 200)	洪峰超前沙峰1.5 h	07-05T04:00~09:00	5	1.22	2.02

表 8-2　龙门站发生"揭河底"冲刷时潼关站相应分析结果

时间（年-月）	洪峰流量（m³/s）	最大含沙量（kg/m³）	龙门至潼关洪峰削峰率（%）	洪峰传播时间（h）	龙门"揭河底"时段		龙门"揭河底"时段对应潼关		龙门"揭河底"时段对应渭河		龙门"揭河底"冲刷洪水对潼关冲刷幅度（m）		冲刷距离（km）
					水量（亿m³）	沙量（亿t）	水量（亿m³）	沙量（亿t）	水量（亿m³）	沙量（亿t）	平均河底	深泓点	
1964-07	9 240	465	9.8	13.3	2.662	1.414	3.024	1.024	0.165	0.017	0.78	3.23	
1966-07	5 130	522	31	23.4	2.072	1.525	1.460	0.494	0.161	0.004	−0.24	−0.80	77
1969-07	5 680	404	36	13.5	0.651	0.471	0.706	0.244	0.170	0.077	0.96	−0.01	50
1970-08	8 420	631	39	20.5	3.708	2.528	2.547	0.954	0.641	0.337	3.10	4.28	130（全河段）
1977-07	13 600	616	6	13	2.808	1.606	2.948	1.168	0.311	0.090	3.60	5.69	110
1977-08	15 300	911	−20	7.5	3.134	1.681	3.737	2.670			−0.18	−0.26	110
1995-07	3 190	203	17.8	17	0.486	0.204	0.394	0.069	0.014	0.005	0.48	1.59	
2002-07	2 550	208	44.3	50.7	0.329	0.203	0.29	0.043	0.042	0.001	0.07	−0.12	

"揭河底"冲刷距离按照龙门至潼关河段之间汛期黄淤断面以及汇淤断面测量套绘结果以及沿程水位表现综合确定。由于在 20 世纪 60 年代断面测量距离较短,且沿程水位测站布设较少,因此,冲刷距离确定只有依据实测资料和当时记录资料综合分析估算。从对 1977 年沿程冲刷表现分析,虽然龙门站和潼关站均同时发生了冲刷,也不能表示该河段沿程均发生冲刷,从龙门至潼关河段平面布局图看,该河段河道两端窄,中间宽,当在龙门站发生"揭河底"冲刷的大洪水在演进到较宽断面的河段时,水流冲刷能力减弱,河道发生淤积,当洪水水流到达潼关河段时,河段断面缩窄,水流冲刷能力增大,河道又会发生冲刷。

三、"揭河底"洪水河道冲刷特征与水沙响应关系

对龙门至潼关河段历年发生"揭河底"冲刷洪水水文资料分析,影响"揭河底"冲刷发生、发展的因素很多,不同的影响因素造成"揭河底"冲刷的不同表现,其中河道来水来沙情况和河道边界条件为影响"揭河底"冲刷最主要因素。

(一)龙门站冲刷深度影响因素

从前面分析的各场洪水对河道的冲刷表现分析,当龙门至潼关河段发生"揭河底"冲刷时,一般在龙门河段冲深最大,然后冲刷一路发展,逐渐减弱直至消失,因此对"揭河底"冲深的研究就以龙门站冲刷深度统计结果来分析。

在进行龙门站"揭河底"洪水冲刷影响因素分析时,我们对每种可能的影响因素单独与龙门站发生"揭河底"冲刷的冲深进行相关分析,点绘关系图。

1. "揭河底"冲深与水沙量关系

首先点绘龙门站冲深与"揭河底"时段水沙量关系(见图 8-20),从图中看出"揭河底"洪水对龙门站的冲刷深度与该时段水沙量呈正比例关系。

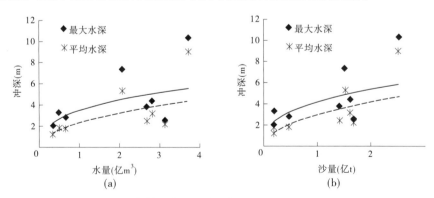

图 8-20　龙门站冲深与水沙量关系

2. "揭河底"冲深与洪峰含沙量关系

进一步分析,将龙门至潼关河段历年洪峰水沙的洪峰流量和洪水最大含沙

量与"揭河底"冲深关系进行统计(见表8-3),可以看出:"揭河底"洪水洪峰流量大小对"揭河底"冲深的影响小于最大含沙量对"揭河底"冲深的影响,高含沙量对"揭河底"的发生是非常有利的。

表8-3 最大含沙量排序与"揭河底"冲刷对应表

时段 (年-月-日)	洪峰流量 (m^3/s)	最大含沙量 (kg/m^3)	"揭河底"冲刷 下降幅度(m)		"揭河底"冲刷下降 幅度排序		备注
			平均河底	深泓点	平均河底	深泓点	
2002-07-04~06	4 580	1 040	1.22	2.02	8	8	洪峰小
1966-07-18~20	7 460	933	5.33	7.4	2	2	
1970-08-02~04	13 800	826	9	10.33	1	1	
1977-08-06~08	12 700	821	2.2	2.6	5	5	当年第二次
1969-07-27~29	8 860	752	1.78	2.82	7	7	沙峰严重滞后
1964-07-06~08	10 200	695	2.45	3.8	4	4	
1977-07-05~07	14 500	690	3.17	4.43	3	3	
1962-07-15~17	4 710	609	未揭	未揭	—	—	
1977-08-02~05	13 600	551	未揭	未揭	—	—	
1974-07-31~08-02	9 000	533	未揭	未揭	—	—	
1966-08-15~18	9 260	515	未揭	未揭	—	—	
1971-07-25~27	14 300	509	未揭	未揭	—	—	
1966-07-26~28	9 150	504	未揭	未揭	—	—	
1988-08-06~08	10 200	500	未揭	未揭	—	—	
1993-07-11~13	1 140	489	揭底不明显				
1995-07-18~20	3 880	487	1.82	3.32	6	6	
1967-08-10~12	21 000	464	未揭	未揭	—	—	
1994-08-05~07	10 600	401	未揭	未揭	—	—	
1964-08-13~15	17 300	401	未揭	未揭	—	—	
1996-08-09~12	11 100	390	未揭	未揭	—	—	
1972-07-19~22	10 900	387	未揭	未揭	—	—	
1966-07-29~08-01	10 100	385	未揭	未揭	—	—	
1967-08-07~09	15 300	373	未揭	未揭	—	—	
1967-09-01~04	14 800	357	未揭	未揭	—	—	
1967-08-19~21	14 900	320	未揭	未揭	—	—	
1979-08-11~13	13 000	299	未揭	未揭	—	—	
1976-08-02~05	10 600	270	未揭	未揭	—	—	
1995-07-29~31	7 860	212	未揭	未揭	—	—	

3."揭河底"冲深与沙峰持续时间关系

表8-4统计了龙门站3 d平均含沙量对冲刷深度的影响。从表8-4中看出:"揭河底"冲刷深度还取决于高含沙洪水持续时间。

4.影响"揭河底"冲深的其他因素

对"揭河底"冲刷时悬沙粒径变化也进行了统计。1966年和1970年龙门站泥沙中值粒径分别为0.058 mm和0.064 mm,这两场洪水造成龙门河段河床最大冲深达7.4 m和10.3 m,粒径和冲深都大于其他场次"揭河底"洪水的冲刷效果。因此当发生高含沙洪水时，泥沙的粒径对于局部冲刷也有一定的影响，泥沙粒径较粗的高含沙洪水对于局部河床淤积物的淘刷力更强一些。

表8-4　3 d平均含沙量排序与"揭河底"冲刷深度对应表

时段 （年-月-日）	龙门揭底冲刷期间3 d平均含沙量（kg/m³）	"揭河底"冲刷下降幅度（m）		"揭河底"冲刷下降幅度排序		备注
		平均河底	深泓点	平均河底	深泓点	
1970-08-02 ~ 04	630.97	9	10.33	1	1	
1966-07-18 ~ 20	604.99	5.33	7.4	2	2	
1977-08-06 ~ 08	494.06	2.2	2.6	5	5	当年第二次揭底
1969-07-27 ~ 29	474.61	1.78	2.82	7	7	沙峰严重滞后
1964-07-06 ~ 08	422.21	2.45	3.8	4	4	
1971-07-25 ~ 27	390.51	未揭	未揭	—	—	1970 年已揭
1977-07-05 ~ 07	374.57	3.17	4.43	3	3	
1995-07-18 ~ 20	335.89	1.82	3.32	6	6	
1988-08-06 ~ 08	316.05	未揭	未揭	—	—	
1966-07-26 ~ 28	312.77	未揭	未揭	—	—	
1977-08-02 ~ 05	305.08	未揭	未揭	—	—	
1974-07-31 ~ 08-02	304.32	未揭	未揭	—	—	
1962-07-15 ~ 17	293.45	未揭	未揭	—	—	
2002-07-04 ~ 06	293.29	1.22	2.02	8	8	洪峰小
1994-08-05 ~ 07	285.48	未揭	未揭	—	—	
1967-08-10 ~ 12	254.56	未揭	未揭	—	—	
1966-08-15 ~ 18	247.55	未揭	未揭	—	—	
1966-07-29 ~ 08-01	226.44	未揭	未揭	—	—	
1996-08-09 ~ 12	221	未揭	未揭	—	—	
1967-08-07 ~ 09	214.54	未揭	未揭	—	—	
1972-07-19 ~ 22	202.08	未揭	未揭	—	—	
1967-09-01 ~ 04	175.52	未揭	未揭	—	—	
1964-08-13 ~ 15	150.24	未揭	未揭	—	—	
1979-08-11 ~ 13	139.55	未揭	未揭	—	—	
1967-08-21 ~ 23	124.56	未揭	未揭	—	—	
1976-08-02 ~ 05	119.65	未揭	未揭	—	—	
1995-07-29 ~ 31	77.18	未揭	未揭	—	—	

　　另外，"揭河底"冲深还与前期地形有关。例如1977年8月洪水发生在第一次"揭河底"冲刷的后期，前期河床已经遭受了强烈的冲刷，河床高程有很大

的下降,在此种地形条件下,若想再次发生河床的冲刷则要付出更大的能量才行。

5."揭河底"冲深与水沙特征指标的响应关系

以上分析表明,"揭河底"冲深的影响因素有洪峰最大含沙量、高含沙洪水持续时间、洪水水沙组合和泥沙粒径以及前期地形情况等。根据对黄河龙门至潼关河段历年水沙情况分析,水沙条件的不同主要体现在洪峰过程及形状、沙峰过程及形状、洪(沙)峰持续时间这三个方面,而洪峰过程及形状可以用"揭河底"时段的平均流量与洪峰流量的比值来反映,沙峰过程及形状可以用"揭河底"时段平均含沙量与最大含沙量的比值来反映。因此,"揭河底"洪水对龙门站的冲刷深度可以表示为:

$$h_{cp} = f\left(\frac{Q_{cp}}{Q_{max}}, \frac{S_{cp}}{S_{max}}, t, d_{50}\right) \tag{8-1}$$

式中,h_{cp} 为"揭河底"洪水对龙门站的平均冲刷深度,m; Q_{max} 为洪峰流量,m^3/s; Q_{cp} 为"揭河底"时段平均流量,m^3/s; S_{max} 为最大含沙量,kg/m^3; S_{cp} 为"揭河底"时段平均含沙量,kg/m^3; t 为"揭河底"时长,s; d_{50} 为"揭河底"时段悬沙粒径,mm。

依据上述分析得到的龙门站历次"揭河底"冲刷深度及相应水沙条件,进行回归分析,得到如下经验关系式:

$$h_{cp} = 0.03\left(\frac{Q_{cp}}{Q_{max}}\right)^{0.279}\left(\frac{S_{cp}}{S_{max}}\right)^{1.913} t^{0.739} d_{50}^{0.721} \tag{8-2}$$

该公式的判定系数 $R^2 = 0.92$,相关性较好。图 8-21 为依据计算结果与实测值的对比,可以看出,计算值与实测值结果较为符合。公式表明:洪峰涨率大,沙峰持续时间长可以取得较好的冲刷效果。

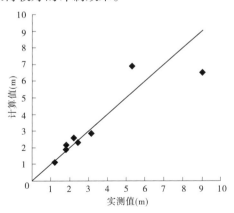

图 8-21 龙门站"揭河底"冲刷深度计算值与实测值对比

(二)"揭河底"冲刷长度的影响因素

"揭河底"冲刷是河床冲刷中的独特现象,冲刷发展的长度首先受河床边界条件影响。同时,由于保持洪水长距离运行的是洪水能量,携带大量泥沙的也是洪水能量,洪水能量可通过洪峰流量大小及洪水持续时间表征。因此,影响"揭河底"冲刷距离的因素还包括洪水的洪峰流量大小和洪水持续时间。

本次研究确定"揭河底"冲刷长度依据的方法是,通过龙门至潼关河段沿程水位测站洪水水位测量数据和沿程黄淤断面洪水前后套绘对比,来确定冲刷发生的距离,由于测量断面有一定的距离间隔,因此依此方法判断的"揭河底"冲刷长度会有一定误差。为此,我们专门收集了其他各家研究成果加以比较(见表8-5)。从表中看出:由于各家所依据的水文测验资料的差别,结果有所不同,但从趋势看,1970年和1977年发生的两次"揭河底"冲刷,冲刷距离较长,而1966年和1969年冲刷距离则较短。

表8-5　各家文献"揭河底"冲刷长度结果　　　　　　(单位:km)

文献出处	1951年	1964年	1966年	1969年	1970年	1977年7月	1977年8月
本次研究			77	50	130 (全河段)	110	110
程龙渊研究	62	62	81.7	38	81.7	74	74
山西局研究 (2008年)		114	53	50.5	134	134	113

总之,"揭河底"冲刷距离长短与洪峰流量关系最强,当龙门站洪峰流量超过10 000 m³/s时,则洪水在龙门至潼关河段河道传播过程中会保持一定的冲刷能力,直至洪峰流量衰减到没有冲刷河道的能力后;其次与前期河床条件有关,高含沙洪水发生前,河床的淤积程度、河床淤积物是否有易于冲刷等,对是否发生"揭河底"冲刷影响很大;再次与洪峰含沙量沿程表现有关,例如1970年发生的"揭河底"洪水,龙门站洪峰含沙量为826 kg/m³,到潼关站后洪峰含沙量为631 kg/m³,洪峰在从龙门传播到潼关过程中始终保持高含沙洪水的态势,洪峰含沙量衰减很少,因此本次高含沙洪水对河床的冲刷持续了整个小北干流河段。

近年来,黄河持续的枯水少沙也影响了"揭河底"冲刷的发展,分析1993年、1995年、2002年发生的"揭河底"冲刷,由于水沙量均较小,同时河床淤积,河床抬升较高,"揭河底"冲刷传播不远,很快就消失了,而且造成了河势局部摆动,工程出险的局面。

(三)"揭河底"冲刷时长影响因素

"揭河底"冲刷持续时间是通过分析水文实测资料确定的。受测验水平的限制,目前确定的"揭河底"冲刷时间为水文测验中河床冲刷的表现时间,与黄河上实际"揭河底"冲刷发生表现时间会有一定差别。

黄河龙门河段洪水起涨迅速,洪水过程时间较短,而沙峰一般滞后于洪峰,涨快落慢,造成洪水在涨峰期,含沙量较低。上涨的低含沙大洪水一般会对河床产生冲刷,但是能够产生"揭河底"冲刷需要在低含沙大洪水之后,洪水能继续对河床进行冲刷,此时发生的高含沙洪水则维持了对河床持续冲刷的动能。因此,影响冲刷时长的主要因素,一是洪水的流量需要达到一定数值,另一因素是高含沙洪水需要持续一定时间。

分析历次"揭河底"冲刷水沙过程,高含沙洪水持续时间是影响"揭河底"冲刷持续时间的主要因素,从历次规模较大的"揭河底"冲刷水沙过程看,流量变化范围多为 2 000 ~ 15 000 m³/s,含沙量变化均在 400 kg/m³ 以上。

图 8-22 为龙门站不同年份洪水期间流量与含沙量对应关系。从图中也可以看出以往研究者单从资料分析得出的结论,即发生"揭河底"冲刷的洪水,一般要求含沙量在 400 kg/m³ 以上,当流量或含沙量对应关系不能满足时,"揭河底"就不能发生。

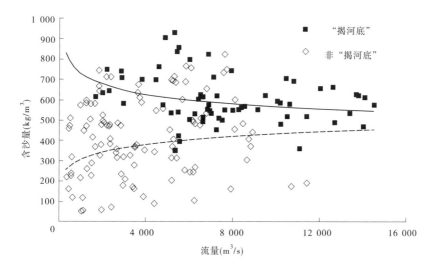

图 8-22　大洪水期流量含沙量对应关系

第二节 "揭河底"冲刷期潼关站与 龙门站的水沙响应关系

一、潼关站与龙门站汛期水沙响应关系

黄河龙门至潼关河段洪水主要来源于龙门以上至河口镇区间暴雨,由于地面坡度较大,坡面植被覆盖率低,兼之暴雨强度大等因素,龙门洪峰过程峰形尖瘦,具有涨落快、历时短、流量变幅大等特点。黄河龙门至潼关河段水沙异源,洪水主要来自黄河上游河口镇以上地区,而泥沙主要来自河口镇至龙门区间支流。根据泥沙来源支流的不同,泥沙粒径变化范围较大,泥沙中值粒径变化范围为 $0.01 \sim 0.1$ mm。

黄河龙门至潼关河段水沙量年际间分布不均,水沙量分配见表8-6。近年来黄河龙门至潼关河段汛期水量和沙量都减少过半,在年内的水量分配上,已经发生颠倒,不利于输沙。

表8-6 黄河龙门站、潼关站和渭河华县站水沙量表

站名	项目	1919~1985 年		1986~2011 年		减少量(%)	
		水量 (亿 m³)	沙量 (亿 t)	水量 (亿 m³)	沙量 (亿 t)	水量	沙量
龙门	非汛期	131	1.18	111.33	0.63	15.0	46.6
	汛期	189	8.79	78.55	2.72	58.4	69.1
	全年	320	9.97	189.88	3.35	40.7	66.4
潼关	非汛期	170	2.29	135.03	1.44	20.6	37.1
	汛期	248	12.23	109.80	4.12	55.7	66.3
	全年	418	14.52	244.83	5.56	41.4	61.7
华县	非汛期			19.20	0.93		
	汛期			28.67	1.84		
	全年	81	3.94	47.87	2.77	40.9	29.7

潼关水沙受黄河干流和支流渭河、北洛河以及汾河影响较大,其中黄河干流和支流渭河的来水来沙占主导地位。渭河华县近年来水量减少比沙量减少得多,这对渭河下游河道及潼关河段河道非常不利。

图8-23 为龙门站 1949~2011 年汛期的水沙变化情况。图中虚线处为发生

了"揭河底"的年份,由于发生"揭河底"时段相对于整个汛期时间较短,因此"揭河底"出现年份的汛期水量、沙量并没有太大变化,但是"揭河底"时段水沙对河道的冲刷幅度却是非常剧烈的。从图8-24看,龙门站汛后流量为1 000 m³/s时水位在"揭河底"年份,会发生剧烈下降(近年来除外),1970年和1977年汛期洪水发生的"揭河底"冲刷造成该河段水位下降,恢复期长达5年以上。由于"揭河底"洪水的冲刷过程一般难以发展到潼关河段,同时潼关河段河道回淤较快,潼关站对应时段水位下降不明显。

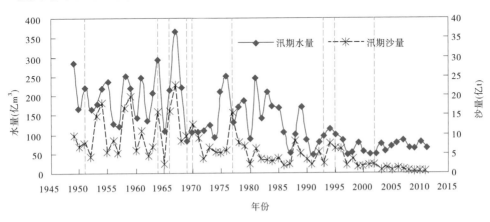

图8-23 龙门站1949~2011年汛期水沙量过程

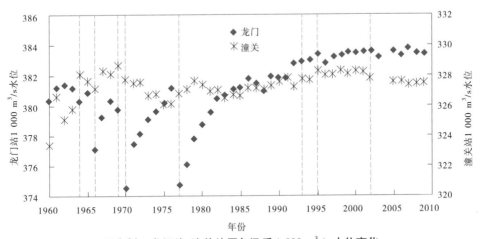

图8-24 龙门站、潼关站历年汛后1 000 m³/s水位变化

图8-25点绘的是龙门站、潼关站汛期水沙对应关系,汛期水量与沙量呈正比例关系,"揭河底"年份来沙量较高。近年来,由于河道水沙来量普遍偏低,因此发生"揭河底"冲刷的水沙量也较小。大水情况下,发生强烈"揭河底"冲刷的水沙在传播到潼关后,沙量仍较大,"揭河底"年份洪水携带泥沙的能力强于其

他年份。

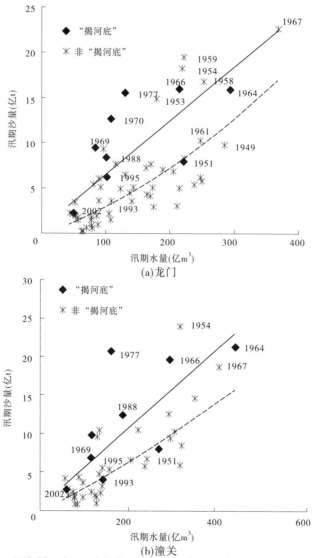

图 8-25　龙门、潼关站 1949～2011 年汛期水沙量对应关系

图 8-26 为黄河龙门站和潼关站汛期水量、沙量响应关系,潼关站水沙量扣除支流(渭河)影响外,有"揭河底"洪水年份和无"揭河底"洪水年份水量相差不大,但是发生较大"揭河底"冲刷年份的沙量却大于无"揭河底"的年份,表明发生较大"揭河底"冲刷的年份汛期含沙量也明显高于未发生"揭河底"冲刷洪水的年份。

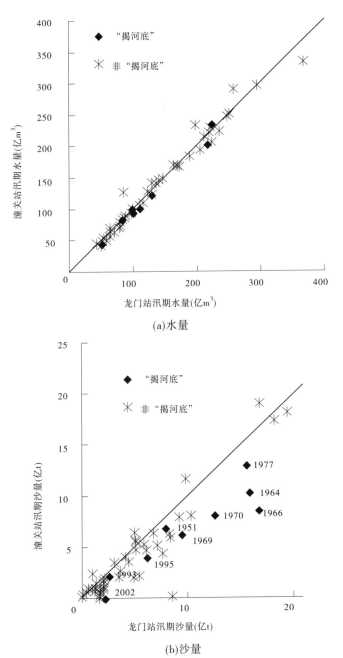

(a)水量

(b)沙量

图8-26 龙门站与潼关站(扣除华县)汛期水量、沙量响应关系

二、"揭河底"冲刷期间龙门至潼关河段的洪水传播

黄河龙门至潼关河段,由于河道坡降沿程变缓,河道宽浅散乱,滩地众多,水流极易扩散,洪峰坦化、削减,泥沙落淤。龙门站来水来沙在传播过程中与河床边界条件相互作用,同时受到三门峡水库回水淤积影响,洪水削峰、滞沙关系复杂。

(一)水沙峰对应情况

表8-7为黄河龙门、潼关和渭河华县水文站历年洪峰流量和洪水最大含沙量及其出现时间统计。1933～2009年期间有水文资料的64场洪水过程中,统计出龙门站有37场洪水过程水沙峰基本相应,这其中有32场洪水洪峰流量出现时间超前沙峰,超前时间为0.5～24 h。在龙门站有资料的11场"揭河底"冲刷洪水过程中,8场洪水洪峰超前沙峰,3场洪水沙峰超前洪峰;潼关站23场水沙峰基本相应的洪水过程中,13场洪水洪峰超前沙峰,8场洪水沙峰超前洪峰,2场同步;洪峰与沙峰出现时间间隔在10 h以内,表明水沙峰较为协调的高含沙洪水更有利于冲刷。龙门站11场"揭河底"洪水过程,传播到潼关站后,5场洪水洪峰超前沙峰,5场洪水沙峰超前洪峰,1场同步。表明,洪水在龙门站时,洪峰一般超前沙峰,从龙门传播到潼关,水沙组合以及峰型会发生变化。大水大沙情况下,龙门站发生"揭河底"冲刷时,洪水把揭起的大量泥沙带到潼关附近河段,比如1964年、1970年、1977年;大沙中常洪水时,龙门站发生"揭河底"冲刷时,洪水揭起的泥沙很难输送到潼关站附近,比如1966年、1969年。近年来(如1993年、1995年、1998年、2002年等)的"揭河底"冲刷,只是发生在局部河段或者局部工程附近,对河道泥沙的输送没有明显作用,只是不同位置泥沙发生有限河长范围内交换。统计华县站54年的水沙过程,洪峰与沙峰同步的较少,仅有12场;10场洪水沙峰超前洪峰;其他洪水沙峰均滞后于洪峰。

表8-7 龙门、潼关、华县站历年汛期最大洪水流量和最大含沙量情况统计

年份	龙门洪峰流量(m³/s)	龙门洪峰对应时间(月-日T时:分)	龙门洪峰对应含沙量(kg/m³)	龙门沙峰含沙量(kg/m³)	龙门沙峰对应时间(月-日T时:分)	潼关洪峰流量(m³/s)	潼关洪峰对应时间(月-日T时:分)	潼关沙峰含沙量(kg/m³)	潼关沙峰对应时间(月-日T时:分)	洪峰传播时间(h)	华县洪峰流量(m³/s)	华县洪峰对应时间(月-日T时:分)	华县沙峰含沙量(kg/m³)	华县沙峰对应时间(月-日T时:分)
1933	19 200													
1951	13 700*	08-15		542.4	08-16	10 000*	08-16	310	08-17		4 140	09-08	99.5	07-06
1953	15 500	08-26T09:00		473	08-19	12 000	08-26	716	08-20		3 690	07-03	690	08-21
1954	16 400*	09-03T02:00		605	09-03T08:00	13 400*	09-03T13:00	676	09-04T09:30	11	7 660	08-19T01:00	290	08-18T16:00
1955	5 050	07-30		179	08-13	6 900	09-17T22:30	68.5	09-12T17:00		4 780	09-17T14:00	229	09-08T18:44
1956	6 800	07-23T04:20	282	345	07-26T18:40						5 310	06-26T00:00	895	07-22T18:15
1957	6 470*	07-24T10:00	425	297	07-25T08:00						4 360	07-19T06:00	344	07-26T15:30
1958	10 800	07-13T22:00		460	07-30T08:00						6 040	08-21T10:00	613	07-15T15:00
1959	12 400*	07-21T23:30		514	07-22T08:00	11 900					3 920	07-16T22:00	693	08-05T11:00
1960	3 160	08-04T06:00	147	410	07-06T02:00	6 080	08-04T22:00	592	07-07T05:30	16	2 900	08-04T05:00	605	08-03T20:00
1961	7 250	08-02T10:00	300	476	07-22T11:00	7 920	08-01T18:00	216	07-23T11:00		2 700	10-19T22:00	404	07-02T18:00
1962	4 710*	07-15T20:00		609	07-16T08:00	4 410	07-30T09:00	238	07-17T11:00		3 540	07-28T19:00	654	07-25T14:00
1963	6 220*	08-29T12:30		475	08-30T00:00	6 120*	08-30T02:00	257	08-30T14:00	13.5	4 570	05-26T00:00	222	06-08T16:00
1964	10 200*	07-07T04:30		695	07-06T18:00	9 200*	07-07T18:30	465	07-07T20:00	14	5 130	09-15T04:00	659	07-18T12:10
1964	17 300*	08-13T20:30		401	08-14T06:00	12 400*	08-14T09:30	314	08-15T12:00	13				
1965	3 530*	07-21T18:00		232	07-21T22:00	5 400	07-22T11:00	201	07-10T06:00	17	3 200	07-09T12:00	357	07-10T02:00

续表8-7　龙门、潼关、华县站历年汛期最大洪水流量和最大含沙量情况统计

年份	龙门 洪峰 流量(m³/s)	龙门 洪峰 对应时间(月-日 T时:分)	龙门 对应含沙量(kg/m³)	龙门 沙峰 含沙量(kg/m³)	龙门 沙峰 对应时间(月-日 T时:分)	潼关 洪峰 流量(m³/s)	潼关 洪峰 对应时间(月-日 T时:分)	潼关 沙峰 含沙量(kg/m³)	潼关 沙峰 对应时间(月-日 T时:分)	洪峰传播时间(h)	华县 洪峰 流量(m³/s)	华县 洪峰 对应时间(月-日 T时:分)	华县 沙峰 含沙量(kg/m³)	华县 沙峰 对应时间(月-日 T时:分)
1966	7 460*	07-18T11:36		933	07-18T18:00	5 130*	07-19T11:00	456	07-19T04:00	23.4	5 180	07-28T09:00	636	07-28T02:00
1966	10 100*	07-29T14:54		385	07-30T00:00	7 830*	07-30T09:00	407	07-28T18:00	18.1				
1967	21 000*	08-11T06:00		464	08-11T12:00	9 530*	08-11T16:30	274	08-11T00:00	10.5	2 090	05-19T13:00	731	08-05T06:00
1968	6 580	08-19T00:12	189	353	07-28T08:14	6 750	09-14T00:00	322	08-25T08:00		5 000	09-12T14:00	753	08-25T14:00
1969	8 860*	07-27T16:24		752	07-28T06:00	5 680	07-28T06:00	434	08-11T16:00	13.6	1 260	04-24T12:00	601	08-10T08:00
1970	13 800*	08-02T21:03		826	08-03T04:00	8 420*	08-03T17:30	631	08-04T08:30	20.45				
1971	14 300	07-26T03:00	509	649	08-18T06:56	10 200	07-26T14:20	746	08-20T02:00	11.33	1 500	06-30T12:00	662	08-20T08:00
1972	10 900*	07-20T19:30		387	07-20T19:00	8 600	07-21T05:30	302	07-03T15:00	10	1 800	09-03T02:00	176	07-10T12:38
1973	6 210*	08-25T23:30		334	08-26T00:00	5 080	09-01T10:30	527	08-27T12:30		5 010	09-01T02:00	721	08-19T04:00
1974	9 000*	08-01T01:00		533	08-01T09:30	7 040*	08-01T12:36	421	08-01T13:00	11.6	3 150	09-14T17:00	763	07-29T20:00
1975	5 940	09-01T03:18	103	269	07-22T08:00	5 910	10-04T11:30	292	07-27T06:00		4 010	10-02T20:00	634	07-26T17:22
1976	10 600*	08-03T11:00		270	08-03T15:43	9 220	08-30T10:00	120	08-05T17:00		4 900	08-29T23:00	434	08-08T20:00
1977	14 500*	07-06T17:00		690	07-06T19:00	13 600*	07-07T06:00	616	07-07T06:00	13	4 470	07-07T20:00	905	08-07T17:00
1977	12 700*	08-06T15:30		821	08-06T06:19	15 300*	08-06T23:24	911	08-06T22:18	7.9				
1978	6 920	09-01T04:18	240	432	07-28T21:00	7 300	08-09T05:30	421	07-13T09:00		2 520	07-05T15:30	560	07-12T11:10
1979	13000	08-12T03:30	299	424	07-24T14:24	11 100	08-12T16:30	399	07-31T00:00	13	866	09-23T12:00	590	07-30T02:00

续表8-7 龙门、潼关、华县站历年汛期最大洪水流量和最大含沙量情况统计

年份	龙门 洪峰 流量(m³/s)	龙门 洪峰 对应时间(月-日 T时:分)	龙门 对应含沙量(kg/m³)	龙门 沙峰 含沙量(kg/m³)	龙门 沙峰 对应时间(月-日 T时:分)	潼关 洪峰 流量(m³/s)	潼关 洪峰 对应时间(月-日 T时:分)	潼关 沙峰 含沙量(kg/m³)	潼关 沙峰 对应时间(月-日 T时:分)	洪峰传播时间(h)	华县 洪峰 流量(m³/s)	华县 洪峰 对应时间(月-日 T时:分)	华县 沙峰 含沙量(kg/m³)	华县 沙峰 对应时间(月-日 T时:分)
1980	3 190	10-08T12:00	18.5	465	06-30T04:00	3 180	10-09T08:00	347	07-29T20:00	20	3 770	07-04T06:00	711	07-29T06:30
1981	6 400 *	07-08T09:30		298	07-08T17:31	6 540	09-08T16:00	373	08-17T20:00		5 380	08-23T10:00	761	06-23T12:00
1982	5 050 *	07-31T01:30		221	07-31T18:54	4 760 *	08-01T20:00	103	08-02T00:00	42.5	1 600	08-01T18:00	339	07-31T18:00
1983	4 900	08-05T16:00	18.6	163	09-08T08:18	6 200 *	08-01T09:22	80.1	07-31T14:45		4 160	09-28T19:42	153	09-09T20:00
1984	5 860	08-01T06:30	56.1	170	08-28T06:30	6 430 *	08-05	218	08-05		3 900	09-10T20:00	514	08-04T14:00
1985	6 720 *	08-06T16:24		256	08-06T16:24	5 540	09-24	194	08-20		2 660	09-16T18:30	531	08-15T16:00
1986	3 520	07-19T12:00	18.6	121	08-18T16:00	4 620 *	06-29	276	06-29		2 980	06-28T09:00	485	06-29T00:00
1987	6 840	08-26T22:50	375	598	07-10T13:00	5 450	08-27T13:40	305	07-31T07:00	14.83	1 750	08-04T16:00	515	07-30T13:30
1988	10 200 *	08-06T14:00		500	08-06T19:33	8 260	08-07T04:00	363	08-09T17:00	14	3 980	08-19T14:00	554	07-25T00:00
1989	8 310 *	07-23T03:30	356	466	07-17T14:10	7 280	07-23T16:00	434	07-19T13:25	12.5	2 630	08-20T05:00	516	07-18T20:00
1990	3 670 *	07-26T16:12		298	07-27T00:00	4 430	07-08T08:00	253	09-25T01:40		3 250	07-08T00:00	386	09-24T16:00
1991	4 590 *	07-28T08:00		396	07-28T14:00	4 510 *	06-12T08:20	283	06-12T08:20		1 680	06-12T01:00	494	06-11T20:00
1992	7 740	08-09T09:48	267	400	08-11T04:42	4 040 *	08-15T00:00	297	08-14T10:20		3 950	08-14T00:00	569	08-11T00:00
1993	1 140 *	07-12T12:00		489	07-12T4:00	1 010 *	07-14T02:00	88.9	07-13T20:00		3 050	07-23T22:00	618	08-06T16:00
1993	4 600 *	08-04T12:30		301	08-04T13:06	4 440 *	08-06T05:36	162	08-07T08:00	38				
1994	10 600 *	08-05T11:36		401	08-05T18:50	7 360	08-06T17:18	425	07-10T02:00	41.1	2 000	07-08T23:00	883	09-03T00:00

续表8-7　龙门、潼关、华县站历年汛期最大洪水流量和最大含沙量情况统计

年份	龙门					潼关					华县			
	洪峰		对应含沙量(kg/m³)	沙峰		洪峰		沙峰		洪峰传播时间(h)	洪峰		含沙量(kg/m³)	沙峰
	流量(m³/s)	对应时间(月-日 T 时:分)		含沙量(kg/m³)	对应时间(月-日 T 时:分)	流量(m³/s)	对应时间(月-日 T 时:分)	含沙量(kg/m³)	对应时间(月-日 T 时:分)		流量(m³/s)	对应时间(月-日 T 时:分)		对应时间(月-日 T 时:分)
1995	3 880*	07-18T09:30		487	07-18T12:12	3 190	07-19T02:30	302	07-17T09:30	17				
1995	7 860*	07-30T09:54		212	07-31T08:00	4 160*	07-31T04:00	102	08-01T08:00	18.1				
1996	11 100	08-10T13:00	390	468	08-01T20:00	7 400	08-11T06:00	468	07-29T08:00	17	3 500	07-29T21:00	696	07-17T04:00
1997	5 750*	08-01T05:48		357	08-01T10:53	4 700	08-02T05:00	481	08-09T00:00	23.2	1 090	08-02T00:00	749	08-01T16:00
1998	7 160*	07-13T23:12		458	07-13T08:35	6 500*	07-14T17:39	227	07-14T12:00	18.45	1 620	08-22T19:30	627	07-08T00:00
1999	2 690	07-21T18:12	97.6	351	07-12T18:36	2 990	07-22T21:18	376	07-16T20:00	27.1	1 350	07-22T16:26	635	07-15T14:00
2000	2 260	07-09T05:21	151	309	07-28T18:00	2 290	10-13T08:00	176	06-27T17:30		1 890	10-13T14:00	647	07-30T16:10
2001	3 400*	08-19T19:00		554	08-20T02:00	3 000*	08-20T21:12	421	08-21T16:00	26.2	1 110	09-23T18:00	729	08-20T18:00
2002	4 580*	07-04T23:31		1 040	07-05T01:00	2 530*	07-06T12:54	208	07-07T19:00	37.39	1 200	06-11T10:30	787	06-23T16:54
2003	7 340*	07-31T12:22		131	08-01T12:00	4 220	10-04T18:30	265	08-28T09:24		3 540	09-01T09:48	743	07-25T18:00
2004	2 100	08-23T12:36	77.9	696	08-11T08:00	2 290*	08.22 10:24	366	08-22T14:00		1 050	08-22T05:32	812	08-21T09:00
2005	1 790	03-22T17:36	25.3	402	07-21T09:18	4 480	10-05T12:00	410	07-22T11:00		4 850	10-04T08:00	551	07-21T17:00
2006	3 670*	09-22T06:44		192	09-22T13:00	2 620	03-27T14:20	162	07-18T16:00		968	09-03T06:48	724	07-18T00:18
2007	2 950	03-22T13:33	36.7	125	09-03T00:00	2 850	03-23T14:00	85.2	07-30T18:12	24.5	1 840	08-11T07:30	300	07-30T07:00
2008	2 640	03-25T07:30	6.62	50.5	03-28T02:00	2 790	03-26T13:54	70.5	07-25T02:00	30.4	902	07-23T17:36	426	08-12T04:00
2009	2 750	03-25T05:18	16.6	90.8	07-18T21:42	2 376	09-16T09:26	126	08-21T20:00		1 120	08-31T07:12	417	08-22T05:00

注："*"表示为本年汛期洪峰流量与最大含沙量在同一场洪水过程中。

(二)洪峰传播时间

从龙门和潼关站洪水对应关系(见表8-7)中,统计了35场洪水从龙门到潼关传播时间与龙门站洪水洪峰流量关系,点绘于图8-27。从龙门到潼关洪水传播时间按照同一场洪水的洪峰流量在龙门站出现时间与传播到潼关站后出现时间的差值计算,龙门站洪峰流量与龙门至潼关河段洪峰传播时间呈反比关系,"揭河底"洪水的传播时间与非"揭河底"洪水传播时间没有明显区别。

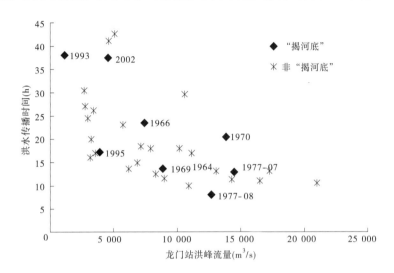

图8-27 龙门至潼关洪水传播时间与龙门站洪峰流量的关系

(三)峰型变化和削峰率

黄河干流洪水,洪峰流量一般沿程减小,而洪水历时则沿程延长,从龙门到潼关,洪水的峰型会相应变胖变矮。同时,黄河龙门至潼关河段又为典型的游荡型河道,汛期洪水过程经常处于超饱和输沙状态,因此该河段河道削峰滞沙作用强,洪峰削减率较大。统计自1954年至今,黄河龙门、潼关发生的大于5 000 m^3/s 洪水统计结果,见表8-8。从表中看出:龙门、潼关站多年平均洪水历时分别为50.4 h、153.6 h,说明洪水历时沿程增加。龙门、潼关站多年平均洪水位涨率分别为0.358 m/h、0.068 m/h,说明上游龙门站洪峰陡涨陡落,下游潼关站洪水涨落相对缓慢。龙门、潼关站多年洪峰平均水面比降分别为16.68 × 10^{-4}、3.75 × 10^{-4},反映了龙门、潼关河段不同的河道特性。

表 8-8　龙门到潼关洪水沿程变化统计表

站名	最大流量（m³/s）	5 000 m³/s 以上流量发生次数	平均洪水历时（h）	平均洪水涨率（m/h）	洪峰平均比降（10⁻⁴）
龙门	21 000	90	50.4	0.358	16.68
潼关	15 400	71	153.6	0.068	3.75

图 8-28 为龙门与潼关站洪水洪峰流量对应关系,扣除支流的影响,龙门站洪水传播到潼关站时,洪峰流量值均会出现下降,洪峰流量值越大,削峰率(龙门站流量减去潼关站流量后除以龙门站流量)越大。总体上龙门到潼关河段洪水的削峰率为 5% ~60% (1977 年 8 月洪水除外)。"揭河底"洪水的削峰率要小于非"揭河底"洪水的削峰率。

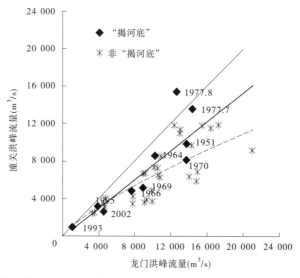

图 8-28　龙门站洪峰流量与潼关站洪峰流量(扣除支流影响)对应关系

图 8-29 为龙门至潼关河段历年汛期高含沙洪水过程削峰率变化。影响龙门到潼关洪水削峰率的因素很多,不同时期三门峡水库运用模式、河道前期地形条件、洪峰流量大小、峰型以及"揭河底"冲刷等都会对洪水的削峰率产生影响,但是前期地形状况为影响削峰率变化的最主要因素,例如 1967 年 8 月上旬至 9 月上旬,龙门发生 5 次大于 14 000 m³/s 的洪水,由于三门峡水库淤积严重,河道主河槽大幅度萎缩,其削峰率全部都达到 50% ~60%。近年来,由于水沙来量减少,河道淤积严重,洪水的削峰率又有增大的趋势。

同一种地形条件下,"揭河底"冲刷时洪水的削峰率要小于非"揭河底"冲刷

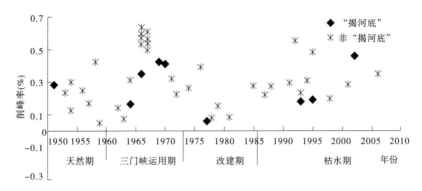

图 8-29 龙门至潼关河段历年削峰率变化

时洪水。比如1966年汛期发生的几场洪水,"揭河底"冲刷洪水的削峰率为最低。

三、"揭河底"期间龙门至潼关河段的沙峰传播

为了深入分析黄河龙门至潼关河段大洪水传播过程中水沙变化以及河道冲淤情况,本次研究统计了黄河龙门至潼关河段自1960年以来所有有测验资料记录的"揭河底"洪水水沙情况,以及所有洪峰流量超过10 000 m³/s 和最大含沙量超过500 kg/m³且洪峰流量超过5 000 m³/s 的非"揭河底"洪水水沙情况。

(一)含沙量衰减率及滞沙比

龙门站洪水最大含沙量传播到潼关,由于洪水中泥沙沿程发生落淤,一般都会下降。图8-30点绘的是龙门站洪水期最大含沙量与洪水传播到潼关时对应时段潼关站含沙量关系。图中显示,当龙门站发生600kg/m³以上含沙量洪水

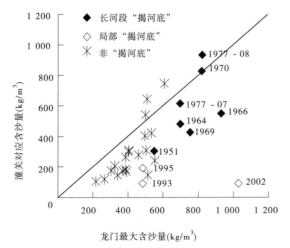

图 8-30 龙门站洪峰最大含沙量与潼关站扣除支流影响的含沙量响应关系

时,基本上都会发生"揭河底"冲刷,"揭河底"洪水在传播过程中,与较低含沙量的非"揭河底"洪水的含沙量变化相似,一般会有不同程度的下降。但从图8-31可看出,发生长河段"揭河底"冲刷洪水含沙量衰减幅度要小于一般含沙量洪水的衰减(含沙量衰减率为龙门最大含沙量减去对应时段传播到潼关站含沙量除以龙门站最大含沙量),但是对于局部"揭河底"洪水的含沙量,由于在龙门站时含沙量较高,其含沙量衰减率会更高。

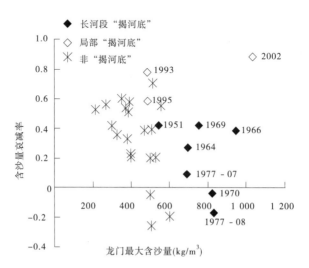

图8-31 龙门站洪峰最大含沙量与龙门至潼关河段含沙量衰减率关系

龙门站历年发生的长河段"揭河底"冲刷洪水的含沙量均大于 600 kg/m³。从1949年以来,龙门站共测量出含沙量大于 600 kg/m³ 洪水次数共 11 次(见表8-7),7 次发生了"揭河底"冲刷。点绘这 11 次洪水龙门站最大含沙量与对应流量关系,见图8-32,可见,对于含沙量大于 600 kg/m³ 的洪水,其洪水流量与

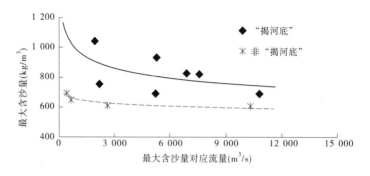

图8-32 龙门站洪水最大含沙量与对应流量关系

最大含沙量要协调,若流量小于要求值,则洪水就较难以发生长河段"揭河底"冲刷。就目前资料分析,龙门发生长河段"揭河底"冲刷的含沙量临界值为600~700 kg/m³,此阶段含沙量对应的洪水流量的大小决定了"揭河底"能否发生。

近年来,随着黄河中游地区持续小水,河道持续冲刷能力严重不足,造成高含沙量洪水落淤更明显,特别是2002年,龙门站实测洪峰含沙量的峰值达到1 020 kg/m³,但是传播到潼关站含沙量却只有208 kg/m³(没有考虑中间支流入汇的影响)。从现场调研和资料分析看,该时段在黄河龙门站附近小石嘴河段发生了"揭河底"冲刷现象,小石嘴工程遭受冲刷后发生险情,河面出现成块淤积物被揭起的场景,而该洪水在到达下游距龙门站约60 km的吴王工程附近时,则没有发生任何河道冲刷现象,河道的河面平静如常,因此本次"揭河底"洪水并没有传播到吴王工程附近。也就是说,2002年7月龙门站发生的高含沙洪水,在龙门河段发生"揭河底"强烈冲刷,甚至冲毁河道整治工程,但仅是局部现象,洪水在传播过程中经过由冲刷到沿程落淤的过程后,在到达潼关时的含沙量仅剩下了200多 kg/m³。

黄河龙门河段水沙情况非常复杂,不同的水沙组合对河道的冲淤情况有很大差别,统计历年洪水期3 d平均含沙量从龙门到潼关响应关系(见图8-33),能够更加深入了解龙门至潼关河段洪水含沙量沿程变化情况。从图中可以看出,尽管"揭河底"洪水、非"揭河底"洪水的含沙量分布比较散乱,但从趋势来看,"揭河底"洪水携带泥沙的能力要大于非"揭河底"洪水。

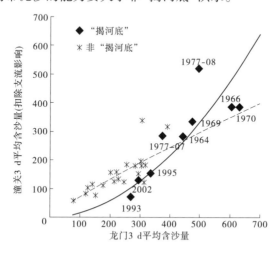

图8-33 龙门站洪水期3 d平均含沙量与潼关站对应3 d平均含沙量响应关系

龙门至潼关河段历年汛期洪水输沙量占全年总沙量的比值要高于汛期洪水水量占全年总水量的比值。因此,洪水滞沙程度及其对河道冲淤变化的影响,比滞洪削峰情况更加突出。图 8-34 为龙门站洪水期 3 d 水量(3 d 沙量)与龙门至潼关河段滞沙比(龙门站沙量减去潼关站沙量与龙门站沙量比值,其中潼关站沙量需扣除渭河、北洛河、汾河沙量)关系。"揭河底"洪水龙门站 3 d 水量和 3 d 沙量与滞沙比呈反比关系,而非"揭河底"洪水龙门站 3 d 水量和 3 d 沙量与滞沙比关系不明显(不考虑 1954 年)。黄河龙门至潼关河段洪水的滞沙比与洪峰流量、洪峰含沙量、河道比降、前期地形条件以及三门峡水库运用有关。一般地,"揭河底"洪水的滞沙比要小于非"揭河底"洪水,由于黄河高、低含沙量造床作用不同,高含沙洪水一般洪峰高、洪量少,漫滩后形成窄深河槽,尤其是"揭河底"洪水对河道有明显刷深作用,利于后期输沙;而非"揭河底"洪水,由于含沙量相对较低,洪峰越大,持续时间越长,则河道冲刷以展宽为主,形成宽浅断面,加之河床泥沙粗化,输沙率降低,使后续洪峰排沙比降低,滞沙比增加。

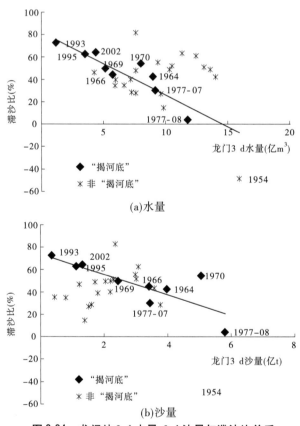

图 8-34 龙门站 3 d 水量、3 d 沙量与滞沙比关系

1954 年汛期黄河龙门出现大水大沙洪水过程,但是从龙门附近河段河床表现看,并无明显冲刷。洪水传播过程水沙损失较少,尤其是含沙量从龙门到潼关

还出现增加的情况,分析应与该时段河道断面形态较好,河道输沙能力较强有关。自三门峡水库修建后,受坝前壅水及潼关河床高程抬升的影响,侵蚀基面抬升,排洪输沙不利,黄河龙门至潼关河段汛期大洪水演进过程再也没有出现1954年这种表现。1973年三门峡水库改建完成后,潼关高程下降,加之1977年第一场洪水冲槽淤滩,河势归顺,平滩流量增大,使得1977年8月洪水滞洪滞沙作用明显减少。

(二)洪水期泥沙粒径的响应关系

黄河龙门至潼关河段位于黄河中游粗泥沙多泥沙区域,汛期泥沙多来源于两岸支流,不同区域来的泥沙粒径变化很大,造成黄河龙门至潼关河段洪水期泥沙粒径变化范围较大。本次研究统计了该河段历次大洪水期间,悬移质断面平均颗粒级配情况,见表8-9。龙门站洪峰期泥沙的中值粒径多大于潼关站,洪水在演进过程中泥沙发生了落淤。发生长河段"揭河底"冲刷的洪水泥沙粒径沿程细化程度小于非"揭河底"洪水,而发生局部"揭河底"冲刷的洪水泥沙落淤则比非"揭河底"洪水更严重。表明,发生长河段"揭河底"洪水的泥沙输送能力强于非"揭河底"洪水,而近年来出现的小洪水"揭河底"冲刷,泥沙输送能力较弱,洪水在龙门河段发生剧烈冲刷,大量泥沙被揭起并被运输到其下游不远处河段,因此泥沙只是发生了局部的搬家,并且还会对河势产生不利的影响。另外,对于粗泥沙来源区洪水,由于泥沙粒径较粗,形成的水流黏滞性较小,更利于挟沙力提高。钱宁等分析指出:含有一定粗粒的洪水易形成更高的含沙量,因此对于粗泥沙来源区的洪水在传播过程中也较易发生"揭河底"冲刷。

图8-35为统计的龙门和潼关河段洪水含沙量与泥沙粒径变化关系。龙门站发生"揭河底"洪水的含沙量均在 400 kg/m³ 以上,泥沙粒径相较于非"揭河底"洪水明显偏细;但是对于含沙量更高的洪水,粒径的变化范围要大一些。当"揭河底"洪水演进到潼关河段后,泥沙的粒径也明显较非"揭河底"洪水细,但是二者已经非常接近,表明"揭河底"洪水对泥沙的输送能力强。同时由于"揭河底"洪水对河床粗泥沙的冲刷作用增强,使得"揭河底"洪水到达潼关后,泥沙级配明显增大,粗化明显,这对三门峡库区和黄河下游河道的冲淤是非常不利的。图8-36是进一步根据图8-35统计结果点绘了不同含沙量级情况下"揭河底"洪水与非"揭河底"洪水龙门站、潼关站泥沙平均中值粒径响应关系,可以更清楚地看出,"揭河底"洪水潼关站的泥沙明显粗于一般高含沙洪水,平均粗化2倍左右;且随着龙门站平均粒径的增大,"揭河底"洪水到达潼关站后泥沙粗化更加明显,其中龙门站泥沙平均粒径为 0.035 mm 时,潼关站的泥沙平均粒径将达到 0.06 mm。

表 8-9 龙门、潼关站 3 d 水沙情况及计算结果

时段 (年-月-日)	龙门							潼关						
	最大含沙量对应流量(m³/s)	水量(亿m³)	3 d平均流量(m³/s)	最大含沙量(kg/m³)	沙量(亿t)	3 d平均含沙量(kg/m³)	悬沙d_{50}(mm)	最大含沙量对应流量(m³/s)	水量(亿m³)	3 d平均流量(m³/s)	最大含沙量(kg/m³)	沙量(亿t)	3 d平均含沙量(kg/m³)	悬沙d_{50}(mm)
1954-09-02～04	10 300	15.949	6 153.00	605	4.904	307.46	—	10 700	23.075	8 902.53	676	7.756	336.12	—
1962-07-15～17	2 680	4.212	1 625.00	609	1.236	293.45	0.046	2 530	5.226	2 016.20	238	0.757	144.85	0.015
1964-07-06～08	5 230	8.986	3 466.82	695	3.794	422.21	0.018	8 300	10.323	3 982.64	465	2.487	240.92	0.019
1964-08-13～15	5 020	13.665	5 271.99	401	2.053	150.24	0.037	6 650	17.729	6 839.89	314	2.88	162.45	0.024
1966-07-18～20	5 290	5.615	2 166.28	933	3.397	604.99	0.058	1 500	5.544	2 138.89	522	1.933	348.67	0.048
1966-07-26～28	8 730	7.504	2 895.06	504	2.347	312.77	0.019	4 220	10.115	3 902.39	407	2.492	246.37	0.034
1966-07-29～08-01	3 760	7.618	2 939.04	385	1.725	226.44	0.036	7 820	14.441	5 571.37	224	2.788	193.06	0.032
1966-08-15～18	8 440	12.45	4 803.24	515	3.082	247.55	0.04	4 540	11.02	4 251.54	219	1.66	150.64	0.027
1967-08-07～09	4 180	10.287	3 968.75	373	2.207	214.54	0.045	2 480	9.539	3 680.17	171	1.195	125.28	0.02
1967-08-10～12	11 600	14.099	5 439.43	464	3.589	254.56	0.031	6 950	12.136	4 682.10	274	2.156	177.65	0.041
1967-08-21～23	4 500	11.4	4 398.15	326	1.42	124.56	0.029	3 590	5.499	2 121.53	129	0.526	95.65	0.019
1967-09-01～04	8 500	13.155	5 075.23	357	2.309	175.52	0.028	6 210	11.026	4 253.86	159	1.298	117.72	0.017
1969-07-27～29	2 170	5.139	1 982.64	752	2.439	474.61	0.018	3 660	6.406	2 471.45	404	1.939	302.68	0.034
1970-08-02～04	6 860	7.975	3 076.77	826	5.032	630.97	0.064	4 070	8.615	3 323.69	631	3.27	379.57	0.045

续表 8-9 龙门、潼关站 3 d 水沙情况及计算结果

时段（年-月-日）	龙门							潼关						
	最大含沙量对应流量（m³/s）	水量（亿 m³）	3 d 平均流量（m³/s）	最大含沙量（kg/m³）	沙量（亿 t）	3 d 平均含沙量（kg/m³）	悬沙 d_{50}（mm）	最大含沙量对应流量（m³/s）	水量（亿 m³）	3 d 平均流量（m³/s）	最大含沙量（kg/m³）	沙量（亿 t）	3 d 平均含沙量（kg/m³）	悬沙 d_{50}（mm）
1971-07-25~27	8 580	9.613	3 708.72	509	3.754	390.51	0.042	2 710	8.899	3 433.26	633	2.723	305.99	0.04
1972-07-19~22	8 130	7.601	2 932.48	387	1.536	202.08	0.054	7 940	7.066	2 726.08	258	1.112	157.37	0.02
1974-07-31~08-02	3 450	5.951	2 295.91	533	1.811	304.32	0.039	6 800	6.603	2 547.45	421	1.483	224.59	0.019
1976-08-02~05	4 340	6.661	2 569.83	270	0.797	119.65	0.017	1 870	6.818	2 630.40	120	0.539	79.06	0.009
1977-07-05~07	10 800	9.2	3 549.38	690	3.446	374.57	0.028	13 600	13.854	5 344.91	616	5.312	383.43	0.027
1977-08-02~05	3 450	7.172	2 766.98	551	2.188	305.08	0.047	2 250	7.849	3 028.16	238	1.367	174.16	0.024
1977-08-06~08	7 570	11.78	4 544.75	821	5.82	494.06	0.039	10 900	13.325	5 140.82	911	6.735	505.44	0.059
1979-08-11~13	7 140	9.839	3 795.91	299	1.373	139.55	0.028	4 600	10.505	4 052.85	177	1.186	112.90	0.023
1988-08-06~08	9 820	9.432	3 638.89	500	2.981	316.05	0.03	6 580	9.778	3 772.38	234	1.89	193.29	0.016
1993-07-11~13	230	1.23	474.54	489	0.332	269.92	0.034	818	1.658	639.66	88.9	0.098	59.11	0.008
1994-08-05~07	7 420	10.526	4 060.96	401	3.005	285.48	0.029	6 220	8.856	3 416.67	246	1.737	196.14	0.022
1995-07-18~20	3 840	3.519	1 357.64	487	1.182	335.89	0.033	2 960	3.178	1 226.08	203	0.506	159.22	0.014
1995-07-29~31	1 390	5.895	2 274.31	212	0.455	77.18	0.021	1 300	5.265	2 031.25	102	0.314	59.64	0.013
1996-08-09~12	4 360	7.258	2 800.15	390	1.604	221.00	0.046	4 410	10.11	3 900.46	260	1.74	172.11	0.022
2002-07-04~06	1 940	4.337	1 673.23	1 040	1.272	293.29	0.036	2 160	4.611	1 778.94	208	0.659	142.92	0.02

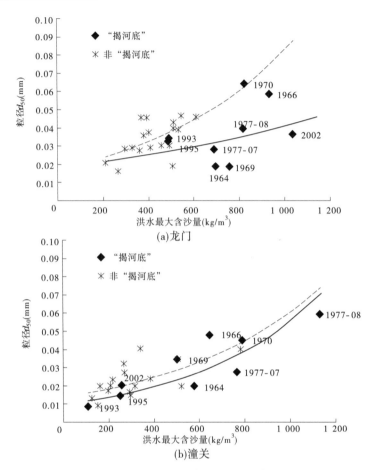

(a)龙门

(b)潼关

图 8-35　龙门、潼关站洪水含沙量与悬沙粒径 d_{50} 关系

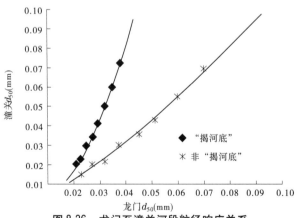

图 8-36　龙门至潼关河段粒径响应关系

四、"揭河底"期间龙门与潼关站洪峰期 3 d 水沙响应关系

由于龙门站洪峰过程陡涨陡落,洪水的洪峰期持续时间较短,并且发生"揭河底"冲刷的时间也仅在高含沙大洪水时段内,因此我们计算了龙门站洪峰期 3 d 水沙量值进行分析(见表 8-9),基本能够概括龙门站洪峰期间水沙量的变化过程,并且也能够较为明显地观察到"揭河底"洪水的变化规律。按照表中数据点绘龙门站 3 d 水沙量对应关系(见图 8-37、图 8-38),相较于整个汛期水沙对应关系(见图 8-25),"揭河底"洪水与非"揭河底"洪水区别更加明显。"揭河底"洪水的 3 d 沙量高于同水量级别非"揭河底"洪水,潼关站情况与龙门站近似。

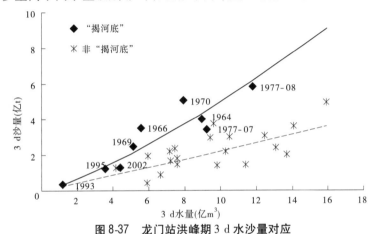

图 8-37 龙门站洪峰期 3 d 水沙量对应

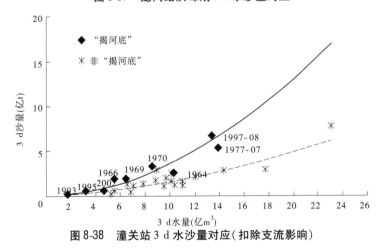

图 8-38 潼关站 3 d 水沙量对应(扣除支流影响)

图 8-39 为黄河龙门站和潼关站洪峰期 3 d 沙量、3 d 水量的响应关系。龙门至潼关河段大洪水期间,扣除支流的影响,河道水沙量在传播过程中均出现下降,潼关站洪峰期 3 d 沙量的减少幅度大于水量的减少幅度。"揭河底"洪水的

3 d 水量变化与非"揭河底"洪水相似,但非"揭河底"洪水数据点明显散乱,表达相关性的判定系数仅为 0.584(图 8-39(a)中虚线),"揭河底"高含沙洪水的数据点明显集中,判定系数达 0.97(图 8-39 中实线)。"揭河底"洪水 3 d 沙量变化,在沙量小时河道内淤积比例大,在沙量大时河道内淤积比例小,这也与我们分析的长河段"揭河底"冲刷与局部"揭河底"冲刷表现一致。但是,非"揭河底"洪水数据点也较散乱,判定系数仅 0.63(图 8-39(b)中虚线),且随着 3 d 沙量的增加,潼关的 3 d 沙量明显小于"揭河底"洪水时的沙量(图 8-39 中实线)。上述水沙量演进的特征表明,"揭河底"高含沙洪水的确有较强的输沙能力,这对小北干流河道形态改善是有利的(仅指河槽下切这方面),但对三门峡库区和下游河道的淤积状况是极为不利的。

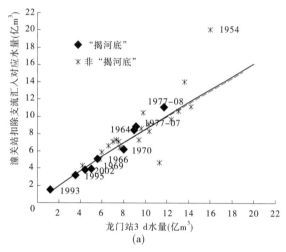
(a)

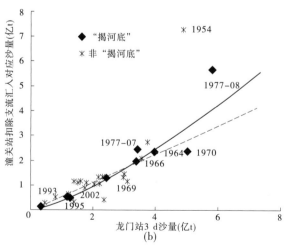
(b)

图 8-39 龙门站与潼关站 3 d 沙量、3 d 水量响应关系

黄河河道输沙具有多来多排的特点,某个断面的输沙能力,除了与断面水流条件有关外,还与上游来水来沙情况有关。表8-9统计了龙门站历年大洪水3 d水沙和潼关站对应3 d的水沙情况以及龙门、潼关在该时段内最大含沙量和对应流量情况。为了确定潼关和龙门站的水沙响应关系,我们首先点绘潼关站最大含沙量时相应的输沙率与龙门站来沙关系曲线(见图8-40),得到乘幂关系曲线公式如下:

"揭河底" $$Y = 0.002\ 2X^{1.582} \tag{8-3}$$

非"揭河底" $$Y = 0.008\ 9X^{1.408\ 5} \tag{8-4}$$

$$X = Q_{潼}\left(\frac{\gamma_m}{\gamma_s - \gamma_m}\right)_龙$$

式中, $Q_{潼}$ 为潼关站最大含沙量时对应输沙率,t/s; γ_m 为龙门站最大含沙量时的浑水密度,kg/m³; γ_s 为泥沙密度, $\gamma_s = 2\ 650$ kg/m³; Y 为潼关站最大含沙量对应输沙率 $Q_{sm潼}$,t/s。

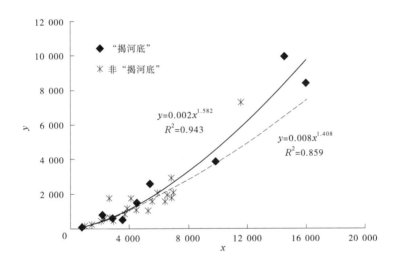

图 8-40 潼关站最大含沙量时输沙率与龙门站水沙响应关系

式(8-3)的判定系数为0.94,式(8-4)的判定系数为0.86。潼关站高含沙洪水的输沙率与龙门洪水的沙量关系密切,尤其是发生"揭河底"洪水时。

根据式(8-3)、式(8-4)推求的关系式,点绘潼关站实测输沙率(Y)/水流参数[$X^{1.582}$ ("揭河底")、 $X^{1.408\ 5}$ (非"揭河底")]与龙门站最大含沙量关系,绘出趋势线并确定潼关站输沙率计算式(8-5)、式(8-6):

"揭河底" $$Q_{sm潼} = 0.000\ 9\left[Q_{潼} \times \left(\frac{\gamma_m}{\gamma_s - \gamma_m}\right)_龙\right]^{1.582} \times S_{m龙}^{0.133\ 6} \tag{8-5}$$

非"揭河底" $Q_{sm潼} = 0.000\ 4\left[Q_{潼}\times\left(\dfrac{\gamma_m}{\gamma_s-\gamma_m}\right)_{龙}\right]^{1.408\ 5}\times S_{m龙}^{0.532\ 9}$ （8-6）

式中，$Q_{sm潼}$ 为潼关站最大含沙量对应输沙率，t/s；$S_{m龙}$ 为龙门站最大含沙量，kg/m^3；其他符号意义同前。

通过式(8-5)、式(8-6)可以计算当确定龙门站水沙过程以后潼关站对应的水沙中含沙量最大值。图8-41为潼关站计算值与实测值对比关系。可以看出：对于该公式，在计算潼关站洪水输沙率时与实测值较为接近。

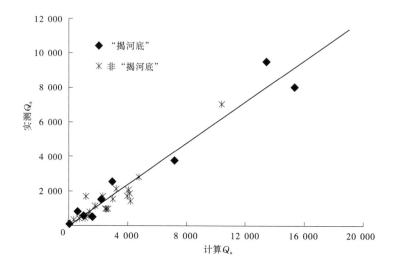

图 8-41　潼关站输沙率计算与实测对比

第九章

"揭河底"冲刷期三门峡与小浪底水库联合调度模式

如前所述,与非"揭河底"高含沙洪水相比,"揭河底"冲刷高含沙洪水潼关站水沙过程与龙门站具有明显的差异。其中,非"揭河底"高含沙洪水期,由于泥沙沿程落淤、自动调整,洪水到达潼关站时含沙量显著减少,泥沙的中值粒径比龙门站减小 11.1% ~67.4%;发生"揭河底"冲刷时,由于河床的剧烈冲刷下切,之前沉积于河床的粗泥沙被冲起,加之"揭河底"冲刷后大部分水流集中于河槽下泄,水流挟沙能力加大,到达潼关断面的含沙量基本不衰减,且随着洪水期沙量的增加甚至还有所增加;洪水期间实测的泥沙中值粒径也明显发生粗化,粗化比例达到 5.6%(1964 年洪水) ~88.9%(1969 年洪水)。鉴于此,本章在总结已有成果基础上,重新归纳潼关以下三门峡库区河段和黄河下游河道不同类型高含沙洪水冲淤实测资料,剖析了非"揭河底"高含沙洪水在三门峡库区及下游河道的冲淤特点和"揭河底"高含沙洪水期河道冲淤的特殊性及存在的危害,根据目前三门峡和小浪底水库调度原则,提出了基于有效降低"揭河底"高含沙洪水对水库及河道危害的三门峡与小浪底水库联合调度模式,以期实现"揭河底"冲刷期水库与下游河道综合减淤的双赢。

第一节 高含沙洪水在三门峡库区冲淤特点

一、三门峡水库调度运用方式的演变

三门峡水利枢纽于 1957 年 4 月开工,1958 年 11 月截流,1960 年 9 月水库开始蓄水。经初期蓄水拦沙运用后,水库淤积严重,为解决水库淤积即潼关高程问题,1962 年 3 月决定采用滞洪排沙运用方式,并于 1965 ~1969 年和 1969 ~1973 年先后两次对枢纽泄洪排沙设施进行增建和改建,扩大泄流能力。第一次改建,是在大坝的左岸增建两条泄流隧洞并改建四条原建的发电引水钢管为泄流排沙管道("两洞四管")。第二次改建打开了八个导流底孔,开通五个发电引

水钢管进口,安装五台低水头发电机组。两次改建完成后,提高了各级水位的泄流能力,水库开始实行蓄清排浑控制运用。由于改建底孔磨损气蚀严重,影响正常运用,1984～2000年依次进行了再次改建。目前,三门峡枢纽共有12个深孔、12个底孔、2条隧洞、1条泄流钢管等27个泄流孔洞投入运用,见表9-1。

表9-1 不同运用时期枢纽的泄流设施、泄流能力统计

时段 (年-月)	运用时期	阶段	315 m 水位泄量 (m³/s)	泄流设施	最低进 口高程 (m)	建设阶 段划分
1958-11～ 1960-09	自然滞洪			12底	280	原建阶段,1957年4 月至1961年4月
1960-09～ 1962-03	蓄水拦沙		3 084	12深+ 2表孔	300	原建泄流规模
1962-03～ 1966-06		一	3 084	12深+ 2表孔	300	原建泄流规模,1965 年1月第一次改建开始
1966-07～ 1970-06	滞洪排沙	二	6 102	12深+ 2洞+4管	290	1968年8月达到第一 次改建泄流规模;1969年 12月第二次改建开始
1970-07～ 1973-10		三	9 059	12深+8底 +2洞+3管	280	1971年10月达到第 二次改建规模
1973-10～ 1985-10		一	9 059	12深+8底 +2洞+3管	280	再次改建泄流规模; 1984年10月开始工程 第二期改建
1985-11～ 1990-10	蓄清排浑	二	8 991	12深+10底 +2洞+3管	280	1990年7月打开9 号、10号底孔;1～10 号底孔出口压低
1990-11～ 1999-10		三	9 701	12深+12底 +2洞+1管	280	1991年6号、7号钢管 扩为机组;1999年、2000 年11号、12号底孔投运

注:1. 深、底、洞、管、表孔分别表示深孔、底孔、隧洞、钢管、表面溢流孔。

2. 315 m水位泄流量为时段末达到的泄流能力。

随着水库建设与后期改扩建进程,可将三门峡水库运用划分为三个阶段:

(一)蓄水拦沙阶段

三门峡水库1960年9月投入运用后至1962年3月期间,为蓄水拦沙运用阶段。该时期水库基本上采用高水位运用,库水位在330 m以上时间达200 d,最高蓄水位332.58 m,汛期平均运用水位324.03 m。从拦沙角度来说,该阶段之后的滞洪排沙前期(1962年3月至1964年10月),由于死库容未淤满,下泄泥沙很少,因此仍可视为蓄水拦沙阶段。

(二)滞洪排沙阶段

1962年3月至1973年10月为滞洪排沙运用期,研究中一般将1964年11月至1973年10月称为滞洪排沙期。这一时期,水库除承担防凌和1972~1973年春灌外,基本是敞开闸门泄流排沙。该时期潼关来水丰沛,年均入库径流量400亿 m³以上。1968年8月达到第一次改建泄流规模,1969年12月开始第二次改建。第二次改建后水库泄量进一步增大,排沙取得良好效果,1970~1973年潼关以下库区累计冲刷4亿 m³。

(三)蓄清排浑阶段

自1973年12月26日第一台机组并网发电以来,三门峡水库一直实行蓄清排浑控制运用,即汛期泄洪排沙,非汛期蓄水运用,非汛期提高水位发挥防凌、发电、灌溉、供水等功能。汛期平水期控制水位305 m发电,洪水期降低水位泄洪排沙。这样在相对稳定的水沙条件下库区变水沙不平衡为水沙相适应,使整个库区泥沙年内进出平衡。

1969年四省会议确定了三门峡水库防洪运用原则,即当上游发生特大洪水时,敞开闸门泄洪。当下游花园口站可能发生超过22 000 m³/s洪水时,根据上下游来水情况,关闭部分或全部闸门,增建泄水洞提前关闭。水库非汛期控制水位310 m;汛期平水期按控制库水位300~305 m运用,一般洪水时敞开闸门泄洪,以利于水库的排沙和降低潼关高程。

2003~2010年三门峡水库开始了非汛期最高运用水位不超过318 m的原型试验,汛期当入库流量大于1 500 m³/s时水库即进行敞泄排沙运用。

二、非"揭河底"高含沙洪水在三门峡库区的冲淤概况

为分析进入三门峡库区的非"揭河底"高含沙洪水的水沙特征,我们首先统计了1960~1985年龙门至潼关河段14场非"揭河底"高含沙洪水在龙门站、潼关站的平均中值粒径变化情况。从中值粒径统计表9-2可以看出,潼关站洪水期泥沙的中值粒径d_{50}一般小于龙门站,细化幅度为11.1%~67.4%,说明洪水在演进过程中较粗的泥沙沿程发生落淤,悬移质发生较明显的沿程细化。

同时,我们还统计了1960~1985年14场非"揭河底"高含沙洪水的全沙及分组沙在潼关至三门峡库区河段的库区冲淤量,如表9-3所示。分析表中数值

可见,对于在蓄水拦沙期的非"揭河底"高含沙洪水,由于水库拦沙、运用水位较高以及水库异重流排沙效率较低等因素影响,库区内总体呈淤积状态,仅有1964年7月和1966年洪水发生了少量细沙冲刷。在滞洪排沙及蓄清排浑运用期的非"揭河底"高含沙洪水,由于三门峡水库畅泄以及大坝的改建降低了排沙洞的高程,水库内总体处于冲刷状态,其中,粗泥沙在整个洪水过程中仍处于淤积状态,中、细沙冲刷,运用期内库区"拦粗排细"作用明显。

表9-2 非"揭河底"高含沙洪水龙门站、潼关站中值粒径统计

洪水日期	龙门站 d_{50}(mm)	潼关站 d_{50}(mm)	细化幅度 (%)	备注
1963-08-28～09-04	0.045	0.02	55.6	
1964-07-11～07-20	0.029	0.019	34.5	
1964-07-21～07-30	0.037	0.024	35.1	
1964-07-31～08-18	0.046	0.015	67.4	
1966-07-24～08-07	0.037	0.019	48.2	
1969-08-08～08-13	0.036	0.032	11.1	
1970-08-09～08-14	0.04	0.027	32.5	潼关站中值
1970-08-25～09-08	0.045	0.02	55.6	粒径均小于龙
1971-07-24～07-29	0.042	0.04	4.8	门站,说明洪
1972-07-20～07-24	0.054	0.02	63.0	水演进过程中
1973-07-16～07-28	0.039	0.019	51.3	悬移质发生明
1973-08-20～08-25	0.017	0.009	47.1	显细化
1973-08-26～09-03	0.047	0.024	48.9	
1981-08-16～08-30	0.028	0.017	39.3	
平均值	0.038	0.021		

从非"揭河底"高含沙洪水相应的出库泥沙级配情况来看(见表9-4),拦沙期主要是"排细",出库细沙占出库沙量的平均比例为85%,而出库粗沙的平均比例仅有5%。随着三门峡水库拦沙库容的减小以及运用方式的调整,出库泥沙中粗沙的比例呈逐年抬高的趋势。在滞洪排沙和蓄清排浑运用时期,出库细沙的比例大幅下降,平均比例降为52.7%,而出库中、粗沙的比例有明显提高,平均比例分别达到26.6%、20.6%。

表9-3 非"揭河底"高含沙洪水潼关至三门峡库区分组泥沙冲淤量

（单位:亿 t）

水库运用阶段	洪水场次	细沙（<0.025 mm）	中沙（0.025~0.05 mm）	粗沙（>0.05 mm）	全沙
蓄水拦沙期	1963-08-28~09-04	0.319	0.326	0.188	0.833
	1964-07-11~07-20	-0.110	0.963	0.690	1.544
	1964-07-21~07-30	0.050	0.158	0.128	0.336
	1964-07-31~08-18	1.722	1.093	0.744	3.559
	1966-07-24~08-07	-0.020	0.643	0.344	0.967
	平均值	0.392	0.637	0.419	1.448
滞洪排沙蓄清排浑	1969-08-08~08-13	-3.101	-1.020	3.397	-0.725
	1970-08-09~08-14	-1.969	-0.211	0.562	-1.619
	1970-08-25~09-08	-1.117	-0.779	0.512	-1.383
	1971-07-24~07-29	-0.375	-0.204	-0.816	-1.395
	1972-07-20~07-24	-0.386	-0.294	-0.185	-0.869
	1973-07-16~07-28	-1.826	-0.225	0.701	-1.349
	1973-08-20~08-25	-0.859	-0.382	0.036	-1.205
	1973-08-26~09-03	-1.279	-2.135	0.118	-3.296
	1981-08-16~08-30	-1.784	-1.287	0.698	-2.379
	平均值	-1.411	-0.726	0.558	-1.580

表9-4 非"揭河底"高含沙洪水三门峡出库泥沙级配

水库运用方式	洪水场次	水文站	各粒径组泥沙比例（%）		
			细沙（<0.025 mm）	中沙（0.025~0.05 mm）	粗沙（>0.05 mm）
拦沙运用	1963-08-28~09-04	三门峡	84.2	10.8	5
	1964-07-11~07-20	三门峡	90.1	7	2.9
	1964-07-21~07-30	三门峡	90.1	5.4	4.1
	1964-07-31~08-18	三门峡	95.3	3.9	0.8
	1966-07-24~08-07	三门峡	65.2	22.8	12
	平均比例		85.0	10.0	5.0

续表9-4　非"揭河底"高含沙洪水三门峡出库泥沙级配

水库运用方式	洪水场次	水文站	各粒径组泥沙比例(%)		
			细沙(<0.025 mm)	中沙(0.025~0.05 mm)	粗沙(>0.05 mm)
滞洪排沙蓄清排浑	1969-08-08~08-13	三门峡	51.5	25.2	23.3
	1970-08-09~08-14	三门峡	52.7	24.7	22.6
	1970-08-25~09-08	三门峡	49.5	31.1	19.4
	1971-07-24~07-29	三门峡	56.3	23.1	20.6
	1972-07-20~07-24	三门峡	54.2	27.2	18.6
	1973-07-16~07-28	三门峡	53.3	25.3	21.4
	1973-08-20~08-25	三门峡	50.9	27	22.1
	1973-08-26~09-03	三门峡	53.5	27	19.5
	1981-08-16~08-30	三门峡	53	29.1	17.9
	平均比例		52.7	26.6	20.6

三、"揭河底"高含沙洪水在三门峡库区的冲淤特征

如前文所述,"揭河底"高含沙洪水与非"揭河底"高含沙洪水相比,进入潼关站的泥沙级配明显粗于龙门站。

表9-5给出了1964~1977年6场典型"揭河底"高含沙洪水在潼关至三门峡大坝间的全沙及分组沙库区冲淤量。与非"揭河底"高含沙洪水在三门峡库区的冲淤情况相似,发生在水库蓄水拦沙期的"揭河底"高含沙洪水,泥沙在库区处于淤积状态;发生在滞洪排沙及蓄清排浑运用期的"揭河底"高含沙洪水,泥沙在库区总体上处于冲刷状态;分组沙冲淤方面,中、细沙以冲刷为主,而粗沙多为淤积。

对比表9-3、表9-5可以看出,在蓄水拦沙期,非"揭河底"高含沙洪水的场均淤积量为1.448亿t,而1964年7月的"揭河底"高含沙洪水,单场洪水淤积量达到2.123亿t,"揭河底"高含沙洪水的全沙淤积量明显大于非"揭河底"高含沙洪水。从分组沙冲淤情况看,非"揭河底"高含沙洪水的粗沙、中沙的平均淤积量为0.419亿t、0.637亿t,而1964年7月的"揭河底"高含沙洪水,粗沙、中沙的淤积量更大,分别为1.325亿t、0.864亿t;非"揭河底"高含沙洪水细沙也大多淤积在库区内,而"揭河底"高含沙洪水的细沙还有部分冲刷。总体上,三门

峡水库蓄水拦沙期"揭河底"高含沙洪水在库区的淤积量明显增多,且以中、粗沙为主,这也给水库后期运用中的库容调整造成了较大困难。

表9-5 "揭河底"高含沙洪水潼关至三门峡库区分组泥沙冲淤量

（单位:亿 t）

水库运用阶段	洪水场次	细沙 （<0.025 mm）	中沙 （0.025 ~ 0.05 mm）	粗沙 （>0.05 mm）	全沙
蓄水拦沙期	1964-07-03 ~ 07-10	−0.066	0.864	1.325	2.123
滞洪排沙 蓄清排浑	1966-07-17 ~ 07-23	−0.021	−0.448	−0.247	−0.716
	1969-07-24 ~ 08-04	−2.440	−0.772	2.800	−0.412
	1970-08-02 ~ 08-08	−0.420	−0.179	0.092	−0.508
	1977-07-05 ~ 07-15	−1.452	−1.100	0.808	−1.744
	1977-08-05 ~ 08-10	−1.163	−0.274	0.217	−1.221
	平均值	−1.099	−0.555	0.734	−0.920

在三门峡水库滞洪排沙和蓄清排浑阶段,由于水库的敞泄和排沙运用,高含沙洪水期库区整体处于冲刷状态,冲刷的泥沙以中、细沙为主,并且"揭河底"高含沙洪水的冲刷量小于非"揭河底"高含沙洪水;尤其是高含沙洪水中的粗沙在库区处于淤积状态,并且"揭河底"高含沙洪水粗沙淤积量大于非"揭河底"高含沙洪水。"揭河底"高含沙洪水场均全沙冲刷量为 0.92 亿 t,其中粗沙淤积 0.734 亿 t;非"揭河底"高含沙洪水全沙场均冲刷 1.58 亿 t,其中粗沙场均淤积 0.558 亿 t。可以看出,"揭河底"高含沙洪水对库区减淤的作用明显小于非"揭河底"高含沙洪水,利用洪水进行库区排沙的效果不如非"揭河底"高含沙洪水。

表9-6 为"揭河底"洪水三门峡水库出库泥沙级配情况,与非"揭河底"高含沙洪水相似,滞洪排沙与蓄清排浑运用期出库泥沙的中粗沙比例明显高于蓄水拦沙期。其中,"揭河底"高含沙洪水滞洪排沙和蓄清排浑运用期出库泥沙的粗沙比例平均值为 26.6%,高于非"揭河底"高含沙洪水的 20.6%;而出库泥沙中中细沙的比例"揭河底"高含沙洪水略低一些。可见,与非"揭河底"高含沙洪水相比,"揭河底"高含沙洪水出库粗沙比例略高,这主要是由于潼关站入库的粗沙比例较高所致。

综合上述分析,进一步阐释了黄河高含沙洪水"多来多排多淤"的自然演变规律,同时也说明,"揭河底"高含沙洪水期粗泥沙同时表现在库区淤积量的增加和排入下游河道的比例增大这一特征,对库区和下游河道均是不利的。

表9-6 "揭河底"高含沙洪水三门峡出库泥沙级配

水库运用阶段	洪水场次	水文站	各粒径组泥沙比例（%）		
			细沙（<0.025 mm)	中沙（0.025 ~ 0.05 mm)	粗沙（>0.05 mm)
蓄水拦沙期	1964-07-03 ~ 07-10	三门峡	90.1	5.6	4.3
滞洪排沙蓄清排浑	1966-07-17 ~ 07-23	三门峡	55.5	20.4	24.1
	1969-07-24 ~ 08-04	三门峡	50.6	20.9	28.5
	1970-08-02 ~ 08-08	三门峡	47.7	24.7	27.6
	1977-07-05 ~ 07-15	三门峡	45	27	28
	1977-08-05 ~ 08-10	三门峡	48	26	25
平均比例			49.4	23.8	26.6

为进一步分析"揭河底"高含沙洪水与非"揭河底"高含沙洪水在三门峡库区的冲淤差别,我们建立了潼关、龙门两站的悬沙中值粒径的比值与三门峡库区泥沙冲淤量 ΔW 与潼关来水量 W 的比值(淤积或冲刷强度)的关系图,见图9-1。图中横坐标轴以上的点据(正值)表示场次洪水泥沙淤积,多发生在水库拦沙期,横坐标轴以下的点据(负值)表示洪水泥沙冲刷,多发生在三门峡水库滞洪排沙和蓄清排浑期。以中值粒径比值等于1为界,大于1的表示高含沙洪水在龙门至潼关河段发生了沿程粗化,小于1的表示发生了沿程细化,比值越大粗化越明显。

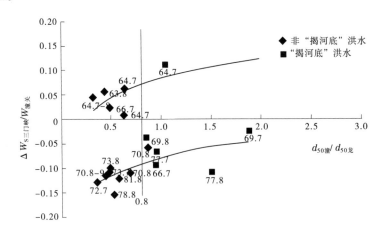

图9-1 三门峡库区冲淤强度与龙门至潼关泥沙粗化响应关系

由图 9-1 可以看出：

（1）"揭河底"高含沙洪水由于龙门至潼关河段泥沙发生沿程粗化,点据全部位于 d_{50} 比值大于 0.8 的位置,分布在图的右侧。非"揭河底"高含沙洪水在龙门至潼关河段泥沙发生了明显的细化, d_{50} 比值一般小于 0.8,点据分布在图的左侧。

（2）三门峡水库拦沙期内,高含沙洪水发生淤积,点据位于横坐标轴以上。从趋势线看,随着潼关、龙门两站 d_{50} 比值的增大,库区泥沙淤积强度呈增大的趋势。"揭河底"高含沙洪水的淤积强度明显大于非"揭河底"高含沙洪水的淤积强度。

（3）三门峡水库滞洪排沙、蓄清排浑期内,高含沙洪水多发生冲刷,点据位于横坐标轴以下。从趋势线看,随着潼关、龙门两站 d_{50} 比值的增大,其洪水冲刷强度相对减小。"揭河底"高含沙洪水的冲刷强度明显小于非"揭河底"高含沙洪水的冲刷强度。

图 9-1 说明三门峡库区的冲淤强度与龙潼河段中值粒径的沿程变化有较大关系。 d_{50} 比值越小,高含沙洪水泥沙细化越明显,蓄水拦沙期水库淤积强度越小,滞洪排沙期水库冲刷强度越大;反之, d_{50} 比值越大,泥沙粗化越严重,蓄水拦沙期水库淤积强度越大,滞洪排沙期水库冲刷强度越小。当发生"揭河底"高含沙洪水时,龙潼河段 d_{50} 比值偏大,洪水泥沙细化不明显,与非"揭河底"高含沙洪水相比,对水库造成的淤积相对严重,而对水库的冲刷相对较弱。

第二节　高含沙洪水在下游河道冲淤表现

一、高含沙洪水期下游河道排沙比

排沙比是反映洪水在一个河段输沙特性的一个重要指标,表 9-7 统计了 1950～1999 年间黄河下游 179 场洪水在各河段的排沙比变化情况。可以看出,天然情况下黄河下游洪水平均排沙比为 0.724;三门峡水库蓄水拦沙期下游河道排沙比最大且大于 1,总体呈冲刷态势;滞洪排沙期下游河道排沙比最小,为 0.677;蓄清排浑期的排沙比与建库前的大致相等,为 0.740,说明蓄清排浑方式的运用对下游河道的影响较小。

为分析"揭河底"高含沙洪水在黄河下游各河段的冲淤表现,表 9-8 列出了 1966～1977 年的 5 场"揭河底"洪水的排沙比变化情况,对比表 9-7 和表 9-8 可以看出：

表9-7 黄河下游不同时期、不同河段洪水平均排沙比

时段	三门峡—花园口	花园口—高村	高村—艾山	艾山—利津	三门峡—利津
三门峡运用前	0.845	0.916	0.920	0.975	0.724
蓄水拦沙期	1.154	1.158	1.080	1.060	1.535
滞洪排沙期	0.874	0.890	0.950	0.917	0.677
蓄清排浑期	0.901	0.921	0.939	0.949	0.740

表9-8 "揭河底"洪水在黄河下游各河段排沙比

河段排沙比 洪水时间	排沙比				
	三门峡—花园口	花园口—高村	高村—艾山	艾山—利津	三门峡—利津
1966-07-19 ~ 07-25	0.99	0.68	0.98	1.02	0.67
1969-07-26 ~ 08-06	0.64	0.58	0.76	1.18	0.24
1970-08-10 ~ 08-15	0.68	0.58	0.77	1.11	0.27
1977-07-06 ~ 07-13	0.80	0.65	0.85	1.06	0.42
1977-08-05 ~ 08-10	0.73	0.59	0.79	1.12	0.30
平均排沙比	0.77	0.62	0.83	1.09	0.33

（1）"揭河底"高含沙洪水在下游各河段的排沙比，除艾山至利津河段排沙比与一般洪水排沙比接近外，艾山以上河段排沙比均小于一般洪水。也就是说，在相同水沙情况下，"揭河底"高含沙洪水将造成下游河道更多的淤积。

（2）"揭河底"高含沙洪水在下游各河段的排沙比中，花园口至高村河段的排沙比最小，平均只有0.62，说明"揭河底"高含沙洪水在该河段淤积作用最强。而在每场"揭河底"高含沙洪水中，艾山至利津河段总是呈现冲刷状态。

（3）无论是全河段还是分河段，"揭河底"高含沙洪水的排沙比均表现为三门峡水库蓄清排浑期（1977年两场）比滞洪排沙期（1969年、1970年）大。

（4）1966年"揭河底"高含沙洪水的排沙比较大，全河段排沙比为0.67，大于其他几次洪水，主要是由于三花间伊洛河来水影响，该场"揭河底"高含沙洪水三门峡流量为2 670 m^3/s，花园口流量达到了5 020 m^3/s。

二、三门峡水库运用前高含沙洪水在下游河道的冲淤表现

黄河下游 1950～1960 年,受人类活动的干预较少,基本代表着天然情况。该时期黄河下游年均来水量 480 亿 m³,来沙量 17.91 亿 t,洪水次数较多,花园口站洪峰流量大于 10 000 m³/s 的有 7 次,洪峰流量在 6 000～10 000 m³/s 的有 25 次,其中"58·7"洪水最大洪峰流量 22 300 m³/s。表 9-9 统计了该时期黄河下游 9 场高含沙洪水在不同河段的冲淤量。从表中可以看出:9 场高含沙洪水总来沙量 41.47 亿 t,洪水期间下游河道总淤积量 17.56 亿 t,占来沙量的 42.4%,其中高村以上淤积量为 14.20 亿 t,占下游淤积总量的 80.8%,泥沙主要淤积在高村以上的游荡性河段。

表 9-9　黄河下游高含沙洪水的淤积量

洪水性质	时段 (年-月-日)	花园口 洪峰流量 (m³/s)	三门峡 最大 含沙量 (kg/m³)	来沙量 (三门峡) (亿 t)	下游 淤积量 (亿 t)	高村以上 淤积量 (亿 t)	下游 淤积量 占来沙量 (%)	高村以上 淤积量 占来沙量 (%)	淤积 强度 (t/m³)
"揭河底" 高含沙洪水	1951-08-13～08-21	9 920	279	2.662	1.272	1.191	47.8	44.7	0.049
非"揭河底" 高含沙 洪水	1950-07-11～07-27	4 300	369	3.431	1.537	1.668	44.8	48.6	0.051
	1953-08-18～08-25	6 790	322.8	3.5	2.305	1.838	65.8	52.5	0.116
	1953-08-26～09-02	8 410	253.9	3.51	1.5	1.31	42.7	37.3	0.071
	1954-09-02～09-09	12 300	590	8.36	4.87	3.67	58.2	43.9	0.102
	1956-07-23～07-29	6 500	444	3.13	2.1	1.921	67	61.4	0.102
	1957-07-15～07-30	13 000	215	5.1	1.828	0.92	35.8	18.0	0.024
	1958-07-14～07-24	22 300	319	6.47	-0.309	-0.09	-4.8	-1.4	-0.013
	1959-08-05～08-12	7 680	397	5.309	2.463	1.775	46.4	33.4	0.092
总计				38.81	16.29	13.01	42.0	33.5	

9 场高含沙洪水包括 8 场非"揭河底"高含沙洪水和 1 场"揭河底"高含沙洪水。8 场非"揭河底"高含沙洪水总来沙量 38.81 亿 t,洪水期间下游河道总淤积量 16.29 亿 t,占来沙量的 42.0%,其中高村以上淤积量为 13.01 亿 t,占下游淤积总量的 79.9%。1 场"揭河底"高含沙洪水总来沙量 2.662 亿 t,洪水期间下游河道总淤积量 1.272 亿 t,占来沙量的 47.8%,其中高村以上淤积量为 1.191 亿 t,占下游淤积总量的 93.6%。二者对比可以发现,"揭河底"高含沙洪水淤积比例明显大于非"揭河底"洪水,且在高村以上游荡性河段的淤积比例也大于非"揭河底"洪水。

此外,从每场洪水进入下游的沙量来看,9 场高含沙洪水中"揭河底"高含沙

洪水进入下游的沙量最小,但其淤积比例仍较高,说明"揭河底"高含沙洪水对下游河道的淤积影响大于非"揭河底"高含沙洪水。

三、三门峡水库运用后高含沙洪水在下游河道冲淤情况

(一)冲淤量

三门峡水库 1960 年运用后,初期蓄水拦沙,上游高含沙洪水的泥沙大多被拦在库区内,下游河道以冲刷为主。1964 年 10 月以后,三门峡水库进入滞洪排沙期,高含沙洪水进入下游后,对下游河道造成了明显的淤积。表 9-10 统计了 1965~1999 年进入黄河下游的 29 场高含沙洪水在下游河道的淤积情况(1999 年以后下游未再发生高含沙洪水)。从表中可以看出:29 场高含沙洪水总来沙量 114.96 亿 t,洪水期间下游河道总淤积量 68.08 亿 t,占来沙量的 59.2%,其中高村以上淤积量为 59.89 亿 t,占下游淤积总量的 88.0%,泥沙主要淤积在高村以上的游荡型河段。这一时期黄河下游河道总淤积量为 78.87 亿 t,29 场高含沙洪水的淤积量占该时期总淤积量的 86.3%,高含沙洪水是下游河道淤积的主要来源,且主要淤积在高村以上的游荡性河段。

29 场高含沙洪水包括 24 场非"揭河底"高含沙洪水和 5 场"揭河底"高含沙洪水。24 场非"揭河底"高含沙洪水总来沙量 81.20 亿 t,洪水期间下游河道总淤积量 48.58 亿 t,占来沙量的 57.7%,其中高村以上淤积量为 43.55 亿 t,占下游淤积总量的 89.6%。5 场"揭河底"高含沙洪水总来沙量 30.77 亿 t,洪水期间下游河道总淤积量 19.50 亿 t,占来沙量的 63.4%,其中高村以上淤积量为 16.34 亿 t,占下游淤积总量的 83.8%。二者对比可以发现,"揭河底"高含沙洪水淤积比例明显大于非"揭河底"洪水。

此外,5 场"揭河底"高含沙洪水造成的河道总淤积量(19.50 亿 t)占 29 场高含沙洪水淤积总量的 28.6%,平均每场洪水淤积量达到 3.90 亿 t,高于非"揭河底"高含沙洪水的场均淤积量 2.02 亿 t。也就是说,由于"揭河底"高含沙洪水含沙量高且粗沙比例大,其对下游河道的淤积较非"揭河底"高含沙洪水更显著。从淤积强度(单位来水淤积量)来看,"揭河底"高含沙洪水的平均淤积强度为 0.151 t/m³,明显高于非"揭河底"高含沙洪水的 0.098 t/m³;从来沙量上看,"揭河底"高含沙洪水来沙量大,高于非"揭河底"高含沙洪水。

(二)悬沙粒径变化

表 9-11 统计了 1963~1981 年间 20 场高含沙洪水三门峡站、花园口站悬沙中值粒径变化,可以看出,非"揭河底"高含沙洪水三门峡站、花园口站悬沙平均中值粒径分别为 0.019 6 mm、0.017 7 mm,"揭河底"高含沙洪水悬沙中值粒径分别为 0.031 mm、0.025 mm。"揭河底"高含沙洪水三门峡站、花园口站的悬沙中值粒径明显大于非"揭河底"高含沙洪水,且随着洪水向下游的传播,悬沙中

值粒径沿程细化,非"揭河底"高含沙洪水泥沙的细化幅度为9.7%,"揭河底"高含沙洪水泥沙细化幅度为19.3%。

表9-10 黄河下游高含沙洪水的淤积量

洪水性质	时段（年-月-日）	三门峡		来沙量（三门峡）（亿t）	下游淤积量（亿t）	高村以上淤积量（亿t）	下游淤积量占来沙量（%）	高村以上淤积量占来沙量（%）	淤积强度（t/m³）
		洪峰流量（m³/s）	最大含沙量（kg/m³）						
"揭河底"高含沙洪水	1966-07-19～07-25	2 670	279	1.202	0.402	0.372	33.44	30.95	0.032
	1969-07-24～08-07	4 160	435	4.73	3.42	2.839	72.30	60.02	0.146
	1970-08-03～08-17	4 780	620	8.3	5.682	4.758	68.46	57.33	0.216
	1977-07-06～07-13	7 900	589	7.768	4.314	3.621	55.54	46.61	0.149
	1977-08-03～08-10	8 900	911	8.767	5.679	4.75	64.78	54.18	0.210
	平均								0.151
非"揭河底"高含沙洪水	1969-08-11～08-15	3 250	315	1.23	0.718	0.629	58.37	51.14	0.064
	1971-07-24～07-31	5 380	660	2.47	2	1.732	80.97	70.12	0.185
	1971-08-19～08-24	1 970	653	2.258	0.966	0.957	42.78	42.38	0.051
	1972-07-20～07-26	5 000	310	1.82	1.165	1.011	64.01	55.55	0.074
	1973-08-19～08-02	2 900	332	1.55	0.817	0.618	52.71	39.87	0.079
	1973-08-26～09-04	4 570	477	7.35	3.006	2.626	40.90	35.73	0.089
	1974-07-29～08-05	4 180	391	2.06	1.175	1.237	57.04	60.05	0.086
	1978-07-13～07-20	1 966	358	2.381	1.388	1.207	58.29	50.69	0.102
	1978-07-21～08-01	2 280	287	3.579	1.339	1.053	37.41	29.42	0.057
	1979-07-25～08-10	2 063	280	4.075	2.109	1.94	51.75	47.61	0.070
	1980-07-28～08-09	1 765	292	2.705	1.958	1.736	72.38	64.18	0.099
	1988-08-05～08-15	4 139	342	7.069	2.907	2.256	41.12	31.91	0.058
	1989-07-18～07-31	2 145	221	3.257	1.324	1.456	40.65	44.70	0.051
	1992-07-27～08-09	1 469	190	2.238	1.882	1.393	84.09	62.24	0.106
	1992-08-10～08-18	2 873	426	5.584	3.863	3.572	69.18	63.97	0.173
	1994-07-09～07-18	1 975	358	2.72	1.821	1.861	66.95	68.42	0.106
	1994-08-06～08-21	2 424	340	5.914	2.823	2.742	47.73	46.36	0.084
	1994-09-02～09-10	1 895	304	2.083	1.112	1.054	53.38	50.60	0.076
	1995-07-17～07-29	1 202	352	1.882	1.074	1.111	57.07	59.03	0.080
	1996-07-16～07-29	1 262	413	3.206	1.964	1.933	61.26	60.29	0.128
	1996-07-30～08-19	3 019	515	7.083	4.968	4.733	70.14	66.82	0.091
	1997-08-01～08-13	1 182	489	3.833	3.41	2.553	88.96	66.61	0.256
	1998-07-08～07-24	1 943	254	3.707	2.345	2.231	63.26	60.18	0.082
	1999-07-16～07-31	1 626	532	4.142	2.446	1.906	59.05	46.02	0.109
	平均								0.098

表 9-11   高含沙洪水三门峡、花园口悬沙中值粒径统计表

洪水年份	洪水时段(年-月)	洪水类型	三门峡 d_{50}(mm)	花园口 d_{50}(mm)
1963	08-28 ~ 09-04		0.014	0.013
1964	07-11 ~ 07-20		0.02	0.015
1964	07-21 ~ 07-30		0.022	0.019
1964	07-31 ~ 08-18		0.017	0.012
1966	07-24 ~ 08-07		0.024	0.016
1969	08-08 ~ 08-13		0.022	0.013
1970	08-09 ~ 08-14	非"揭河底" 高含沙洪水	0.031	0.023
1970	08-25 ~ 09-08		0.018	0.019
1971	07-24 ~ 07-29		0.033	0.026 5
1972	07-20 ~ 07-24		0.018	0.017
1973	07-16 ~ 07-28		0.014	0.02
1973	08-20 ~ 08-25		0.008	0.013
1973	08-26 ~ 09-03		0.018	0.022
1981	08-16 ~ 08-30		0.016	0.02
平均值			0.019 6	0.017 7
1964	07-03 ~ 07-10		0.011	0.02
1966	07-17 ~ 07-23		0.045	0.026
1969	07-24 ~ 08-04	"揭河底"高 含沙洪水	0.03	0.024
1970	08-02 ~ 08-08		0.036	0.027
1977	07-05 ~ 07-15		0.021	0.026
1977	08-05 ~ 08-10		0.044	0.027
平均值			0.031	0.025

(三)冲淤强度

统计 1963 ~ 1981 年 20 场来自龙门以上的高含沙洪水(排除伊洛沁河支流来水较多的场次洪水)进入下游河道后的冲淤强度,并建立其与龙门至潼关 d_{50} 比值的关系,见图 9-2。可以看出,对于三门峡水库蓄水拦沙期的洪水,一般会造成黄河下游的冲刷(在横坐标轴以下),随着潼关站与龙门站 d_{50} 比值的增大,高含沙洪水悬沙粗化,其在下游的冲刷强度变化并不明显;对于三门峡水库滞洪

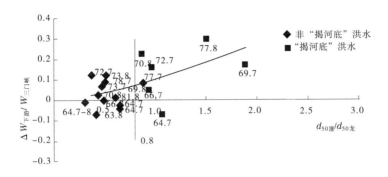

图9-2 黄河下游冲淤强度与龙门潼关泥沙粗化响应关系

排沙和蓄清排浑时期,随着潼关站与龙门站 d_{50} 比值的增大,下游河道的淤积强度呈现升高的趋势。由于"揭河底"高含沙洪水潼关站与龙门站的 d_{50} 比值一般都大于 0.8,较非"揭河底"高含沙洪水悬沙粒径粗,因此在三门峡滞洪排沙、蓄清排浑运用期,"揭河底"高含沙洪水在下游河道的淤积强度比非"揭河底"高含沙洪水有明显提高,造成了下游较高的淤积效率。

从黄河下游高含沙洪水含沙量沿程衰减的对比图中(见图9-3)也可以看出,"揭河底"高含沙洪水在向下游传播时,含沙量沿程衰减较快,尤其是在高村以上,而非"揭河底"高含沙洪水的含沙量沿程衰减较慢。这说明"揭河底"高含沙洪水的泥沙淤积较快,更不利于泥沙在下游河道的输送,因此造成了其淤积量明显大于非"揭河底"高含沙洪水。

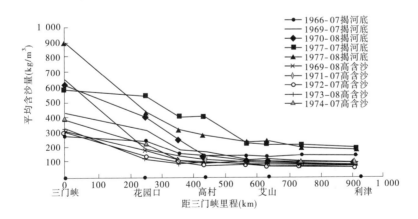

图9-3 黄河下游高含沙洪水含沙量沿程衰减图

第三节　小浪底水库运用对不同类型洪水的调控效果

一、小浪底水库入库高含沙洪水特点

小浪底水库运用以来,入库水沙属于偏枯系列。2000~2010 年年均入库水量为 200.52 亿 m^3,较 1987~1999 年偏少 21.0% ;年均入库沙量为 3.394 亿 t,较 1987~1999 年偏少 57.0% 。

据统计,2000~2011 年小浪底水库入库(三门峡站)日均流量大于 1 500 m^3/s 的洪水共 43 场,除 2006~2008 年、2010 年的桃汛洪水外,其他都集中分布在汛前或汛期。入库高含沙洪水的水沙特征统计见表 9-12。从表中可以看出:2000 年以后发生高含沙洪水共 13 场,包括 4 场较大流量和 9 场中等流量洪水;日均最大含沙量发生在 2001 年,达到 463 kg/m^3;最大含沙量发生在 2003 年,达到 916 kg/m^3;这两场洪水对应的流量均为中等量级。小浪底水库运用以来,仅 2002 年 7 月 4~9 日发生的高含沙洪水,在黄河龙门河段曾引起局部"揭河底"冲刷,从表中看出,该场洪水进入小浪底后,属中等流量高含沙洪水。

表 9-12　三门峡水文站场次洪水特征值统计表

年份	时段 (月-日)	水量 (亿 m^3)	沙量 (亿 t)	最大流量 (m^3/s)	日均最 大流量 (m^3/s)	最大 含沙量 (kg/m^3)	日均最大 含沙量 (kg/m^3)	含沙量 等级
2000	07-09 ~ 07-13	3.82	0.71	—	1 850	—	291.35	高
2001	08-18 ~ 08-25	6.15	1.9	2 900	2 210	542	463.08	高
2002	06-23 ~ 06-27	5.35	0.79	4 390	2 670	468	359	高
2002	07-04 ~ 07-09	7.2	1.74	3 750	2 320	507	419	高
2003	08-01 ~ 08-09	7.22	0.82	2 280	1 960	916	338.2	高
2003	08-25 ~ 09-16	43.08	3.03	3 830	3 050	474	334	高
2004	07-05 ~ 07-09	3.39	0.36	5 130	2 860	368	233.47	高
2004	08-21 ~ 08-31	10.27	1.71	2 960	2 060	542	406.31	高
2005	06-26 ~ 06-30	3.9	0.45	4 430	2 490	352	296	高
2005	07-03 ~ 07-07	4.32	0.8	2 970	1 790	301	271	高
2007	10-08 ~ 10-19	17.25	0.7	3 610	2 290	384	221	高
2010	06-19 ~ 07-07	12.21	0.418 2	5 390	3 910	613	249	高
2010	08-11 ~ 08-21	15.46	1.092 3	2 730	2 280	338	208	高

二、小浪底水库淤积情况

小浪底水库 1999 年开始蓄水运用,自 2002 年起三门峡、小浪底两座水库便开始作为黄河调水调沙工程系统中的重要组成部分,在汛期共同应对上中游洪水。由于两座水库在应对洪水时的地位和作用不同,并且两座水库运用方式不同,因此两座水库在这一时期排沙的特征也有明显区别。

2000 年以来,小浪底水库处于拦沙运用期,对于发生在非汛期的桃汛洪水,入库含沙量都非常低,小浪底水库将洪水拦蓄在库内,按小流量排放清水,排沙量接近零;对于多数汛期洪水,水库进行了拦蓄,其排沙量同样接近零。自 2002 年以来,小浪底水库开始进行调水调沙,水库下泄泥沙主要集中在调水调沙过程中。表 9-13、表 9-14 为汛前调水调沙与汛期调水调沙情况的统计,可以看出:汛前调水调沙期场均进入小浪底水库泥沙 0.588 亿 t,出库泥沙 0.247 亿 t;而汛期调水调沙期场均入库 0.772 亿 t,出库 0.459 亿 t,可见汛期洪水的入库、出库泥沙均大于汛前人工塑造洪水,相应的场均排沙比汛期为 0.595,也大于汛前的 0.42。除水沙过程及水库边界条件外,水库运用水位变化也是造成排沙比差异的重要因素,汛前调水调沙平均调控水位为 227.4 m,高于汛期的 222.9 m。

表 9-13　小浪底汛前调水调沙排沙情况

年份	时段 (月-日)	洪峰 (m³/s)	沙峰 (kg/m³)	入库 沙量 (亿 t)	出库 沙量 (亿 t)	排沙比 (%)	起调 水位 (m)	调控 水位差 (m)	含沙量 等级	流量 等级
2002	07-04 ~ 07-09	3 750	507	1.831	0.319	17.4	234	9	高	中
2004	07-05 ~ 07-09	5 130	368	0.432	0.044	10.2	233.5	8.49	高	大
2005	06-26 ~ 06-30	4 430	352	0.45	0.023	5	229.7	4.7	高	中
2006	06-20 ~ 06-29	4 820	276	0.23	0.084	36.6	230.4	5.41	中	大
2007	06-27 ~ 07-05	4 910	343	0.601	0.261	43.4	228.2	3.15	中	大
2008	06-27 ~ 07-03	6 080	355	0.580	0.516	89.1	228.1	3.14	中	中
2009	06-27 ~ 07-05	4 600	478	0.504	0.037	7.3	227	2	中	中
2010	06-19 ~ 07-07	5 390	613	0.408	0.559	137	219.9	2.27	高	大
2011	07-03 ~ 07-07	5 240	329	0.26	0.378	145.4	216.3	0.95	中	大
平均值		4 928	402	0.588	0.247	42	227.4	4.34		

表 9-14　汛期上游洪水小浪底相机排沙情况

年份	时段 （月-日）	洪峰 （m³/s）	沙峰 （kg/m³）	入库 沙量 （亿 t）	出库 沙量 （亿 t）	排沙比 （%）	起调 水位 （m）	调控 水位差 （m）	含沙量 等级	流量 等级
2003	08-25 ~ 09-16	3 830	474	0.58	0.74	128	236.4	15.2	高	大
2004	08-21 ~ 08-31	2 960	542	1.71	1.423	83.2	218.6	6	高	中
2006	07-22 ~ 07-29	2 100	205	0.127	0.048	37.9	225	1	中	中
2006	08-01 ~ 08-06	4 090	454	0.379	0.153	40.3	221.5	1.5	中	中
2006	08-31 ~ 09-07	2 550	164	0.554	0.121	21.8	225	5	中	中
2007	07-29 ~ 08-08	4 180	311	0.834	0.426	51.1	227.7	8.91	中	中
2010	07-24 ~ 08-03	3 200	349	0.901	0.258	28.6	222.8	5.47	中	中
2010	08-01 ~ 08-21	2 730	338	1.092	0.508	46.5	222	10.91	低	大
平均值		3 205	355	0.772	0.459	59.5	224.8	6.74		

在 2000 ~ 2011 年间，仅在 2002 年 7 月 4 日至 7 月 9 日小北干流发生过 1 场"揭河底"洪水，该场洪水的来沙量是这十几年最大的，达到 1.831 亿 t。洪水经水库调节后，小浪底出库日均流量变化范围为 2 629 ~ 2 817 m³/s，出库含沙量在 7 月 7 ~ 9 日出现了两次较明显的沙峰，最大含沙量分别为 66.2 kg/m³ 和 83.3 kg/m³，其余时间含沙量一般都小于 15 kg/m³。该场洪水的排沙比为 0.17，约 1.5 亿 t 泥沙淤积在水库内，淤积量也是所有洪水中最大的。另外，从表 9-13 和表 9-14 还可得出，和三门峡水库拦沙期相似，由于水库逐年淤积增加，库区淤积重心不断下移，异重流潜入点逐渐向坝前推进，使得排沙比增大，所以高含沙洪水的排沙比呈现递增趋势。

以高含沙洪水和中低含沙量洪水进行比较（见表 9-15）可以发现，水库拦沙初期，以异重流为主要排沙形式的条件下，排沙比主要受调控水位差、调节水位、洪水来沙系数等因素的影响。高含沙洪水的平均来沙系数大于中低含沙量洪水，其平均排沙比高于中低含沙量洪水。2002 年的局部"揭河底"高含沙洪水，虽然来沙系数较大，调控水位差也较大，但由于小浪底水库的对接水位较高，水库蓄水较多的原因，排沙比低于高含沙洪水的平均值。

表9-15 小浪底不同类型洪水排沙比影响因素

场次洪水	平均排沙比 （%）	平均调控水位差 （m）	平均调节水位 （m）	平均来沙系数
高含沙洪水	63.47	7.61	226.08	0.098 5
中低含沙量洪水	49.8	4.31	224.91	0.056 2
2002年局部"揭河底" 高含沙洪水	16	9	234	0.174

从小浪底水库调控高含沙、普通含沙量洪水平均分组排沙比来看（见表9-16），汛期场次洪水全沙排沙比高于汛前，同时无论细沙、中沙、粗沙排沙比均是汛期洪水高于汛前调沙洪水。汛期洪水的细沙比例偏高，同时各分组粒径沙的排沙比均比汛前调水调沙期高，可见汛期洪水的水沙关系比较协调，水库汛期排沙效率更高。

表9-16 汛前、汛期洪水小浪底水库平均分组沙排沙比 （%）

洪水情况	入库细沙 含量	全沙平均 排沙比	细沙平均 排沙比	中沙平均 排沙比	粗沙平均 排沙比
汛前调沙洪水	33.7	33	76	14	9
汛期洪水	48.5	58	95	34	13

三、小浪底水库运用后下游河道冲淤特征

自小浪底水库蓄水以来，黄河下游全河段处于冲刷状态，河槽刷深水面展宽。从场次洪水分河段冲淤情况来看（见表9-17），小浪底至利津河段，2006年以前场次洪水冲刷量呈逐年增加趋势，其中只有2004年8月洪水的冲刷量较小，并且在小浪底至花园口和艾山至利津河段有一定程度的淤积，2006年之后场次洪水下游河道冲刷量逐年减小。

该现象与小浪底水库2006年以后水库排沙比呈增大趋势相呼应。这是由于小浪底水库淤积三角洲在水库拦沙阶段不断向坝前推进，2006年后已经推进至HH19断面附近，异重流运行距离较之前约60 km锐减至30 km左右，大量泥沙运动到坝前，造成水库排沙比增大，下泄水流含沙量增大。2006年前，下游河道持续受清水冲刷，前期淤积泥沙不断冲蚀，和床面不断粗化，造成之后水流冲刷河道效率减小，并随着含沙量的增加，在部分河段产生一定淤积。

表 9-17　历次调水调沙进入下游的水沙量及河道冲淤量统计表

开始时间 （年-月-日）	历时 （d）	排沙比 （%）	各河段冲淤量（亿 t）				
			小—花	花—高	高—艾	艾—利	小—利
2002-07-04	12	16	−0.051	0.044	−0.112	−0.079	−0.198
2003-09-06	13	128	−0.105	−0.148	−0.176	−0.053	−0.482
2004-06-19	25	14.2	−0.169	−0.147	−0.197	−0.151	−0.67
2004-08-21	11	83.2	0.086	−0.201	0.156	−0.107	−0.066
2005-06-16	16	5	−0.18	−0.22	−0.18	0.01	−0.57
2006-06-09	21	30.6	−0.101	−0.185	−0.192	−0.123	−0.6
2007-06-19	15	38	−0.065	−0.046	−0.101	−0.075	−0.29
2007-07-29	10	51	0.094	0.013	−0.076	−0.032	−0.001
2008-06-19	20	62	0.023	−0.065	−0.118	−0.048	−0.21
2009-06-17	18	6.6	−0.093	−0.1	−0.112	−0.079	−0.38
2010-06-20	18.8	137	0.026	−0.035	−0.105	−0.095	−0.208
2010-07-23	13	28.2	−0.046	−0.051	−0.038	−0.035	−0.17
2010-08-10	12	46.5	−0.02	−0.05	−0.043	−0.021	−0.134

　　统计场次洪水下游各河段平均冲淤量见表 9-18，汛前调水调沙洪水平均来水量高于汛期洪水排沙一倍多，而来沙量汛期洪水高于汛前调水调沙洪水一倍多。由于汛前调水调沙前期排出大量清水，因此下游河道冲刷幅度较大，各河段的冲刷量都比汛期排沙下游的冲刷量大，下游全河道汛前调水调沙的排沙比为177%，比汛期洪水排沙的排沙比高，并且排沙比大于 1，说明全河段冲刷，各河段也基本都是冲刷。如前面论述，汛期洪水排沙出库水沙关系比较协调，因此排沙效率（单位水量的排沙量）汛期洪水排沙较高。汛前调水调沙很大一部分冲刷都是集中释放清水阶段冲刷河槽及滩岸造成的，由于水沙搭配不协调，后期排沙甚至会有部分回淤，排沙效率并不高。清水冲刷河道一方面扩大河道过流面积和平滩流量，但较为剧烈的清水冲刷也容易造成塌岸塌滩，引起河势向不利形势发展。因此，总体看，该运用期内利用汛期洪水排沙对下游河道更为有利。

表9-18　汛前调沙和汛期排沙场次洪水各河段平均冲淤量

调沙时段	来水量（亿 m³）	来沙量（亿 t）	小—花（亿 t）	花—高（亿 t）	高—艾（亿 t）	艾—利（亿 t）	小—利（亿 t）	全河道排沙比（%）	排沙效率（t/m³）
汛前调水调沙	45.9	0.221	−0.076	−0.094	−0.140	−0.080	−0.391	177	0.013
汛期洪水排沙	21.1	0.580	0.002	−0.087	−0.035	−0.050	−0.170	29	0.036

第四节　"揭河底"高含沙洪水三门峡与小浪底水库联合调度模式

本节首先介绍了现行高含沙洪水三小调控模式,以及利用小浪底至陶城铺河道模型对现行三小联合调控模式长期调控效应的预测;随后针对现行高含沙洪水三小调控模式存在的缺陷,基于泥沙资源利用思想,提出了对现行高含沙洪水调度模式的优化建议,并利用数学模型对典型高含沙洪水在不同调控模式下的调控效果进行了评价。

一、现行高含沙洪水三小调控模式及调控效果预测

长期以来,黄河水利委员会有关部门和科研人员一直在持续开展三门峡水库运用方式与小浪底水库运用方式研究,特别是近十几年,黄河调水调沙均实施了三门峡与小浪底水库的联合调度。根据目前的研究成果,三门峡与小浪底水库的联合调度方式随小浪底水库处于不同运用阶段而改变,但至今无人针对发生"揭河底"高含沙洪水的特殊时期,提出库区与下游减淤共赢的联合调度模式。

(一)三门峡水库汛期运用方式

1. 三门峡水库中常洪水防洪运用方式

2003～2010 年三门峡水库开始了非汛期最高运用水位不超过 318 m 的原型试验。当汛期入库流量大于 1 500 m³/s 时水库即进行敞泄排沙运用。对中常洪水,小浪底水库拦沙初期,三门峡水库采取敞泄的运用方式;小浪底水库进入拦沙后期,三门峡水库汛期仍维持敞泄运用方式。

2. 三门峡水库大洪水防洪运用方式

对于"上大洪水",在小浪底水库拦沙后期第一阶段,三门峡水库采用畅泄

运用;在拦沙后期第二、三阶段,采用"先敞后控"的运用方式。具体运用方式为:三门峡水库首先按照敞泄滞洪运用,当库水位达到滞洪最高水位后,视下游洪水情况进行泄洪。如预报花园口流量大于 10 000 m³/s,维持库水位按入库流量泄洪;否则,按控制花园口 10 000 m³/s 进行下泄,直至库水位回落至汛限水位。

(二)小浪底水库汛期运用方式

小浪底水库拦沙后期主要分为三个阶段,第一阶段为拦沙初期结束至水库淤积量达到 42 亿 m³ 之前的时期,254 m 以下防洪库容基本在 20 亿 m³ 以上;第二阶段为水库淤积量为 42 亿 ~ 60 亿 m³ 的时期,这一阶段水库的防洪库容减少较多,但防洪运用水位仍不超过 254 m;第三阶段为淤积量大于 60 亿 m³ 以后的时期,这一时期 254 m 以下的防洪库容很小,中常洪水的控制运用可能使用 254 m 以上防洪库容。

目前,小浪底水库已转入拦沙后期运用,小浪底水库拦沙后期运用方式的思路是"多年调节泥沙,相机降水冲刷",即一般水沙条件下拦粗排细运用,滩槽同步上升,在有利的水沙条件下,择机降水冲刷,排出库区淤积泥沙,使库区淤滩冲槽同步进行,可以保持水库库容,延长拦沙运用年限,并使进入下游河道的水沙过程更有利于下游河道减淤。可见,小浪底拦沙后期调度更加强调了对汛期洪水的排沙作用。

根据"小浪底水库拦沙后期防洪减淤运用研究"成果,小浪底水库拦沙后期采用的具体应用方式为:当入库 + 黑石关 + 武陟的流量小于 4 000 m³/s 时,小浪底水库采用减淤运用方式;当入库 + 黑石关 + 武陟的流量大于 4 000 m³/s 时,水库采用防洪运用方式。

1. 减淤运用方式

对每年主汛期洪水,在拦沙后期第一阶段,库区淤积量小于 42 亿 m³,当水库可调节水量大于等于 13 亿 m³ 时,水库蓄满造峰,凑泄花园口流量大于等于 3 700 m³/s。当入库 + 黑石关 + 武陟的流量大于等于 3 700 m³/s 时,出库流量按入库流量下泄;当入库 + 黑石关 + 武陟的流量小于 3 700 m³/s 时,水库凑泄花园口流量为 3 700 m³/s;在拦沙后期第二阶段,即淤积为 42 亿 ~ 60 亿 m³,上游来大水就进行降水冲刷调节,即当潼关、三门峡平均流量大于等于 2 600 m³/s 时,提前 2 d 泄空水库,利用大水冲刷排沙恢复库容;在拦沙后期第三阶段,当水库淤积量大于等于 79 亿 m³ 时,先泄空水库,之后水库进行敞泄排沙,直至淤积量小于等于 76 亿 m³ 时恢复调节运用,在泄水过程中,小黑武流量不大于下游的平滩流量。

当入库为高含沙洪水时(入库流量大于等于 2 600 m³/s,含沙量大于等于 200 kg/m³),减淤运用调度指令为:①当水库蓄水量大于等于 3 亿 m³ 时,提前 2

d 凑泄花园口流量等于下游主槽平滩流量,直至水库蓄水等于 3 亿 m³ 后,出库流量等于入库。②当水库蓄水量小于 3 亿 m³ 时,提前 2 d 蓄水至 3 亿 m³ 后,出库流量等于入库。

2. 防洪运用方式

当花园口预报流量超过 4 000 m³/s 时,小浪底进入防洪运用方式。表 9-19 为小浪底拦沙后期防洪运用方式调度规程中的具体要求,可以看出,对于预报花园口流量 4 000~8 000 m³/s 的普通含沙量中常洪水,控制不超过下游平滩流量泄洪,但对中常洪水中的高含沙洪水,现行小浪底运用按照出入库平衡模式。当预报花园口流量超过 10 000 m³/s 时,小浪底水库按控制花园口流量不大于 10 000 m³/s 泄洪。

表 9-19 小浪底拦沙后期防洪运用方式

运用条件		小浪底运用模式	运用目的
预报花园口流量 小于 4 000 m³/s	普通含沙洪水	控制出库流量不大于 下游平滩流量	滩区防洪
预报花园口 洪水流量 4 000~8 000 m³/s	高含沙洪水	出入库平衡	水库排沙
	普通含沙洪水	控制出库流量 不大于下游平滩流量	滩区防洪
预报花园口 洪水流量 8 000~10 000 m³/s	若入库流量不大于 水库相应泄洪能力	出入库平衡	水库排沙
	若入库流量大于 水库相应泄洪能力	畅泄模式	水库排沙
预报花园口 流量大于 10 000 m³/s	若预报小浪底— 花园口区间流量 小于等于 9 000 m³/s	控制花园口 流量小于 10 000 m³/s	河道防洪
	若预报小浪底— 花园口区间流量 大于 9 000 m³/s	按不大于 1 000 m³/s 下泄	河道防洪
	当预报花园口 流量回落至 10 000 m³/s 以下	按控制花园口流量不大于 10 000 m³/s 泄洪,直到 小浪底库水位降至汛限水位以下	河道防洪

(三)现行高含沙洪水三小调控效果预测

项目组曾利用小浪底至陶城铺河道模型,开展了小浪底水库拦沙后期运用方式(也即现行三小联合调度模式)下长系列年模型试验,从试验结果也可以看出,现行三小联合调度模式对高含沙洪水的长期调控效应。

试验采用1960～1976年系列,经三门峡、小浪底水库调控后,进入下游的各年水沙特征如表9-20所示,各年在小浪底至陶城铺河段的冲淤分布如表9-21所示。

表9-20　1960～1976年系列进入下游水沙量统计表

年份	水量（亿m³）			沙量（亿t）		
	汛期	非汛期	全年	汛期	非汛期	全年
1960	59.36	95.69	155.04	0.64	0.01	0.65
1961	170.03	138.75	308.78	2.03	0.03	2.06
1962	170.13	95.69	265.81	0.84	0.02	0.86
1963	160.93	133.79	294.72	0.76	0.08	0.84
1964	364.45	134.84	499.29	16.60	0.03	16.63
1965	139.64	95.69	235.33	0.56	0.04	0.61
1966	130.78	110.14	240.91	9.78	0.03	9.81
1967	383.98	122.32	506.30	28.10	0.03	28.12
1968	251.29	126.29	377.58	8.38	0.03	8.41
1969	126.62	95.69	222.31	1.39	0.04	1.43
1970	154.35	95.69	250.04	8.06	0.02	8.08
1971	94.75	96.27	191.02	4.99	0.02	5.01
1972	140.84	95.18	236.02	0.50	0.26	0.77
1973	105.87	95.69	201.56	8.12	0.02	8.14
1974	106.93	95.69	202.62	1.34	0.05	1.39
1975	235.39	131.02	366.42	10.54	0.03	10.57
1976	286.30	95.69	381.99	22.76	0.02	22.78
平均	181.27	109.06	290.34	7.38	0.04	7.42

注:年份为试验系列年设计年份。

从表9-21中可以看出,17年过程中,有7年河道内发生了冲刷,有4年河道发生微淤,全河段每年发生大于1亿t泥沙淤积的年份有6年,整个试验期间河道的冲淤呈现交替出现的局面。按现行调度模式,进入下游沙量大于8亿t的高含沙洪水年份有1964年、1966年、1967年、1968年、1970年、1973年、1975年、1976年共8年,总沙量112.54亿t,占进入下游总沙量的89.2%,但其总淤积量达到了 19.001 亿 t,大于 17 年的总淤积量 15.868 亿 t。整个试验期间淤积量最大的年份为 1964 年、1967 年和 1976 年,这三年的淤积量占整个试验总淤积量的 83% 以上,这三年也是来沙最多的三年,来沙占总来沙量的 53%。

表 9-21　试验河段逐年冲淤量统计表 （单位:亿 t）

年份	年来沙量	白鹤至花园口	花园口至夹河滩	夹河滩至高村	高村至孙口	孙口至陶城铺	全河段
1960	0.65	− 0.354	0.059	0.136	0.116	0.000	− 0.043
1961	2.06	− 0.534	0.301	0.282	0.231	0.193	0.474
1962	0.86	− 0.460	− 0.766	0.153	0.775	0.072	− 0.225
1963	0.84	− 0.802	− 0.775	0.100	− 0.568	− 0.226	− 2.272
1964	16.63	0.083	0.660	0.567	1.059	0.284	2.653
1965	0.61	− 0.003	− 0.483	− 0.117	0.214	0.157	− 0.232
1966	9.81	− 0.193	0.659	0.006	0.159	0.211	0.842
1967	28.12	0.063	0.945	1.332	2.413	0.509	5.262
1968	8.41	− 0.089	− 0.445	− 0.319	0.416	0.178	− 0.258
1969	1.43	− 0.284	0.043	0.216	− 0.036	0.173	0.113
1970	8.08	0.304	0.326	0.757	0.453	0.097	1.937
1971	5.01	0.087	0.400	0.267	0.114	− 0.175	0.692
1972	0.77	− 0.411	− 0.320	− 0.216	− 0.204	− 0.008	− 1.159
1973	8.14	0.149	0.305	0.334	0.563	0.161	1.512
1974	1.39	− 0.321	− 0.078	− 0.099	0.012	0.005	− 0.481
1975	10.57	− 0.172	0.519	0.266	0.753	0.334	1.701
1976	22.78	0.194	0.892	2.797	1.409	0.060	5.352
合计	126.16	− 2.742	2.242	6.462	7.879	2.025	15.868

高含沙洪水年份在下游河道造成的大量淤积,严重破坏了河道形态,减小了河槽过洪能力,给黄河下游防洪带来了巨大压力。通过对试验前后河道淤积部位的观测,夹河滩以上河道的淤积主要发生在主河槽与滩唇处,部分滩地有少量的淤积,漫滩淤积基本没有发展到堤根处;夹河滩至陶城铺河段,洪水漫滩严重,滩地长期滞水滞沙,整个河道均发生了严重的淤积。

对比试验前后断面形态(见图 9-4 ~ 图 9-11)可见:花园口以上河段主河槽发生了一定的扩宽和刷深,断面形态有所改善;花园口至夹河滩河段,淤积主要发生在主槽两侧的嫩滩上,高滩淤积量较少,断面形态趋于恶化;夹河滩至高村河段淤积主要分布在嫩滩和堤根处,嫩滩淤积抬高大于堤根,"二级悬河"态势更加严重;而高村至孙口河段河道主槽和滩地全断面均发生了较大的淤积,滩槽基本同步抬升,滩地抬升略大于嫩滩,"二级悬河"态势有一定减缓,但河道高于大堤以外地面的悬河总体态势进一步加剧。

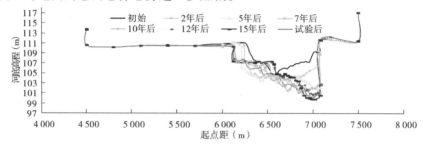

图 9-4　裴峪断面试验前后冲淤变化结果

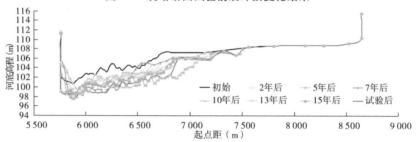

图 9-5　黄寨峪东断面试验前后冲淤变化结果

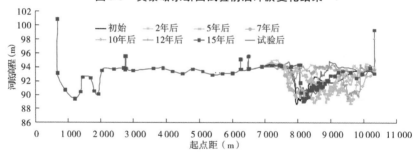

图 9-6　花园口断面试验前后冲淤变化结果

二、"揭河底"冲刷期三门峡与小浪底水库联合调度模式探讨

从上述分析可以看出,目前实施的水库高含沙洪水调度模式,存在以下三个方面的缺陷:

(一)没有有效解决高含沙洪水在黄河下游造成的大量淤积问题

根据历史资料分析,1965～1977 年的 12 场高含沙洪水在下游共造成淤积

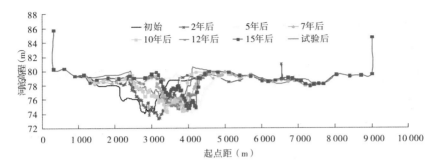

图9-7 古城断面试验前后冲淤变化结果

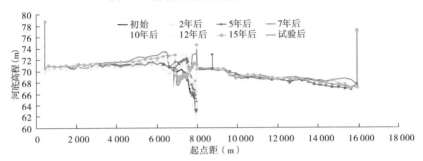

图9-8 左寨闸断面试验前后冲淤变化结果

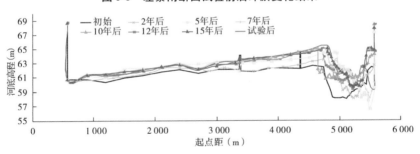

图9-9 高村断面试验前后冲淤变化结果

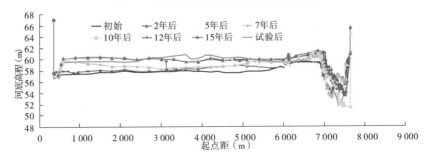

图9-10 苏泗庄断面试验前后冲淤变化结果

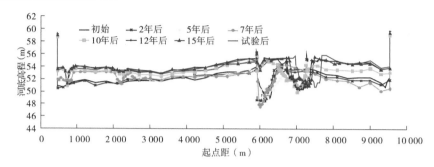

图9-11　徐码头断面试验前后冲淤变化结果

29.34亿t,占1965年11月至1980年10月下游河道总淤积量43.51亿t的67.4%;在这12场高含沙洪水中,有5场是上游"揭河底"洪水传播下来的,其造成的河道淤积总量为19.45亿t,占高含沙洪水淤积总量的66.3%,可见,"揭河底"洪水对下游河道的淤积比一般高含沙洪水更加显著。从上节分析也可以看出,在现行调度模式下,高含沙洪水对下游河道造成较大淤积的同时,使断面形态恶化,"二级悬河"态势加剧,增大了下游防洪压力。因此,对高含沙洪水,尤其是"揭河底"高含沙洪水的调度模式,有必要进一步优化。

(二)现行中常高含沙洪水调度模式没有充分考虑下游宽滩区经济社会发展需求

对中常洪水,小浪底水库现有调控方案为:对于4 000~8 000 m³/s范围内普通含沙量洪水,小浪底水库按照黄河下游平滩流量控泄;对高含沙洪水的调度,则按照出入库平衡原则泄洪。对于8 000~10 000 m³/s的洪水,无论含沙量高低,以出入库平衡原则泄洪。黄河下游目前的平滩流量为4 200~7 000 m³/s,按照上述调度方案,中常高含沙洪水必然造成下游滩区大量漫滩,而目前黄河下游滩区还居住着190多万居民,随着经济社会(特别是黄河下游滩区经济社会)的发展,滩区的淹没损失和社会影响越来越大。黄河水利科学研究院在"黄河防御洪水方案编制"研究中,利用黄河下游洪水演进及灾情评估模型(YRCC2D)的数值模拟计算,给出了不同量级洪水下滩区的淹没面积变化情况(见图9-12),可以看出,洪峰流量越大滩区淹没面积越大,从4 000 m³/s到10 000 m³/s时淹没面积快速增加;洪峰流量量级超过10 000 m³/s后,淹没面积增幅明显减小。4 000~10 000 m³/s范围量级的洪峰既造成了生产堤到大堤间广大滩区巨大的淹没损失,同时又因滩槽水沙交换微弱,难以获得显著的淤滩刷槽效果。因此,将漫滩洪水两级分化处理,尽量避免4 000~10 000 m³/s量级的洪水漫滩,成为值得探讨的调控方式。

(三)没有充分发挥泥沙资源利用的综合效益

近些年,随着人们对泥沙资源属性认识的提高和经济社会发展需求的大量

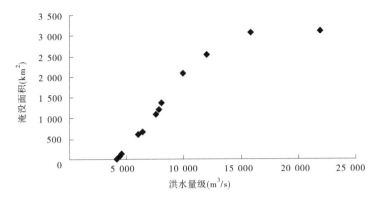

图 9-12 黄河下游滩区淹没面积与洪水量级的关系

增加,泥沙资源利用技术和相关研究取得了较大进展。在黄河泥沙资源利用方面,除多年黄河上普遍采用的淤背固堤、淤填堤河等技术外,近些年黄河水利科学研究院开展的"黄河泥沙资源化利用前景预测及管理政策研究",研究了黄河泥沙利用特点和需求,总结提出黄河泥沙利用模式,并针对利用模式的特点进行政策规范研究,为黄河泥沙资源利用管理和治黄战略决策提供科学依据;开展的"利用黄河泥沙制作人工防汛石料关键技术研究",以黄河泥沙为主要原料利用"免烧"技术制备了黄河专用防汛石料,产品成品与天然石料相当,产品在黄河郑州河段进行了小规模抛投试验,试验效果良好;开展的农业科技成果转化项目"黄河下游滩区新农村建设生态建筑材料技术推广"项目,其主要内容是开发利用黄河淤积泥沙制作绿色节能建筑材料,实现黄河泥沙的资源利用,充分利用黄河滩区的泥沙资源,变废为宝,解决滩区部分百姓的就业问题,增加滩区群众的收入,改善滩区群众生活质量,具有良好的社会效益和经济效益,在使用中可以代替传统的黏土砖等制品,可大量节约土地资源,有利于当地的环境保护。上述项目的研究取得了良好的社会、经济和生态效益,为黄河泥沙资源持续利用的进一步深入研究打下了基础。此外,在利用黄河泥沙制作型砂方面,开封河务局对利用其辖区河道内泥沙生产型砂的可能性进行了跟踪调查研究,认为该项泥沙资源利用技术具有广阔的发展前景。

近几年来,黄河水利科学研究院通过国内外调研和各种渠道,在深水水库的高效排沙和清淤技术方面进行了一定的探讨。江恩慧等根据小浪底水库淤积特征、输沙规律和运用特点,在借鉴国内外清淤疏浚等有关成果的基础上,分别对自吸式管道排沙系统与射流冲吸式清淤系统在深水水库应用的可行性进行了论证、比选和整合。研究认为:自吸式管道排沙系统充分利用了天然能量,结构简单,数座中小型水库有成功应用结果,关键技术易于突破,采用管道式的方案进行小浪底库区的清淤作业具有一定的可行性,初步估算的综合清淤成本约

1 元/t;射流冲吸式清淤设备结构简单、生产成本较低,有成熟工程经验,大型射流泵技术与设备完全具有国内自主产权,在各种机械清淤技术中,是一种最为经济适用的方式,在最大作业水深 80 m 时,其排沙单价约为 3 元/t;利用潜吸式扰沙船,进行水库坝前扰沙、抽沙并依据虹吸原理将淤积在水库内的细颗粒泥沙排出库外,在不改造小浪底枢纽现有布置和结构建筑物条件下,最大作业水深 70 m 以上,年清淤 1 亿 m³,排沙单价约为 3.8 元/m³,初始投资约 2 亿元,可延长小浪底死库容使用年限 10 年以上。

在泥沙资源利用技术取得较大进展的情况下,我们有必要转变观念,改变高含沙洪水调度时排沙出库的思路,变被动为主动,将泥沙看做一种资源,将其拦截在水库中,将水库淤积泥沙看做是一个宝贵的资源库,通过对水库泥沙进行合理的资源利用,实现延长水库使用寿命、减轻水库泥沙对下游防洪影响、减少环境污染以及创造可观经济效益等多赢的效果(尤其是增加的水力发电效益,这是最清洁的能源)。初步设想为:对淤积在水库库尾的粗泥沙,在严格管理和科学规划的前提下,由于水深较浅,可以直接采用挖沙船挖出,做为建筑材料应用。对库区中间部位的中粗泥沙,可根据两岸地形及市场需求状况,采用射流冲吸式排沙或自吸式管道排沙技术,通过管(渠)道输沙输送到合适场地沉沙、分选,粗泥沙直接做为建材运用,细泥沙淤田改良土壤,其他泥沙制作蒸养砖、拓扑互锁结构砖、防汛大块石等;还可以将泥沙堆放到紧邻河道岸边的一些城郊沟壑,为城市发展提供建设用地;利用泥沙填充煤矿沉陷区,也是近期研究提出的泥沙资源利用的主要途径之一。对于淤积在坝前的细泥沙,可以采用人工塑造异重流的方法排沙出库,直接输送至大海或淤田改良土壤。

此外,还可以通过工程技术手段,改变水库对泥沙的分选效果,以更好地利用泥沙资源。如可在水库上游修建一些拦沙堰或橡胶坝,在高含沙洪水时拦蓄泥沙,洪水后加以利用。

基于上述分析,针对黄河中游可能出现的高含沙"揭河底"洪水,有必要对现行高含沙洪水的调度模式进行优化,使其在兼顾滩区民生安全的同时,通过泥沙资源利用,有效提高水库和下游河道的防洪减淤综合效益。以小浪底水库拦沙后期减淤、防洪运用模式为基础,重点考虑 4 000 ~ 10 000 m³/s 中常量级"揭河底"洪水对滩区安全的影响,拟定相应优化的联合调控模式。

不同量级高含沙"揭河底"洪水的水库调控优化方案不同。4 000 m³/s 流量级以下小洪水,由于调水调沙对下游滩区威胁较小,仍应按照既有的研究成果及相应的调度规程,尽可能利用调水调沙塑造协调水沙关系向下游多排沙。而超过 10 000 m³/s 流量的大洪水,考虑水库的安全及利用较为有利的水沙条件高效输沙的需求,按照既定防洪运用方式。对于 4 000 ~ 10 000 m³/s 量级的中常洪水,则应更多考虑下游滩区的安全需要,以不漫滩或少漫滩为主要目标进行优化,主要体现为:尽量控制洪水不漫滩;在漫滩不可避免的情况下,尽量控制洪峰流量,减小漫滩损失;针对"揭河底"高含沙洪水粗沙含量高,水库蓄水拦沙,允许水库淤积较粗泥沙,向下游施放更大比例的细沙,以利洪水泥沙输沙入海;水库多淤积的泥沙将利用国家公益性资金,通过工程措施开展水库清淤及泥沙资源利用进行处理。

三、"揭河底"冲刷期三门峡与小浪底水库联合调度模式调控效果评价

为评价优化后水库调度模式的效果,我们利用"多沙河流洪水演进与冲淤演变数学模型系统",对"1977・8""1992・8"两场高含沙洪水进行了对比计算分析。

(一)数学模型概况

对于不同调度模式对下游河道的影响,采用本研究团队自行开发的适应于多沙河流洪水演进与河床冲淤演变的"黄河下游准二维非恒定流水沙数学模型"。该模型先后开展了黄河下游 1977 年、1982 年、1988 年、1992 年等数场典型洪水及不同水沙组合系列年验证,先后参加了 1998 年、2001 年、2002 年由水利部国科司、黄委组织的黄河数学模型大比试,取得了优异成绩,获得了同行专家的高度评价,2009 年荣获大禹水利科学技术奖一等奖。2011 年 12 月获得中华人民共和国国家版权局计算机软件著作权登记证书(登记号:2011SR100615)。

近年来,采用该模型开展了 1996 年、1997 年、1998 年、1999 年、2002 年汛期洪水演进预测及 1998 年、2012 年、2013 年汛期实时作业预报计算,小浪底水库投入运用之前水库不同运用方案下黄河下游冲淤演变预测,小浪底水库投入运用后黄河调水调沙试验方案计算与效果评估,小浪底水库投入运用后黄河调水调沙试验方案计算与效果评估,黄河下游生产堤不同处置方案对河道演变影响,黄河下游人工淤滩形成相对窄深河槽对洪水演进影响预测,宁夏河段洪水演进与河道冲淤演变预测,泾河东庄水库运用对渭河下游及三门峡库区冲淤影响预测,小江调水济渭对渭河及三门峡库区冲淤演变影响,南水北调中线沁河改道方案河道溯源冲刷计算等相关研究工作的对比论证,为黄河防洪安全及治理开发决策提供了重要依据。

1. 水沙运动基本方程

模型计算选用的描述水流与泥沙运动的基本方程为

水流连续方程

$$\frac{\partial A_i}{\partial t} + \frac{\partial Q_i}{\partial x} - q_{Li} = 0 \tag{9-1}$$

水流运动方程

$$\frac{\partial Q_i}{\partial t} + \frac{\partial}{\partial x}\left(\alpha_{1i}\frac{Q_i^2}{A_i}\right) + \alpha_{2i}\frac{Q_i}{A_i}q_{Li} + gA_i\left(\frac{\partial Z_i}{\partial x} + \frac{Q_i^2}{K_i^2}\right) = 0 \tag{9-2}$$

泥沙连续方程

$$\frac{\partial(A_iS_i)}{\partial t} + \frac{\partial(A_iV_iS_i)}{\partial x} + \sum_{j=1}^{m}K_{1ij}\alpha_{*ij}f_{1ij}b_{ij}\omega_{sij}(f_{1ij}S_{ij} - S_{*ij}) - S_{Li}q_{Li} = 0 \tag{9-3}$$

河床变形方程

$$\frac{\partial Z_{bij}}{\partial t} - \frac{K_{1ij}\alpha_{*ij}}{\gamma_0}\omega_{sij}(f_{1ij}S_{ij} - S_{*ij}) = 0 \tag{9-4}$$

式(9-1)~式(9-4)中,角标 i 为断面号;角标 j 为子断面号;m 为子断面数;Q 为流量;A 为过水面积;t 为时间;x 为沿流程坐标;Z 为水位;K 为断面流量模数;α_1 为动量修正系数;α_2 为侧向入流动量修正系数;q_L、S_L 为河段单位长度侧向入流量及相应的含沙量;ω_s 为泥沙浑水沉速;S 为含沙量;S_* 为水流挟沙力;γ_0 为淤积物干容重;b 为断面宽度;Z_b 为断面平均河床高程;f_1 为泥沙非饱和系数;K_1 为附加系数;α_* 为平衡含沙量分布系数。

f_1、K_1、ω_s、α_* 分别采用如下公式计算:

$$f_1 = \left(\frac{S}{S_*}\right)^{\left[0.1/\arctan\left(\frac{S}{S_*}\right)\right]} \tag{9-5}$$

$$K_1 = \frac{1}{2.65}\kappa^{4.5}\left(\frac{u_*^{1.5}}{V^{0.5}\omega_s}\right)^{1.14} \tag{9-6}$$

$$\omega_s = \omega_0(1 - 1.25S_V)\left[1 - \frac{S_V}{2.25\sqrt{d_{50}}}\right]^{3.5} \tag{9-7}$$

$$\alpha_* = \frac{1}{N_0}\exp\left(8.21\frac{\omega_s}{\kappa u_*}\right) \tag{9-8}$$

$$N_0 = \int_0^1 f\left(\frac{\sqrt{g}}{c_nC},\eta\right)\exp\left[5.33\frac{\omega_s}{\kappa u_*}\arctan\sqrt{\frac{1}{\eta}-1}\right]d\eta \tag{9-9}$$

$$f\left(\frac{\sqrt{g}}{c_nC},\eta\right) = 1 - \frac{3\pi}{8c_n}\frac{\sqrt{g}}{C} + \frac{\sqrt{g}}{c_nC}\left(\sqrt{\eta-\eta^2} + \arcsin\sqrt{\eta}\right) \tag{9-10}$$

$$\kappa = 0.4 - 1.68(0.365 - S_V)\sqrt{S_V} \tag{9-11}$$

式(9-5)~式(9-11)中,κ 为浑水卡门系数;c_n 为涡团参数($c_n = 0.375\kappa$);u_* 为摩阻流速;V 为流速;ω_0 为非均匀沙在清水中的沉速;S_V 为体积比含沙量;C 为谢才系数;g 为重力加速度;η 为相对水深。

2. 水流泥沙数学模型数值方法简介

模型计算采用非耦合解法,即先单独求解水流连续方程和水流运动方程,求出有关水力要素后,再求解泥沙连续方程和河床变形方程,推求河床冲淤变形结果,如此交替进行。

式(9-1)~式(9-3)采用四点隐式差分格式离散。四点隐格式,即 Preiss-mann 格式,这是对邻近四点平均(或加权平均)的向前差分格式。对 t 的微商取相邻结点上向前时间差商的平均值,对 x 的微商则取相邻两层向前空间差商的平均值或加权平均值。对于网格中的 M 点,令

$$f(M) = \frac{(1-\theta)(f_i^n + f_{n+1}^n) + \theta(f_i^{n+1} + f_{i+1}^{n+1})}{2} = f_{i+1/2}^{n+\theta} \tag{9-12}$$

$$\frac{\partial f(M)}{\partial t} = \frac{f_i^{n+1} + f_{i+1}^{n+1} - f_i^n - f_{i+1}^n}{2\Delta t} \tag{9-13}$$

$$\frac{\partial f(M)}{\partial x} = \frac{\theta(f_{i+1}^{n+1} - f_i^{n+1}) + (1-\theta)(f_{i+1}^n - f_i^n)}{\Delta x_i} \tag{9-14}$$

其中,f 为任一函数,f_i^n 为 $f(x_i, t_n)$;θ 为权因子,其值为小于或等于 1 的正数。式(9-4)采用差分格式离散。

3. 数学模型中几个重要参数的处理

1)水流挟沙力的计算

为保证模型较好地模拟黄河下游河道的输沙特性,采用张红武公式计算水流挟沙力,即

$$S_* = 2.5 \left[\frac{(0.0022 + S_V)V^3}{\kappa \frac{\gamma_s - \gamma_m}{\gamma_m} gh\omega_s} \ln\left(\frac{h}{6D_{50}}\right) \right]^{0.62} \tag{9-15}$$

式中,h 为水深;γ_s、γ_m 为泥沙与浑水容重;D_{50} 为床沙中径。

2)河床糙率的模拟

在黄河下游河道洪水演进模拟中,河床糙率的准确计算非常重要。为使模型计算既能反映水力泥沙因子的变化对摩阻特性的影响,又能反映天然河道中各种附加糙率的影响,采用如下赵连军、张红武公式计算河道糙率:

$$n = \frac{h^{1/6}}{\sqrt{g}} \left\{ \frac{c_n \dfrac{\delta_*}{h}}{0.49\left(\dfrac{\delta_*}{h}\right)^{0.77} + \dfrac{3\pi}{8}\left(1 - \dfrac{\delta_*}{h}\right)\left[\sin\left(\dfrac{\delta_*}{h}\right)^{0.2}\right]^5} \right\} \tag{9-16}$$

式中,δ_* 为摩阻厚度,河滩上 δ_* 为当量粗糙度,可根据滩地植被等情况,由水力学计算手册查得。

在主槽内,黄河沙波尺度及沙波波速对摩阻特性有较大的影响。对这一复杂的影响过程,只能给予综合考虑。根据动床模型试验资料,建立了黄河下游河道摩阻厚度 δ_* 与弗劳德数 $Fr(= V/\sqrt{gh})$ 等因子之间的经验关系,即

$$\delta_* = D_{50}\{1 + 10^{[8.1-13Fr^{0.5}(1-Fr^3)]}\} \tag{9-17}$$

3)悬移质泥沙与床沙交换的模拟计算

开展黄河下游长河段冲淤计算时,必须考虑床沙与悬沙的交换调整。目前

大家通常采用的通过计算分组挟沙力来模拟悬沙与床沙交换的方法在理论上尚不完善,应用到黄河下游这样的多沙河流中,计算结果经常出现许多不合理现象,为此本文选用一种新的方法模拟悬沙与床沙交换过程。

通过对许多河流的泥沙级配分析发现,天然河流的泥沙组成是长期水流分选作用的结果,这种分选作用与水流的紊动密切相关。赵连军从泥沙颗粒在紊动水流条件下的受力分析入手,建立了由泥沙特征粒径描述的同时适用于悬沙和细颗粒床沙的泥沙级配计算公式:

$$P(d_{si}) = 2\Phi\left[0.675\left(\frac{d_{si}}{d_{s50}}\right)^n\right] - 1 \tag{9-18}$$

$$n = 0.42\left[\tan\left(1.49\frac{d_{s50}}{d_{scp}}\right)\right]^{0.61} + 0.143 \tag{9-19}$$

$$\xi_{sd} = 0.92 \cdot e^{\frac{0.54}{n^{1.1}}} \cdot d_{scp}^2 \tag{9-20}$$

式(9-18)~式(9-20)中,d_{s50} 为泥沙中值粒径;d_{scp} 为泥沙平均粒径;ξ_{sd} 为泥沙粒径分布的二阶圆心距,表征泥沙组成的非均匀程度;n 为指数;Φ 为正态分布函数。

由上述三式可知,对于变量 d_{s50}、d_{scp}、ξ_{sd},已知任意两个,泥沙级配曲线就可确定下来。于是我们可以设想首先计算出河床冲淤变形引起的泥沙 d_{scp} 和 d_{s50} 或 ξ_{sd} 的变化,再根据式(9-18)~式(9-20)来计算泥沙级配的变化。

赵连军从一维非恒定挟沙水流河床冲淤过程中任一粒径组的泥沙质量守恒入手,经理论推导,建立了冲积河流一维非恒定流悬沙与床沙交换计算的基本方程:

$$\frac{\partial(QSd_{cp})}{\partial x} + \frac{\partial(ASd_{cp})}{\partial t} + \gamma_0\frac{\partial(A_0d_c)}{\partial t} - q_LS_Ld_L = 0 \tag{9-21}$$

$$\frac{\partial(QS\xi_d)}{\partial x} + \frac{\partial(AS\xi_d)}{\partial t} + \gamma_0\frac{\partial(A_0\xi_c)}{\partial t} - q_LS_L\xi_L = 0 \tag{9-22}$$

$$\frac{\partial D_{cp}}{\partial t} = \frac{d_c - D_{cp}}{H_c}\frac{\partial Z_b}{\partial t} \tag{9-23}$$

$$\frac{\partial \xi_D}{\partial t} = \frac{\xi_c - \xi_D}{H_c}\frac{\partial Z_b}{\partial t} \tag{9-24}$$

式中,A_0 为横断面冲淤面积;d_{50}、d_{cp}、ξ_d 为悬沙中值粒径、平均粒径、粒径分布的二阶圆心距;D_{50}、D_{cp}、ξ_D 为床沙中值粒径、平均粒径、粒径分布的二阶圆心距;d_L、ξ_L 为侧向入流泥沙平均粒径、泥沙粒径的二阶圆心矩;d_c、ξ_c 为冲淤物平均粒径、粒径的二阶圆心矩;H_c 为床沙混合层厚度。

式(9-21)~式(9-24)中有关参数的计算方法可参见文献[181]。通过求解式(9-21)~式(9-24),即可得出河床冲淤变形引起的悬沙与床沙交换调整过程。

4）床沙粒径调整计算方法

在混合层厚度 H_c 的确定与床沙级配调整方面，我们将河床物质概化为表、中、底三层，规定在每一计算时段内，各层间的界面都固定不变，泥沙交换限制在表层内进行，中层及底层暂时不受影响。在时段末，根据床面的冲刷或淤积，往下或往上移动表层和中层，保持这两层的厚度不变，而令底层厚度随冲淤厚度的大小而变化。显然，上节所提出的直接交换层应包含在表层之内。

5）悬移质含沙量沿横向分布的计算

开展一维扩展泥沙数学模型计算，需要专门考虑滩槽含沙量之间的关系。含沙量横向分布规律不仅与水力因子、含沙量大小有关，还与悬沙组成密切相关。悬沙粒径越细，含沙量的横向分布越均匀，作者通过对黄河下游大量实测资料分析，建立了如下含沙量横向分布公式：

$$\frac{S_{ij}}{S_i} = C_1 \left(\frac{h_{ij}}{h_i}\right)^{(0.1-1.6\frac{\omega}{\kappa u_*}+1.3S_{Vi})} \left(\frac{V_{ij}}{V_i}\right)^{(0.2+2.6\frac{\omega}{\kappa u_*}+S_{Vi})} \tag{9-25}$$

式中，V_i、V_{ij} 为断面平均及任意一点的流速；h_i、h_{ij} 为断面平均及任意点的水深；u_* 为断面平均摩阻流速；C_1 为 1 左右的断面形态系数，由沙量守恒可求得：

$$C_1 = \frac{Q_i}{\int_a^b q_{ij} \left(\frac{h_{ij}}{h_i}\right)^{(0.1-1.6\frac{\omega}{\kappa u_*}+1.3S_{Vi})} \left(\frac{V_{ij}}{V_i}\right)^{(0.2+2.6\frac{\omega}{\kappa u_*}+S_{Vi})} dy} \tag{9-26}$$

式中，q_{ij} 为断面任一点单宽流量；y 为横向坐标；a、b 为断面河宽两端点起点距，$b > a$。

6）悬沙粒径沿横向分布的计算

天然河流中不仅含沙量沿横向分布存在差异，悬移质泥沙级配沿横向的分布也不均匀，通过对黄河实测资料分析，主槽内悬沙组成一般较粗，滩地较细。采用黄河下游实测资料回归得出如下悬移质泥沙平均粒径沿横向分布公式：

$$\frac{d_{\text{cp}ij}}{d_{\text{cp}i}} = C_2 \left(\frac{S_{ij}}{S_i}\right)^{0.6} \left(\frac{V_{ij}}{V_i}\right)^{0.1} \tag{9-27}$$

式中，$d_{\text{cp}i}$ 为断面平均悬沙平均粒径；$d_{\text{cp}ij}$ 为断面上任一点悬沙平均粒径，C_2 为断面形态系数，由沙量守恒可求得

$$C_2 = \frac{Q_i S_i}{\int_a^b \left[q_{ij} S_{ij} \left(\frac{S_{ij}}{S_i}\right)^{0.6} \left(\frac{V_{ij}}{V_i}\right)^{0.1} \right] dy} \tag{9-28}$$

因为悬沙 d_{50}/d_{cp} 沿横向不变，故采用与式（9-27）相同的公式计算悬沙 d_{50} 沿横向分布，即

$$\frac{d_{50ij}}{d_{50i}} = C_2 \left(\frac{S_{ij}}{S_i}\right)^{0.6} \left(\frac{V_{ij}}{V_i}\right)^{0.1} \tag{9-29}$$

式中，d_{50i} 为断面平均悬沙中值粒径；d_{50ij} 为断面任一点悬沙中值粒径。

7）河槽在冲淤过程中河宽变化模拟

黄河下游河道随来水来沙的变化不断地进行自身调整，以使河道的输水、输沙与来水来沙相适应。这种调整不仅反映在纵向形态的调整，而且横向形态的变化也非常剧烈。通过对黄河下游实测资料分析与物理模型试验观测发现，河槽处于冲刷状态时，在河床冲深下切的同时，由于弯道环流等作用的影响，还伴随着河槽两岸的塌滩，河槽将发生一定程度的展宽，而河道发生淤积时，因主河槽内靠近滩边的水流流速较小，水流挟沙能力小，淤积强度明显大于主流区，使得河槽在淤高抬升的过程中伴随着河宽缩窄。当洪水漫滩行洪之后，滩槽之间的水沙交换规律变得更为复杂，河槽横向的变化也更为剧烈。本模型所采用的模拟河槽宽度变化过程的方法，是根据计算河段受特定的河相关系均衡调整原理进行的。模拟河段内各横断面宽度修正值，除受到给定河岸条件的限制外（如受到抗冲河岸、山嘴及河道整治工程等的限制），还要随着河流造床过程而自动调整。本模型选用张红武河床综合稳定性指标作为河相关系均衡调整准则计算河道断面宽度的调整，即

$$Z_{\mathrm{w}} = X_* Y_* = \frac{\left(\dfrac{\gamma_s - \gamma}{\gamma} D_{50} H\right)^{\frac{1}{3}}}{i B^{2/3}} \qquad (9\text{-}30)$$

式中，B 为河宽；i 为河床比降；γ 为水流容重。

（二）计算结果

对不同水库调度模式对库区冲淤的影响及下泄水沙过程，采用的是黄河勘测规划设计有限公司在小浪底水库拦沙后期运用方式研究中的有关成果。

"1977·8""1992·8"两场洪水均属于 4 000 ~ 8 000 $\mathrm{m^3/s}$ 量级的高含沙洪水。本次研究小浪底汛限水位为 220 m，考虑尽量杜绝下游洪水漫滩和尽可能加大小浪底水库排沙减少库区淤积，并利用高含沙水流提高下游河道输沙效率，小浪底应对洪水拟定控制运用和敞泄运用两种防洪优化运用方式。控制运用方式按前述成果拟定，即控制花园口流量不大于 4 000 $\mathrm{m^3/s}$。数模计算初始地形及初始床沙级配采用 2011 年汛后大断面及床沙组成资料。

1."1977·8"高含沙洪水

根据水库不同运用方式，在以往和本次研究成果的基础上，分析得到"1977·8"洪水小浪底水库出库水沙过程，见图 9-13、图 9-14，可见，对"1977·8"洪水进行控泄，洪水的出库流量和含沙量都比畅泄运用大幅度减小。

小浪底水库控制运用和敞泄运用两种运用模式的排沙比见表 9-22，敞泄模式排沙比为 0.473，比控泄模式的 0.259 高，排沙量敞泄模式大于控泄模式 2.34亿 t。

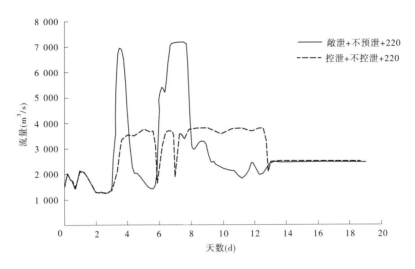

图 9-13 "1977·8"洪水出库流量过程

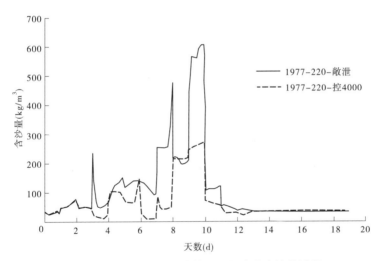

图 9-14 "1977·8"洪水控制运用出库含沙量过程

表 9-22 "1977·8"洪水各种运用模式下水库排沙量、排沙比、淤积量统计表

运用方式	总来沙量(亿 t)	排沙量(亿 t)	库区淤积量(亿 t)	水库排沙比
敞泄运用	10.476	5.187	5.289	0.473
控泄运用	10.476	2.848	7.628	0.259

对于 1977 年 8 月的"揭河底"洪水,入库含沙量高达 911 kg/m³,属于典型的大水大沙。与其他场次的高含沙洪水相比,其来沙粗沙比例明显偏大,达到了

27.9%,这是所有典型大水大沙"揭河底"洪水的共同特点,而非"揭河底"高含沙洪水大多数粗沙比例只有不到20%。

表9-23、图9-15为两种运用模式下"1977·8"洪水在黄河下游河道的冲淤情况,可以看出,敞泄模式的下游淤积量明显大于控泄模式;高村以上的淤积量占全下游淤积量的80%左右,其中敞泄模式下小花间的淤积量占全下游淤积量的62%以上,控泄模式下小花间的淤积量占全下游淤积量的72%以上。

表9-23 "1977·8"洪水各种运用模式下冲淤情况统计 (单位:亿 m³)

运用方式	小—利	小—花	花—夹	夹—高	高—孙	孙—艾	艾—泺	泺—利
敞泄运用	1.932 5	1.207 0	0.230 5	0.112 9	0.145 9	0.056 0	0.050 6	0.129 6
控泄运用	0.984 7	0.712 9	0.090 8	0.040 3	0.048 9	0.021 1	0.014 9	0.055 8

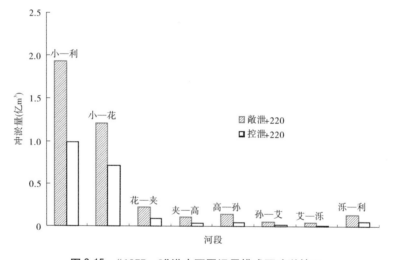

图9-15 "1977·8"洪水不同运用模式下冲淤情况

表9-24同时列出了两种模式进入下游的来沙量和排沙比计算结果,可以看出,从整个河段来讲,两种模式的排沙比均达到了50%左右;控泄模式排沙比略大于敞泄模式。

当发生大流量高含沙量洪水(典型"揭河底"冲刷)时,以2011年汛前小浪底水库和黄河下游边界条件对比敞泄、控泄运用模式调控效果,可以发现:①从小浪底水库出库水沙过程来看,对"1977·8"洪水敞泄运用,洪水的出库流量和含沙量都比控泄运用大幅提高,避免了控泄小水带大沙的情况,形成了对下游较为有利的水沙组合,有利于利用较大流量高含沙洪水输沙入海。②从小浪底水库排沙情况来看,敞泄模式水库排沙比比控泄模式要大得多;水库敞泄模式排沙量大于控泄;水库敞泄模式库区淤积量小于控泄。③从下游河道的冲淤变化来看,敞泄模式淤积量大于控泄模式,但敞泄模式和控泄模式的河道排沙比接近。

表9-24 "1977·8"洪水各种运用模式下河道排沙比统计表

运用方式	来沙量(亿 t)	下游淤积量(亿 t)	排沙比(%)
敞泄运用	5.187	2.705 5	47.8
控泄运用	2.848	1.378 6	51.6

注:淤积物干密度按1.4 t/m³计。

综合分析小浪底水库不同运用模式水库和下游河道冲淤排沙效果,运用敞泄模式虽可增加水库排沙效率、使出库水沙关系更协调,有利于下游河道输沙,但由于出库流量、含沙量的增加,敞泄会造成较大的河道淤积,同时不可避免地会造成滩区的淹没损失。

黄科院在开展《黄河防御洪水方案编制》工作中,利用黄河下游洪水演进及灾情评估模型(YRCC2D)进行各不同量级洪水的数值模拟计算,得出了2011年河道地形条件,不同量级洪水下的淹没范围、水深分布等关键要素。进而依据计算的淹没范围,结合滩区村庄、人口、耕地等社会经济信息,统计得出现状滩区不同量级洪水的淹没情况;在此基础上,根据滩区耕地、人口的淹没损失率估算了不同量级洪水的淹没损失情况(见表9-25)。

表9-25 2011年汛前花园口—利津河段不同洪水流量级滩区淹没估算表

流量级(m³/s)	淹没滩区面积(km²)	淹没滩区耕地面积(万亩)	受灾人口(万人)
4 000	0	0	0
5 000	238.12	23.43	0
6 000	535.77	52.71	0
7 000	889.02	86.25	19.00
8 000	1 256.17	120.84	42.74

根据表9-25得出的2011年汛前花园口—利津河段不同洪水流量级滩区淹没估算情况及本次计算得到的花园口洪峰流量,采用直线内插的方法,估算可得"1977·8"洪水各调控模式下花园口—利津河段滩区淹没情况(见表9-26)。从表9-26可以看出,敞泄模式下"1977·8"洪水淹没滩区面积在1 000 km²以上,其中淹没耕地面积100万亩以上,淹没人口超过30万人;控泄模式淹没损失相对敞泄模式要小得多,淹没滩区面积为115.5 km²,其中淹没耕地面积11.4万亩,没有淹没人口。

表 9-26   "1977·8"洪水各种管理模式下滩区淹没损失估算

调控模式	花园口洪峰流量 （m³/s）	淹没滩区面积 （km²）	淹没滩区耕地面积 （万亩）	受灾人口 （万人）
敞泄运用	7 519	1 079.57	104.20	31.32
控泄运用	4 485	115.49	11.36	0

2."1992·8"高含沙洪水

1992 年 8 月 7 日至 9 月 3 日黄河中下游发生了一次高含沙洪水过程,三门峡站最大洪峰达到 4 610 m³/s,含沙量最高达 476 kg/m³。洪水来沙粒径中偏细,细泥沙含量 63%,粗泥沙含量 11%。三门峡总来沙量为 7.782 亿 t。

对不同水库运用方式进行分析,得到该场洪水在小浪底水库的出库水沙过程,见图 9-16、图 9-17。可见,由于洪水量级较小,对"1992·8"洪水进行敞泄或控泄,洪水的出库流量和含沙量变化幅度不大。

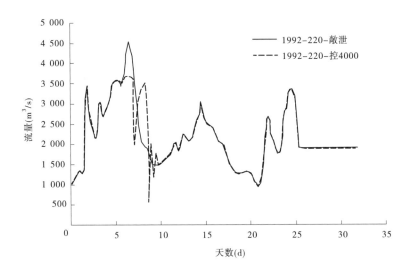

图 9-16   "1992·8"洪水出库流量过程

在上述两种小浪底运用模式下,"1992·8"洪水在小浪底库区淤积量与排沙比如表 9-27 所示。与"1977·8"洪水模式有所不同,"1992·8"洪水敞泄模式排沙比为 0.53,比控泄模式的 0.47 高的并不多,水库排沙量敞泄模式大于控泄约 4 000 万 t。可见,对于较小流量级的高含沙洪水,敞泄、控泄的水库排沙效果差别并不大。

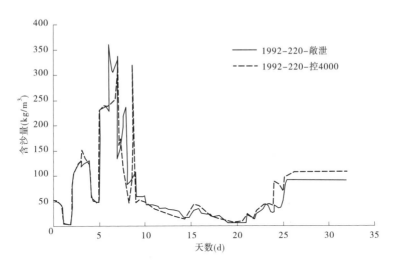

图 9-17 "1977·8"洪水出库含沙量过程

表 9-27 "1992·8"洪水各种运用模式下水库排沙量、排沙比、淤积量统计表

运用方式	总来沙量(亿 t)	排沙量(亿 t)	库区淤积量(亿 t)	水库排沙比(%)
敞泄运用	7.782	4.111	3.671	53
控泄运用	7.782	3.696	4.086	47

表 9-28 对两种运用模式下"1992·8"洪水在下游河道的冲淤情况进行了统计,并绘于图 9-18。从图表同样可以看出,同一汛限水位下敞泄模式在下游的淤积量较大;高村以上的淤积量占全下游淤积量的 80% 以上,其中敞泄模式下小花间的淤积量占全下游淤积量的 68% 左右,控泄模式下小花间的淤积量占全下游淤积量的近 73%。可见,与"1977·8"洪水相比,敞泄模式小花间的淤积比例略高,这是由于"1977·8"洪水出库流量较大,输沙率较大。控泄模式两场洪水的淤积比例基本一致。

表 9-28 "1992·8"洪水不同调控模式下冲淤情况统计 (单位:亿 m³)

运用方式	小—利	小—花	花—夹	夹—高	高—孙	孙—艾	艾—泺	泺—利
敞泄运用	1.527 6	1.042 3	0.144 9	0.069 2	0.088 1	0.037 1	0.031 3	0.114 7
控泄运用	1.369 3	1.004 1	0.112 4	0.050 4	0.065 6	0.027 9	0.019 0	0.089 9

表 9-29 列出了两种水库运用模式下进入下游的来沙量和排沙比计算结果,可以看出,从整个河段来讲,两种模式排沙比基本一致。

根据 2011 年汛前花园口—利津河段不同洪水流量级滩区淹没估算情况及

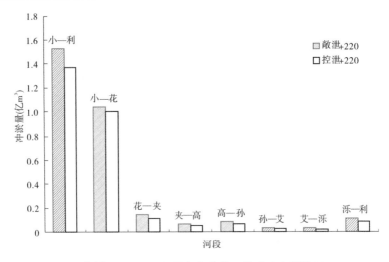

图9-18 "1992·8"洪水各种管理模式下冲淤情况

本次计算花园口洪峰流量,采用直线内插的方法,估算得"1992·8"洪水不同运用模式下花园口—利津河段滩区淹没损失情况(见表9-30)。可以看出,敞泄模式下"1992·8"洪水淹没滩区面积为70 km²左右,其中淹没耕地面积6.8万亩左右,没有淹没人口。控泄模式下几乎没有淹没损失。

表9-29 "1992·8"洪水不同调控模式下游河道排沙比统计表

调控模式	来沙量(亿t)	淤积量(亿t)	排沙比(%)
敞泄运用	4.111	2.138 6	48.0
控泄运用	3.696	1.917 0	48.1

注:淤积物干密度按1.4 t/m³计。

表9-30 "1992·8"洪水不同调控模式下滩区淹没损失估算

调控模式	花园口洪峰流量 (m³/s)	淹没滩区面积 (km²)	淹没滩区耕地面积 (万亩)	受灾人口 (万人)
敞泄运用	4 433	69.35	6.82	0
控泄运用	4 106	0	0	0

(三)高含沙洪水控泄调度与水库泥沙清淤效益对比

1. 淹没损失估算

根据之前的研究成果,"黄河下游滩区补偿政策研究"中使用了评价防洪工程减灾效益普遍使用的"亩均水灾综合损失"指标,利用1949~2003年黄河下游滩区耕地、房屋淹没损失统计资料,根据典型调查资料计算出滩区农作物单位面积产值和不同结构房屋重置价以及淹没耕地、房屋的损失率,估算出黄河下游滩区亩均水灾综合损失是 680 元/亩。以此为基础,根据国民经济统计数据,2003 年以来我国的居民消费价格指数 CPI 为 3%~4%,取 3.5%,计算得出2013 年下游滩区亩均水灾综合损失为 959 元/亩。基于此估算,高含沙洪水在小浪底水库不同调控模式下下游滩区的淹没损失见表 9-31,"1977·8"洪水敞泄模式下,下游河道滩区淹没损失比控泄方式多 8.9 亿元,量级较小的"1992·8"洪水也多损失了 0.65 亿元。

表9-31　高含沙洪水小浪底不同运用模式下下游河道清淤成本及滩区淹没损失估算

洪水		1977 年洪水		1992 年洪水	
水库运用方式		敞泄 +220	控泄 +220	敞泄 +220	控泄 +220
滩地淹没损失	淹没滩区耕地面积(万亩)	104.20	11.36	6.82	0
	淹没损失(亿元)	9.99	1.09	0.65	0.00
	两种运用方式淹没损失差(亿元)	8.9		0.65	
河道清淤成本	下游河道淤积量(亿 t)	2.705	1.378	2.138	1.917
	清淤成本(亿元)	54.1	27.65	42.76	38.34
	两种运用方式清淤成本差(亿元)	26.45		4.42	

2. 河道清淤费用估算

目前,河道泥沙清淤主要采用泥浆泵抽吸的方式,根据对清淤成本的市场调查,2013 年河道清淤单价为 18.94 元/m^3,为保险起见采用 20 元/m^3。如果考虑将敞泄运用方式多淤积在河道内的泥沙抽出河道,则"1977·8"洪水需要多支付 26.54 亿元的成本,量级较小的"1992·8"洪水也需要 4.42 亿元的成本。

3. 水库清淤费用估算

根据近年对黄河小浪底水库泥沙清淤技术与成本的研究成果,目前适合小浪底水库的排沙手段有自吸式管道排沙、射流冲吸式排沙两种方式,见表 9-32。自吸式管道排沙原理简单,排沙成本低,抽出的泥沙便于实现资源化利用。射流式排沙方式,由于需要额外能量成本较高,排沙洞调度运用难度较大,可能会使水库蓄水浑浊,造成泥沙过机。另外,该方法利用河道输沙,水库排出泥沙无法进行资源开发利用。因此,本项目研究拟采用自吸式管道排沙方式清淤。

表9-32　自吸式管道排沙与射流冲吸式排沙方案比较

项目	自吸式管道排沙方案	射流冲吸式排沙方案
工作原理	自库区清淤部位至坝后铺设管道,管道出口设闸门,管道头部设有吸泥头,由水面操作船通过钢缆控制吸泥头位置和高程,开启闸门后,利用水库上下游水头差作为清淤的能量,库底泥沙通过吸泥头随水流进入输沙管道输移出库	利用船上的水泵抽吸河水,通过输水管路将水流一部分供给高速射流喷嘴将河底泥沙冲起,另一部分经另一个射流喷嘴朝大坝方向喷出,高速水流产生的负压,将冲起的河底泥沙吸入喷嘴并高速喷向大坝,并在库底形成异重流,将泥沙驱赶至坝前,开启排沙洞将泥沙排到坝下游。另外,在调水调沙初期,将射流冲吸式排沙船布置在距坝较近的部位冲沙,利用大流量泄水时机将冲起的泥沙排出库外
排沙单价	1.06 元/t	2～3 元/t

结合水库清淤成本的市场调查,考虑货币购买力及用工等因素进行测算,采用水库清淤单价为 2 元/m³。据此分析"1977·8"和"1992·8"洪水水库控泄排沙比敞泄排沙多淤积 2.339 亿 t 和 0.415 亿 t,其清淤成本约为 4.678 亿元和 0.83 亿元,见表9-33。

表9-33　高含沙洪水小浪底不同运用模式下水库淤积量差及清淤花费

洪水	1977 年洪水		1992 年洪水	
水库运用方式	敞泄＋220	控泄＋220	敞泄＋220	控泄＋220
总来沙量(亿 t)	10.476	10.476	7.782	7.782
库区淤积量(亿 t)	5.289	7.628	3.671	4.086
两种运用方式淤积量差(亿 t)	2.339		0.415	
淤积量差清淤成本(亿元)	4.678		0.83	

通过分析"1977·8"和"1992·8"两种量级的高含沙洪水在 2011 年地形条件及小浪底水库不同调度方案下对黄河下游滩区造成的灾害损失,可知:由于黄河下游滩区特殊的社会经济情况,在给定的计算边界条件下,水库敞泄运用对下游的淤积和淹没损失比控泄运用要大得多,并且滩区淹没造成的社会影响也非常大,可见黄河下游河道淤积与滩地淹没损失是确定水库调控方式的最大制约因素,并且随着洪水量级的增加,淹没损失将快速增加。通过不同运用模式水库多淤积泥沙清淤成本估算和下游淹没损失对比,对流量偏大的"1977·8"洪水,下游淹没损失和河道清淤成本为 35.44 亿元(8.9 亿元＋26.54 亿元),大大高

于控泄方式水库多淤泥沙的清除成本 4.68 亿元;对较小流量"1992·8"洪水,下游淹没损失和河道清淤成本为 5.07 亿元(0.65 亿元 + 4.42 亿元),也高于控泄方式水库多淤泥沙的清除成本 0.83 亿元。此外,因水库控泄而避免淹没滩区带来的社会影响效益也非常巨大。因此,现阶段,黄河下游高含沙中常洪水调度方案的制订应首先立足于降低黄河下游河道淤积和滩区洪灾损失。

综上所述,本章在系统分析三门峡、小浪底水库运用对高含沙洪水的调蓄效果的基础上,基于对现行三门峡、小浪底水库高含沙洪水调度原则的分析和对泥沙资源利用技术的研究成果,提出了突出泥沙资源利用理念的三门峡与小浪底水库联合调控模式,并利用数学模型对联合调控的效果进行了初步评价,认为:现阶段对黄河"揭河底"高含沙洪水的调度,应充分发挥水库的拦粗排细作用,通过水库泥沙处理与利用的有机结合,实现水库与黄河下游河道综合减淤的双赢。

第十章

"揭河底"冲刷期工程出险机理及防护对策

"揭河底"冲刷具有强烈的塑槽作用,一定程度上能恢复河道过洪能力;但同时强烈冲刷又往往引起主河槽的大幅度迁徙,使工程着溜部位不断变化,容易造成河道工程墩蛰、坍塌。"揭河底"冲刷期工程险情比一般洪水期工程险情突发性强、随机性大,很难预测。受其突发性和原型监测技术的制约,"揭河底"冲刷工程出险的机理、出险过程与一般工程出险的差异都鲜有人深入研究。因此,本书通过收集大量工程出险实际观察资料,开展专门的模型试验,系统研究了"揭河底"冲刷期工程出险过程与机理。河务部门通过大量观测与对比研究发现,"揭河底"发生位置在距工程正前方 100 m 以内,或距工程上游 300 m 以内,且工程紧靠主流时,对工程安全影响较大、危害严重。"揭河底"冲刷期工程出险过程与出险机理研究结果表明,"揭河底"冲刷工程出险的主要原因是"揭河底"发生时,河床遭受剧烈冲刷,深泓点高程瞬间大幅降低,深泓与坝体间的边坡骤然变陡,边坡快速失稳;同时冲刷坑范围不断向坝脚淘刷,丁坝坝脚逐渐被淘空,丁坝悬空的部分随即发生墩蛰等重大险情。针对"揭河底"冲刷险情,要坚持防备为先,防抢并举,工程和非工程措施相结合,有效防御和抢护险情,尽力减少灾害损失,保证工程安全。特别是在试验过程中我们还发现,真正的"揭河底"部位并不是水面紊动最强烈的地方,而是位于其上游"风平浪静"的地方。因此,这才是工程应急抢险应重点关注的部位。这一发现对提高抢险的准确性意义重大。

第一节 "揭河底"冲刷期河势演变

一、"揭河底"冲刷期河势变化情况

"揭河底"冲刷期河势的自然调整过程,淤滩刷槽特征明显,常造成河槽发生强烈冲刷,滩地发生大量淤积,河势产生大的摆动,河道形态得以显著调整,流势更为集中规顺,一些横河、斜河和汊流自然消失或减少,由宽浅散乱的河床变为相对单一窄深的河槽。河道过洪输沙能力增强,河床形态趋于稳定。如1964

年、1966年、1969年和1977年发生的"揭河底"冲刷,都使河势发生了较大调整。

(一)1964年"揭河底"前后河势变化

1964年7月5~8日(黄河龙门站发生10 200 m³/s的洪水,最大含沙量695 kg/m³)在黄河小北干流禹门口至黄淤51断面附近长90 km的河道范围内发生了"揭河底"冲刷,使河势发生了较大变化。"揭河底"后与"揭河底"前河势相比,黄淤67~64断面之间主流线右摆0.9~2.4 km,黄淤58~56断面主流线右摆0.9~1.4 km,黄淤54断面主流线左摆2.4 km,黄淤52~49断面主流线左摆1.3~3.7 km,详见图10-1。

(二)1969年"揭河底"前后河势变化

1969年7月26~29日,龙门站最大洪峰流量8 860 m³/s,最大含沙量752 kg/m³,在黄河小北干流禹门口至黄淤59断面附近长50 km的河道范围内发生了"揭河底"冲刷,使河势发生了较大变化。根据1970年汛前与1969年汛前河势分析,除黄淤56~53断面主流线摆动较小外,其他河段主流线摆幅都在2.5~7.1 km,其中黄淤68~62断面摆幅最大,详见表10-1、图10-2。

表10-1 1969年"揭河底"前后主流线摆动变化统计表

年份	河段断面号	主流线最大摆幅(km)
1970年汛前与1969年汛前比较	68~62	7.1
	62~56	2.5
	56~53	无大摆动
	53~47	3.3
	47~41	2.8

(三)1977年"揭河底"前后河势变化

1977年7月6日(黄河龙门站最大洪峰流量14 500 m³/s,最大含沙量690 kg/m³)和8月6日(黄河龙门站最大洪峰流量12 700 m³/s,最大含沙量821 kg/m³),在黄河小北干流禹门口至黄淤55断面附近长71 km的河道范围内分别发生了"揭河底"冲刷,使河势发生了较大调整。根据1978年汛前河势与1977年汛前河势对比分析,"揭河底"后较"揭河底"前全河段都发生了不同程度的主流线摆动现象,摆幅为2.2~4.6 km,其中黄淤68~62断面摆幅最大,详见表10-2、图10-3。

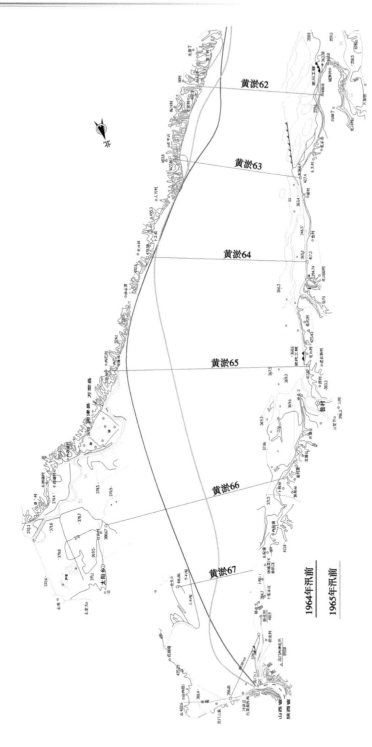

图 10-1 1964 年"揭河底"前后主流线变化示意图

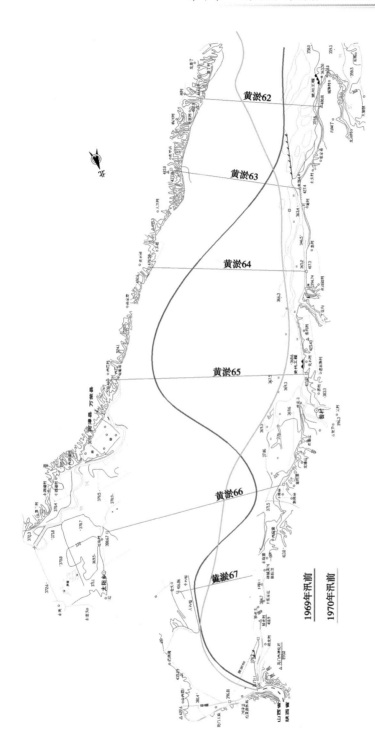

图 10-2 1969 年"揭河底"前后主流线变化示意图

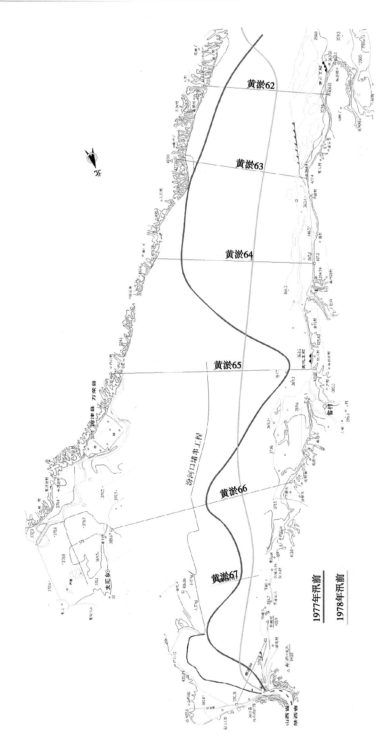

图 10-3　1977 年"揭河底"前后主流线变化示意图

表 10-2　1977 年"揭河底"前后主流线摆动变化统计表

年份	河段断面号	主流线最大摆幅(km)
1978 年汛前与 1977 年汛前比较	68~62	4.6
	62~56	2.5
	56~53	2.2
	53~47	3.5
	47~41	2.5

根据 1977 年汛前与汛后河势比较,汛后比汛前主流线长度缩短 6.02 km,弯曲系数减小 0.047,河弯减少 3 处。表明"揭河底"后,一些河弯被裁弯取直,河势更加顺畅(详见表 10-3)。

表 10-3　1977 年"揭河底"前后河道弯曲率变化表

时段		主流线长度(km)	河道中心线或端点直线距离(km)	弯曲系数
1977 年	汛前	141.63	127.82	1.108
	汛后	135.61	127.82	1.061
1960~1984 年		128.09~143.55	127.82	1.002~1.123
1984~1992 年		130.56~136.47	127.82	1.034~1.080 (平均 1.063)

(四)2002 年"揭河底"前后河势变化

2002 年 7 月 4~5 日(黄河龙门站最大洪峰流量 4 580 m³/s,最大含沙量 1 040 kg/m³),在黄河小北干流禹门口至黄淤 67 断面附近长 3 km 的河道范围内发生了"揭河底"冲刷,河势变化较大。洪水前,禹门口至小石嘴主流偏右,黄河水出禹门口后,主流沿右岸桥南工程逐渐流向左岸的小石嘴工程,顺其行至汾河口工程 10 号坝后移向右岸。洪水期,禹门口至小石嘴主流偏左,黄河水出禹门口后,主流直冲小石嘴工程 1 号坝,该工程 1~15 号坝全部靠流,而汾河口工程大裹头则出现脱流。洪水后,禹门口至小石嘴主流偏右,小石嘴工程除 1 号坝外及汾河口工程全部脱流。此次"揭河底"冲刷现象的发生,从大石嘴到小石嘴河段,河槽由 400 余 m 突缩至 150 m 以下,河床冲刷下切 1.5 m 以上(详见图 10-4)。

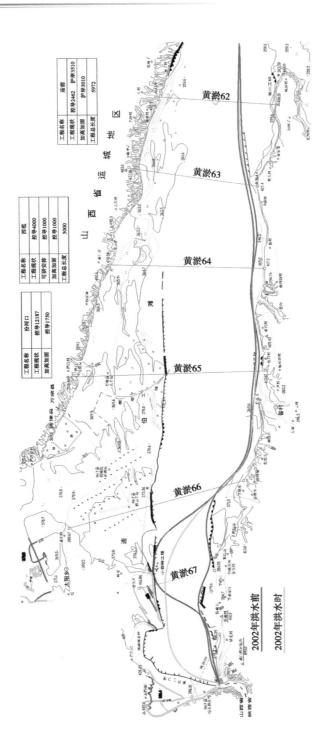

图 10-4　2002 年"揭河底"前后主流线变化示意图

二、"揭河底"前后河势变化特点

发生"揭河底"冲刷的高含沙洪水具有较强的造床作用,河势调整迅速。根据近期"揭河底"冲刷过程河势观测资料对比分析,河势变化主要呈现六个特点:

(1)"揭河底"冲刷往往使河势发生较大摆动。如1969年发生的"揭河底",河势摆动较为剧烈,使黄淤62~68断面间主流线最大摆幅达7.1 km。

(2)"揭河底"冲刷使河势变得更为顺直通畅,河弯明显减少。如1977年发生的"揭河底",汛后较汛前河弯减少3处。

(3)"揭河底"冲刷使主流更为集中。部分河段由多股流变为一股流,一些河段的横河、斜河或汊流自然消失。如1977年汛前,黄河小北干流河段水流散乱,沙洲密布、汊流丛生,多为二、三股流,经当年7月、8月相继两次"揭河底"后,水流集中归一,河势趋于规顺。

(4)"揭河底"冲刷使主槽变得相对窄深稳定。"揭河底"后,部分河段过水断面明显刷深缩窄,使宽浅散乱的河槽变得相对窄深规顺,主槽在一定时期内相对稳定,不容易发生较大的迁徙变化。如2002年发生的"揭河底"冲刷河槽由400余m突缩至150 m以下。

(5)"揭河底"冲刷使部分河段主流相对趋中,出现河势下挫现象。"揭河底"发生时洪水一般较大,河势变化遵循"大水趋直、河势下挫,小水坐弯、河势上提"的自然演变规律。如1977年"揭河底"前大石嘴以下河势分东西两股而流,"揭河底"后在河道中间冲出新的河槽,东西两股水流均消失。2002年发生的"揭河底",下峪口等工程的河势都出现了下挫现象。

(6)河势摆动幅度与"揭河底"强度关系密切。大范围、长距离、高强度"揭河底"冲刷现象发生时,河势调整幅度也明显较大。如1969年和1977年"揭河底"后,黄淤62~68断面间河势摆动较为剧烈,主流线最大摆幅1969年为7.1 km,1977年为4.6 km。发生局部"揭河底"时,黄河禹潼河段上段河势易发生变化,而对其他河段的河势影响不大,如2002年发生的"揭河底"冲刷,除上段河势发生较大变化外,其他河段的河势则变化不大。

三、"揭河底"高含沙洪水与同量级一般洪水河势演变比较

根据黄河小北干流河段历次"揭河底"冲刷情况分析发现,"揭河底"冲刷是一个错综复杂的冲淤演变过程,受多种因素影响,但总的来看,只有在水沙条件和河床条件同时具备的情况下,才有可能发生"揭河底"现象,并不一定所有的高含沙洪水都能发生。从"揭河底"高含沙洪水与非"揭河底"洪水河势变化情况对比看,"揭河底"高含沙洪水的河势变化比非"揭河底"洪水的河势变化更强

烈,摆动幅度和调整规模更大。如果大水大沙年发生大范围、长距离、高强度的"揭河底"冲刷后,当年或下一年又接着发生高含沙洪水,本河段再次出现"揭河底"冲刷的可能性就比较小,即使发生"揭河底"冲刷,也不会使河势再发生大的变化。如1970年"揭河底"后,河势则无明显变化,主要是因为1969年发生的"揭河底"已使河势发生了较大调整,河槽已趋于基本稳定。又如1967年的大水大沙就没有发生"揭河底"冲刷,因为1966年发生的"揭河底"冲刷已使河床得到了有效调整,而河床回淤尚未达到"揭河底"冲刷的基本条件。1967年的大水大沙年虽然使河势发生了一定变化,但变化幅度却不及1966年"揭河底"冲刷期河势的变化大。

通过黄河小北干流河段"揭河底"冲刷年份和其他年份主流线弯道特征值变化比较分析发现,"揭河底"高含沙洪水较其他量级洪水,裁弯取直作用更明显。如1977年发生的"揭河底"使河弯减少了3个,而其他洪水则减少甚微,1984年洪水过后河弯还增加了3个;1977年禹门口至黄淤55断面汛后比汛前主流线长度减少了5.98 km,而1992年洪水过后主流线仅减少了0.2 km,1984年反而增加了4.97 km。河弯曲率半径、弯道弧长等也较其他洪水变化明显(详见表10-4)。

表10-4 黄河禹潼河段"揭河底"和非"揭河底"典型年份弯道主流线特征值变化比较表

年份	时间	河弯个数	河弯曲率半径(km)			中心角(°)	弯道弧长(km)		直河段个数	直河段长(km)		主流线长(km)	弯顶距(km)	弯曲幅度(km)
			最大	最小	平均		平均	合计		平均	合计			
1977	汛前	20	13	1.4	4.46	16~113	3.33	66.63	17	4.41	75.0	141.63	6.30	2.2
	汛后	17	17.3	1.9	7.1	19~125	5.54	94.11	12	3.46	41.5	135.61	7.95	2.29
1984	汛前	14	21.6	2.4	5.62	41~78	5.21	72.92	9	6.59	59.3	132.22	10.00	2.45
	汛后	17	15.2	0.6	6.35	20~91	4.98	84.69	12	4.38	52.5	137.19	7.21	1.64
1988	汛前	19	13.2	1.8	5.1	27~98	4.94	93.9	11	3.74	41.1	135.02	6.75	2.00
	8月	17	13	1.1	6.86	13~104	4.46	75.83	13	4.63	62.2	138.03	7.59	1.80
	9月	19	18.5	2.3	6.94	17~122	5.01	95.12	9	4.20	37.9	133.02	6.74	1.63
1992	汛前	18	14.5	1.4	5.25	20~69	4.38	78.8	13	4.39	57.1	135.90	5.06	1.87
	9月	19	15	0.9	5.83	28~99	5.02	95.32	11	3.83	42.1	137.42	6.22	1.68
	汛后	17	12.8	1	6.12	16~90	4.62	78.5	10	5.72	57.2	135.70	7.57	2.15

第二节 "揭河底"冲刷期工程险情及抢护

一、河道整治工程"揭河底"冲刷期出险情况

发生"揭河底"冲刷时,河槽大幅度急剧刷深,河宽骤减,河势平面大幅度摆动,水位猛涨猛落,大溜集中顶冲、淘刷河道整治工程,着溜点上提下挫,根石被大量冲失,坝基被掏空,造成坦石下滑,土坝胎受冲流失,极易出现堤坝溃决等重大险情。同时,河势大幅度摆动,造成沿河引水工程出现险情和引水口脱流。兹根据黄河禹门口和渭河上涨渡等工程在"揭河底"冲刷期的出险及抢护等情况,分析"揭河底"冲刷部位变化对工程及河道产生的不同影响,以便提出相应的对策措施。

(一)禹门口工程出险情况

禹门口工程始建于 1968 年 3 月,设防标准为黄河龙门站 20 000 m^3/s。1970 年 8 月 2 ~ 4 日,黄河龙门河段发生了"揭河底"冲刷(龙门站洪峰流量 13 800 m^3/s,洪峰含沙量 826 kg/m^3),造成禹门口工程护坡石被冲塌下沉 5 m,汾河口工程坝头被冲沉,庙前工程 12 号坝被冲垮 250 m(详见图 10-5)。

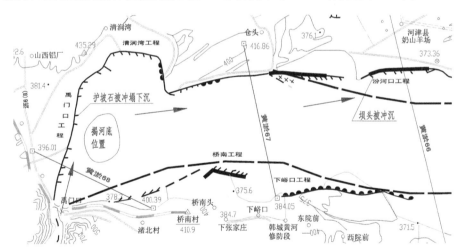

图 10-5 1970 年"揭河底"冲刷期禹门口工程和汾河口工程险情示意图

(二)清涧湾工程出险情况

清涧湾工程始建于 1970 年 3 月,设防标准为黄河龙门站 20 000 m^3/s。1977 年 7 月 6 日发生"揭河底"冲刷(龙门站流量 14 500 m^3/s,洪峰含沙量约为 690 kg/m^3)、清涧湾工程坝前河床刷深 6 ~ 9 m,洪水从 2.5 km 长的清涧湾工程上漫顶而过,坝后 5 m 高的电杆被洪水淹没,工程被冲决 3 处,总长 623 m。险

情发展迅猛,最终决口贯通,形成 2 097 m 长的一个大缺口,铅丝笼石头被冲出 700 余 m,坝体护石冲沉 3 ~6 m,坝面上铺设的铁轨被冲出 500 余 m,毁坏铁路 2.5 km,冲毁房屋 15 间,工程冲决后的河岸线后退约 200 m,淹没滩地 1 000 余亩。大石嘴工程浆砌石坝 30 m 亦被冲毁,工区仓库被淹没。工程修复时,由于河势东侵,不得不退后 400 m 施工合龙决口(详见图 10-6)。

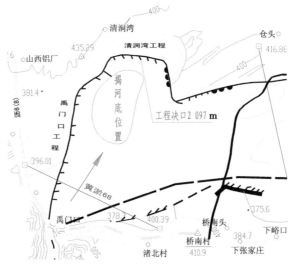

图 10-6　1977 年 7 月 6 日"揭河底"冲刷期清涧湾工程出险示意图

（三）桥南工程出险情况

桥南工程始建于 1969 年 7 月,设防标准为黄河龙门站 20 000 m³/s。1977 年 8 月 6 日发生的"揭河底"冲刷(龙门站洪峰流量为 12 700 m³/s,洪峰含沙量为 821 kg/m³),仅 2 h 就冲毁了长约 7 km(工程全长 8.7 km,1969 ~1977 年修建)的原陕西桥南工程 1 ~4 号坝和原下峪口工程 4 ~17 号坝,损失 235.5 万元(当年价格),工程冲垮后河岸线平均后退约 500 m;太里东雷抽黄总干渠防护堤被冲毁 2 100 m,冲垮坝垛 4 座;东王引水总干渠防护堤坡铅丝笼下蛰,冲毁堤坝 2 100 m,坝垛 4 座。山西夹马口河段河床下切 2.6 m 左右,河势发生大幅度摆动,造成夹马口护岸工程 6 处坍塌,引水干渠铅丝笼石护坡下蛰折断,电灌站引水口脱流,闸底板高出水面 0.5 m 左右;尊村工程 1 号坝因根石走失,出现严重险情(详见图 10-7)。

（四）小石嘴工程出险情况

小石嘴工程始建于 1994 年 10 月,设防标准为黄河龙门站 20 000 m³/s。2002 年 7 月 5 日,山西河津河段大、小石嘴之间发生的"揭河底"冲刷(龙门站洪峰流量为 4 580 m³/s,洪峰含沙量为 1 040 kg/m³),河槽由 400 余 m 突缩至 150 m 以下,水位下降约 1 m,坝前水深达 15 m 左右,流速达 5 m/s 以上,河床被急剧

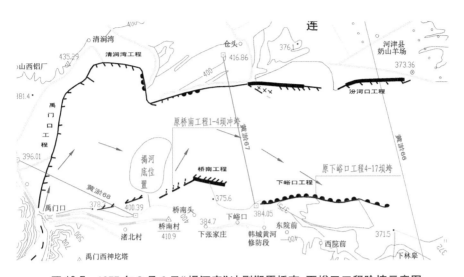

图 10-7 1977 年 8 月 6 日"揭河底"冲刷期原桥南、下峪口工程险情示意图

冲刷,工程出险严重。5 日 5 时 20 分,小石嘴工程 1 号坝护坡石突然发生大面积猛墩猛蛰,随之,土胎也被急剧冲塌;6 时,险情进一步扩大,坝头被冲垮 13 m;7 时 59 分险情发展到 18 m,坝前水位 378.9 m;8 时 7 分险情增至 25 m;10 时 30 分垮坝达 33 m,坝前水位降至 377.5 m。共损失土方 4 332 m³,石方 2 504 m³。抢险累计完成笼石抛投 3 230 m³,散抛石抛投 600 m³,土方 1 730 m³,抢险耗资67.31 万元(详见图 10-8)。

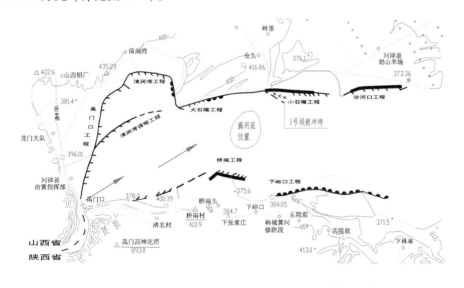

图 10-8 2002 年 7 月 5 日"揭河底"小石嘴工程险情示意图

(五)渭河沙王工程出险情况

渭河沙王工程始建于 1976 年,1991 年渭河发生"揭河底"冲刷,造成沙王工程 6～11 号坝根石走失、坦石下滑等险情(详见图 10-9)。

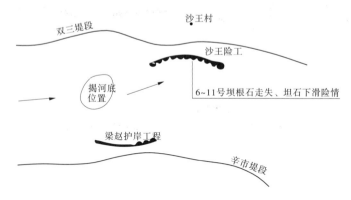

图 10-9　1991 年"揭河底"沙王工程险情示意图

(六)渭河上涨渡工程出险情况

上涨渡工程始建于 1966 年,1995 年渭河"揭河底"冲刷仅 2 h,就造成新修的上涨渡工程 02～03 号坝坝头冲失,经全力抢护,才保住了坝身安全(详见图 10-10)。

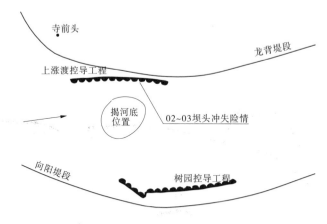

图 10-10　1995 年"揭河底"上涨渡工程险情示意图

二、"揭河底"冲刷强度及位置对工程险情的影响

(一)大范围"揭河底"冲刷工程出险情况

当龙门站流量大于 10 000 m^3/s、含沙量大于 500 kg/m^3 时,河道有可能发生大范围的"揭河底"冲刷,"揭河底"出现位置及河势变化的不同,对工程安全也会产生不同的影响。

在距工程前方(横向)100 m以内发生"揭河底"冲刷,且工程紧靠主流时,对工程影响最大、危害最严重,坝前河床被迅速刷深,工程会发生垮坝、漫顶、冲决等重大险情,使河岸线大幅后退。如1977年7月6日发生的"揭河底"冲刷,"揭河底"部位靠近左岸,使清涧湾工程发生了重大险情。

在距工程前方(横向)100~500 m之间发生"揭河底"冲刷时,如主流临近工程,则对工程也会造成较大影响;如主流距工程较远,一般对工程影响不大。

在距工程前方(横向)500 m以外或河道中心附近发生"揭河底"冲刷,且工程不靠主流时,一般不会对工程造成严重毁坏,危及工程安全。如1977年8月6日发生的"揭河底"冲刷临近右岸,而距左岸工程较远,因而仅右岸陕西原桥南工程1~4号坝和原下峪口工程4~17号坝发生了重大险情,而左岸清涧湾等工程则未发生险情。

在距工程上游(纵向)500 m以内发生"揭河底"冲刷时,主流越靠近工程,对工程影响越大;主流越远离工程,对工程影响越小。由于水流急剧冲刷,河槽刷深,容易造成工程根石、坦石坍塌,甚至坝体墩蛰等险情;同时,由于河势发生大幅度摆动,也会造成机电灌站引水口脱流,对岸工程出险等。如1991年渭河"揭河底"冲刷,沙王工程发生的险情等。

在距工程上游(纵向)500 m以外发生"揭河底"冲刷时,随着河势的变化,也会对工程造成不同程度的影响。

在距工程下游100 m以内发生"揭河底"冲刷时,主流越逼近工程,则对工程的影响越大;反之,则对工程影响越小。

在距工程下游100 m以外发生"揭河底"冲刷时,若主流偏离工程,则对工程威胁不大;反之,也有可能对工程造成一定的影响。

(二)局部"揭河底"冲刷工程出险情况

当龙门站流量小于5 000 m³/s,含沙量达到500 kg/m³时,河道有可能发生局部"揭河底"冲刷,"揭河底"强度的变化和出现位置的不同,对工程的影响也不尽相同。

在距工程前方(横向)100 m以内、距工程上游(纵向)300 m以内发生"揭河底"冲刷时,主流越靠近工程,对工程威胁越大。当工程紧靠主流时,河床被急剧冲刷,河槽突缩,流速加大,水位下降,工程护坡石发生大面积猛墩猛蛰,坝体土胎被急剧冲塌,发生垮坝等险情。如2002年7月5日发生的"揭河底"冲刷,位于左岸小石嘴工程上游附近,使该工程1号坝发生重大险情。

在距工程前方(横向)100 m以外、距工程上游(纵向)300 m以外发生"揭河底"冲刷时,若主流临近工程,势必会对工程造成不同程度的影响;主流越远离工程,则对工程影响越小。

在距工程下游100 m以内发生"揭河底"冲刷时,若主流靠近工程,则会对工程构成一定的威胁;反之,则对工程影响不大。

在距工程下游 100 m 以外发生"揭河底"冲刷时,若"揭河底"强度较大,主流直逼工程,则可能对工程造成一定的影响;若"揭河底"强度较小,主流偏离工程,则对工程威胁不大。如 1993 年 8 月黄河小北干流河段发生的"揭河底"及 1995 年渭河临潼河段发生的"揭河底"冲刷,都对工程影响不大。

三、"揭河底"洪水与非"揭河底"洪水工程险情对比分析

通过"揭河底"洪水险情与未"揭河底"洪水险情的对比分析可知,"揭河底"洪水对工程的影响和危害更大,主要表现在以下几个方面:

(1)"揭河底"洪水工程险情突发性强,随机性大,更难预测。由于"揭河底"冲刷发生的随机性较强,加之"揭河底"冲刷时河势变化较大,使"揭河底"洪水险情更难预测。如 1977 年、2002 年等"揭河底"冲刷发生的工程险情都未能提前预测。

(2)"揭河底"洪水工程出险概率大,险情规模大,出险频次多。由于"揭河底"冲刷对河床冲刷剧烈,河势变化大,主流摆幅大,因而工程出险概率大,险情多发频发。如 1977 年 8 月 6 日发生的"揭河底"冲刷,使陕西原桥南工程 1~4 号坝和原下峪口工程 4~17 号坝、太里东雷抽黄总干渠防护堤、东王引水总干渠防护堤、山西夹马口护岸工程及引水干渠、尊村工程等多处发生严重险情。而未"揭河底"洪水,工程一般不会大规模地频频出现重大险情,如 1988 年 8 月 6 日洪水,仅清涧湾工程发生了险情。

(3)"揭河底"洪水工程险情更为严重。"揭河底"冲刷工程险情多为猛墩猛蛰、漫顶、垮坝、决口等重大险情。如 1977 年 8 月 6 日发生的"揭河底"冲刷,使陕西原桥南工程 1~4 号坝和原下峪口工程 4~17 号坝毁于一旦。而未"揭河底"洪水险情,多为根石、坦石坍塌等一般或较大险情。如 1996 年 8 月 10 日,桥南和下峪口工程发生的险情。

(4)"揭河底"洪水工程险情发展更为迅猛,抢护难度大,险情难以控制。由于"揭河底"冲刷迅猛剧烈,险情发展极为迅速,人员料物难以接近,如遇洪水漫滩,抢护难度更大,险情更难控制。如 1977 年 7 月 6 日"揭河底"冲刷时,清涧湾工程险情发展迅猛,坝后 5 m 高的电杆被洪水淹没,抢险人员和设备都无法接近进行抢险。而未"揭河底"洪水险情,一般都能及时抢护和控制险情。

(5)"揭河底"大洪水和非"揭河底"大洪水都可能发生工程漫顶险情。如 1977 年 7 月 6 日黄河龙门站洪水,禹门口河段发生了"揭河底"现象,洪水不仅从清涧湾工程漫顶而过,而且造成该工程冲决。而 1988 年 8 月 6 日黄河龙门站洪水,禹门口河段虽未发生"揭河底"现象,也使清涧湾工程局部发生漫顶、坦石塌陷等险情。

四、"揭河底"冲刷期工程出险特点及影响因素

根据对黄河禹潼河段和渭河下游"揭河底"冲刷期工程出险情况的统计分析,总的看来,"揭河底"发生时,工程出险主要有以下几个突出特点:

（一）险情发展极为迅速

1977 年 8 月 6 日发生的"揭河底",仅 2 h 就冲毁了长约 7 km 的陕西原桥南工程 1~4 号坝和原下峪口工程 4~17 号坝。1995 年渭河发生的"揭河底"冲刷,仅 2 h 就造成新修的上涨渡工程 02~03 号坝坝头被冲失。

（二）工程出险较为严重,多为重大险情

从黄河小北干流和渭河下游"揭河底"期间发生的险情看,工程出险都较为严重,多为决口、溃坝、墩蛰、漫溢等重大险情,有些工程甚至全被冲毁,如 1977 年清涧湾工程险情。

（三）工程险情随"揭河底"冲刷强度不同而变化

工程险情一般与"揭河底"冲刷同步发生,多出现在洪峰之后的落水期;工程出险的大小、规模、程度基本与"揭河底"冲刷的范围、强度密切相关,一般情况下,"揭河底"冲刷强度越大,工程出险越严重。

（四）工程险情还取决于"揭河底"冲刷期河势变化情况

一般情况下,在发生"揭河底"时都伴随着河势的调整和摆动,如果发生"揭河底"冲刷时,河势靠近工程,则对工程冲击破坏作用较大,工程大多发生严重垮塌,甚至被整体冲毁;如果发生"揭河底"冲刷时,主流基本居中或远离工程,则对工程影响相对较小,一般不会发生严重险情,甚或不发生险情。

（五）工程出险的程度尚与其自身因素有关

发生"揭河底"冲刷时,工程发生的险情尚与工程自身的布局、工程建设标准、工程结构、材料强度等因素有关,如果工程的布局或结构不合理、工程标准较低、材料强度较差,势必险情严重。

第三节 "揭河底"冲刷期工程出险机理

一、一般丁坝出险机理及形式

丁坝是在河道整治工程中广泛采用的工程形式,在河道整治中发挥了很大的作用。在河道中设置丁坝后,河道水流的流速场和压力场都随之发生改变,流动呈高度的三维性。当行近水流遇丁坝受阻后,水流在重力作用下动能转变为势能,一部分水流被迫向坝头绕流而下,另一部分水流则指向床面后绕坝头而流向下游,坝前水位壅高,在丁坝迎水面河道断面上出现水面横比降,同时坝前水

流还受离心力作用产生加速度,在一个垂直面上的所有水质点都受到横向压力梯度作用。

丁坝的设置使其附近的流速场重新分布,在丁坝坝头附近流速的明显增大导致了坝头处河床的局部冲刷。在局部冲刷初期,水流冲刷坝头附近床面,并往下游挟运泥沙形成淤积。随着坝头冲刷量逐渐增加,坝下游的淤积体也逐渐向下延伸变宽,由于泥沙淤积,淤积体表面水深变小,流速增大,绕过丁坝的水流,漫过淤积体表面迅速向下游分散出去。伴随着冲刷的增加与淤积体的增大,局部冲刷坑也逐渐成型。

当泥沙从冲刷坑内被运送到淤积体表面时,一部分沉积在淤积体表面,一部分被输送到淤积体后缘的滞流区,使淤积体不断向下游延伸增大,同时淤积体表面高程也不断抬高,淤积体表面的水深也逐渐减小,最后导致阻力增大和输沙能力逐渐减弱。随着冲刷坑的逐渐增深,坑内泥沙难以输运到坑外,而用于冲刷坑内部形态的调整。相应地,淤积体的形态变化也逐渐缓慢。至此,丁坝的局部冲刷已趋于平衡,冲刷坑也基本定型,如图 10-11 所示。

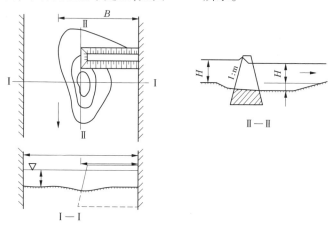

图 10-11 不透水丁坝局部冲刷示意图

对坝前冲刷坑的发展,周哲宇等在室内试验中对丁坝局部冲刷过程进行了观察,发现冲刷坑坡面的泥沙被水流冲刷起来的极少,而是随着冲深的加大失稳崩坍掉入坑内,继而被水流带走;张义青等进行了清水长历时丁坝冲刷水槽试验,观察发现冲刷过程分为 3 个阶段:①初始阶段,漩涡的尺度和规模较小,但对坝头的冲刷作用却很强,随着冲坑迅速扩大,漩涡的尺寸也急剧扩张;②发展阶段,冲刷坑内的泥沙运动大体上可以分为推移区和滑落区,推移区带走一定量的泥沙,周围滑落区便有泥沙滑落补充,一般滑落区的边坡坡度保持不变,冲深增加逐渐变慢,且不同冲坑形状较为类似;③平衡阶段,垂向漩涡水流对河床的冲刷作用明显减小,河床的冲刷主要是脉动水流所致,冲刷发展极其缓慢,经过较长时间后冲刷达到平衡。

丁坝的破坏形式主要有以下几种：

（1）丁坝的坝头、坝根等部位的基础和泥沙常年受到水流的冲刷和侵蚀作用，使其基础淘空，这样丁坝就会在其自身重力作用下失去支撑，局部或整体崩陷塌落。

（2）抛石坝体在水流的冲击下，石块常以滑动和滚动的形式脱离原位，使坝体产生局部损坏。

（3）坝体在漂浮物的撞击作用下，砌体从顶部开始逐层剥落，最终溃决。

（4）整个建筑物的崩毁，往往是多种局部水毁因素共同作用在一起，或是单一水毁因素未得到及时修复而扩大蔓延所至。

丁坝的出险以第一种形态最为普遍，几乎占了整个丁坝出险形态的80%以上。而丁坝出险较重或严重的部位主要发生在丁坝的坝头、坝根与河岸坡连接处，特别是坝头，几乎所有出险毁坏的丁坝其坝头都已遭到破坏。

二、河道整治工程前"揭河底"冲刷过程模拟试验

由于"揭河底"冲刷对河道整治工程的安全威胁很大，且具有突发和剧烈的特点，为弥补目前对工程出险原型观测资料的不足，本次研究通过概化模型试验对"揭河底"冲刷期工程的冲刷发展过程进行了模拟与分析。

试验在国家实用新型专利"高含沙洪水'揭河底'模拟试验装置"（ZL 2009 2 0217654.4）及国家发明专利"高含沙洪水'揭河底'模拟试验方法"（ZL 2009 1 0177288.9）基础上，针对"揭河底"冲刷期工程出险特征进行设计。冲刷坑存在的地方，都存在平轴环流及相应的向上水流，这种向上水流是决定冲刷坑形状大小的重要因素之一，而变态模型在铅直方向的水流运动不能做到相似。由于实验主要研究坝体附近河床局部冲刷变形问题，为保证试验过程中能真实反映丁坝水流流速场及河床冲淤变形与原型相似，故采用正态模型。

试验水槽参考前期研究经验，根据试验内容要求及场地情况，依据黄河高含沙洪水模型相似率，按几何比尺120设计，模型沙采用郑州热电厂粉煤灰，可基本保证试验成果的可靠性。试验修建了长32 m、宽2 m、高0.8 m的水槽，其中观测试验段长30 m。水槽的左端为进口段，右端为出口段，出口段后设退水池，退水池通过回水管路与进口搅拌池相接通，构成整个试验循环系统。

水槽内模拟河床的床面比降为0.4‰，所模拟河床主要由中值粒径0.034 mm的粗颗粒粉煤灰模拟粗沙层，厚度25~30 cm；在粗沙层表面，分布着利用中值粒径0.017 mm的极细粉煤灰模拟的河床中固结的胶泥块。试验过程中进口搅拌池内加入中值粒径0.020 mm的细粉煤灰，配成一定含沙量的浑水模拟水流中的悬沙。试验中使用的三种粉煤灰的级配如表10-5所示，利用极细粉煤灰

制作成的胶泥块如图 10-12 和图 10-13 所示。

表 10-5 三组粉煤灰颗粒分析成果表

粉煤灰组类	小于某粒径(mm)沙重占全部沙重百分数(%)							中值粒径(mm)	平均粒径(mm)
	0.008	0.010	0.025	0.05	0.10	0.25	1.00		
极细沙	21.60	28.25	69.3.62	87.42	96.64	99.62	100	0.017	0.027
细沙	22.06	28.22	57.76	78.24	99.3.71	100	100	0.020	0.032
粗沙	4.85	6.27	15.99	31.04	56.91	88.07	100	0.033	0.56

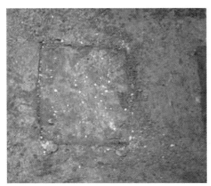

图 10-12 胶泥块固结的情况

图 10-13 取出的试验模块

水槽内布设两组工程,分别布置在距水槽进口 10 m 和 18 m 处。每组工程含 3 个丁坝,单个丁坝宽度 12.5 cm,坝长 30 cm,丁坝间距 80 cm,与水流方向呈 45°。在第一组工程的第二道坝前布置胶泥块,以期模拟"揭河底"冲刷的情况,胶泥块长度为 20 cm,宽度为 15 cm,厚度为 1 cm,胶泥块距工程约 8 cm,如图 10-14所示。第二组工程前不布置胶泥块,以模拟一般冲刷情况。

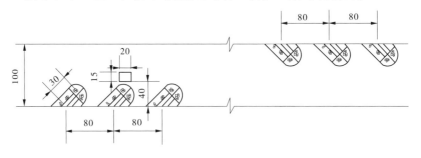

图 10-14 丁坝及胶泥块布置位置 (单位:cm)

试验的流量过程如表 10-6 所示,流量从 15 L/s 开始,逐级加大流量,从 20 L/s 开始,一个流量级持续 20 min。进口含沙量利用孔口箱进行控制,加沙池含沙量设定为 200 kg/m³。

表 10-6 试验施放流量过程表

时间 (时:分)	09:40	09:45	10:05	10:25	10:45	11:05	11:25
流量 q (L/s)	15	20	25	30	35	40	停水

(一)流态

对于群坝而言,其相互掩护作用使得每一道丁坝迎流长度缩短,减小了丁坝迎水面螺漩流长度。此时,除了每一道丁坝上下游存在螺漩流和竖轴涡漩绕流涡漩外,弯道作用使水流在群坝前形成一大尺度的横轴螺漩流,其轴线与整治工程位置线走向接近;同时坝裆之间产生的回流使丁坝之间较大范围内形成泥沙淤积,这种现象均存在于一般高含沙洪水期和揭河底冲刷期不同的流量级下,但也存在一定的差别。群坝条件下的流态如图 10-15 所示。

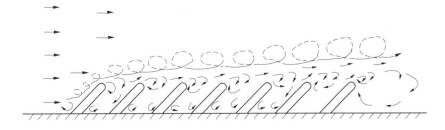

图 10-15 群坝流态示意图

图 10-16、图 10-17 为各级流量下丁坝附近水流状态。当 q = 20 L/s 时,两组丁坝附近水流流态基本一致,均出现了挑流现象。当 q = 25 L/s 时,坝前未布置胶泥块的丁坝坝前水流变得散乱,出现了螺漩流,开始冲刷坝头附近床面;坝前布置胶泥块的丁坝挑流现象更加明显,但其坝头附近冲刷没有无胶泥块坝剧烈。q = 30 L/s 时,由于水深的增大,坝前未布置胶泥块的丁坝坝前表面水流变得平缓,已观察不到螺漩流;坝前布置胶泥块的丁坝坝头附近水流较为散乱,但坝头附近仍未出现较为剧烈的冲刷。到 q = 35 L/s 时,坝前未布置胶泥块的丁坝坝前表面水流较上一级流量无明显变化;坝前布置胶泥块的丁坝坝头附近有比较明显的散乱流场。当 q = 40 L/s 时,经过一段时间的冲刷,两处丁坝附近水流均又变得较为平缓。

(a)   (b)

图 10-16　一般高含沙洪水期试验过程 $q=35$ L/s 群坝流态

图 10-17　揭河底冲刷期试验过程 $q=35$ L/s 群坝流态

（二）坝前水位的对比分析

1. 定点水位

图 10-18 及图 10-19 分别点绘出了用自记水位计测量到的未发生"揭河底"冲刷以及发生"揭河底"冲刷的第二道丁坝坝头水位变化情况。从图中可以看出，两位置处的水位均随着流量的不断增大而逐渐平稳升高。未发生"揭河底"冲刷的坝头水位在各个流量级时均比较稳定，未发生明显幅度的升高或降低，说明其冲刷过程比较平稳。

图 10-20 所示的是超声水位仪所检测到的坝前布置胶泥块的丁坝第二个坝头处的水位变化情况，即为图 10-19 中圆圈范围内的放大图。从该图可以看出，在 35 L/s 流量级开始 3 min 后，水位迅速升高然后回落，表明该时段发生了"揭河底"冲刷现象。掀起的胶泥块将水位壅高，胶泥块被水流冲走后，由于局部河床高程的快速下降，水位又出现了一个快速回落过程。

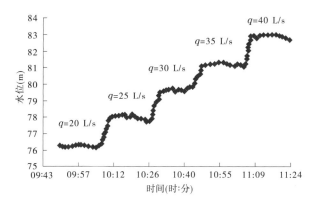

图 10-18 未发生"揭河底"冲刷的丁坝坝头水位变化

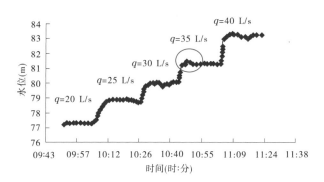

图 10-19 发生"揭河底"冲刷的丁坝坝头水位变化

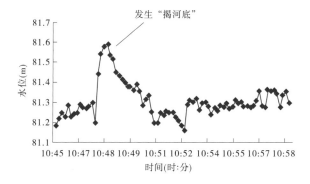

图 10-20 "揭河底"冲刷期 $Q = 35\ \mathrm{L/s}$ 时丁坝坝头水位变化

2. 沿程水位

1) 一般高含沙条件下丁坝坝前沿程水位变化

未布置胶泥块的丁坝坝前沿程水位与流量的关系如图10-21所示。

从该图10-22可以看出,一般高含沙情况下,随着流量的增大,总体呈现冲刷深度逐渐增大,水位呈现上涨的趋势,上涨幅度较为平稳,其两级流量间水位上涨幅度最大约为1.5 m。

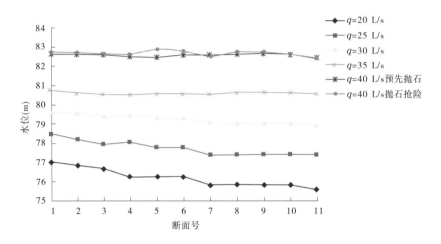

图 10-21 坝前沿程水位变化情况(坝前未布置胶泥块)

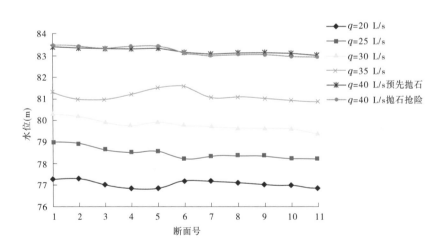

图 10-22 坝前沿程水位变化情况(坝前布置胶泥块)

2) "揭河底"冲刷条件下丁坝坝前沿程水位变化

坝前布置胶泥块的丁坝坝前沿程水位与流量的关系如图10-22所示,从该图可以看出,"揭河底"冲刷情况下,在流量为 20 L/s 时,坝前布置胶泥块的坝头位置发生壅水,水位略有上升;其后随着流量上涨时,河床不断受到冲刷。在 35 L/s 流量级时,坝前发生"揭河底"冲刷前期,胶泥块被揭起,坝前水位升高明显。在实际"揭河底"冲刷过程中,易造成漫顶险情,严重危及工程的安全。随后胶泥块被水流带走,水位迅速下降约 1 cm,这种短时间内水位的剧烈变化易造成工程根石的塌落。

对图 10-21 和图 10-22 进行对比后可以发现:

(1)在未发生揭河底前(进口流量小于 30 L/s),两种布置情况的沿程水位在每个流量级均未发生剧烈变化,冲刷过程较为平稳。

(2)在进口流量达到 35 L/s 时,布置胶泥块的坝前发生了"揭河底"冲刷,胶泥块被揭起,坝前水位突然升高;随后胶泥块被水流带走,水位迅速下降约 1 cm。

(3)在流量达到 40 L/s 时,对有无胶泥块的工程分别进行了出险时的散抛石抢护措施,对每个工程的第二道坝均抛投相当于原型上 1 000 m³ 石料。从沿程水位可以看出,抛投同样多石料后,未布置胶泥块的丁坝进行散抛石抢护后坝头附近水位有了猛然的升高,而布置了胶泥块的丁坝坝头水位变化不大,从这个角度说明"揭河底"冲刷坑深度更大,冲刷更剧烈。即石块经冲刷后进入冲刷坑内,使得坝头前急剧发展的冲刷坑得以防护,同时坝头前骤降的水位也得以恢复。

(三)冲刷发展过程与水沙过程关系分析

试验过程中,首先对坝前冲刷坑发展速度进行了测量,结果表明,冲刷坑深度在试验开始前的 60~80 min 时增加较快,之后,逐渐减慢,至 100 min 时,冲刷坑深度及平面尺寸已基本稳定。这与已有的研究成果基本一致。

从表 10-7 及图 10-23~图 10-27 可以看出,坝前布置胶泥块的丁坝在流量级从 20 L/s 增至 25 L/s 时,冲刷深度的增长幅度与坝前未布置胶泥块的丁坝的增长幅度相近,但由于胶泥块还未被揭起,其冲刷范围内的冲刷深度变化微小。当流量从 30 L/s 增至 35 L/s 时,坝前布置胶泥块的丁坝最大冲刷深度猛然增加。在 35 L/s 流量级之后,坝前布置胶泥块的丁坝最大冲刷深度的增加幅度越来越小,坝前未布置胶泥块的丁坝最大冲刷深度增加量也逐步降低。在 40 L/s 这一流量级时,揭河底冲刷坑的最大冲刷深度与一般高含沙洪水期的冲刷坑深度基本一致。

表 10-7　丁坝冲刷深度及冲刷量对比

流量级 （L/s）	一般冲刷过程		"揭河底"冲刷过程	
	冲刷最大深度 （cm）	冲刷量 （cm³）	冲刷最大深度 （cm）	冲刷量 （cm³）
20	0.8	633	1.05	447
25	2.1	18 345	2.15	29 503
30	4.6	26 862	5.2	32 499
35	7.1	36 068	8.9	49 532
40	7.7	46 094	8.35	47 744

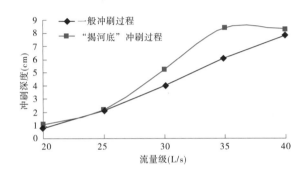

图 10-23　不同流量级下坝前最大冲刷深度

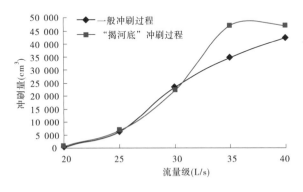

图 10-24　不同流量级对工程产生的冲刷量

（四）不同抢险方案下冲刷坑发展情况

为了便于对比，进行了同样工况的第二组试验，分别为"揭河底"冲刷期末

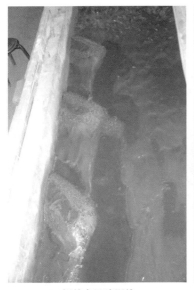 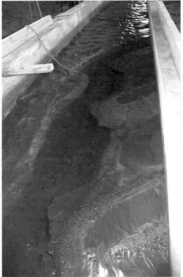

(a) 坝前布置胶泥块　　　　　　　(b) 坝前未布置胶泥块

图 10-25　冲刷坑形态

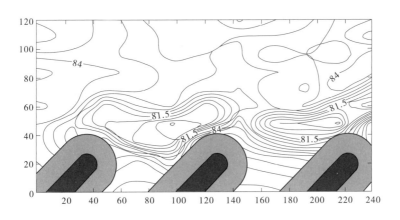

图 10-26　丁坝冲刷坑深度（坝前布置胶泥块）　（单位:cm）

进行任何抢险防护和"揭河底"冲刷期预先抛石抢险两种方案。对"揭河底"冲刷期两种传统坝冲刷试验结果进行了测量，绘制出了"揭河底"冲刷期后抢险及"揭河底"冲刷期提前进行工程抢护的冲刷坑地形图，见图 10-28、图 10-29。另外，我们还统计了两种方式下丁坝前冲刷坑深度及抢险抛石方量，见表 10-8。

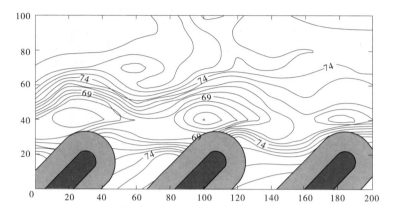

图 10-27 丁坝冲刷坑深度(坝前未布置胶泥块) (单位:cm)

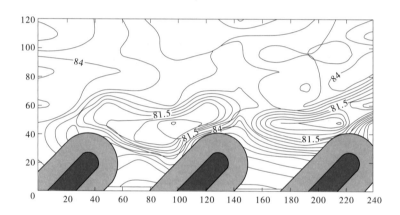

图 10-28 "揭河底"冲刷期 $q = 40$ L/s 时工程抢险后冲刷坑地形图 (单位:cm)

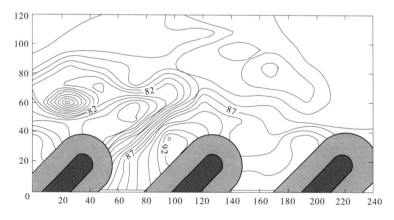

图 10-29 "揭河底"冲刷期提前进行工程抢护的冲刷坑地形图 (单位:cm)

表 10-8　布置胶泥块丁坝前冲刷坑深度及抢险抛石量

类型	流速（cm/s）	抛石量（L）	冲刷坑深度（cm）		测量位置
			上跨角处	坝头下游	
揭底冲刷期预先防护	4	0.57	6.16	6.4	第二道坝
揭底冲刷期现场抢险	4	0.57	10.6	10.2	第二道坝

从表 10-8 可知,在该试验条件下,"揭河底"冲刷期后抢险试验的冲刷坑深度为 6 ~ 11 cm。在第二道坝坝头及迎水面提前进行抢护的情况下,坝前的胶泥块在整个试验过程中未被掀起,冲刷深度明显较"揭河底"冲刷发生后再实施抢险的冲刷深度要小。从试验抢险抛石量来看,当来流流速为 4.3 dm/s,河床达到冲刷稳定时,丁坝的抢险抛石量在 1 000 m³ 左右,说明提前抢险能够很好地预防"揭河底"现象的发生。但是由于抛石在第二道坝坝头上游部位产生了堆积(见图 10-30),使上跨角处螺旋流强度较大,且紧贴坝体而行,造成邻近该坝的第一道坝坝脚发生了严重的淘刷。

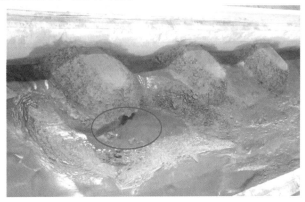

图 10-30　"揭河底"冲刷期丁坝出险情况

图 10-31 为"揭河底"冲刷期未进行任何抢护的冲刷试验。从图中可以看出,坝头及迎水面河床受高含沙水流强烈冲刷,水位在短时间内急剧下降,根石被高强水流大量冲失,坝基被掏空,造成坦石下滑,土坝胎受冲流失,极容易出现垮坝等重大险情。根据以上模型试验成果以及河道整治坝垛的实际运用情况,可以看出,丁坝上跨角附近及迎水面是遭受水流冲击最为严重的部位,丁坝出险也多数从此开始。

三、工程出险机理

"揭河底"冲刷期,由于洪水含沙量高,流速快,河势多变,险工坝岸常发生险情。在"揭河底"冲刷期经常发生的险情主要是根石、坦石坍塌。针对黄河河

图 10-31　工程抗冲刷能力试验

道整治工程根石坍塌严重这一问题,探索一些尽量减少坝体根石坍塌的措施,使根石坍塌险情降低到最低限度,确保防洪工程安全是非常必要的。

黄河河道防护工程主要分为平顺型、凸出型和凹入型三大类。其中,在小北干流以平顺型最好,因为它能较好地适应沿坝顶向下的折冲水流及绕坝水流,减轻水流对河底的冲刷。而在实际工程中,以凹入型最多。根石实际探测资料表明,根石在河床以下一般呈下缓、中间陡、上部微变的形态分布。形成这一规律的原因是:中部流速大,块石易被冲走,而抢险时石料难以抛到位,所以中间坡度陡;上部抢险或整修时,石料易抛到位,所以上部变化不大;根石的下部入水比较深,经过抢险加固的石料不易被冲走,故坡度较缓。此外,根石断面还有锯齿状、平台状等不规则形状,这主要是由于工程在水中进占或抢险时,采用了搂厢、柳石枕或铅丝笼结构,这种结构体积大,容易形成不规则的断面形状。

根石坡度过陡又是造成根石坍塌的主要原因。根石的坡度取决于流速的大小和石块的重量。通常,正常高含沙洪水期的根石稳定坡度为 1∶1.3~1∶1.5,根石坡度愈缓,形成冲刷坑愈浅,同时冲刷坑距根石坡脚也愈远。由于"揭河底"发生时,对根石的破坏性非常强,应在工程设计和施工中加大根石断面,特别是经常靠流的重点工程,根石坡比宜采用 1∶2.0~1∶2.5,根石稳定深度应不小于 10 m。

根据对实测资料及模型试验数据的分析,由于"揭河底"冲刷发生具有瞬时性这一特点,而且破坏性强,河道摆动大,河槽冲刷下切严重,如果"揭河底"冲刷发生紧靠工程处,极有可能造成工程坍塌、漫顶及决口等重大险情。

据实测资料显示,黄河小北干流游荡型河段发生"揭河底"时,河道发生明显的贴边淤积,引起河道过水断面的急剧减小,河道由宽浅变为窄深,形成典型的相对窄深河槽;同时往往伴随着大幅度的河势摆动。如小北干流黄淤 64 断面、65 断面发生"揭河底"冲刷后,两岸河床明显淤积抬高,河槽严重缩窄,同时出现显著冲刷下切;黄淤68断面河槽明显左移,右岸在"揭河底"后发生了明显淤积。

以模型试验中布置胶泥块的CS6断面为例(见图10-32),可以看出,在发生了"揭河底"冲刷现象以后,随着冲刷的逐渐增大,下游河槽由原来的宽浅变为了窄深,从而加剧了河道的冲刷,使得"揭河底"现象出现的丁坝下游位置的冲刷更加严重。这种情况的出现将严重影响"揭河底"冲刷期胶泥块下游丁坝工程的安全。这种现象与黄河中游实测资料也比较吻合。

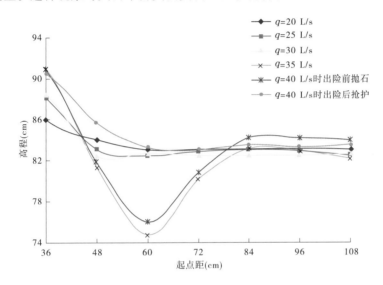

图 10-32 "揭河底"后河道横断面调整情况

图10-33为河道横断面变化对坡角影响示意图。结合模型试验和原型实测实测资料,对典型的河槽冲刷形态进行了绘制。图10-33中,$1^{\#}$、$2^{\#}$、$3^{\#}$断面分别

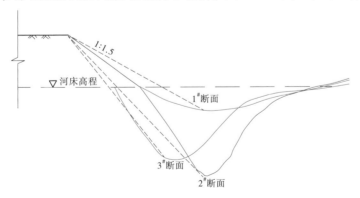

图 10-33 河道横断面变化对坡角影响示意图

为不同流量级冲刷下的河槽断面形态。其中,1#断面为小流量下的持续冲刷,此时河槽宽浅,冲刷深度很小,坝顶和深泓点形成的坡角大于丁坝初始的坡角1:1.5,丁坝处于稳定冲刷阶段。2#断面表示的"揭河底"发生时,冲刷剧烈,深泓点瞬间大幅降低,河槽随着冲刷由原来的宽浅变为了窄深,深泓点与坝顶间形成的坡逐渐变大,此时丁坝非常容易失稳。3#断面由于不断向坝脚淘刷,断面的深泓点向坝角方向靠近,此时丁坝逐渐被掏空,悬空的丁坝部分极易发生严重垮塌,甚至被整体冲毁(见图10-34)。

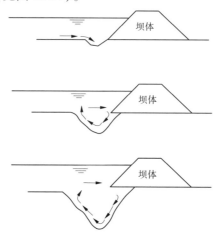

图10-34　坝体迎水面出险过程示意图

根据试验过程及试验结束后的冲刷坑地形可以看出,"揭河底"发生强烈冲刷的机理在于胶泥层与粗沙层之间的抗冲性差异,导致水流遇到胶泥层后发生强烈的水流紊动,进出胶泥块底部遭受淘刷失稳。具体而言,水流顶冲到胶泥块以后,形成下潜水流(横轴螺旋流),淘刷胶泥层前端可动性较强的粗沙,并逐步使胶泥层前端悬空部分增加,进而产生"揭河底"冲刷。下潜水流是造成丁坝迎水面河床冲刷及决定坝头附近冲刷坑平面尺寸的主要原因,而坝头下游竖轴漩涡是形成冲刷坑最大深度的主要因素,二者的强弱决定了丁坝附近冲刷坑的形状及深度;丁坝后存在较大的回流,使得泥沙在该部位大量落淤。试验观测到,随来流流速增大,坝前迎水面螺旋流及坝头下游竖轴漩涡强度增加,造成丁坝前后冲刷坑尺寸和冲坑深度变大。

另外,从试验结果可以看出,"揭河底"试验的冲刷结果与一般高含沙期相比,上下跨角之间的冲刷坑形状和冲刷坑深度变化不大,最终的冲刷深度也基本一致,但中间过程中,当一旦出现"揭河底"冲刷时,冲刷坑深度会出现急剧的增加现象,这正是"揭河底"冲刷发生的突然性、瞬时性等特点,极易造成工程出现墩蛰、垮塌等重大险情的内在机理。丁坝迎水面由于有了"揭河底"冲刷坑的存在,来流在坝体迎水面形成的螺旋流强度较大,流程较长且紧贴坝体而行,对坝体迎水面河床产生了较强的冲刷。来流流速为 4.3 dm/s,冲刷达到稳定时,冲刷坑深度达 10.8 cm,最深点在上跨角与坝前头之间。当试验结束并排干冲刷坑积水后,发现坝体迎水面一侧局部发生了坝体掏空,这表明,在"揭河底"冲刷水流和边界条件下,坝体虽然保持了稳定,但已达到了临界稳定状态。因此,对控导工程为防止"揭河底"冲刷造成重大险情,必须重点加强防护,以确保工程的安全。

第四节 "揭河底"冲刷防护对策

工程防护对策一般包括工程措施与非工程措施。

一、工程措施

(一)提高工程设计标准以增强工程强度和抗冲能力

工程建设标准直接关系到防洪工程的强度和安全。根据多年运行观测情况来看,黄河小北干流河段根石要达到稳定,具有较强的抗冲能力,根石深度一般需要达到 10 m 以上。而黄河小北干流上段河段为"揭河底"多发河段,河道工程一般按控导工程标准设计,即按防御 4 000 m³/s 洪水,特别重要位置按防御龙门五年一遇(即防御 11 000 m³/s)设计,工程设计时施工水深一般按 3~4 m 考虑,根石坡比采用 1:1.5,入泥深度按 1~2 m 考虑。所以新建工程预抛石不足,工程根基浅,抗冲能力差。建议在黄河小北干流上中段和渭河下游临潼以下河段修筑河道工程时,应在工程设计和施工中加大根石断面,特别是经常靠流的重点工程,根石坡比宜采用 1:2.0~1:2.5,根石稳定深度应不小于 10 m。坝体结构宜选用适应变形快、块体重量大的筑坝材料,并加大笼石设计断面和预抛石量,增强坝体整体稳定性和抗冲能力,防止和减少"揭河底"冲刷对工程的破坏(见图 10-35)。如果河床胶泥层较硬,笼石难以下沉,可采用预抛笼石的办法,使笼石随着水流的冲刷逐步下沉,并及时进行补强加固,直至根石稳定(见图 10-36)。

(二)加固根石以提高工程强度

"揭河底"现象发生时,高含沙洪水冲刷力强,对黄河小北干流河道工程冲击淘刷严重,河槽急剧下切,使工程根石走失严重,甚至出现垮坝现象。而目前黄河小北干流河道工程大多为临时抢险修建的,设防标准低,断面单薄,根石基础浅,稳定性差,抗冲能力差,对可能发生"揭河底"冲刷的河段,河道整治工程应做好根石探测,随时掌握根石分布变化情况,对根石不足的坝段,采用大块石或铅丝笼石进行补充加固,使各工程根石深度大于历次"揭河底"冲刷在该工程

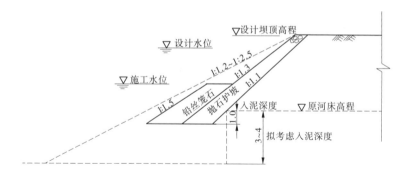

图 10-35　加大笼石设计断面示意图

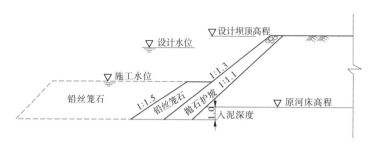

图 10-36　预抛笼石设计示意图

处的最大冲深 1 m 以上,提高工程强度和抗冲能力。

(三)消除坝前河床胶泥层以减少"揭河底"冲刷对工程的危害

只有河床淤积物达到一定程度,并且形成具有一定厚度的密实胶泥层时,遇到一定量级的高含沙洪水,才可使河床淤积物被成片、成块地揭起,形成"揭河底"冲刷。可见,坝前河床胶泥层厚度,直接关系着"揭河底"发生的概率和对工程的破坏程度。因此,应采取有效措施消减坝前河床胶泥层:一是在一定流量时(1 000 m³/s 以上)利用高压水枪对坝前进行冲击,破坏坝前胶泥层,让水流冲走泥沙,再进行抛石护根;二是利用挖泥船在坝前进行挖沙,以破坏胶泥层,减少"揭河底"对工程的损害。

(四)大力开展引洪放淤以减少河道粗泥沙淤积

黄河禹潼河段现有滩地面积 682.4 km²,除部分耕地(68.39 万亩)外,大部分均为沙荒盐碱地,可堆放泥沙 100 多亿 t,是处理黄河泥沙的天然滞沙场所。在黄河禹潼河段进行引洪放淤,主要拦截粗泥沙,排掉细泥沙,不仅可改良滩地,减少河道粗泥沙淤积,降低潼关高程,还可有效减少"揭河底"冲刷的发生概率。因此,应在搞好放淤试验的基础上,进一步探索粗泥沙运动规律,编制好黄河小北干流放淤规划,并尽快报批实施。

二、非工程措施

（一）制订详备的预案

加强组织领导,完善落实防汛抢险责任体系,建立抢险应急机制,制订"揭河底"工程险情防御预案,为应急抢险提供可操作性强的指导性文件。对发生大洪水或"揭河底"冲刷时可能造成的工程漫顶、决口等部位,事前在工程附近备好铅丝、石料、梢料、土料等抢险料物和机械设备。当"揭河底"冲刷造成工程出险时,在保证人员和设备安全的情况下,及时组织人员按照预案有条不紊地利用相应机械设备抛投柳石枕、铅丝笼石护根、散抛石护坡等进行抢护,有效控制险情,减少灾害损失。

（二）加强汛期水沙变化及高含沙洪水的跟踪监测

要充分运用卫星遥感、雷达等水文空间数据采集技术,声学多普勒流速剖面仪、GPS、振动式测沙仪、水尺、摄像、录像等水文在线监测技术和常规监测技术,大力提高气象水文监测预报能力,特别要加强吴堡上、下游河段"揭河底"冲刷主要水沙来源区的洪水泥沙监测预报,为"揭河底"冲刷科学研究提供第一手资料,通过产沙区来沙来水资料分析预见是否会发生"揭河底"冲刷现象,分析预估"揭河底"冲刷可能发生的时间、地段、范围和强度。并建立完善的日常跟踪监测机制和黄河中游洪水预报、查询系统,对洪水演变过程进行沿程监控,以便及时掌握洪水演变过程,实时监测捕获"揭河底"冲刷发生、发展的全过程及其河道水沙、冲淤、河势变化等情况,为进一步研究探索"揭河底"冲刷发展变化规律提供依据。

（三）研制工程抢险新技术及新结构

加强防汛抢险技术科技攻关,研制开发新型坝体结构,建造不抢险或少抢险坝垛,研究采用新技术、新结构、新材料、新工艺,如采用透水桩坝结构、土工布包土枕护根结构、铅丝笼和长管袋系列沉排结构、钢筋混凝土灌注桩坝结构以及网罩护根结构等,以提高工程强度和抗冲能力。

（四）汛期加强工程巡查防守

要建立完善工程观测巡查系统,每个工程坝段都要落实人员,明确责任,切实加强对水情、河势、工情的巡查观测,特别要加强对"揭河底"冲刷较为严重的禹潼河段上中段工程的巡查观测和防守,及时分析预测并掌握河势、工情变化及发展趋势,预估"揭河底"冲刷发生时可能顶冲的工程部位和可能出现的险情,发现问题,及时采取相应的对策和措施,一旦出险,立即组织抢护,确保工程安全。

第十一章

结　论

　　"揭河底"冲刷是多发于黄河中游干支流一种典型的河床剧烈调整现象,具有强烈的冲刷塑槽作用,一定程度上能恢复河道过洪能力,但也往往引起主河槽的大幅度迁徙、摆动,着溜部位不断变化,极易造成河道工程墩蛰、坍塌、溃决等险情。鉴于"揭河底"现象对防洪安全带来的巨大影响,从 20 世纪 70 年代开始,就受到国内水利工作者的高度关注,并开展了大量的研究,提出了许多颇有见地的研究成果,为人们进一步深入认识"揭河底"现象的产生条件、了解"揭河底"现象发生的规律奠定了基础。但是,黄河来水来沙的复杂性,"揭河底"现象发生的随机性、瞬时性,加之原型观测技术和手段的不足,使得根本无法实现对"揭河底"冲刷过程关键水力参数和边界条件的跟踪测量,为人们掌握"揭河底"冲刷规律、揭示"揭河底"现象发生的机理带来了巨大困难。针对这些现实情况和工程实践的迫切需要,若想使"揭河底"冲刷问题的研究取得重大突破,就必须首先对"揭河底"冲刷河段特殊的来水来沙过程、河床物质的沉积情况进行详细的观测和基本力学特性试验,剖析其发生的前提条件和根源,建立清晰的"揭河底"冲刷物理图形,掌握其发生过程中河床演变规律,从理论层面揭示其形成与发生的机理,建立"揭河底"现象发生的临界力学条件和判别指标,为生产实践提供科学的理论与技术支撑。要特别指出的是,受当今水文测量技术与手段的制约,室内模型试验和专门的水槽试验是必不可少的研究手段,它不仅可以帮助我们建立一些直观的概念,更重要的是可以给我们提供原型无法提供、而且对我们研究又极具重要性的同步实测水力参数。

　　在前人研究基础上,按照上述研究思路,本次系统研究和成书过程中,我们特别强调原型调研、实测资料分析、理论研究、模型试验(水槽试验)、数模计算等手段的有机结合,突出水力学及河流泥沙动力学、河床演变学、土力学、结构力学等学科的交叉融合,取得了丰富的研究成果,主要结论如下:

　　(1)通过总结、分析大量文献及历次高含沙洪水实测资料,对黄河干流及其支流发生"揭河底"现象的表象特征进行了系统的归纳,认为:黄河中游地区特殊的水文气象、暴雨洪水特性及黄土高原地区特殊的下垫面条件,形成了黄河特有的水沙特性和高含沙洪水过程,是造成黄河干流及相关支流典型的河床层理淤积形态(胶泥层淤积或称透镜体淤积)的直接原因,同时也是"揭河底"冲刷动力条件的根源。黄河的高含沙洪水来自不同的支流,流经不同泥沙组成地区,进入河道的泥沙级配差异极大,其中来自细泥沙区的洪水悬沙粒径小于 0.01 mm 的细沙含量可达 27.6%以上,此种高含沙水流随着含沙量升高,水流密度增大,容易出现较大尺寸的絮凝沉降,形成成片的、密实度极大的胶泥层沉积;来自粗泥沙区的高含沙洪水在传播、泥沙淤积过程中,粗泥沙包围或覆盖在胶泥层(块)上,形成人们常言说的"透镜体"淤积形态。由此,为发生"揭河底"现象提供了两个前提条件,即黄河及其支流特殊水沙过程形成的特殊的河床层理淤积结构是发生"揭河底"现象必备的前期边界条件,特殊的洪水过程为"揭河底"现象的发生提供了动力条件。

(2)通过对黄河干流不同河段和有关支流发生"揭河底"冲刷前后横断面形态调整变化情况的对比分析发现,河道的河型不同,"揭河底"冲刷前后横断面形态调整变化的表现特征也不尽相同,可分为三种类型:黄河小北干流游荡型河段发生"揭河底"冲刷时,河槽发生明显的贴边淤积,引起过水断面的急剧减小,河槽由宽浅变为窄深,形成典型的相对窄深河槽,同时往往伴随着大幅度的河势摆动;龙门水文站以上大北干流的峡谷型河段和延水等河道两边岸壁约束条件较好的河段,"揭河底"冲刷发生时河床一般发生整体平行下切;渭河、北洛河等河势变化有一定的摆动幅度但剧烈程度相对弱一点的河段,"揭河底"冲刷发生前后,河道断面始终为相对窄深河槽,仅主槽深泓位置会发生一定的变化。

通过对龙门、潼关等断面历次"揭河底"冲刷期横断面形态变化过程的分析发现,"揭河底"冲刷期河道横断面形态调整过程具有明显的规律性,可划分为四个阶段:第一阶段为"揭河底"冲刷前的一般冲刷阶段,即胶泥层上部表面沉积物的冲刷阶段;第二阶段为河底高程基本不变阶段,此阶段主要是洪水对胶泥块的前沿及侧面进行淘刷阶段,此时河床高程不降低或降低很少,甚至在深泓点部位还可能会出现少量的上升,此时是发生"揭河底"剧烈冲刷的前奏,水流正在为发生"揭河底"冲刷创造条件;第三阶段为胶泥块揭起、河床快速下降阶段,此阶段河床中黏性土淤积物被掀起,河床高程快速下降;第四阶段为"揭河底"后期持续冲刷及回淤阶段,此阶段一般为高含沙洪水落峰阶段,河床首先表现为持续一段时间的较小幅度冲刷,然后随着洪水减弱,河床出现一定程度的回淤。

(3)在大量原型调查研究和室内实测资料分析的基础上,我们发现,上游来水来沙的复杂性,造成天然情况下河床层理淤积的随机性,胶泥层的厚度和大小差异很大;同时洪水的量级不同,前期河道边界条件的不同等,都可能造成"揭河底"冲刷的表现形式差异极大。胶泥层厚度小的可能一揭就散,厚度太大的可能揭不起来;胶泥块面积小的可能揭而不露,顺水漂流;胶泥块面积太大可能局部掀起等。在此认识基础上,并结合模型试验结果,我们对"揭河底"冲刷的概念进行了扩展,认为在一定水流边界条件作用下,河床上沉积的胶泥块以成块的形式被水流揭起,脱离河底的现象都称之为"揭河底"冲刷现象,其表现形式主要有一般表现形式(局部揭底并露出水面)、潜移表现形式(揭底未露出水面)、极端表现形式(全断面揭底)。进而,明确提出了"揭河底"冲刷发生的动态过程,并勾绘了"揭河底"冲刷清晰的物理图形,分别为胶泥块形成过程、胶泥块底部逐渐淘刷过程、胶泥块失稳揭出过程、胶泥块翻出水面过程。所有这些为科学认识和揭示"揭河底"现象发生的规律及机理奠定了可靠的基础。

(4)对"揭河底"冲刷多发河段(小北干流河段)的胶泥层进行了多组次取样,开展了系统的土力学常规试验,进而通过泥沙的自然絮凝沉降、重塑,制备了由不同粗细泥沙(中值粒径为0.007~0.015 mm)组成的胶泥层试样,开展了专门的土力学和结构力学特性试验。在此基础上,首次从非饱和土有效应力计算公式出发,综合考虑含水率ω、胶结层粒径级配的双重因素影响,建立了胶泥层抗剪强度本构方程$\tau_f = 4.641\left[1 - 84.734\ln\left(\dfrac{\omega - 0.055\,3e^{-P\sqrt{P_s}}}{\omega_s - 0.055\,3e^{-P\sqrt{P_s}}}\right)\right]^{0.818}$。研究结果表明:在一定的含水率下,胶泥块的胶结强度大部分位于临界破坏线以上,这正是胶泥块"揭而不散"的力学原因;而对于由中值粒径大于0.03 mm粗泥沙组成的块体,其胶结强度大部分位于临界破坏线以下,这也正是粗颗粒泥沙在一定的水流作用下,容易被淘刷、冲散,以单颗粒泥沙起动的形式输移的原因所在。通过专门的胶泥块抗折力学性能试验,分析了胶泥块的抗折强度与含水率、中值粒径之间的偏相关关系。指出:固定双因素中的一个,胶泥块的抗折强度随另一个的增大均呈线性减小趋势,而减小的速率随固定因素的增大而逐渐放缓。基于此偏相关关系,建立了胶泥层抗折强度与含水率、中值粒径的相关关系式;在此基础上,进一步考虑胶泥层厚度对抗折强度的影响,发现胶泥层厚度越大相应的抗折强度也随之有所增加,修正了胶泥层抗折强度计算公式,进而从理论上揭示了不同厚度胶泥层揭掀条件与水流动能的对应关系。

(5)首次在室内成功模拟了"揭河底"冲刷过程,为深入认识和实时观测"揭河底"冲刷现象、弥补原型观测资料之不足提供了前提条件。研究首先基于"黄河高含沙洪水模型相似率",针对"揭河底"冲刷的具体情况,提出了"揭河底"冲刷模型试验相似条件,包括河床物质层理淤积结构相似条件、"胶泥层"力学特性相似条件及水流掀动能力相似条件。为了模拟"揭河底"河段典型的层理淤积结构,结合黄河水利科学研究院多年来对黄河高含沙洪水模型试验的经验,选用一般常用的粗粉煤灰模拟天然河床的粗沙层,采用极细粉煤灰模拟天然河床中沉积的胶泥层。为满足胶泥层"被揭掀而起"的基本特性,模型中胶泥块自身的黏结力C应与原型基本接近,为此专门开展的土力学试验表明,在含水率为10%~45%的条件下,原型胶泥块的黏结力C值一般为25~40 kPa,而试验采用的极细粉煤灰固结成块的黏结力为28～35 kPa,两者大小基本一致。"揭河底"现象能否发生,还在于水流能量能否对"揭河底"位置河床周围泥沙发生淘刷,进而克服块体重量掀揭而起,为此根据水流能量与胶泥块重量之比 $\eta_E = \dfrac{\gamma_m QJ}{\gamma_s Ad}$ 确定了水流掀动能力相似条件 $\lambda_{\eta_E} = (\lambda_{\frac{\gamma_m}{\gamma_s}}\lambda_Q\lambda_J)/(\lambda_A\lambda_h)$。

在研究、完善了"揭河底"冲刷模型试验相似条件后,通过多次概化模型试验,并最终成功复演了真正意义上的"揭河底"冲刷现象,为我们提供了更加直观、近距离观察"揭河底"冲刷发生前、中、后期详细的动态过程,同时验证了我们构建的"揭河底"冲刷物理图形的正确性。

(6)基于以上对"揭河底"现象的认识,本次研究从高含沙水流紊动能特性入手,运用瞬变流模型,揭示了"揭河底"现象发生过程中,胶泥块周围泥沙颗粒遭受水流淘刷、胶泥块悬空,进而从河底揭掀而起的内在力学机理,提出了胶泥块揭起过程中瞬时最大上举力公式 $F_{max} = (3 \sim 4.2)\sigma_p A$,这与刘沛清等人通过试验得到的消力池底板破坏时的结果 $F_{max} = (2.5 \sim 4.2)\sigma_p A$,以及崔广涛等人建议的 $F_{max} = (3 \sim 4)\sigma_p A$ 等,基本吻合。根据瞬时最大上举力分析结果,研究了不同"揭河底"模式下的临界力学关系,得到了统一的"揭河底"冲刷临界力学条件 $K\dfrac{V^2 J}{g\delta} \geq \dfrac{\gamma_s - \gamma_m}{\gamma_m}$,左端项可看作水流作用于胶泥块的动力项,右端项则可看作是胶泥块的有效重力项。此式表明,当水流作用于胶泥块的动力大于胶泥块的有效重力时,胶泥块将被揭掀而起。

为了确定参数 K 值,我们在成功复演"揭河底"冲刷现象基础上,引进美国Tekscan公司生产的片状薄膜式压力传感器,实现了胶泥块底部受力全过程的实时量测。继而,根据胶泥块底部受力过程线,判定胶泥块揭掀而起的瞬时状态,确定"揭河底"冲刷现象发生的临界力学条件中关键参数 K 为0.2。原型实测资料验证结果表明,K 取0.2是正确的。

(7)在深入探讨"揭河底"冲刷物理图形及其机理的基础上,利用玻璃水槽,首先开展了有色试剂试验,初步观察胶泥块底部紊动发展情况,了解了胶泥块底部水流紊动发展的基本特征。试验表明,胶泥块底部明显存在着尺度不一的涡漩,且胶泥块揭起瞬时状态紊动涡的尺度最大;进而,利用PIV和ADV的实时量测,从微观紊动涡的发展揭示了胶泥块底部流场发展规律。结果表明,随着"揭河底"冲刷的不断发展,冲刷坑深度逐渐增大,胶泥块底部的紊动涡尺度及强度也随之增加;位于胶泥块前端的紊动涡尺度最大,胶泥块后面的底部存在着一小尺度紊动涡,该小尺度涡对胶泥块尾部位置发挥着持续淘刷的作用。试验观测了胶泥块不同揭掀状态和底部冲刷坑不同冲刷深度情况下的三维流速分布状况,其中胶泥块揭掀角度为0°,即"揭河底"冲刷初期,纵向流速梯度较大。根据测验结果,我们建立了"揭河底"冲刷发生过程中纵向流速垂向分布公式 $v_{纵向} = f \cdot u_0 \cdot \dfrac{y/h}{(y/h)^2 + (D_K/h)^2}$。

在此基础上,阐明了胶泥块底部水流紊动结构传递过程与传播机理,认为由小尺度涡引起的高频脉动压力是引起"揭河底"发生的内在原因。"揭河底"冲刷发生初期,胶泥块底部有两个尺度较小的涡漩,此时该处的涡漩承载的紊动能为整个揭掀过程中最大值,随着胶泥块底部淘刷坑的发展后退以及胶泥块揭掀角度的增大,胶泥块底部的紊动强度和紊动能不断减小,而且在胶泥块前端的紊动涡尺度逐渐增大,紊动涡逐步向胶泥块底部尾端传递,并出现一个明显的小涡漩,小紊动涡逐步扩大,更加快了胶泥层底部泥沙的淘刷速度和淘刷力度,水流向上的揭掀力也逐步增加,最终将胶泥层揭掀而起。

(8)对水文资料较齐全的几场典型"揭河底"洪水过程进行了详细分析,探寻了"揭河底"冲刷在小北干流河道的沿程表现特征,建立了不同部位"揭河底"冲刷深度、冲刷长度、冲刷时长等与水沙变化的对应关系。进而,在分别确定龙门站、潼关站的冲刷时段后,建立了"揭河底"冲刷期潼关站与龙门站的水沙响应关系,指出:发生"揭河底"冲刷与无"揭河底"冲刷情况相比,潼关站水量和洪峰传播时间差别不大,但沙量增加明显;发生长距离"揭河底"冲刷的洪水含沙量衰减幅度要小于非"揭河底"洪水,局部"揭河底"洪水的含沙量衰减幅度更高;"揭河底"冲刷对河床粗泥沙的冲刷作用增强,使得"揭河底"冲刷洪水到达潼关后,泥沙级配明显粗化,对三门峡库区和下游河道减淤非常不利。总体而言,非"揭河底"高含沙洪水到达潼关站时含沙量显著减少,泥沙的中值粒径比龙门站减小 11.1% ~ 67.4%;"揭河底"洪水到达潼关断面的含沙量基本不衰减,甚至还有所增加,洪水期间实测的泥沙中值粒径粗化比例达到 5.6%(1964年洪水)~88.9%(1969 年洪水)。

(9)分析了高含沙洪水在三门峡库区不同运用时期的冲淤特点,指出在水库蓄水拦沙期,高含沙洪水都表现为淤积,但"揭河底"高含沙洪水在库区的淤积量明显增多,且以中、粗沙为主;在滞洪排沙及蓄清排浑运用期,高含沙洪水在库区总体上处于冲刷状态,冲刷的泥沙以中、细沙为主,并且"揭河底"高含沙水的冲刷量小于非"揭河底"高含沙洪水;粗沙在库区处于淤积状态,"揭河底"高含沙洪水粗沙淤积量大于非"揭河底"高含沙洪水。

分析 1965 ~ 1999 年进入黄河下游的 29 场高含沙洪水在下游河道的淤积情况后,发现:29 场高含沙洪水,在下游共造成淤积 68.08 亿 t,占这一时期下游河道总淤积量 78.87 亿 t 的 86.3%,高含沙洪水是下游河道淤积的主要原因。在这 29 场高含沙洪水中,有 5 场是上游的"揭河底"洪水传播下来的,其造成河道的总淤积量为 19.50 亿 t,占高含沙洪水淤积总量的 28.6%,平均每场洪水淤积量达到 3.90 亿 t,明显高于非"揭河底"高含沙洪水的场均淤积量 2.02 亿 t。从淤积强度(单位来水淤积量)来看,"揭河底"高含沙洪水的平均淤积强度为 0.151 t/m³,也明显高于非"揭河底"高含沙洪水的 0.098 t/m³。

显然,"揭河底"高含沙洪水对库区和下游河道的减淤都是非常不利的。本书结合三门峡水库、小浪底水库对现有高含沙洪水的调度模式,从减小黄河下游滩区淹没损失和泥沙资源利用角度,提出了"揭河底"高含沙洪水期三门峡与小浪底水库联合调度模式,即 4 000m³/s 流量级以下的高含沙"揭河底"洪水,执行小浪底水库拦沙后期水库运用方式,尽可能利用调水调沙塑造协调水沙关系向下游多排沙;超过 10 000m³/s 流量的大洪水,仍以拦沙后期运用方式为基础,进行防洪运用;对于 4 000~10 000m³/s 量级的中常洪水,则更多考虑下游滩区的安全需要,以不漫滩或少漫滩为主要目标,水库按控泄模式进行优化运用。通过"1977·8"和"1992·8"两种高含沙洪水的对比计算,该运用模式带来的社会经济效益巨大。

(10)"揭河底"冲刷往往使河势发生较大摆动,河弯明显减少,河槽变得更为集中规顺,但同时由于强大的冲刷与塑槽作用,河道整治工程前极易出现较大墩蛰、垮塌等重大险情。专门的模型试验资料和原型实测资料分析结果表明,"揭河底"冲刷工程出险的主要原因是发生"揭河底"冲刷时,河槽随着冲刷由原来的宽浅变为窄深,河床冲刷剧烈,深泓点高程瞬间大幅降低,深泓点与坝基础间形成的边坡变陡,工程因边坡失稳而出险;同时冲刷坑范围不断向坝脚淘刷,丁坝逐渐被掏空,悬空的丁坝部分极易发生墩蛰险情。

模型试验和水槽试验同时发现,水流表面紊动最强烈的部位随着"揭河底"发生过程而改变。在"揭河底"发生前期,当胶泥块具有一定的揭掀角度时,其后部开始出现紊动,而且紊动强度随揭掀角度的增大而增大;此时的这种紊动非常类似于薄壁堰淹没出流后的水舌与堰后水流混杂所形成的大涡漩。当揭掀角度达到一定程度后,下游水流的淹没作用使得胶泥块尾部水流的表面紊动反而减弱;当胶泥块揭起露出水面那一刻,水流表面转换为胶泥块的前端紊动强烈,后方风平浪静。这一重大发现,为"揭河底"冲刷前期出险部位的准确定位,提高抢险的主动性奠定了科学基础。

针对"揭河底"冲刷险情的特殊性,要坚持防备为先,防抢并举,工程和非工程措施相结合,有效防御和抢护险情,尽力减少灾害损失,保证工程安全。

参 考 文 献

[1] 江恩惠,曹永涛,张清.黄河高含沙洪水"揭河底"冲刷研究现状[J].人民黄河,2004,26 (7):6-11.

[2] 赵树起.渭河洪水"揭河底"奇景[J].陕西水利,1995(2):44-45.

[3] 万兆惠,宋天成."揭河底"冲刷现象的分析[J].泥沙研究,1991(3):20-27.

[4] 猴元有,李永乐.目前黄河"揭河底"冲刷研究情况的分析[J].华北水利水电学院学报,
2004,25(1):15-18.

[5] 程龙渊,刘栓明,肖俊法,等.三门峡库区水文泥沙实验研究[M].郑州:黄河水利出版社,
1999.

[6] 白永峰.多沙河流河床演变特殊冲刷现象的研究[J].四川水利,1998,19(3):17-20.

[7] 齐璞.黄河高含沙量洪水泥沙输移规律的初步探讨[J].人民黄河,1981(6):29-34.

[8] 史辅成,李伟佩.黄河揭河底冲刷的形成条件分析[J].人民黄河,2002,24(9):30-31.

[9] 季永华.黄河府谷至禹门河段河性认识[J].水运工程,1990(5):46-50.

[10] 焦恩泽,侯素珍,赵连军.高含沙量洪水与"揭河底"冲刷[C]//.第四届全国泥沙基本理
论研究学术讨论会论文集.成都:四川大学出版社,2000.

[11] 郭全明,等.黄河小北干流河段"揭河底"冲刷对策[J].山西水土保持科技,2004(2).

[12] 韩其为.黄河"揭河底"冲刷的理论分析[J].泥沙研究,2005(4):5-28.

[13] 庄恒星.黄河小北干流"揭河底"冲刷及预筹对策[J].人民黄河,1995(8):13-15.

[14] 李强坤,潘正彬,孙娟,等.黄河小北干流河段"揭河底"规律分析[R].黄河小北干流山
西河务局.2004.

[15] 王尚毅,顾元炎.黄河"揭河底"冲刷问题的初步研究[J].泥沙研究,1982(2):36-44.

[16] 席占平,张留柱,程龙渊,等.黄河龙门长河段"揭河底"冲刷现象分析[J].人民黄河,
1999,21(9):25-28.

[17] 猴元有.黄河"揭河底"冲刷现象的计算分析[J].水科学进展,2004,15(2):156-159.

[18] 张金良,练继建,王育杰.黄河高含沙洪水"揭河底"机理探讨[J].人民黄河,2002,24
(8):30-33.

[19] 张林忠,江恩慧,赵连军,等.高含沙洪水输水输沙特性及对河道的破坏作用与机理研究
[J].人民黄河,1999(4):39-43.

[20] 江恩慧,李军华,曹永涛,等.黄河高含沙洪水"揭河底"机理研究[R].郑州:黄河水利科
学研究院,2008.

[21] 三门峡水库水文泥沙资料数据集[C].郑州:黄河水利科学研究院,1995.

[22] 史辅成,易元军,高志定主编.黄河流域暴雨与洪水[M].郑州:黄河水利出版社,1997.

[23] 程龙渊,张成,刘彦娥,等.黄河小北干流和渭河"揭河底"冲刷现象分析[J].泥沙研究,
2005(4):21-29.

[24] 水利部黄河水利委员会.黄河年鉴[M].郑州:黄河年鉴社,2003.

[25] 杜殿勖.黄河、渭河、汾河、北洛河粗细沙来源及汇流区河道分组泥沙冲淤规律[M].北

京：中国环境科学出版社,1993.

［26］杜殿勚.黄河龙门至潼关河段"揭河底"冲刷规律分析［C］//治黄老科技工作者科研成果报告选.郑州：黄河水利出版社,1997:13-30.

［27］雷文青.渭河下游"揭河底"冲刷成因分析及防御［J］.陕西水利,2005(2):22-23.

［28］赵文林,茹玉英.渭河下游河槽调整及输沙特性［C］//黄委会水利科学研究院科学研究论文集(第四集).北京：中国环境科学出版社.

［29］赵文林.渭河下游河槽调整及输沙特性［M］.郑州：黄河水利出版社,1993.

［30］陈景梁,刘明云.黄河水沙变化研究——北洛河水沙变化趋势的研究［M］.郑州：黄河水利出版社,2002.

［31］齐璞,孙赞盈.北洛河下游河槽形成与输沙特性［J］.地理学报,1995,50(2):168～177.

［32］齐斌,马文进,薛耀文,等.黄河中游水文［M］.郑州：黄河水利出版社,2005.

［33］武彩萍,李远发.黄河小北干流放淤模型试验研究［M］.郑州：黄河水利出版社,2007,144-146.

［34］王自英,姜乃迁,黄富贵,等.黄河小北干流放淤试验"淤粗排细"效果分析［J］.泥沙研究,2010(2):43-47.

［35］姜乃迁,刘斌,王自英,等.2004年黄河小北干流连伯滩防淤试验效果［J］.人民黄河,2005,27(7):43-44.

［36］张瑞瑾.高含沙量水流流性初探［C］//张瑞瑾论文集.北京：中国水利水电出版社,1996:119-128.

［37］张瑞瑾.河流泥沙动力学［M］.北京：中国水利水电出版社,2005.

［38］钱宁,万兆惠,钱意颖.黄河的高含沙水流问题［J］.清华大学学报.1979,19(2):1-17.

［39］钱宁,万兆惠.泥沙运动力学［M］.北京：科学出版社,2003.

［40］钱宁.高含沙水流运动［M］.北京：清华大学出版社,1989.

［41］H A 爱因斯坦.明渠水流的挟沙能力［M］.钱宁,译.北京：水利出版社,1956.

［42］沙玉清.泥沙运动学引论［M］.北京：中国工业出版社,1965.

［43］麦乔威,赵苏理.黄河水流挟沙能力问题的研究［J］.泥沙研究,1958.

［44］Yong C T. Incipient Motion and Sediment Transport［J］. Jowrnal. of Hydraulics Division. 1973,99(10),1679-1704.

［45］张红武,张清,张俊华.高含沙洪水"揭河底"的判别指标及其条件［J］.人民黄河,1996(9):52-54.

［46］舒安平,水流挟沙公式的验证与评述［J］.人民黄河,1993(1):7-9.

［47］江恩慧,黄河水流挟沙力计算方法的研究［C］//黄科院第四届青年学术讨论会论文集,1992.

［48］孙东坡,李国庆,缑元有,等.高含沙洪水对整治工程影响分析与造床作用研究［D］.郑州：华北水利水电学院,1995.

［49］焦恩泽.黄河水库泥沙［M］.郑州：黄河水利出版社,2004.

［50］韩其为,何明民.泥沙起动规律及起动流速［M］.北京：科学出版社,1999.

［51］韩其为,何明民.脉动分速相关条件下起悬概率及转移概率的研究［J］.新世纪水利工

程科技前沿,2002:292-298.

[52] 张金良.黄河水库水沙联合调度研究[D].天津大学,2004.

[53] 匡尚富,徐永年,李文斌.高含沙水流的"揭河底"现象及机理研究[C]//第二届全国泥沙基本理论研究学术讨论会论文集.北京:中国建材工业出版社,1995:408-419.

[54] 缪凤举,方宗岱."揭河底"冲刷现象机理探讨[J].人民黄河,1984(1):25-29.

[55] 汪岗,范昭.黄河水沙变化研究[M].郑州:黄河水利出版社,2002.

[56] 叶青超.黄河流域环境演变与水沙运行规律研究[M].济南:山东科学技术出版社,1994.

[57] 徐建华,林银平,吴成基,等.黄河中游粗泥沙集中来源区界定研究[M].郑州:黄河水利出版社,2006.

[58] 焦恩泽,张翠萍.黄河治理与水资源开发利用河口镇至龙门河段冲淤特性研究[R].郑州:黄河水利科学研究院,1995.

[59] 陈建国,胡春宏,戴清.渭河下游近期河道萎缩特点及治理对策[J].泥沙研究,2002(6):45-52.

[60] 黄河中下游中常洪水水沙风险调控关键技术研究[R].郑州:黄河水利科学研究院,2009.

[61] 黄委勘测设计规划公司.黄河禹门口至潼关河段近期治理工程可行性研究报告[R].1998.

[62] 山西黄河河务局,等.黄河小北干流河段"揭河底"规律分析研究[R].山西黄河河务局,2008.

[63] 冯普林,王灵灵,马雪岩,等.渭河临潼河段河床物质层理淤积结构分析[J].人民黄河,2002(2):22-25.

[64] 张庆河,王殿志,吴永胜,等.黏性泥沙絮凝现象研究述评(1):絮凝机理与絮团特性[J].海洋通报,2001,20(6):80-90.

[65] 长江水利水电科学研究院,等.泄水建筑物下游消能防冲问题——挑流消能部分[R].1980.

[66] 张志忠,王允菊,徐志刚.长江口细颗粒泥沙絮凝若干特性探讨[C]//第二次河流泥沙国际学术讨论会论文集.北京:水利水电出版社,1983:274-284.

[67] 张志忠.长江口细颗粒泥沙基本特性研究[J].泥沙研究,1996(1):67-72.

[68] Van Leussen W. Aggregation of particles,settling velocity of mud fl ocs a review[J]. Physical Processes in Estuaries(edited by Droukers J and Van Leussan W) Spring-Vedag,1988:147-403.

[69] 王保栋.河细颗粒泥沙的絮凝作用[J].黄渤海海洋,1994,12(1):71-76.

[70] Mehta A J,Lee S C. Problems in linking the threshold condition for the transport of cohesion-less and cohesive sediment grain[J]. Journal of Coastal Reasearch,1994,10(1):170-177.

[71] 张德茹,梁志勇.不均匀细颗泥沙粒径对絮凝的影响试验研究[J].水利水运科学研究,1994(1-2):11-17.

[72] 夏震寰,宋根培.离散颗粒和絮凝体相结合的沉降特性[C]//第二次河流泥沙国际学术

讨论会论文集.北京:水利水电出版社,1983:253-262.

[73] 钱意颖,杨文海,等.高含沙水流的基本特性[C]//河流泥沙国际学术讨论会论文集(第 I卷).北京:光华出版社,1981:175-184.

[74] 张浩,任增海,等.高含沙水流沉降规律和阻力特性[C]//河流泥沙国际学术讨论会论文集(第 I卷).北京:光华出版社,1981:185-194.

[75] 黄建维,孙献清.黏性泥沙在流动盐水中沉降特性的试验研究[C]//第二次河流泥沙国际学术讨论会论文集.北京:水利水电出版社,1983:274-284.

[76] 刘沛清,冬俊瑞,李永祥,等.在冲坑底部岩块上脉动上举力的实验研究[J].水利学报,1994(12):31-36.

[77] 刘沛清,冬俊瑞,余常昭.在冲刷坑底部岩块上的脉动上举力[J].中国科学(E辑),1998,28(2):175-182.

[78] 刘沛清,冬俊瑞,余常昭.在岩缝中脉动压力传播机理探讨[J].水利学报,1994(12):31-36.

[79] 刘沛清,李福田.水垫塘内淹没冲击射流中的大尺度涡结构及其特征[J].水利学报,2000(1):60-66.

[80] 刘沛清.论水垫塘或溢洪道底板块下缝隙层中脉动压力传播机理与防护[C]//新世纪水利工程科技前沿.天津:天津大学出版社,2005.

[81] 赵寿刚,王笑冰,杨小平,等.黄河下游沉积粘土层的土力学特性分析[J].岩土工程界,2005,8(10):32-33.

[82] 夏军强,吴保生,王艳平,等.黄河下游游荡段滩岸土体组成及力学特性分析[J].科学通报.2007,52(23):2806-2812.

[83] 边加敏,王保田.含水率对非饱和土抗剪强度影响研究[J].人民黄河,2010(11):124-125.

[84] 罗小龙.含水率对粘性土体力学强度的影响[J].岩土工程界,2002,5(7):52-53.

[85] K Terzaghi. The shear resistance of saturated soils[C]//1st Int. Conf. Soil Mech. Found. Eng. (Cambridge, MA), 1936, 1:54-56.

[86] D G Fredlund, N R Morgenstern. Stress state variables for unsaturated soils[J]. ASCE J. Geotech. Eng. Div,GT5, 1977, 103: 447-466.

[87] M A Biot. General theory of three dimensional consolidation[J]. J. Appl. Phys., 1941, 12(2): 155-164.

[88] A W Bishp. The principle of effective stress[J]. Teknisk Ukeblad, 1959, 106(39): 859-863.

[89] D G Fredlund, N R Morgenstern,R A Widger. The shear strength of unsaturated soils[J]. Can. Geotech. J., 1978, 15(3): 313-321.

[90] 林鸿州,李广信,于玉贞,等.基质吸力对非饱和土抗剪强度的影响[J].岩土力学,2007, 28(9): 1931-1936.

[91] 缪林昌,仲晓晨,殷宗泽.膨胀土的强度与含水率的关系[J].岩土力学,1999, 20(2): 71-75.

［92］姜献民,尹利华,张留俊.膨胀土强度与含水率关系研究[J].公路,2009(9):127-129.

［93］李培勇,杨庆.非饱和土抗剪强度的非线性分析[J].大连交通大学学报,2009,30(1):1-4.

［94］文宝萍,胡艳青.颗粒级配对非饱和黏性土基质吸力的影响规律[J].水文地质工程地质,2008(6):50-55.

［95］李金玉,杨庆,孟长江.非饱和抗剪强度指标 c、φ 值与含水率 ω 的关系[J].岩土工程技术,2010,24(5):243-247.

［96］王丽,梁鸿.含水率对粉质黏土抗剪强度的影响研究[J].内蒙古农业大学学报,2009,30(1):170-174.

［97］荣凤玲,徐智.水对黏性土抗剪强度的影响研究[J].内蒙古水利,2013(2):18-19.

［98］沈细中,管新建.非饱和黏土有效应力强度指标计算[J].岩土力学,2007(增刊):207-210.

［99］靳娟娟,张林洪,吴华金,等.土体强度与含水率及密实度的关系研究[J].科学技术与工程,2008,22(8):6148-6150.

［100］李丙瑞,江恩慧,符建铭,等.河南黄河挖河固堤工程王庵至古城河段实施方案中试试验)[R].郑州:黄河水利科学研究院,2002.

［101］张红武,江恩慧,等.黄河高含沙洪水模型的相似律[M].郑州:河南科学技术出版社,1994.

［102］张红武,江恩慧,等.黄河花园口至东坝头河道整治模型试验研究[M].郑州:黄河水利出版社,2000.

［103］江恩慧,曹常胜,符建铭,等.黄河下游游荡性河势演变机理及整治方案研究[R].郑州:黄河水利科学研究院.2006:148-149.

［104］费祥俊.浆体与粒状物料输送水力学[M].北京:清华大学出版社,1994:17-18.

［105］杨美卿,钱宁.紊动对细泥沙浆液絮凝结构的影响[J].水利学报,1986(8):21-30.

［106］屈孟浩.模型沙的选配和模型加糙方法[R].郑州:黄河水利科学研究所,1978.

［107］张威,胡冰,吕汉荣,等.精煤模型沙特性试验研究[J].泥沙研究,1981(1):65-74.

［108］张红武,钟绍森,江恩慧,等.黄河花园口至东坝头河道整治模型验证试验报告[R].郑州:黄河水利科学研究所,1991.

［109］张红武,江恩慧,等.黄河花园口至东坝头河道整治模型试验研究[M].郑州:黄河水利出版社,2000.

［110］张红武,钟绍森,江恩惠,等.高含沙洪水期游荡性河段整治模型试验研究.[R].郑州:黄河水利科学研究院,1995.

［111］张红武,江恩慧,陈书奎,等.小浪底枢纽拦沙期游荡性河段河道整治模型试验研究[R].郑州:黄河水利科学研究院,1995.

［112］江恩慧,张红武,等.黄河小浪底水库正常运用期花园口至东坝头河段河床演变试验研究[R].郑州:黄河水利科学研究院,2000.

［113］张红武,钟绍森,江恩慧,等.大、中水期游荡性河段河道整治模型试验研究[R].郑州:

黄河水利科学研究院,1995.

[114] 胡一三,刘贵芝,等.游荡性河段现有整治工程及今后整治原则和措施的研究[M].郑州:黄河水利出版社,1998.

[115] 江恩慧,等.黄河小浪底水库正常运用期花园口至东坝头河段河床演变试验研究[R].郑州:黄河水利科学研究院,1998.

[116] 江恩慧,等.大玉兰至花园口河段规划治导线检验与修订试验初步报告[R].郑州:黄河水利科学研究院,1999.11.

[117] 江恩慧,刘海凌,等.小浪底水库运用初期黄河下游河道整治工程适应性分析[R].郑州:黄河水利科学研究院,黄河水利委员会河务局,2002.

[118] 江恩慧,刘海凌,等.黄河流域(片)防洪规划项目:利用物理模型预测黄河下游河道冲淤和河势变化[R].郑州:黄河水利科学研究院,1999.

[119] 江恩慧,陈书奎,张红武,等.1996年汛期黄河花园口至东坝头河段洪水预演试验报告[R].郑州:黄河水利科学研究院,1996.

[120] 张红武.河流力学选讲[R].郑州:黄河水利科学研究所,1987.

[121] 张红武,钟绍森,江恩慧,等.黄河花园口至东坝头河道整治模型验证试验报告[R].郑州:黄科院科研报告,1991.

[122] Rehbinder,G. Slot cutting in rock with a high speed water jet[J]. Int. J. Rock. Mech. Min. Sci.,1977(14):229-234.

[123] 赵耀南,等.水流脉动压力沿缝隙的传播规律[J].天津大学学报,1988.3.

[124] Fiorotto V,Rinaldo A. Fluctuating uplift and lining design in spillway stilling basins[J]. Journal of Hydraulic Engineing-Asce. Hydr. Eng., ASCE,1992,118(4):578-596.

[125] 崔广涛.关于急流脉动压力振幅取值问题的探讨[C]//高速水流情报网第二届全网大会论文集,1986.

[126] 胡一三,张金良,钱意颖.三门峡水库运用方式原型试验研究[M].郑州:黄河水利出版社,2009.

[127] 薛选世,杨忠理,武芸芸.黄河小北干流"揭河底"冲刷对策探讨[J].人民黄河,2003,25(2):8-9.

[128] 杨庆安,龙毓骞,缪凤举,等.黄河三门峡水利枢纽运用研究文集[M].郑州:河南人民出版社.

[129] 李军华,张向萍,张杨,等."揭河底"冲刷期胶泥层底部紊动能传递规律实验研究[R].郑州:黄河水利科学研究院.2015.

[130] 梁在潮.紊流力学[M].郑州:河南科学技术出版社,1988.

[131] Великанов М А. Крупномасцтабная турбулентеость Н структура руслового потока. Изд, АНССР Сер. Геория, NO1,1957.

[132] 惠遇甲,李义天,胡春宏,等.高含沙水流紊动结构和非均匀沙运动规律的研究[M].武汉:武汉水利电力大学出版社,2000.

[133] 王兴奎.悬移质泥沙运动及其对水流结构的影响[D].北京:清华大学,1985.

[134] Muller A. Turbulence Measurment over A Movable Bed with Sediment Transport by Laser-

Anemometry[R]. Proc. 15th Congress of Intern. Assoc. Hyd. Res. ,1973.

[135] Elata C,I T Ippen. The Dynamics of Open Channel Flow with Supensions of Neutrally Buoyant Particles,Tech. Rep. Hydrodynamics Laboratory,Massachusetts Inst Tech. ,1961(45).

[136] Grass,A. J. J. ,Fluid Mech,50. Part2,1971.

[137] 唐洪武,唐立模,陈红,等. 现代流动测试技术与应用[M]. 北京:科学出版社,2008.

[138] 肖洋,唐洪武,毛野,等. 新型声学多普勒流速仪及其应用[J]. 河海大学学报,2002,30(3):15-18.

[139] 唐洪武,等. 声学多普勒流速仪自动测量和分析系统[J]. 计算机测量与控制,2003,11(9):651-654.

[140] 许明,凌杭建,等. PIV 技术在近水平油水两相流研究中的应用[J]. 实验流体力学,2012(1):12-15.

[141] 许联锋,陈刚,李建中,等. 气液两相流中气泡运动速度场的分析和研究[J]. 实验力学,2002,17(4):458-463.

[142] 刘兴斌,强锡富,庄海军,等. 集流型流体电容仪测量井下油水两相流的含水率[J]. 传感器技术,1995,4:50-53.

[143] 阮晓东,刘志皓,瞿建武. 粒子图像测速技术在两相流测量中的应用研究[J]. 浙江大学学报(工学版),2005,39(6):785-788.

[144] 赵秀国,徐新喜,等. 人体上呼吸道内稳态气流运动特性的 PIV 初步试验研究[J]. 实验流体力学,2009(4):60-64.

[145] 槐文信,李爱华,等. 流动环境中二维铅垂纯射流的试验研究[J]. 水科学进展,2003,14(3):300-304.

[146] 刘月琴,万艳春. 弯道水流紊动强度[J]. 华南理工大学学报(自然科学版),2003,31(12):89-93.

[147] Graf W H,Istiarto I. Flow pattern in the scour hole around a cylinder[J]. Journal of Hydraulic Research,2002,40(1):13-20.

[148] Subrata K Chakrabarti,Mark Mc Bride. Model Tests on Current Forces on a Large Bridge Pier Near an Existing Pier[J]. Journal of Offshore Mechanics and Arctic Engineering,2005,127(3):212-219.

[149] Subhasish Dey,Rajkumar V. Raikar. Characteristics of Horseshoe Vortex in Developing Scour Holes at Piers[J]. Journal of Hydraulic Engineering,2007,133(4):399-412.

[150] Gokhan Kirkil,George Constantinescu,Robert Ettema. The Horseshoe Vortex System Around a Circular Bridge Pier on Equilibrium Scoured Bed[R]. EWRI. 2005.

[151] Michael A Stevens, Mohamed M Gasser, Mohamed B A M Saad. Wake Vortex Scour At Bridge Piers[J]. Journal Of Hydraulic Engineering,1991,117(7):891-904.

[152] 齐梅兰,崔广臣,张世伟. 桥墩基础施工河床局部冲刷研究[J]. 水动力学研究与进展,2004,19(1):1-5.

[153] 江恩慧,刘燕,李军华,等. 河道治理工程及其效用[M]. 郑州:黄河水利出版社,2008.

[154] 张柏山,马继业,韦直林. 黄河下游丁坝坝头局部冲刷深度计算方法初探[J]. 人民黄

河,1998,20(3).

[155] 张柏山,江恩慧 周念斌,等.长管袋沉排潜坝技术研究与应用前景[M].郑州:黄河水利出版社,2003..

[156] Sanchez Bribiesca J S,Capella Viscaino A C. Turbulent effects on the lining of stilling basin [C]∥The 11th International Congress on Large Dams. Madrid, Spain, 1973,11:1575-1592.

[157] Browers C E,Toso J. Karnafuli Project,model studies of spillway damage[J]. Journal of Hydraulic Engineering,1988,114(5):469-483.

[158] Hartung F,Hausler E . Scours stilling basins and downstream protection under free overfall jets at dams[C]∥The 11th International Congress on Large Dams. Madrid, Spain, 1973, 11:39-57.

[159] Rehbinder G. A theory about cutting rock with a water jet[J]. Rock mechanics,1980(12):247-257.

[160] 姜文超,梁兴蓉.应用紊流理论探讨脉动压力沿缝隙的传播规律[J].水利学报,1983(9):53-60.

[161] 辜晋德,彭秀芳.消力池底板缝隙水流脉动压力频谱分析研究[J].水力发电学报,2013(6):177-182.

[162] 李爱华,刘沛清.脉动压力在消力池底板缝隙传播的瞬变流模型和渗流模型统一性探讨[J].水利学报,2005,36(10):1236-1240.

[163] 李爱华,刘沛清.脉动压力在板块缝隙中传播衰变机理研究[J].水利水电技术,2006,37(9):33-37.

[164] 陈永宽.悬移质含沙量沿垂线分布[J].泥沙研究.1984,1:31-36.

[165] 周文浩,曾庆华,方宗岱,等.黄河高含沙水流的河床演变特性[C]∥第二次河流泥沙国际学术讨论会论文集.南京:水力水电出版社,1983:608-617.

[166] 屠新武,和晓应,张松林,等.黄河三门峡库区水文规律研究[M].太原:山西出版集团,2010.

[167] 焦恩泽,张翠萍.黄河治理与水资源开发利用河口镇至龙门河段冲淤特性研究[R].郑州:黄河水利科学研究院,1995.

[168] 孙绵惠.黄河小北干流河道冲淤特性及其对渭河的影响[R].三门峡:黄委会三门峡库区水文水资源局,1997.

[169] 郭全明,李强坤,李勇,等.黄河防汛科技资助项目(2003L01)黄河小北干流河段"揭河底"规律分析研究[R].运城:黄河小北干流山西河务局,2008.

[170] 三门峡水库水文泥沙资料数据集[C].郑州:黄河水利科学研究院,1995.

[171] 程龙渊,刘栓明,肖俊法,等.三门峡库区水文泥沙实验研究[M].郑州:黄河水利出版社,1999:148-163.

[172] 杨庆安,龙毓骞,繆凤举,等.黄河三门峡水利枢纽运用研究文集[M].郑州:河南人民出版社.

[173] 张林忠,江恩慧,赵连军,等.高含沙洪水输水输沙特性及对河道的破坏作用与机理研

究[J].人民黄河,1999(4):39-43.

[174] 小浪底水库拦沙后期防洪减淤运用方式研究报告[R].郑州:黄河勘测规划设计有限公司.2009.

[175] 小浪底水利枢纽拦沙后期运用调度规程[R].郑州:黄河水利科学研究院.2009.

[176] 张红武,黄远东,赵连军,等.黄河下游非恒定数沙数学模型——模型方程与数值方法[J].水科学进展,2002(3):2-7.

[177] 谢鉴衡.河流模拟[M].北京:水利电力出版社,1990.

[178] 张红武,江恩慧,等.黄河高含沙洪水模型的相似律[M].郑州:河南科学技术出版社,1994.

[179] 赵连军,张红武.黄河下游河道水流摩阻特性的研究[J].人民黄河,1997(9):17-20.

[180] 赵连军,吴香菊,王原.悬移质泥沙级配的计算方法[C]//第十二届全国水动力学研讨会论文集.北京:海洋出版社,1998.

[181] 赵连军,张红武,江恩慧.冲积河流悬移质泥沙与床沙交换机理及计算方法研究[J].泥沙研究,1999(4):51-56.

[182] 赵连军.冲积流悬移质泥沙和床沙级配及其交换规律研究[D].武汉:武汉大学,2001.

[183] 赵连军,江恩惠,等.悬移质含沙量及悬沙平均粒径横向分布规律研究[C]//第十三届水动力学研讨会论文集.北京:海洋出版社,1999.

[184] 勾兆莉,陈俊杰,宋莉萱,等.小浪底水库清淤与黄河下游减淤分析[J].人民黄河,2008(12):31-33.

[185] 原保平,马继锋.论黄河小北干流河道"揭河底"产生的不利影响[J].山西水利科技,2002(1):57-58.

[186] 赵运革,原保平,马继锋.论黄河小北干流揭河底的危害[J].山西水利科技,2001(2):89-91.

[187] 陕西河务局.高含沙"揭河底"冲刷期三小联合调度模式黄河禹门口至潼关河段近年河势分析报告[R].2013.

[188] 黄委勘测设计规划公司.黄河禹门口至潼关河段近期治理工程可行性研究报告[R].1998.

[189] 周哲宇,陶东良,哈岸英,等.丁坝局部冲刷研究现状与展望[J].人民黄河,2010,32(6):18-21.

[190] 张义青,杜小婷.丁坝的平衡冲刷及冲刷计算[J].西安公路交通大学学报,1997(4):56-59.

[191] 李远发,耿明全,曹丰生,等.长管袋褥垫沉排坝物理模型试验研究[R].郑州:黄河水利科学研究院,2001.

[192] 王先登,彭冬修,夏炜.丁坝坝体局部水流结构与水毁机理分析[J].中国水运(下半月),2009,9(9):189-213.

[193] 张红武,马继业,张俊华,等.河流桥渡设计[M].北京:中国建材工业出版社,1993.

[194] 李远发,许雨新,张红武.京沪高速铁路济南黄河大桥洮口、段庄桥位桥墩局部冲刷模型试验报告[R].郑州:黄河水利科学研究院,1998.

［195］李远发,梁跃平,曹丰生,等.不同透水率桩坝导流落淤效果研究局部模型试验［R］.郑州:黄河水利科学研究院,2000.

［197］张金良,索二峰.黄河中游水库群水沙联合调度方式及相关技术［J］.人民黄河,2005,(7):7-9.

［198］史辅成,易元俊.黄河历史洪水调查、考证和研究［M］.郑州:黄河水利出版社,2002.

［199］张金良,王育杰,练继建.水库异重流调度问题的研究［J］.水利水电技术,2001(12):17-19.

［200］应强.淹没丁坝附近的水流流态［J］.河海大学学报,1995,7(23):62-68.

［201］Migniot C.Study of the physical properties of various forms of very fine sediment and their behavior under hydrody namc action［J］.La houille Blanche,1968(7):591-620.

后　记

　　我特别重视书的前言和后记,目的是让读者和后续研究者了解研究的背景、取得的主要进展和不足,分享研究过程中的快乐与困惑。

　　最早读到"黄河'揭河底'冲刷",是在大学2年级的时候。在图书馆里,我随意地翻看着各种学术期刊,很多文章都似懂非懂,但最感兴趣的是发表在1984年《人民黄河》第一期缪凤举、方宗岱合著的"揭河底冲刷现象机理探讨",也正是这篇文章引发了我对黄河泥沙问题的"关注"。随后的一段时间,我翻看了好多《人民黄河》有关黄河泥沙的文章,也因此记住了很多从事黄河泥沙研究的科学家,像钱宁、谢鉴衡、方宗岱等,更有黄委内部一些重量级人物,像龚时旸、龙毓骞、徐福龄、赵文林、钱意颖、赵业安、熊贵枢、焦恩泽、杜殿勖等,以致1986年到黄委工作后,每每看到一位我印象中的大人物,都惊喜不已!

　　我如愿进入了当时的黄河水利科学研究所泥沙研究室工作。时任泥沙研究室主任程秀文女士,对每周两次的学习坚持得非常好,一次政治学习,一次业务学习。业务学习形式多样,但令我印象最深的是学术讨论,作为一名刚入道的年轻人,主要是听老同志们之间的争论,每次我都感觉云里雾里,因为他们提到的很多地方我都没到过,很多名词也没听过。一度,我曾认为我选错了研究方向,应该去搞我熟悉的专业——农田水利工程。直到1996年黄委科技局和人劳局共同组织的青年科技工作者到黄河上中游考察,我才逐步把黄河立体化,特别是到了小北干流(三门峡、小北干流,这是当时学术讨论中老同志提到最多的地方),一种亲近感油然而生,"游荡型河道""揭河底",这两个与黄河联系最紧密的名词,在此有机地融合在了一起。此后,如何将黄河"揭河底"研究推向深入,一直萦绕在我的脑际。

　　1997年,水利部推进"百船工程"计划,我们的团队有幸参与其中,先后开展了"黄河下游大张庄至柳园口河段挖河固堤模型试验""2000年河南王庵至古城河段挖河模型试验""河南黄河挖河固堤工程王庵至古城河段实施方案中试试验"等研究,为河南宽河段"挖河疏浚"工程方案的制订提供了可靠的技术支撑。其间,在"黄河下游大张庄至柳园口河段挖河固堤模型试验"第一组试验过程中,胡一三等几位老专家认为,引河口门附近的胶泥层在此类试验的初始地形铺制过程中应模拟出来,因为胶泥层的存在对引河口门的扩展、后退具有明显的抑制作用,否则对引河发育和老河道淤废过程的模拟结果影响较大。为此,我们反复比较,以极细粉煤灰为主,掺搅不同比例、不同粗细的粉煤灰,沉淀不同时间,制成不同含水率的胶泥块,通过系列土工试验,并与原型胶泥层土力学特征参数相对比,最终确定了与王庵工程附近胶泥层相似的模型局部地形模拟方法,取得了良好的试验效果。试验的成功提醒我,利用该模拟方法,不是可以开展"揭河底"冲刷的模型试验吗?再次勾起我开展"揭河底"研究的兴趣,并开始着手编写"黄河高含沙洪水'揭河底'机理研究"任务书。可惜的是,本子写好后,一直没有合适的立项机会。

机会终于来了! 2004 年,我有幸入选水利部第二届十大青年科技英才,和第一届比,我们没有任何奖品,但部里为了体现对英才的关怀,决定从中挑选 4人,利用 2005 年的"948"技术创新与转化项目,每人 30 万元,自主选题。当时电话通知时,我还在澳大利亚考察,一听到这个消息,我高兴得一下跳起好高,同行师兄曹景华开玩笑"小心掉海"!因为时间紧,我立马打电话让我的助手,将本子按照"948"项目要求改写后提交。三年的研究,特别是又利用我攻读博士的机会,在导师韩其为院士的直接指导下,首先到经常发生"揭河底"现象的黄河小北干流河段、府谷河段、渭河临潼至华县一带及其相应支流开展系统调查,走访了多位专家和亲眼目睹这一现象的老船工,取得了大量的原型第一手感观和实测资料,并进行了较为系统的整理,重新定义并扩展了"揭河底"冲刷的概念;全面整理了已有"揭河底"现象研究成果,并在前人研究基础上,通过对前期河床层理淤积特点与"揭河底"表象特征的揭示,建立了清晰的"揭河底"过程物理图形;运用极细沙絮凝沉降规律,揭示了黄河中游特殊的来水来沙条件是形成河床局部胶泥层层理淤积结构的根本原因,阐明了"揭河底"冲刷与普通河床冲刷的本质区别,从理论层面探讨了"揭河底"现象发生的机理;由于"揭河底"现象的瞬时性,研究中一改前人思维模式,深入分析了胶泥块表面、底面脉动压力波传播特征,基于瞬变流模型提出了理论性、实用性较强的"揭河底"发生临界力学指标;首次通过模型试验模拟了"揭河底"现象,直观、近距离观察了"揭河底"发生前、中、后动态过程,印证了"揭河底"冲刷物理图形的正确性,并通过多组模型试验确定了"揭河底"临界指标中的关键参数 K 值,利用后续模型试验和跟随性较强的小北干流、小北干流放淤输沙渠等"揭河底"冲刷资料对提出的临界力学指标进行了检验。项目验收时,以王浩院士为组长的专家组给予高度评价,认为"在'揭河底'机理研究和物理模拟方面达到国际领先水平",黄委刘晓燕副总工更是感叹"300 万都买不走你的研究成果"!

对"揭河底"冲刷及与此相关的河流泥沙动力学基础问题的着迷,促使我们继续前行。在水利部公益性行业科研专项经费项目、国家自然科学基金项目、黄河水利科学研究院基本科研业务费专项项目的资助下,联合华北水利水电大学、山西黄河河务局、陕西黄河河务局、河海大学,产学研结合,持续创新攻关,建立了黄河"揭河底"研究数据库,为今后的进一步深入探讨奠定了基础;开展了胶泥层(块)土力学特性的系统研究,建立了泥沙颗粒级配、干容重等对胶泥层胶结强度影响关系,获取了胶泥层材料强度参数和本构关系参数;研究了"揭河底"发生时,淤积物(胶泥层)内的应力和形变过程,从力学机理上诠释淤积物(胶泥层)揭而不散的原因;引进美国 TekScan 公司先进的片状薄膜式压力传感器,对胶泥块底部受到的脉动上举力进行了实时的跟踪观测,科学界定了"揭河底"冲刷判别条件中的关键参数 K 值为 0.2;利用先进的 ADV 和 PIV 量测设备,通过专门的水槽试验,研究了胶泥块底部水流紊动结构的发育过程,详细观测了不同揭掀状态下紊动结构的实时分布与量值关系,揭示了紊动结构的传播机理;结合专门的室内试验,揭示了"揭河底"冲刷期工程出险机理,提出了适用于"揭河底"冲刷河段的工程防护措施及对策;建立了"揭河底"冲刷期上下游水文站的水沙响应关系,提出了"揭河底"冲刷期高含沙洪水的优化调度模式。

至此,对"揭河底"冲刷的研究基本形成了一个闭环。我曾经形象地比喻,我们是 8 年抗战立项、8 年抗战研究。近 30 年的科研实践,至今已过知天命之年,感恩是我最切身的体会,感谢母亲河为我们提供了一个可以尽情绽放才华的广阔平台,感谢一代代科研人员为我们坚守,为我们保留了这份家业,使我们能够继往开来!强化团队建设,突出梯队效应,是每一个团队负责人必须信奉的理念,团队是你成功的依托,是你成长的助推器,我感谢我们团队每一个人,感谢大家的精诚团结,使我们这个团队这些年不断有创新性科研成果出来!然而,我感触最深的是:今天我们面临的都是多年来持续关注甚至是持续争议的难题,跳出传统思维定式,注重多学科的有机交叉融合,打破惯性思维枷锁,用辩证的、联系的、运动的、系统的思维方式去寻求创新研究方法,尤为重要。

江恩慧

2015 年 6 月